火山岩油藏储层评价与高效开发

Volcanic Reservoirs Evaluation and Cost-Effective Development

何　辉　李顺明　孔垂显　等著

石 油 工 业 出 版 社

内 容 提 要

火山岩油藏储集空间多样、裂缝发育规模不等、油藏特征复杂、产能变化较大，需要综合应用多学科理论方法，定量表征火山岩油藏的主要特征，制订合理的开发技术政策。本书从火山机构及火山岩岩相分析着手，介绍火山岩的成因结构特征；在火山岩基质的岩性识别及裂缝特征描述的基础上，叙述火山岩储层识别表征方法。通过火山岩储层地球物理响应特征描述及数学方法优选，阐述火山岩有效储层的定量分类及评价方法。结合火山岩油藏的开采特征及开发技术政策论证分析，形成火山岩油藏开发优化技术方法，实现火山岩断块油藏的效益开发。

本书可供油藏开发领域的科研工作者和石油地质院校的师生参考与使用。

图书在版编目（CIP）数据

火山岩油藏储层评价与高效开发/何辉等著．—北京：石油工业出版社，2020.3

ISBN 978-7-5183-3341-7

Ⅰ.①火… Ⅱ.①何… Ⅲ.①火山岩-岩性油气藏-储集层-油田开发-研究 Ⅳ.①P618.130.2

中国版本图书馆 CIP 数据核字（2019）第 082805 号

出版发行：石油工业出版社

（北京安定门外安华里 2 区 1 号　100011）

网　址：www.petropub.com

编辑部：（010）64523708

图书营销中心：（010）64523633

经　销：全国新华书店

印　刷：北京中石油彩色印刷有限责任公司

2020 年 3 月第 1 版　2020 年 3 月第 1 次印刷

787×1092 毫米　开本：1/16　印张：17.75

字数：420 千字

定价：150.00 元

（如出现印装质量问题，我社图书营销中心负责调换）

《火山岩油藏储层评价与高效开发》
编 写 人 员

何　辉　李顺明　孔垂显　蒋庆平

周体尧　邓西里　刘　畅　贾俊飞

前　　言

火山岩油气藏是以火山岩为储层的一类特殊油气藏。火山岩油气勘探现已有 120 余年的历史，在全球 20 多个国家、336 个盆地中发现火山岩油气藏或油气显示。20 世纪 50 年代，我国在准噶尔盆地石炭系中首次发现了火山岩油气藏，火山岩油气勘探也有 60 余年的历史。随后，在中国中东部的渤海湾盆地、二连盆地、海拉尔盆地、松辽盆地等地均发现火山岩油气藏。随着这些地区火山岩油气藏勘探开发的不断向前推进，火山岩油气藏已成为中国石油工业勘探开发的重要领域之一。近三年来，在准噶尔盆地又相继发现一些火山岩油气藏，新增探明石油地质储量 1.7×10^8t、天然气地质储量 $416\times10^8m^3$、天然气预测和控制地质储量 $2076\times10^8m^3$，远远超过世界上其他国家新发现的火山岩油气藏规模，这也表明火山岩油气藏正成为中国增储的一个重要阵地。

相对于沉积成因的油气储层，火山岩储层的相关研究还相对薄弱，这与火山岩储层的复杂性和特殊性密不可分。由于火山岩形成时的物理化学环境、岩浆性质、岩相、时空展布，火山岩形成后流体与岩石的相互作用及后期改造，导致火山岩储层岩石类型多、岩性复杂、岩性岩相变化快、厚度变化大、裂缝规模不等、非均质性强等特点。这些特征决定了火山岩油气藏的勘探开发均面临诸多难题。目前，火山岩油气藏的勘探、评价和开发，在很大程度上还是主要沿用沉积储层的理论、技术和方法。火山岩油气藏的储层及流体系统复杂多变，没有固定的开发模式可以套用，需要根据各个地区火山岩油气藏的主要特征，采用相应的开发方式，合理优化经济技术界限，实现火山岩油气藏的效益开发。但无论采用何种开发模式，认清和评价火山岩储层质量都是非常重要的基础。

本书第一章先整体介绍火山岩油藏识别评价理论技术及开发进展，包括国内外火山岩油气藏现状、储层识别理论与技术、储层分类评价技术方法、火山岩油藏开发等内容。第二章则重点介绍火山机构类型及火山岩岩相模式，阐述火山岩野外露头、火山机构类型、成因及演化等方面内容，阐述精细火山岩地层格架构建方法。第三章主要论述火山岩储层识别与表征，在火山岩储层的岩性识别与划分的基础上，进一步介绍如何应用不同尺度信息识别与表征火山岩储层裂缝特征，进而对火山岩储层的储集空间类型及成因进行介绍。第四章主要论述火山岩有效储层的特征及分类评价，以火山岩有效储层的定义及内涵为切入点，分别阐述火山岩有效储层的主要特征，优选分类评价参数，探讨定量分类方法，评价火山岩有效储层。第五章在叙述裂缝—孔隙性储层地质建模方法与研究现状的基础上，重点对火山岩双重介质储层的地质建模技术进行说明。第六章主要介绍裂缝—孔隙性火山岩油藏高效开发技术相关的内容。在论述火山岩油藏主要开采特征的基础上，分别阐述开发方式优选、井网密度优化、水平井开采等开发技术政策，并举例说明火山岩油藏开发方案部署及实际开发效果。第七章对火山岩油藏的相关开发技术进行了展望，包括高精度地震预测技术、储层裂缝与基质耦合定量评价、储层建模、数值模拟及高效开发技术等内容。

本书内容主要来自“十二五”期间研究成果，主要由中国石油勘探开发研究院何辉、李顺明及中国石油新疆油田公司勘探开发研究院孔垂显编写，邓西里、刘畅参与编写火山岩有效储层特征及评价及裂缝地质建模等章节，蒋庆平、周体尧和贾俊飞等参与编写火山岩油藏高效开发与技术展望等章节。本书的主要内容是笔者在工作期间与中国石油新疆油田公司研究团队共同取得的研究成果，参考引用了国内外相关领域学者及同行的研究文献，期间得到了中国石油勘探开发研究院及中国石油新疆油田公司的大力支持和帮助。在此，谨对各位专家学者及同行表示衷心感谢！

裂缝—孔隙性火山岩油藏储层分类评价与高效开发技术涉及火山地质学、储层地质学、测井地质学、地震储层学、地质统计学、计算数学、油藏工程学等多个学科领域，涵盖的理论、方法和技术范围广，研究难度大，书中难免存在不妥之处，敬请各位专家和同行批评指正。

目　　录

第一章 概 述

全球火山岩油气藏已有100余年的勘探开发历程，火山岩油气藏已在国内外多个含油气盆地中被发现。国外的火山岩油气藏勘探历史较国内早半个多世纪，中国的火山岩油气藏经历了偶然发现和局部发展阶段，现已发展为全面勘探阶段，火山岩油气藏已成为国内油气勘探领域的重要研究对象之一。特别是2000年以来，火山岩油气勘探相继在渤海湾盆地、松辽盆地、二连盆地、准噶尔盆地、塔里木盆地、四川盆地等取得了重大突破，同时浙闽粤东部中生代火山岩分布区及东海陆架盆地中的长江凹陷、海礁凸起、钱塘凹陷和瓯江凹陷等中生代、新生代火山岩发育区也成为寻找油气的新领域。

目前火山岩油藏的研究主要包括勘探和开发两个领域，勘探领域包括火山岩的岩性、岩相、储层微观性质描述、借助各种地球物理方法对火山岩储层的识别和预测、火山储层形成机理等，开发领域包括火山岩基质储层表征、裂缝识别预测、储层评价、火山岩油气藏开发相关技术等。

第一节 国内外火山岩油气藏研究现状

火山岩油气藏是以各类火山岩为主、并时常与变质岩和少量陆缘碎屑沉积岩伴生作为储集油气的载体所形成的特殊油气藏。火山岩油气藏的储层岩性和储集空间具有特殊性。

首先，在储层岩性方面，目前世界上95%以上的石油储量都赋存于碎屑岩储层和碳酸盐岩储层中，只有很少量的油气储集在非沉积岩储层中。其次，在储集空间方面，碎屑岩储层的储集空间以孔隙大小和空间配置都很均匀的原生粒间孔隙为主，碳酸盐岩储层的储集空间以孔隙大小和空间配置复杂多变的原生孔隙和次生孔隙为主，但其成岩后发生变化的机理和规律比较单一、明显，研究认识也比较清楚。然而，火山岩储层原始孔隙并无连通或者基本被充填胶结，油气主要赋存在连通的裂缝—孔隙系统中，而且不同类型裂缝的规模、空间配置也十分复杂，储层渗流能力差别较大。

全球范围内，火山岩油气藏多分布在构造活动最为活跃的显生宇火山岩带附近。例如中国渤海湾地区油气田与新生界火山岩体相伴分布，美国萨克拉门托盆地的气田与现代火山共存，这些现象都表明石油、天然气与火山活动密切相关。随着碎屑岩和碳酸盐岩常规油气资源的勘探难度不断加大，火山岩（含火山碎屑岩）油气藏已成为油气勘探的新领域，并展现出良好的勘探前景。

本节首先对国内外火山及火山岩的相关概念进行简单论述，其次对国内外火山岩油气藏形成与分布、勘探开发历程及进展做进一步的介绍。

一、火山及火山岩的相关概念

目前火山岩储层存在分类、命名混乱，概念模糊等问题，随着火山岩油气藏勘探开发的发展，火山岩的分类命名、系统的火山岩储层概念体系也需要及时统一，以便于该领域的学术交流。

1. 火山和火山岩的定义

根据岩石形成机理及地质作用的不同，将岩石分为沉积岩、岩浆岩和变质岩三大类。各类岩石的形成环境与其在地壳中的分布情况不同，其中沉积岩是地球表面分布最广的岩石类型。

按照成岩环境划分，岩浆岩分为侵入岩和喷出岩两种类型。侵入岩是指岩浆从底部喷出侵入地壳上部但并未完全出露地表就逐渐冷却所形成的岩石。喷出岩又称为火山岩或火山喷发岩，是指岩浆喷出地表冷却后形成的一种岩石，包括火山熔岩和火山碎屑岩。

地下深处存在着温度约为1000℃的熔融状态的物质，这种物质称为岩浆，岩浆喷出地表，其喷出物堆积成山，称为火山。典型的火山外形似锥状（图1-1、图1-2）火山活动是人类能够感到在地下深处确实存在着岩浆的唯一现象。

图1-1　墨西哥波波卡特佩特火山

2. 火山喷发环境与方式

1）火山喷发方式

火山作用是指深部岩浆按照一定的方式，经过火山通道喷出地表或侵入于近地表，从而形成各类火山生成物的过程（图1-3）。火山作用一般包括以下几个作用过程：（1）岩浆的形成与演化；（2）从岩浆房经过火山管道到达地表的火山喷发；（3）喷出物在不同环境下搬运、堆积定位或岩浆侵入于近地表，构成各类火山及有关构造；（4）喷出物定位

图 1-2 日本富士山

后经过冷却、熔结、固结、逸气等作用形成各类火山岩，以及伴随火山活动的地热、热泉、喷气和水热蚀变。火山作用形成的岩石称为火山岩（邹才能，2012）。

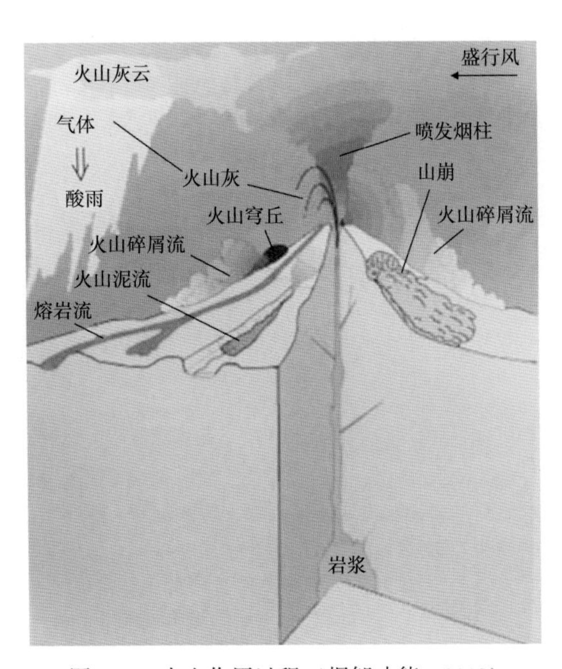

图 1-3 火山作用过程（据邹才能，2012）

火山喷发按能量、速率、成分等可以划分为爆发、溢流和侵出 3 种基本方式。爆发指在一定条件下，岩浆从地下猛烈的喷发出地表，这种喷发方式通常伴随有一系列现象，如地震、山崩、海啸、雷电、暴雨等。溢流是指火山岩浆以比较平静的方式喷发出地表，形成熔岩河、熔岩瀑布或熔岩湖。侵出既不是猛烈的爆发也不是平静的溢流，而是岩浆从相对小的管道中挤出形成岩穹。

火山是按哪种方式喷发取决于岩浆的性质、围压及是否存在外来水等。岩浆是富含挥发性物质（水蒸气、其他气体）的高温熔融体，爆发式火山喷发主要就是在这些挥发性组分的驱动下发生。当静水压力足以抑制地下的挥发性组分的膨胀时，岩浆则发生非爆发式喷发。

2）火山喷发类型

国内外关于火山喷发方式主要有以下两种：一种是火山岩的产状主要与岩浆上升到地表的方式有关，喷发类型有 3 种：熔透式喷发、裂隙式喷发和中心式喷发；另一种是按照火山爆发系数差异，取现代典型火山名称进行分类，如夏威夷型、斯通博利型、武尔卡诺型、普林尼型、培雷型等火山类型。前者忽略了自然界还有一种重要的复合式喷发；后者主要是对中心式喷发类型的进一步划分。目前，学者根据火山喷出通道的不同，将火山喷发分为裂隙式、中心式及复合式。

（1）裂隙式喷发。裂隙式喷发又称为线状喷发（图 1-4），是岩浆喷发的基本类型，地质历史时期的火山喷发多为裂隙式喷发。它是岩浆沿断裂上升至地表形成的喷发，裂隙式喷发多为黏度较低、流动性比较好的基性岩浆，常形成大面积分布的熔岩岩被，可多次覆盖形成较大的熔岩体，火山碎屑少见。裂隙式喷发主要发生在大洋中脊和大陆裂谷带（图 1-5），如大洋中脊的裂谷是全球规模的张裂系统，由于其反复裂开，玄武质岩浆不断喷发或填充，固结成岩后构成了洋壳的一部分。中国二连盆地的火山喷发为陆相喷发，主要属裂隙式喷发。

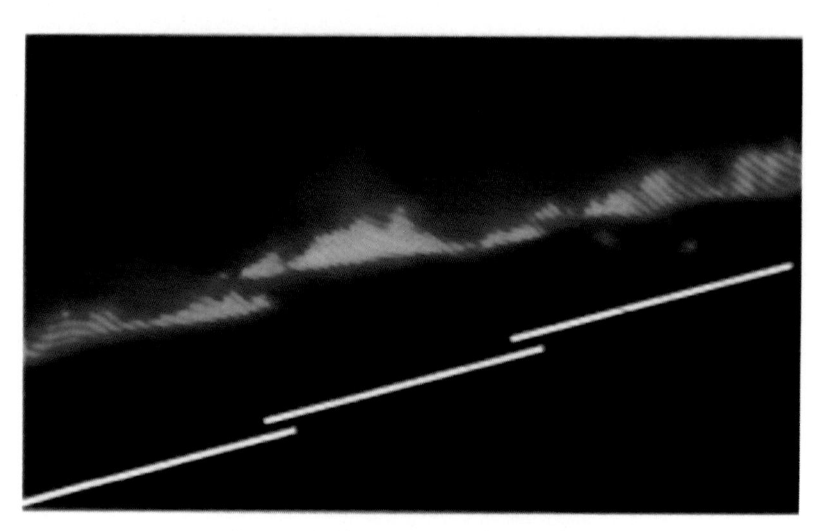

图 1-4　冰岛雁列状分段裂隙式喷发

（2）中心式喷发。中心式喷发又称为筒式喷发或点状喷发，是岩浆沿管状通道上升到地表的喷发，这类火山有喷发中心，喷出岩呈锥状产出，沿火山口向外形成规律性的喷发岩相分布。火山口中心多凹陷，呈盆状，系火山爆发及岩浆退缩形成。现代火山多为中心式喷发，如夏威夷火山（图 1-6）、西印度群岛的培雷火山、中国陆上一些含油气盆地的火山大多以中心式喷发为主。

图 1-5 冰岛斯凯弗塔裂谷

图 1-6 夏威夷大岛基劳微亚中心式喷发

（3）复合式喷发。复合式喷发是一种既有中心式喷发又有裂隙式喷发的火山喷发类型，通常能见到多个火山口沿着大断裂呈串珠状排列，具有中心式喷发和裂隙式喷发的岩相特征。该种喷发方式按照喷发先后顺序，可进一步划分为 3 种类型：同时喷发型、先裂隙后中心型（裂隙—中心式）和先中心后裂隙型（中心—裂隙式）。如黑龙江五大连池东黑山为中心—裂隙式喷发火山，法国留尼旺岛弗尔乃斯现代火山为同时喷发型火山（图 1-7）。

图 1-7　法国留尼旺岛弗尔乃斯火山

3）火山喷发环境

根据火山活动的地理环境、产出深度、喷发类型、搬运方式、岩石特征，一般可将火山岩的喷发环境分为陆相和水相。陆相环境包括大陆、岛屿与滨海，火山岩在空气中喷出；水相环境包括深海、浅海、湖泊和冰川层底部，岩浆在水体中喷发。两种不同的环境下发育的产物不同，海相火山岩主要分布于前三叠纪地层，陆相火山岩则分布于三叠纪之后的地层。岩石类型主要为基性岩类、酸性岩类，少量中性岩类和碱性岩类。

4）火山喷发旋回及序列

按照《地球科学大辞典》，喷发旋回是指“火山活动由初喷期经历高峰期、衰退期到休眠期的整个过程”。一个喷发旋回往往包括多次喷发活动，在两个旋回之间常常隔有一定的间断，表现为构造不整合、喷发不整合、风化壳或具有一定的沉积夹层，构成火山的韵律性喷发，称为火山韵律。火山旋回是火山活动强弱交替发展的变化过程，对一座火山而言，更是有其发生、发展和消亡的过程，这些具有周期性的变化过程都可纳入火山旋回的范畴，但仍是一个尚在探讨中的问题。

含油气盆地中，火山岩常与沉积岩共生或互层，组成含火山岩系地层序列，因此，邹才能（2012）借用沉积层序级次分类体系，将含油气盆地火山岩系进行三级划分：

（1）火山韵律：系一次火山活动由初喷期经历高峰期、衰退期到休眠期整个过程产物的总称，纵向上呈现爆发—溢流—侵出形式，反映火山活动由强到弱的特点。

（2）火山旋回：指在火山作用过程中，某一阶段形成的各种产物及其空间分布特征的总和。一个火山旋回可包括多次基本连续的喷发，可发育多个火山韵律。同一旋回火山活动产物组成火山地层，反映了同一活动旋回或期次的火山地层厚度、物质组成、碎屑粒度、结构构造及其喷发类型、搬运方式、堆积环境及与毗邻层位三维空间的接触关系；由于受控于同期的区域构造作用和岩浆来源，它们在岩性、岩相组合韵律、岩石化学演化、火山机构空间分布等方面具有自身特点和可对比性。两个相邻火山旋回之间存在一定的间断，常表现为构造不整合—喷发不整合或厚度较大的区域性正常沉积岩夹层。

（3）火山—沉积构造层序：在含火山岩系地层中，火山岩与沉积岩大部分呈层状产出，岩性复杂多变，缺乏岩性标志层，且火山喷发具有瞬时性、阶段性、周期性的特点，与基准面旋回及沉积旋回缺乏必然联系，地层对比非常困难；但构造运动控制火山作用和沉积作用，因此，火山喷发旋回反映了构造环境的特点，构造不整合常造成火山岩岩系的间断、突变及沉积间断，可出现底砾岩，区域分布广，因而构造不整合面具有不等时可对比性。

火山岩—沉积构造层序是指某一构造活动期内，火山活动前—火山活动同时—火山活动后发育充填的火山岩—沉积岩系，厚达几百米至几千米，常见多次喷发与沉积，可以有多个火山旋回。火山岩—沉积构造层序简称为火山层序。

二、国内外火山岩油气藏的形成与分布

截至2016年，已在20余个国家、336个盆地中发现火山岩油气藏或油气显示。据不完全统计（表1-1），印度尼西亚、中国、纳米比亚、美国、阿尔及利亚等国家均有大型火山岩油气田发现。特别是在中国，已发现徐深气田、克拉美丽气田、长深气田等大型火山岩气田，准噶尔西北缘JL火山岩油田、车排子火山岩油田、三塘湖盆地ND火山岩油田等，已探明石油地质储量超过5×10^8t，探明天然气地质储量超过4800×10^8m^3（数据截至2016年）。

表1-1 全球火山岩大油气田储量统计（据王洛等，2015，有修改）

国家	油气田	盆地	流体性质	储量	储层岩性
印度尼西亚	Jatibarang	NW Java	油，气	1.64×10^8t 764×10^8m^3	玄武岩，凝灰岩
中国	徐深气田	松辽盆地	气	已探明储量 2457.45×10^8m^3	流纹岩、凝灰岩
中国	克拉美丽气田	准噶尔盆地	气	已探明储量超过 1000×10^8m^3	火山岩
中国	长深气田	松辽盆地	气	已探明储量超过 740×10m38m^3	火山岩
纳米比亚	Kudu	Orange	气	849×10^8m^3	玄武岩
阿根廷	Medanito-25de Mayo	Neuquen	油	探明储量和控制储量 约0.6×10^8t	火山岩
美国	Richland	Monroe Uplift	气	399×10^8m^3	凝灰岩
阿尔及利亚	Ben Khalala	Triassic/Oued Mya	油	大于0.34×10^8t	玄武岩
阿尔及利亚	Haoud Berkaoui	Triassic/Oued Mya	油	大于0.34×108t	玄武岩
俄罗斯	Yaraktin	Markovo-Angara Arch	油	0.2877×10^8t	玄武岩，辉绿岩
澳大利亚	Scott Reef	Browse	油、气	1795×10^4t 3877×10^8m^3	溢流玄武岩
巴西	Urucu area	Solimoes	油、气	1685×10^4t 330×10^8m^3	辉绿岩
刚果	Lake Kivu		气	498×10^8m^3	
意大利	Ragusa	Ibleo	油	2192×10^4t	辉长岩

1. 国外火山岩油气藏分布

火山岩储层作为油气勘探的新领域，在世界范围内已引起了石油界和学者们的兴趣和关注。截至 2016 年，国外已发现火山岩油气藏 169 个，探明石油地质储量超过 3.4×10^8t、天然气地质储量近 $7000\times10^8m^3$。

火山岩油气藏主要分布在构造板块或者古板块的边界，主要为环太平洋构造域、古亚洲洋构造域、特提斯洋构造域（图 1-8）。从分布地区来看，首先是环太平洋地区，包括北美地区的美国、墨西哥、古巴到南美地区的委内瑞拉、巴西、阿根廷，亚洲的中国、日本、印度尼西亚，总体呈环带状展布；其次是中亚地区，已在格鲁吉亚、阿塞拜疆、乌克兰、俄罗斯、罗马尼亚、匈牙利等国家发现了火山岩油气藏；非洲大陆周缘也发现了一些火山岩油气藏，如北非地区的埃及、利比亚、摩洛哥及中非地区的安哥拉。

形成火山岩油气藏的构造背景以大陆边缘盆地为主，也有陆内裂谷盆地。如北美地区、南美地区、非洲发现的火山岩油气藏，主要分布在大陆边缘盆地环境。火山岩油气藏储层的岩石类型以中基性玄武岩、安山岩为主，其中玄武岩储层占所有火山岩储层的 32%，安山岩占 17%；储集空间以原生型孔隙或次生型孔隙为主，普遍发育各种成因裂缝，这些裂缝对改善储层质量起到了决定性作用（王洛等，2015）。

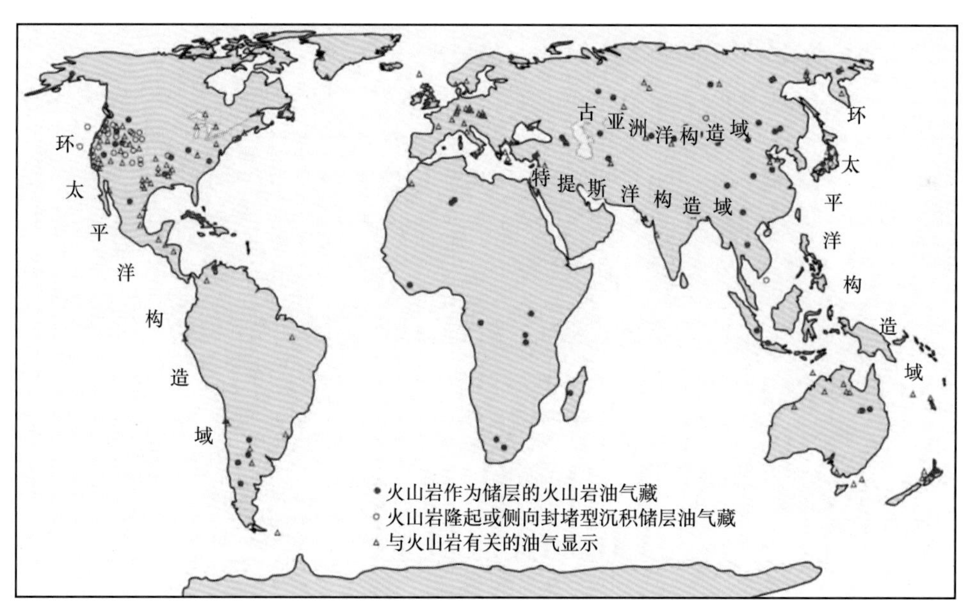

图 1-8　全球火山岩相关油气的地理分布图（据王洛等，2015）

2. 国内火山岩油气藏分布

中国沉积盆地内部及其周边地区火山岩广泛分布（图 1-9），中国东部燕山期发育的火山岩体分布规模大，东南沿海燕山期火山岩面积超过 $50\times10^4km^2$，大兴安岭火山岩带的面积超过 $100\times10^4km^2$，有较好的火山岩油气藏勘探基础。特别是 2000 年以来，相继在渤海湾盆地、松辽盆地、二连盆地、准噶尔盆地、塔里木盆地、四川盆地、三塘湖盆地等火山岩油气勘探中取得了重大突破，同时浙闽粤东部中生代火山岩分布区及东海大陆架盆地中的长江凹陷、海礁凸起、钱塘凹陷和瓯江凹陷等中生代、新生代火山岩发育区也成为寻找油气的新领域。目前，火山岩已作为重要的油气勘探领域进行全面勘探，中国东部、北疆两大火山岩油气区初具规模；同时，初步形成了火山岩分布与储层预测、火山岩油气藏评价等配套技术（邹才能等，2008）。

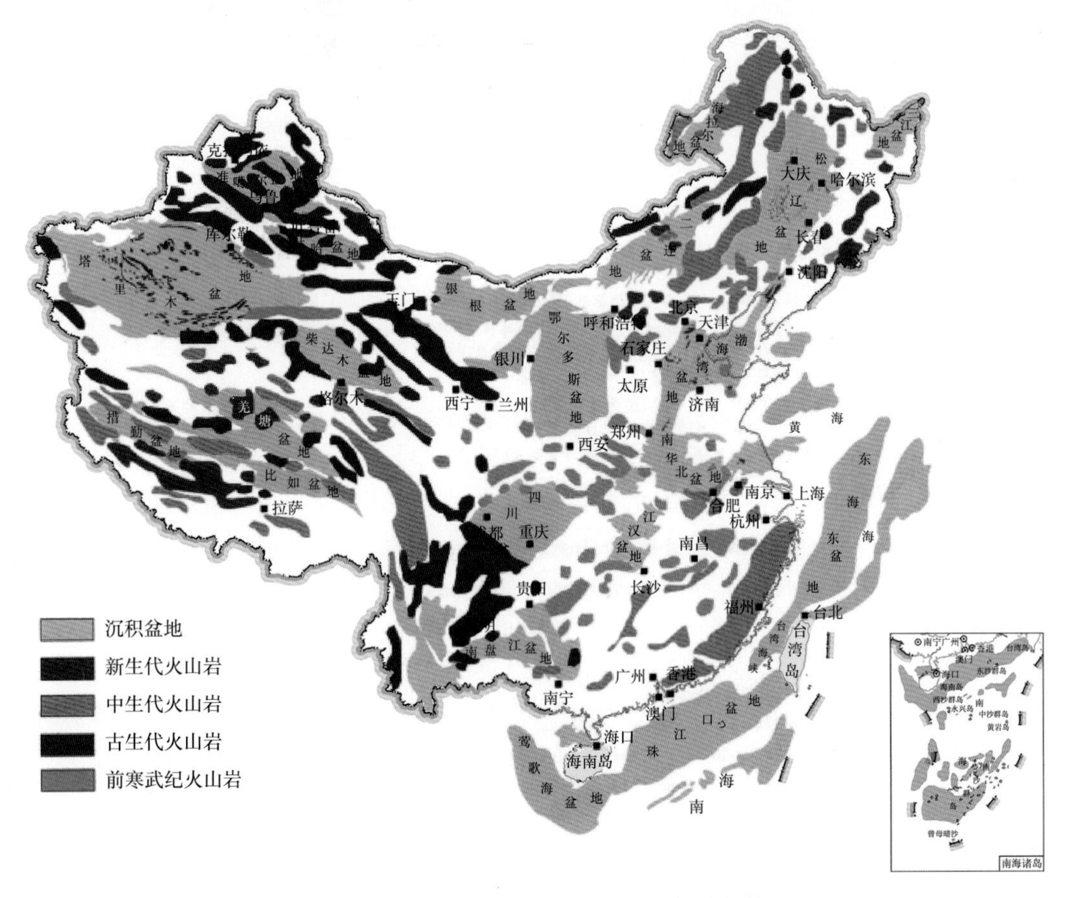

图 1-9　中国含油气盆地火山岩分布图（据邹才能等，2008）

三、国内外火山岩油气藏勘探开发历程

在全球上百年的油气勘探与开发历程中，火山岩油气藏作为一种以火山岩为储层的特殊类型油气藏，在国内外许多含油气盆地中被广泛发现。国外在 1887 年最早发现火山岩油气藏，比中国早半个世纪，但是国外火山岩油气藏并没有成为主要的勘探领域。国内火山岩油气藏虽然起步较晚，但现已成为油气勘探的重要领域之一。

1. 国外火山岩油气藏勘探

1）国外火山岩油气藏勘探开发历程

通过实践发现，火山岩分布于众多含油气盆地，是重要的油气储层类型之一，可形成火山岩油气藏。自 1887 年在美国加利福尼亚州的圣华金盆地首次发现火山岩油气藏，国外火山岩油气藏勘探已有 120 年的历史。

邹才能等（2008）将国外火山岩油气勘探研究和认识大致概括为 3 个阶段：

（1）早期阶段（20 世纪 50 年代前）：大多数火山岩油气藏都是在勘探浅层其他油藏时偶然发现的，当时认为其不会有任何经济价值，因此，未进行评价和关注。比如，Powers 于 1931 年对北美石油进行的概述中，讲到不同岩性的储层，除了常见的砂岩、石灰岩、白云岩、燧石和长石砂岩储层外，在古巴出现了蛇纹岩储层，得克萨斯州中南部一些油田中以蛇纹岩和凝灰岩作为储层，墨西哥 Furbero 油田以玄武岩和被火成岩烘烤的泥灰岩为储层。在得克萨斯州 Williamson 郡 Thrall 附近一个新油田（称为 Thrall 油田），Udden 于 1915 年认为这是一个独特的石油现象，认为原是一个海底喷发岩、现在很大程度上蚀变成了蛇纹岩。

（2）第二阶段（20 世纪 50 年代初至 60 年代末）：学者认识到火山岩中聚集油气并非偶然现象，开始给予一定重视，并在局部地区有目的地进行了针对性勘探。1953 年，委内瑞拉发现了拉帕斯油田，其单井最高产量达到 1828m^3/d，这是世界上第一个有目的性勘探并获得成功的火山岩油田，这一发现标志着对火山岩油藏的认识上升到一个新的水平。

（3）第三阶段（20 世纪 70 年代以来）：世界范围内广泛开展了火山岩油气藏勘探。在美国、墨西哥、古巴、委内瑞拉、阿根廷、原苏联、日本、印度尼西亚、越南等国家发现了多个火山岩油气藏（田），其中较为著名的是美国亚利桑那州的比聂郝—比肯亚火山岩油气藏、格鲁吉亚的萨姆戈里—帕塔尔祖里凝灰岩油藏、阿塞拜疆的穆拉德汉雷安山岩及玄武岩油藏、印度尼西亚的贾蒂巴朗玄武岩油藏、日本的吉井—东柏崎流纹岩油气藏、越南南部浅海区的花岗岩白虎油气藏等。在该阶段，火山岩油气藏勘探开发研究更进一步，例如不少学者对 Neuquen 盆地和 Austral 盆地的火山岩油气藏进行了多方面研究。Neuquen 盆地的 Cupen Mahuuida 油田是一个由三叠系 synrift 阶一系列火山岩和火山碎屑岩层组成的天然裂缝性储层，Huteau 和 Pereira（2007）对该天然裂缝性火山碎屑岩储层开展裂缝作业优化设计。Monreal 等（2009）对 Neuquen 盆地中央的 Altiplanicie del Payun 区域与火山侵入岩相关的这类非典型油气系统的烃源岩、油气的产生、运移和富集规律进行了实例分析并建模。Sruoga 和 Rubinstein（2007）对 Austral 盆地 Serie Tobifera 地层及 Neuquen 盆地 Precuyano 地层的火山岩岩心孔隙度和渗透率进行了分析，并建立该类储层孔隙度和渗透率的有关测试控制流程。Sruoga 等（2004）对取自 Austral 盆地 Cerro Norte 油田、Campo Bremen 油田和 Oceano 油田的火山岩岩心，进行孔隙度和渗透率分析。Púngaro 等（2005）对 Neuquen 盆地 Volcan Auca Mahuida 油田火山事件与油气系统的关系进行了分析。

2）国外典型的火山岩油气藏

（1）阿塞拜疆穆拉德汉雷油田。

该油田位于阿塞拜疆油气区库拉盆地东部，是 20 世纪 70 年代初期的一个重大发现。石油主要产自潜山顶部的喷发岩（粗面玄武岩及安山岩）油藏。

①基本地质概况。

晚白垩世初期，穆拉德汉雷隆起的火山喷发，形成了粗面玄武岩及安山岩的堆积，其最大厚度可达 1950m。火山喷发是在海侵过程中发生的，形成了火山岩与沉积岩互层的地层序列。而后火山岩遭受风化侵蚀，在隆起潜山的顶部形成了厚 50～100m 的风化壳。从古新世到第四纪，潜山顶部又发生了沉积，导致喷发岩潜山顶面上被新的沉积物超覆。

穆拉德汉雷潜山位于阿格贾别达凹陷东北边缘，长度约为 20km，宽度约为 15km，构造埋深在 1000～1600m 之间，构造倾角 10°～20°。该潜山的轴部被断层切割，西南翼沿断层下降 600m，东北翼则上升 100m。

安山岩质喷发岩、玄武岩质喷发岩、玢岩是该油田储集岩的主要岩石类型。根据岩心分析，孔隙度在 0.6%～20%，平均值为 13%。根据 4cm×5cm 的岩心薄片统计，储集岩微裂缝的孔隙体积占总体积的 0.44%。该样品取自无开采价值的井段，因此，这个值是裂缝孔隙度的最小值。岩心样品中可见长 2cm、宽 1.5cm 的大气孔，但以孔径 1mm 左右的小气孔为主，发育 0.05mm×0.97mm 的次生淋滤孔。岩心样品的孔隙度达到 8%时，渗透率可达 3mD。一般基质的孔隙度较小，渗透率仅为 1mD。钻井资料表明，喷发岩的上部发育大裂缝及微裂缝系统，出现了钻井液漏失，测试投产获得了高产油流。

该油田已发现 5 个油藏：侵蚀面之上的火山喷发岩中发现一个油藏；有 2 个油藏分布在始新统沉积岩中；古新统—中新统的麦扩普组及乔拉克组各发育一个油藏。火山喷发岩油藏位于构造隆起的顶部及西北翼，属块状—层状油藏。岩心分析资料表明，喷发岩的孔隙度在 10%～16%，岩心样品分析的基质渗透率实际上接近于 0。在基质渗透率接近于 0 的情况下，油井还能获得高产，这显然和裂缝有关。位于构造高部位的 58 号井就是最典型的实例。该井在 2952～2978m 裸眼井段，用 8mm 油嘴测试，当油压为 18.7MPa、套压为 21MPa 时，获 $300m^3/d$ 的高产油流。这个地区各油井的产量差别较大，反映裂缝发育程度不均。该火山岩油藏的地层压力达到 52～56MPa，是流体静压力的 1.6 倍，属于异常高压。

②油田开发。

该油田发现于 1971 年，但直到 1978 年才开始开发。迟迟未开发的原因是该火山喷发岩油藏的储层结构复杂、储层非均质性强，未能制订合理的开发方案。后来，经过逐步摸索和调整，编制的开发方案才相对合理。

由于火山岩体风化壳的裂缝发育，白垩系喷发岩油藏的连通好，易高产，但井间干扰大，在井网布置时应密切注意这一特点。另外，当采油井段靠近油水界面时，原油黏度有所增高，油气比降低。这是因为原油中的天然气向水中扩散，导致原油脱气而黏度增高。在这种情况下油井容易出现水淹。相反，如果油井射孔井段到油水界面有一定的避射高度，则油井的无水采油期较长。

该火山喷发岩油藏有两个主要的开采特点：

a. 无水采油期短、水淹较快。

该喷发岩油藏在开发过程中，东部地区大多数油井遭到快速水淹。比如，53 号井于 1977 年 10 月试采时，日产原油 800t，但一年之后日产量降到 16t，含水率高达 95%。

58 号井位于喷发岩中心区，无水采油期较长，从 1977 年 3 月到 1979 年 7 月近 2 年半的时间，平均日产油 400t，产量较高且稳定，油井不含水；但从 1979 年 8 月开始，油井产水，仅一个月后，油井的日产油量便下降到 16t，含水率上升至 62%。

b. 油层连通性好、井间干扰大。

该喷发岩风化壳油藏的裂缝系统较发育，连通性好，导致油井投产后井间干扰较明显。

③钻井及采油工艺

喷发岩油藏各油井生产初期的产量相差较大，说明裂缝强度的平面分布差异明显。为了能够钻遇更多的裂缝，应当钻斜井或水平井。该油藏的钻井结果表明，高产井的井间距离为 600~750m，而设计的斜井在喷发岩中的最佳井段长度为 250m，井筒方向应垂直于西北—东南向裂缝。采用此钻井方式，可提高完钻高产井的概率。油井的采油指数和含水率均较低，说明生产井段的井壁及近井地带的连通不充分。如果要进行强化采油，必须改善近井地带的连通性，为此，采用了水力压裂、酸化压裂、高压注活性剂、喷砂射孔等手段，改善井筒附近油层的导流能力。在 18 次喷砂射孔作业中，有 2 次见效，总增产油量 1670t。在 12 次酸化压裂中，有 8 次见效，总增产油量 14723t。

对喷发岩储层采用盐酸进行酸化处理，会产生大量的沉淀物，进而堵塞孔缝系统，造成对油气储层的伤害。

（2）日本吉井—东柏崎气田。

①气田基本地质特征。

该气田位于日本柏崎市东北方向约 10km 处，属新泻盆地西山—中央含油气区，是一狭长的背斜圈闭，地质年代属中新世中期。其西北高点为帝国石油公司的东柏崎气田，东南高点为石油资源开发公司的吉井气田。该背斜长 16km、宽 3km，含气面积 27.8km^2，原始可采天然气储量 $118\times10^8m^3$，原油可采储量 225×10^4t。一共完钻 46 口井，井深 2310~2720m，已累计产气 $88\times10^8m^3$、累计产油 173×10^4t。

该气田火山岩岩性主要包括玄武岩、流纹岩、安山岩等。储层发育天然裂缝及次生溶蚀作用形成的次生裂缝。火山岩储层有效厚度 5~57m，孔隙度 7%~32%，渗透率 5~150mD。这种良好的储渗条件，使该气田的储量及产量居日本陆上油气田之冠。

1966 年钻该气田 1 号井时，钻遇东翼背斜陡坡带，但未获得天然气发现。之后，在西侧完钻 2 号井，于井深 2969m 处进入绿色凝灰岩层，有天然气显示，并且发现地表构造平缓，地下构造较陡，是发育在凝灰岩锥体上的披覆背斜。由于这个背斜从七谷组沉积期到西山组沉积期长期处于构造高部位，成为油气聚集的良好场所。七谷组为主要烃源岩层，有机碳含量为 1%~1.5%，以 I 型干酪根为主。七谷组在西山组沉积期初埋深 2000m 以上，地温达到 100℃左右，先期形成的石油运聚在背斜圈闭的火山岩体内；后来，盆地继续沉降，当地温达到 130℃以上时，烃源岩进一步热解，形成天然气及凝析油，气油比为 4000~5000m^3/t。

②油田开发。

绿色凝灰岩气层产能高的原因主要与次生孔隙及裂隙的发育有关，而致密的凝灰岩层的储渗能力较差，产能较低。整个气藏的形态不规则、不均匀，含气面积也不大，但含气高度达 300m（气水界面为 2700m），属强底水驱气藏，气井压力高、压降小。

（3）澳大利亚 Scott Reef 气田。

Browse 盆地位于澳大利亚西北部海域，海水深 80~300m，盆地面积 $14\times10^4km^2$，已发现一系列油气田，其中 Scott Reff 火山岩油气田储量最大。

Browse 盆地古生界至新生界的沉积地层厚度大于 15000m，主要发育了中生代沉积盆地，大部分位于大陆架地区。构造演化分为 6 个阶段，晚石炭世—早二叠世克拉通内伸展形成半地堑盆地阶段；晚二叠世—早三叠世热沉降阶段；晚三叠世—早侏罗世反转回返阶段；早侏罗世—中侏罗世伸展阶段；晚侏罗世—新生代热沉降阶段；中—晚中新世反转回返阶段。

烃源岩主要发育在下二叠统、侏罗系、下白垩统，为前三角洲泥岩，发育含煤的滨岸平原细粒沉积，储层为中侏罗统、下侏罗统河流三角洲砂岩和 Campanoan-Maastrichtian 海相砂岩，其中侏罗系发育大量火山岩储层，储层质量好，储层深度下限可达 4000~5000m。圈闭类型主要有断层圈闭、背斜圈闭、潜山和地层超覆圈闭等。

澳大利亚 Scott Reef 油气田在侏罗系玄武岩储层中探明石油地质储量 1795×10^4t、天然气地质储量 $3877\times10^8m^3$。侏罗系烃源岩 Dingo 组泥页岩与 Plover 页岩的 TOC 分别为 2.6%~6.0%和 3.0%左右，烃源岩的成熟度较高，R_o 最大值分别达 2.0%与 1.7%。

2. 国内火山岩油气藏勘探

1）国内火山岩油气藏勘探开发历程

中国于 1957 年在准噶尔盆地西北缘首次发现火山岩油气藏，至今，该区火山岩油气藏勘探已历经 60 余年，先后发现了一系列火山岩油气藏。目前，在渤海湾盆地、松辽盆地、准噶尔盆地、二连盆地、三塘湖盆地等 11 个含油气盆地，也先后发现了众多的火山岩油气藏（图 1-10）。

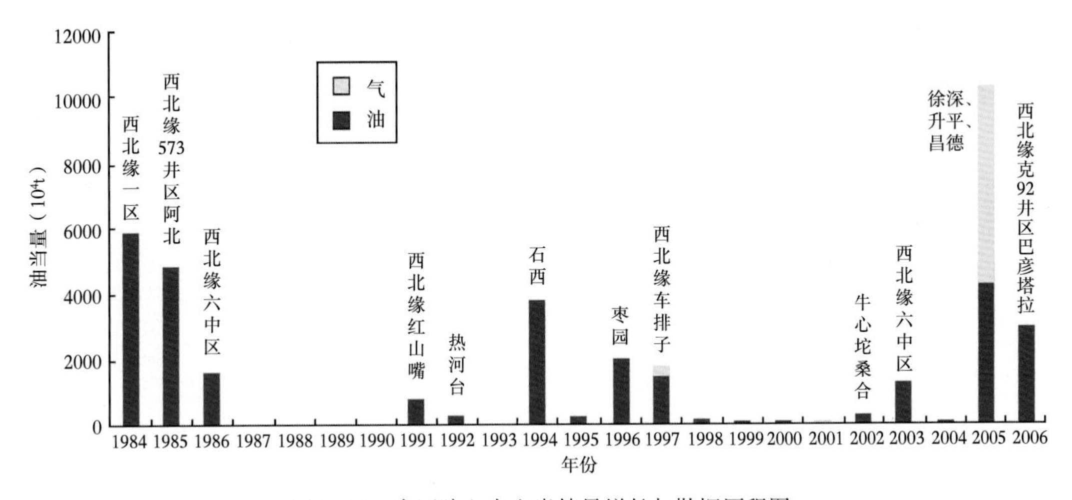

图 1-10　中国陆上火山岩储量增长与勘探历程图

2002 年以来，松辽盆地徐深气田的天然气探明储量已经超过 $1000\times10^8m^3$，储层主要由火山岩（流纹岩和凝灰岩）组成，也有少部分产自砾岩。2008 年，在准东地区发现克拉美丽大气田，探明天然气储量超千亿立方米，储层主要为石炭系火山岩。此后，又在红—车断裂带、车排子凸起、中拐凸起和准东地区石炭系火山岩中发现多个油气藏。2016 年，在准噶尔盆地西缘的红—车断裂带车 210 井区石炭系火山岩，探明石油地质储量 5432×10^4t；在滴南凸起南带部署的滴探 1 井和美 6 井，在石炭系火山岩获得突破，预测天然气地质储量 $501\times10^8m^3$。2017 年部署的美 8 井，在石炭系火山岩测试，获日产 $10.8\times10^4m^3$ 的工业气流，标志着继克拉美丽气田发现 9 年后，天然气勘探再获重要突破，新的天然气富集带逐步呈现。滴南凸起南带与北带（克拉美丽气田）被烃源槽分隔，呈南北呼应，具有相似的构造和成藏背景，有望在该区找到第二个“克拉美丽气田”。

近年来，在准噶尔盆地车排子凸起部署的多口探井，在石炭系火山岩储层中获得高产工业油流。其中排665井、排663井测试均获高产。车排子凸起石炭系火山岩油藏具有埋藏较浅、油质较轻、储层裂缝发育的特征，已落实控制石油地质储量3500×10^4t以上。

2017年，四川盆地川西坳陷洛带构造永胜1井，在二叠系火山碎屑岩中获良好天然气显示。火山碎屑岩厚度达到178.5m，发育孔隙性储层，初步落实天然气预测储量$1046\times10^8m^3$。

另外，三塘湖盆地火山岩油气勘探也取得长足进展，是近年来西北地区中小型盆地中油气储量增长较快的盆地，其中位于马朗凹陷的牛东油田累计三级储量超过1×10^8t。

邹才能等（2008）将中国火山岩油气勘探历程总结划分为3个阶段（表1-2）：

（1）偶然发现阶段（1957—1990年）：主要集中在准噶尔盆地西北缘和渤海湾盆地辽河、济阳等坳陷。

（2）局部勘探阶段（1990—2002年）：随着地质认识的不断提高和勘探技术的不断进步，开始在渤海湾和准噶尔等盆地的个别地区开展针对性勘探。

（3）全面勘探阶段（2002年以后）：在渤海湾、松辽、准噶尔等盆地全面开展了火山岩油气藏的勘探部署，取得了重大进展和突破。截至2006年底，中国石油已提交火山岩探明石油储量47821.3×10^4t，溶解气地质储量$229.4\times10^8m^3$；火山岩油气藏探明天然气地质储量$1249.2\times10^8m^3$。全国火山岩探明油气当量约为73000×10^4t。而截至2016年底，中国火山岩中已探明石油地质储量达5.4×10^8t以上，探明天然气地质储量达到$4800\times10^8m^3$以上。

表1-2　国内各盆地火山岩勘探开发各阶段特征

勘探历程	渤海湾盆地	松辽盆地	准噶尔盆地	三塘湖盆地
偶然发现阶段（1957—1990年）	1970—1972年，相继在辽河坳陷东部凹陷于楼、黄金带、大平房等6个构造发现了火山岩油层，获工业油流井及显示井24口；1972—1980年，济阳坳陷在海域发现披覆构造油藏和火山岩油藏，对于这类复杂油藏当时并没有引起足够的重视	—	1957年克拉玛依油田九区222井在石炭系首次获得工业油流，日产油$7.25m^3$，但并没有受到重视，仅将火山岩作为沉积盆地基底看待；1973—1980年为克拉玛依油田重点开发建设的时期，认识到石炭系火山岩能够作为一套有效储层但受技术手段的限制，针对基底火山岩岩体无法有效进行目标刻画与储层描述，因而并未将其作为一个有效目的层；针对火山岩的勘探仅停留在发现层面	—

续表

勘探历程	渤海湾盆地	松辽盆地	准噶尔盆地	三塘湖盆地
局部勘探阶段（1990—2002年）	在20世纪80年代末期受挫后，各油区火山岩勘探在20世纪90年代早期相对停滞； 1994年济阳坳陷大72井火山岩油藏的发现首先打破了僵局，多技术联合攻关，在主要火山岩油藏勘探中得到了应用	此阶段松辽盆地深层天然气勘探仍主要围绕砂砾岩进行，火山岩还没有作为主要勘探对象，但在松辽深层徐家围子等地区发现了汪家屯东烃类气藏和芳深9井区CO_2气藏，为2000年以后的火山岩大规模勘探奠定了基础	1993年后，随着沙漠数字化地震技术、区带三维地震技术、压裂技术、现场快速测井评价技术的广泛推广应用，基本明确了盆地勘探总体方向； 1994年、1998年均发现多个火山岩油气藏。1994年在陆梁隆起上的石西凸起发现了石西石炭系安山岩与流纹岩油藏；1998年在五彩湾凹陷石炭系安山岩与熔结火山碎屑岩中发现了五彩湾小气田，在西北缘也有新发现	
全面勘探阶段（2002年以后）	2003—2004年在欧利坨子地区相继部署了5口井，其中3口井获得高产工业油气流，火山岩油气藏勘探取得了良好的效果； 2005年为了进一步扩大该区火山岩勘探成果，在加快老井试油的基础上，加强了该区火山岩岩性、岩相分布、裂缝发育程度及构造精细解释和火山岩储层预测等研究工作，优选黄沙坨和欧利坨子接壤区部署实施了3口井，取得了良好效果。这3口井的成功钻探，扩大了欧利坨子火山岩的含油气面积，基本实现了黄沙坨油田和欧利坨子油田的火山岩含油连片，形成了一个千万吨级规模的火山岩储量区块	松辽盆地深层火山岩油气藏的大规模勘探，是2002年徐深1井在营城组火山岩获日产$54 \times 10^4 m^3$高产气流之后，2004年以来，加快了徐家围子勘探节奏，迄今新增探明天然气地质储量数千亿立方米。2005年，借鉴徐家围子勘探经验，在长岭断陷实施风险井长深1井，营城组火山岩获高产气流，实现了南部深层的突破，迄今已形成2个千亿立方米级天然气储量区。整体上松辽盆地深层具备了$5000 \times 10^8 m^3$的勘探潜力，对松辽盆地较长时期内油气产量的相对稳定具有十分重要的战略意义	2005年以来，针对盆地深层下组合石炭系及二叠系火山岩开展了全面勘探，在陆东—五彩湾地区实现了天然气勘探的重大突破，在西北缘等地区油气勘探也获得重大进展； 2008年以来，针对已获突破的盆地内新区与外围盆地区域开始大规模勘探。在准噶尔盆地五彩湾、北三台、准东、滴北等地区获得了新的发现，如在五彩湾彩55井等井发现工业气流，在北三台地区北32井区发现内幕岩性型油藏，在滴北泉6井和准东大井1井获得工业气流或见良好显示	2006年，吐哈油田加强了针对三塘湖盆地下组合的勘探，主攻三塘湖盆地马朗凹陷，在牛东2号构造部署的重点预探井马17井，在侏罗系和石炭系均钻遇了良好油气显示，完井试油在卡拉岗组获高产油气流，下组合勘探取得重要突破； 近年来持续开展了三塘湖火山岩油气藏勘探，马17区块火山岩油藏储量规模基本落实，进一步探索牛东外围下组合，扩展了有利勘探面积，风险探井方1井钻遇石炭系生油岩，显示下组合具良好的勘探潜力

2）国内典型火山岩油气藏

（1）二连盆地阿北油田。

①油田基本概况。

阿北油田位于内蒙古二连盆地马尼特坳陷东部，属阿尔善4个油田之一，为玄武岩、安山岩质层状油藏，储层具有双重介质特征，含油面积15km^2，油层厚33.8m，探明石油地质储量2134×10^{4}t。1981年，阿2井在下白垩统巴彦花群阿尔善组顶部喷发岩油层测试，获日产27t工业油流，进而发现阿北油田。

阿北油田处于阿尔善断层的北上升盘，顶面构造呈似菱形状，呈北东向延伸，构造高点埋深640m（海拔370m），闭合度200m，闭合面积21km^2。

该油田处于大型、中型断层交会处，南为阿尔善大断层，断距100m以上，延伸6～150km。内部断层发育，主要是呈北东向、北西向延伸的断层，断距10～100m，延伸1～3km。

阿北油田储层为多期次喷发熔岩相、喷溢相火山岩体，该火山岩系的上部为自碎屑岩，具气孔—杏仁状孔隙，中部呈致密块状，下部为杏仁状结构。整个火山岩体至少由12期次喷溢相组成。横向上的厚度变化大，有多个火山口存在。

储集空间分为2类5种：第一类为原生气孔和砾内气孔。发育自碎屑或溶蚀砾（粒）间孔隙，可见层状与柱状节理缝；第二类为次生构造缝、溶蚀缝。自碎屑的物性最好，平均孔隙度达19.5%，渗透率11～52mD；气孔状、杏仁状火山岩体的物性较差，虽然孔隙度高达23.4%，但渗透率较低，仅为1.6～2.7mD；致密岩体储层主要为裂缝性，孔隙度为12.1%，渗透率高，具明显的方向性，水平渗透率226～371mD，垂直渗透率1.9mD，储层整体的平均孔隙度为19.3%，渗透率为19.8mD。

②油藏开采特征。

a. 油井产能受控于裂缝的发育程度。裂缝发育程度控制油井投产初期产量，油田的高产区位于东北部，是裂缝相对发育的区域；大尺度构造缝、溶蚀缝是地下油气渗流的主要通道；储层裂缝密度的发育差异决定油井含水上升规律；裂缝密度的变化导致油藏平面上的产量、压力分布不均。

b. 块状油气藏东、西两区差异明显。西部地区底水较活跃，油井见水早，含水上升快，产量递减快；东部地区底水不活跃，油井产能较高，生产稳定性好。

c. 依靠油藏天然能量开采的效率差，注水采油具有重要的意义。

d. 注水后注采见效较快。

（2）克拉玛依油田一区石炭系玄武岩油藏。

该油田有14个火山岩油藏，其探明石油地质储量占油田总储量的14.7%，产量占19%。

一区石炭系玄武岩油藏位于准噶尔盆地西北缘克—乌大逆掩断层带上盘，北边是黑油山断层，南面是克拉玛依断层，该油田面积达32km^2，油层厚45.2m，有效孔隙度9%，有效渗透率5.4mD。

玄武岩沿克—乌断裂带多次喷发，由灰绿色玄武岩、玄武质角砾岩相互叠加，火山岩体巨厚，总厚度达1500m。

在平面上，可分为3个不同的岩相带，即爆发相、溢流相、溢流—飘散相。爆发相在一中区北部鼻状隆起上，火山碎屑岩含量在20%左右，火山角砾岩厚度为74.2m。该岩相带的储层物性好，裂缝发育，油层厚度大，油井产量高，是高产区。溢流相是火山喷溢、泛流的相带，主要岩性为玄武质熔岩，分布面积35km^2，储集性差，油井产量低。溢流—飘散相在火山岩体的边缘，玄武质熔岩呈层状分布，厚度变薄，凝灰岩明显增多，夹有沉积岩，向外过渡为非火山岩相。

根据电子显微镜扫描、铸体、压汞、岩心薄片资料分析，该区储层具有如下特征：

①孔隙类型多样。孔隙类型主要有裂缝、气孔局部充填的晶间孔、晶间溶孔、溶蚀孔等。

晶间孔主要发育在基性斜长石晶体和充填物方解石晶体及斜柱状沸石上，孔径变化为范围在0.15~100μm之间；溶蚀孔、晶间溶孔主要发育在充填于宽大裂缝的方解石、沸石中，为次生溶孔、溶洞，连通性较好，孔径在50~150μm之间；残留孔为气孔未被全部充填而保留下来的残余孔隙，孔径10~1000μm；微孔隙为岩石基质中直径小于0.1μm的孔隙；微裂隙为晶间缝、矿物解理及穿切气孔的微裂缝，缝宽小于50μm，是油气渗滤的主要通道。

②孔隙结构与火山岩相关系密切。

火山角砾岩和玄武质熔结角砾岩为缝洞型储层，孔隙度大于20%，渗透率大于40mD。非润湿相饱和度为79.6%，退汞效率较高，为57%，属大孔—中喉道组合。

玄武质角砾熔岩、溶蚀孔、晶间孔交互分布，连通喉道为微裂缝，孔隙度和渗透率较低，非润湿相饱和度为65%，退汞效率中等，属中孔—小喉道组合。玄武岩中不稳定矿物发生蚀变而形成蚀变玄武岩，次生矿物形成晶间孔，微裂缝较发育，孔隙度低，渗透率相对较高。

致密块状玄武岩的蚀变程度低，主要由玻璃质组成，孔隙度小，若裂缝发育，可成为裂缝性储层。

③玄武岩体裂缝发育。根据岩心观察、地应力测定、测井及试采等资料分析，该区发育的裂缝具有如下特征：

a. 裂缝有五种类型。倾角30°~75°的斜交裂缝、网状裂缝、平行裂缝、树枝状裂缝及垂直裂缝。

b. 裂缝发育程度不均。裂缝线密度在4~9条/10cm之间，最多可达50条/10cm，越接近风化壳，裂缝越发育。

c. 裂缝充填。大多数裂缝被方解石、沸石、绿泥石充填，充填率达83%~100%，个别半充填。这些裂缝充填物次生变化强烈，发育有多种次生孔隙及次生微裂缝。

d. 裂缝相互切割。成岩缝、风化缝及构造缝相互切割。

e. 高角度裂缝多为宽大裂缝。有70%的裂缝开度大于3mm，倾角大于50°，最宽达60mm。低角度裂缝的开度较小，一般小于1mm。

f. 储层的含油性与裂缝发育状况有密切关系。根据荧光薄片观察，早期形成的微裂缝的含油性差，晚期形成的微裂缝含油性好。

g. 构造成因裂缝在油气渗流中起主导作用。不稳定试井资料计算流动系数、测井资料识别井眼长轴方向、3口井的地应力测定等资料证实，裂缝的延伸方向与黑油山断裂平行，这种构造缝在渗流中起主导作用。

一区石炭系玄武岩油藏于1984年开始进行开发试验，1985年开发方案推荐采用300m井距、四点法面积注水井网开发，共有生产井236口，累计产油91.6×10^4t。其主要开采特点如下：

①油藏天然能量不足，油井产量递减较快。一区石炭系油藏有9口油井的单井累计产油量超过3.8×$10^4$$m^3$，其原油产量的递减率较大，折算的年递减率达20.7%~36.0%，平均值为26.8%。

②生产压差大，采油指数低。生产压差高达4MPa，采油指数只有1.89t/(d·MPa)。

③油井产能受火山岩相控制。火山角砾相带的油井产能较高，而其他岩相带的油井产能相对较低。

④油井井距合理。多数生产井之间未见干扰，说明300m井间距适合此油藏。

⑤玄武岩油藏适合低压、低速注水开发。

⑥油井注水见效方向基本上与主裂缝发育方向一致。

四、国内外火山岩油气藏主要研究进展及趋势

随着火山岩油气藏的不断发现，其石油地质特征的研究也越来越深入，通过长期不断的深入探索，在岩浆活动与油气成藏关系、火山岩油气藏类型、成藏特征和成藏模式等方面有重要的进展。

1. 火山岩油气藏成藏进展

1）火山活动与油气成藏的关系

一直以来，在含油气盆地中，由于构造活动的多期性和复杂性，火山岩与沉积岩相互作用，必然在一定程度上对各种油气地质条件及油气成藏要素产生不同程度的影响。冷雪（2006）对火山岩与油气成藏的关系做了比较系统的介绍，认为火山岩与油气成藏的关系，实际上表述的是岩浆热场作用。概括来说，高温岩浆热场对油气成藏是具有破坏作用的，而低温岩浆热场对油气成藏是有利的。张旗（2016）研究发现火山岩油气成藏的关系类似侵入岩，只是表现形式有所不同而已，它们造成一定规模的热场，叠加在早先的地热场之上，改变了油气成藏的过程。

岩浆活动几乎参与了油气生成与演化的全过程，岩浆活动对油气成藏的影响有利有弊，有建设作用也有破坏作用，主要取决于油气的运移、圈闭的形成、火山的喷发期和侵入期的早晚。由于火山岩的物理性质与围岩的差异，它既可以成为油气藏的遮挡层，又可以成为储层，还可以成为弥补浅层泥岩封盖能力不足的盖层。火山喷发期间的异常热效应有利于烃源岩浅埋成熟，深大断裂既是岩浆通道，又是油气运移的通道，它们都有利于油气成藏。

火山活动与油气成藏之间的关系主要表现在以下方面：（1）岩浆活动对烃源岩及其生烃演化的影响主要表现为热作用、催化作用和加氢作用；（2）火山岩作为油气储层，火山锥可导致多种圈闭的出现；（3）火山岩对油气具有良好的储集和封盖作用，另外侵入体也可能对油气运移起到阻挡作用；（4）油气运移需要通道，岩浆侵入体接触带的裂缝发育，是油气运移的重要通道，火山管道和伴生的裂缝也是油气垂向运移的有利通道。

2）火山岩油气藏类型及成藏模式

由于火山岩油气藏具有复杂性和特殊性，其油藏类型划分方案众多，众多学者根据不同的划分依据，对不同盆地的火山岩油气藏类型进行了划分（肖尚斌，1999；刘诗文等，2001；罗静兰，2003；肖敦清等，2003；张占文等，2005；张朝军等，2005；孙粉锦等，2010），主要以构造特征、储层成因、储层特征和圈闭形态进行分类（表1-3）。

表1-3 全球火成岩油气藏分类简表（据卫平生，2015）

序号	划分依据	油气藏类型	代表性学者
1	构造特征	背斜、地层不整合、披覆背斜、古潜山、断鼻、断块、地层上倾尖灭	刘诗文
		断鼻油藏、断块油藏、构造—岩性油藏和断层—岩性油藏	张占文
		受断裂控制的断块油气藏、受断层和岩性控制的断裂—岩性油气藏、背斜或断背斜控制的背斜油气藏	张朝军
2	构造特征和储层成因	抬升淋滤、埋藏溶蚀、构造裂缝、火山碎屑岩、火成岩体侧向遮挡、火成岩接触变质、超覆、披覆	肖尚斌
		风化淋滤、构造裂缝、火成岩体侧向遮挡、接触变质、超覆披覆	罗静兰
		残丘型英安流纹岩油藏、逆牵引背斜型玄武岩油藏、断块性辉绿岩油藏、地层型玄武岩油藏、构造背景上的玄武岩岩性油藏、与火成岩相关的油藏	肖敦清
3	圈闭形态和油气藏封盖要素	火成岩断鼻（断背斜）—岩性复合气藏、火成岩岩性气藏、火成岩低幅背斜（地层超覆）—岩性复合气藏、火成岩构造气藏	孙粉锦
		背斜、断背斜、断块、岩性—背斜、地层—岩性、断层—地层—岩性、断背斜—潜山、层状—潜山和断背斜—背斜	何登发

近年来，众多学者对火山岩油气藏的成藏条件也进行了大量的研究，认为临近或位于烃 源岩中心、继承性构造、良好的储集性能、优越的输导体系、良好的生—储—盖组合、构造形成 期与油气运移期配置关系良好、火山岩裂缝的主要发育期与重要成藏期相近等是火山岩油气藏形成的重要条件（孙红军等，2003；邹才能，2008）。在此基础上，一些学者从典型油气藏解剖入手，根据烃源岩的位置、油气来源、储层岩性类型、储集空间类型、油气充注时间及油气运移调整方式等因素，初步建立了一些火山岩油气藏类型的成藏模式（操应长，2002；付广，2006）。

王伟峰（2012）将火山岩成藏模式分为岩性成藏模式、构造成藏模式、构造—岩性成藏模式、风化壳成藏模式等。构造成藏的典型代表是准噶尔盆地东部石炭系彩31井背斜油气藏；岩性成藏模式的典型代表是内蒙古查干凹陷毛西断层附近油气藏；构造—岩性成藏模式的油气藏典型代表是内蒙古查干凹陷巴润断层附近火山岩油藏和准噶尔盆地乌夏地区夏72井油气藏；风化壳成藏模式的典型代表是辽河坳陷兴隆台古潜山油藏，松辽盆地昌401井气藏、昌76井气藏、汪家屯气藏和肇州西气藏，三塘湖盆地马朗凹陷牛东油藏、马中油藏，黑墩构造带哈尔加乌组火山岩油气藏。

2. 火山岩油气成藏的主要问题及发展

目前，大多数学者主要是从构造成因、构造位置、圈闭特点、储集空间的性质和类型、火山岩油气藏的分类等方面进行研究，较少考虑到油气藏的形态和油气来源。同时，对火山岩油气藏富集规律、成藏机理的认识也比较薄弱，建立的成藏模式也不尽完善，从理论上有效地指导火山岩油气藏勘探与高效开发的作用不强。因此，需要进一步开展典型油气藏解剖，明确火山岩油气藏的类型及分布特征，总结火山岩油气藏成藏机理，建立典型火山岩油气藏成藏模式，并进一步剖析烃源岩与火山岩圈闭的空间配置关系，构造部位与有利岩性岩相的匹配关系、储层优劣性、盖层保存条件等火山岩油气藏关键富集要素，为选择高产富集区提供依据。

3. 火山岩储层表征技术进展

随着国内外火山岩油气藏的不断发现和火山岩储层研究的逐渐深入，火山岩储层作为油气藏勘探的新领域，已经引起了广大学者的极大关注和浓厚兴趣。

国外对火山岩储层研究相对深入的国家是日本，国内最早研究火山岩储层的地区是准噶尔盆地。长期以来，国内外对火山岩储层的研究多偏重于对储层发育特征的描述，储层形成机理方面的研究比较薄弱。20 世纪 80 年代中期以后，随着计算机技术、不同学科之间的交叉和实验分析技术的发展、实验模拟设备的不断完善，使火山岩研究完全脱离了纯岩石学方面的研究，逐渐开始研究火山岩的矿物成分、化学成分、岩石结构、岩石构造、岩石系列类型与演化趋势、火山作用、火山岩岩相和相模式、火山机构与火山构造等。近年来，随着我国松辽盆地火山岩和新疆北疆地区上古生界油气藏的不断发现，其相应的研究工作也在逐渐深入。将野外露头资料、岩心资料结合测井和地震勘探等地球物理资料，借助多种地球物理方法和技术，研究火山岩的岩石学特征、岩相学特征、储集空间类型、储层物理性质、火山机构类型、火山岩喷发类型和分布特征、成岩作用、裂缝和孔隙的演化模式、火山岩储层的控制因素及储层成因模式，并开展了储层地质建模研究（卫平生等，2010；谭开俊等，2010）。

在火山岩油气藏开发领域，开展了针对已开发火山岩油气藏的储层评价；火山岩储层表征及与火山岩储层相关的开发试验研究，为火山岩油气藏有效开发提供依据。但是受火山岩储层的复杂性、技术、方法的制约，火山岩储层表征方面还存在诸多问题。

4. 火山岩储层表征方面存在的主要问题及发展

尽管火山岩油气藏具有很大的资源潜力和发展空间，但其储层非均质性强，如何预测有效储层分布、明确高产富集区块、提高勘探开发效益是迫切需要解决的问题。

（1）由于研究目的和研究对象不同、环境相带与岩相的命名之间无严格界限、基础地质与石油地质研究存在尺度差异等问题，导致火山岩的岩性、岩相和火山岩亚相划分方案众多，没有形成统一的划分方案，特别是火山岩岩相研究是火山岩储层研究的一项十分重要内容。因此，应加强火山岩岩石学和火山岩地质学的基础研究，从根本上解决火山岩的岩性、岩相分类问题，为火山岩储层发育规律和成因机制研究奠定基础。火山岩体是火山岩储层精细地层划分和岩相识别的基础，随着“源控论”学术观点的发展，众多地质学家开始接受这种思想，火山岩体的追踪识别也逐渐成为火山岩储层研究中非常重要的一个方向。

（2）火山岩储层研究多以描述居多，其形成机理研究很少，基础还相当薄弱。应加强火山岩成岩作用及次生作用研究，从根本上解决火山岩储层的形成和演化机理问题，特别是裂缝成因机理，裂缝不仅是火山岩储层重要储集空间，还是良好的渗流通道，裂缝的表征就成为火山岩储层表征的方向之一。通过加强这些基础研究，指导储层地震预测。

(3) 由于火山岩储层十分复杂，相对于沉积岩储层而言起步较晚，目前还没有形成一套有效的火山岩储层预测技术和综合评价方法。地球物理学方法是目前储层预测较为有效的方法，在不同性质的储层预测中都发挥着重要的作用。因此，进一步开展火山岩测井识别技术、非地震综合勘探技术、储层反演技术、地震多属性融合储层预测技术、三维可视化技术、裂缝预测技术和裂缝性储层建模技术等攻关，为精细火山岩储层表征提供技术手段。

(4) 火山岩的典型实例解剖较少，未建立完整的火山岩储层地震模型。从储层岩性岩相、储层物性特征和油藏特征等方面入手，开展全球典型火山岩油气藏实例解剖，建立不同类型的火山岩储层地质模型和油藏模型，为储层表征和建模提供初始模型。

总之，火山岩储层表征是系统的综合研究，应充分利用地质、地震、钻井、测井等资料和多种实验手段，开展研究工作，促成火山岩储层研究从宏观向微观、从定性到定量、从单学科向多学科协同研究，并逐步向智能化方向发展，从而指导火山岩油气藏的高效开发。

第二节 火山岩储层识别理论与技术

一、火山岩岩石学特征

火山岩是火山与火山作用的产物，主要包括火山熔岩和火山碎屑岩两大类，进一步还可以分成多个亚类。火山岩岩石学特征是岩性识别和岩相特征研究的基础。

火山岩岩石学特征与熔浆的成分、性质及火山作用方式密切相关，主要包括火山岩的颜色、成分、结构、构造、分类等基本特征。

1. 岩石颜色

一般来说，铁镁矿物是指 FeO 和 MgO 的含量较高、而 SiO_2 含量较低的矿物，主要包括橄榄石类、辉石类、角闪石类及黑云母类等多呈黑色或暗绿色的矿物。在岩浆岩中，铁镁矿物的百分含量被视为色率，含铁镁矿物多的，颜色深、密度大等；反之，则颜色浅、密度小。玄武岩通常呈深灰色，而花岗岩为灰白色。色率也是肉眼鉴定火山岩的重要指标，就钙碱性岩石而言，色率越高，岩石就越偏基性；反之，则越偏酸性。如橄榄岩的平均色率为 90、辉长岩的平均色率为 30~50、闪长岩的平均色率为 20~30，花岗岩的平均色度则小于 10。

2. 矿物成分

岩浆岩的化学成分是鉴定岩性、划分岩石类型的基础，特别是对于结晶差、颗粒很细的火山岩来说，化学成分特征是识别和分类的主要依据。火山岩的矿物组成取决于岩浆的化学成分和结晶环境。

火山岩的主要造岩元素包括 O、Si、Al、Fe、Mg、Ca、K、Ti 等，其总量占火山岩总质量的 99%以上，其中，O 含量在火山岩中所占比例最大，达 46%以上，因此，火山岩的化学成分，通常以氧化物的百分比来表示。其中，SiO_2 是火山岩中最重要的成分，它和各种金属元素形成多种硅酸盐矿物，各种硅酸盐矿物又是火山岩主要的矿物组合。所以火山岩实际上是硅酸盐岩石。根据火山岩中 SiO_2 的多少，分为超基性岩（<45%）、基性岩（45%~52%）、中性岩（52%~65%）和酸性岩（>65%）四大类。图 1-11、图 1-12 为常见火山岩示例。

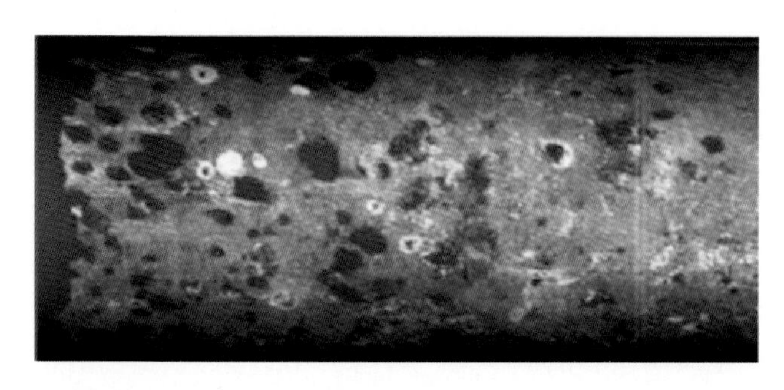

图 1-11　新疆克 81 井，深灰色基性玄武岩（SiO_2 含量一般在 45%~53. 5%）

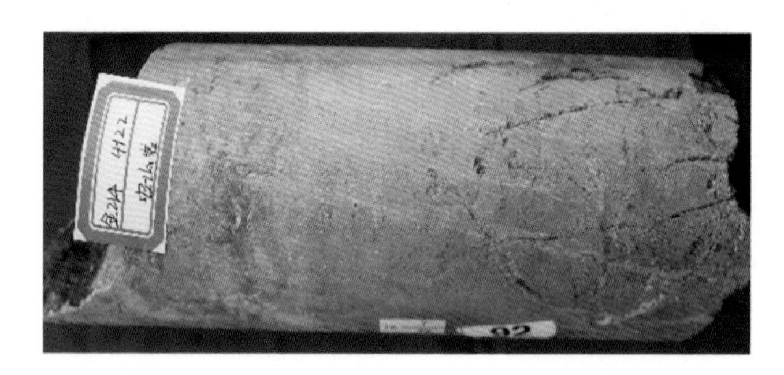

图 1-12　新疆 J214 井，灰色安山岩（SiO_2 含量一般在 53. 5%~62%）

火山岩的重要造岩矿物包括长石、石英、黑云母、角闪石、辉石、橄榄石等（石英属于氧化物），这些矿物占火山岩矿物总含量的 99%。造岩矿物又可以分为浅色矿物和暗色矿物，浅色矿物有石英、长石等，暗色矿物有黑云母、角闪石、辉石、橄榄石等。

火山岩矿物成分与相应岩浆的化学成分之间有密切的关联，岩浆的化学成分决定了火山岩的基本矿物组成，但是矿物颗粒的大小、数量、颗粒之间的相互关系、成分及同质多象变体等，又随岩浆结晶条件而变化。因此，通常鉴定和认识火山岩，首先是从研究岩石的矿物组成开始，进而推断代表相应岩浆的岩石化学成分和结晶年代。

3. 岩石结构

岩石结构主要指岩石组成部分的结晶程度、颗粒大小、自形程度及其相互关系。一般而言，岩石结构所表现出来的特点，取决于岩石形成时的物理化学条件，如岩浆的温度、压力、黏度、冷却速度等。

岩石结构按照不同的标准有不同的划分方案：

（1）根据结晶程度，岩浆岩结构分为全晶质结构、半晶质结构和玻璃质结构三类，火山岩结晶程度差，多数为半晶质甚至玻璃质结构，全晶质结构主要见于深成侵入岩，这种划分方案可大致反映岩石结晶情况；（2）根据主要矿物颗粒大小，岩浆岩结构分为显晶质结构和隐晶质结构两类，凡是凭肉眼或借助放大镜能分辨出矿物颗粒的，称为显晶质结构（根据矿物颗粒平均直径大小，进一步细分为伟晶结构、粗粒结构、中粒结构、细粒结构和微粒结构），否则为隐晶质结构（根据矿物相对大小，进一步细分为等粒结构、不等粒结构、斑状结构及似斑状结构）；（3）根据矿物的自形程度，岩浆岩结构分为自形晶结构、半自形晶结构和他形晶结构；（4）根据组成岩石颗粒的相互关系划分的结构非常多，肉眼能经常看到的主要有文象结构和条纹结构。

火山熔岩以斑状结构最常见，其中，流纹岩基质中最常见的是球粒结构、隐束结构、霏细结构和玻璃质结构，英安岩和安山岩基质具玻晶交织结构，玄武岩基质具交织结构。

1）斑状结构

斑状结构指组成岩石的矿物颗粒大小相差悬殊，大颗粒散布在小颗粒中，主要见于流纹岩中；大颗粒发育完整则是斑晶，主要为石英和长石；小的微晶、隐晶质或玻璃质称为基质；斑晶和基质的矿物粒度截然不同。火山岩斑状结构的斑晶和基质一般是先后两期结晶形成的产物，在地下深处，岩浆首先结晶出斑晶，随后携带斑晶的熔浆喷出地表，快速冷却形成晶体较小的基质。如在安山岩中常具有斑状结构，其斑晶矿物成分为长石、辉石、角闪石、云母，基质为玻璃质、长石微晶和细粒辉石等。

2）球粒结构

球粒结构指纤维状长石、石英等晶体围绕某一中心径向排列呈放射状球体，正交偏光下常具十字消光，主要发育在酸性火山岩中，具球粒结构的流纹岩可称为球粒流纹岩；其成因有两种，一是过冷却结晶形成，另一种为玻璃质脱玻化作用而形成。

3）隐束结构

隐束结构指纤维状长石、石英近同向平行排列，具平行消光，主要见于流纹岩。

4）霏细结构

霏细结构指由极细粒、纤维状长石、石英集合体组成的结构，主要发育于霏细岩和流纹岩基质；若颗粒界限模糊、不规则、呈显微隐晶结构，为脱玻化形成的原生结构；反之，若颗粒界限清晰、较规则、呈显微花岗结构，为过冷却形成的次生结构。

5）玻璃质结构

玻璃质结构是岩浆迅速喷发到地表后，由于温度骤然下降，岩浆来不及结晶而形成的结构；玻璃质一般呈玻璃光泽，具贝壳断口，它们会因发生脱玻化作用而逐渐转化为结晶物质。

6）玻晶交织结构

玻晶交织结构主要是指长石微晶呈半定向排列或（和）杂乱分布于玻璃质中，常见于安山岩。

7）交织结构

交织结构指基质中长石微晶定向排列或半定向排列，其间有少量的玻璃质、隐晶质、磁铁矿等暗色矿物充填，主要发育于玄武岩。

火山碎屑岩按不同的标准，岩石结构分类不同。以含量超过50%为界，按主要碎屑物质的粒径大小划分为：集块结构（>50mm）、火山角砾结构（2~50mm）和凝灰结构（<2mm）。以粒度分类为基础，考虑碎屑成分和成因，可进一步细分为：

（1）若碎屑物质由熔结火山岩组成，则在粒度结构类型前冠以“熔结”二字，划分为熔结集块结构、熔结角砾结构和熔结凝灰结构三种；

（2）若碎屑物质由熔岩组成，在“熔岩结构”前冠以相应的粒级，细分为集块熔岩结构、角砾熔岩结构和凝灰熔岩结构三种；

（3）对沉火山碎屑岩，在粒度结构前冠以“沉”字，划分为三种，即沉集块结构、沉角砾结构和沉凝灰结构；

（4）对火山碎屑沉积岩，火山碎屑物质多为小于2mm的火山灰和火山尘，因此，在正常沉积岩结构名称前冠以“凝灰”二字，可分为凝灰砂状结构、凝灰粉砂状结构、凝灰泥状结构等。凝灰结构是火山碎屑岩中最常见的一种结构。

4. 岩石构造

火山岩的构造特征不仅对了解火山岩产状、分层及喷发特点有帮助，而且还可以帮助了解火山岩的地质成因。与火山岩地质体的构造不同，火山岩岩石构造是指岩石中不同矿物集合体之间的排列方式及充填方式，岩浆岩的岩石构造除与岩浆本身的特点有关外，还与岩石形成时的地质因素（构造运动、岩浆的流动等）有关，常见的岩石构造包括块状构造、斑杂构造、带状构造、柱状节理构造、气孔构造、杏仁（体）构造、流纹构造、流状构造、珍珠构造、石泡构造、枕状构造、流面构造和流线构造、绳状构造、原生节理等。

1）块状构造

块状构造也称均一构造。指岩石中各种组成成分均匀分布，矿物排列也不显方向性。因此，从岩石各部分来看，几乎都是均一的。这里必须指出的是，在实验室内依据一块或两块标本来确定块状构造可靠性差，必须结合野外的宏观观察，才能正确断定。

2）气孔和杏仁构造

地下深处的岩浆多数富含有挥发性气体，但当岩浆喷出地面，压力减小，气体便立即逸散，因而在多数熔岩中都会产生气孔构造（图1-13），气孔的数量在不同的熔岩或熔岩的不同部位差别较大。气孔构造是熔岩（特别是中基性熔岩）中常见的构造。

气孔的形态多样，有圆形、椭圆形、圆柱形和其他不规则形。气孔大小一般为几毫米，有的达几十毫米。如果气孔被次生矿物充填，则称为杏仁构造，充填的杏仁体成分通常为方解石、玉髓、石英、沸石等。杏仁构造见于基性熔岩、中性熔岩、酸性熔岩。

图1-13　气孔构造的气孔沿层分布

3）枕状构造

黏度较小的基性岩浆在海底喷发时，经常形成一些大小不等、形似枕状的团块，通常称为枕状构造或者枕状熔岩（图1-14）。

4）流状构造

流状构造是处于液态或黏性阶段的岩浆喷出地表后，顺着地面低坡流动时形成的一种构造形态（图1-15），其特征是下列要素成定向线状排列：

（1）柱状、针状或条片状矿物晶体；

（2）拉长的气孔或空洞；

图 1-14 深海枕状熔岩

(3) 长条状的捕掳体（围岩掉进熔岩未被完全融化的残留部分）；

(4) 长条状的深色析离体（岩浆中早结晶的铁镁矿物集合体）；

(5) 长条状的火山碎屑物（包括岩屑、晶屑和玻屑）。

这些要素作定向线状排列是岩浆线状流动或面状流动的结果。这些要素的长轴方向就是当时岩浆流动的方向。这些要素作定向线状排列的现象与流水运木材的情况相似，木材刚投入河中是杂乱无章的，然而随流水的定向流动，最后能使木材具有统一的运动方向。流动构造在火山岩中十分常见，无论是基性熔岩还是酸性熔岩中都比较发育。

应该指出，上述这些要素的定向线性排列，有时并不一定与岩浆流动方向相一致，如岩浆流到某一突然开阔地带，流线将可能与流动方向垂直相交。

图 1-15 流状构造（安山岩中的长石定向排列）

5）流纹构造

流纹构造虽然具有流状构造的特点，但又有其特殊性。流纹构造主要由颜色和结构不同的条带所显示。它是由黏度较大的熔岩在流动过程中形成的。在中酸性熔岩中这种构造非常常见（图 1-16）。

图 1-16　流纹岩的流纹构造

6）柱状节理构造

火山岩的柱状节理主要是指没有上覆岩石压力下冷却收缩而形成。由于冷却的缘故，在刚凝结的岩石中产生垂直方向的张裂隙，这样就形成两个或三个垂直于接触面的裂隙，彼此间呈近于 120°的角，结果产生六边形、五边形或四边形的柱状节理（图 1-17、图 1-18）。这种柱状节理是易于流动的基性（或中性）岩浆冷却时经常产生的，因为基性岩浆具有高度的均一性和活动性，在其中有均匀分布的中心网，有利于生成几何外形规则的柱状节理。如爱尔兰、南高加索、中国江苏六合方山和四川嘉陵江上游的玄武岩中，这种柱状节理都比较常见。但在流动性较差的酸性火山岩中，柱状节理很不发育，通常出现的是水平节理或板状节理。

图 1-17　玄武岩柱状节理（一）

7）珍珠构造

珍珠构造是酸性火山玻璃质岩石经常见到的一种构造，其特点是岩石中出现大小不等、近圆形的破裂纹，肉眼观察手标本时，能见到许多形似珍珠的小球体，因此人们称其为珍珠构造。每个珍珠小球体像洋葱一样，由多层壳皮组成，这是由于黏度大的火山玻璃受冷收缩时所引起的。

图 1-18 玄武岩柱状节理（二）

8）石泡构造

该构造一般不常见，有时在一些酸性熔岩中出现。石泡构造的特点是岩石中有比较完整的、由多层同心圆壳空腔套所组成的大球体，各层同心圆壳由放射纤维状晶体组成。壳间或球体核部有时为空腔，有时则被石英、玉髓等次生矿物所充填。

9）斑杂构造

在一些火山熔岩中，有时能见到一些暗色矿物团块不均匀分布的现象，这些暗色矿物团块多半为岩浆早期凝聚结晶的异离体，由于其存在引起了岩石结构上的不均匀性，因此称为斑杂构造。熔结凝灰岩中常见这种构造。

10）绳状构造

这是一种宏观的熔岩流动构造，固结的熔岩呈绳状或索状。这是易流动的熔岩在流动过程中形成的构造（图 1-19、图 1-20）。

图 1-19 玄武岩绳状构造

图 1-20 玄武岩绳状熔岩

5. 次生蚀变作用

火山岩的形成、演化分为成岩作用和次生作用两个阶段，成岩作用即熔浆喷出地表冷却成岩的过程；次生作用阶段相当于砂岩的成岩后和表生作用阶段，指喷出地表的熔浆冷却成岩石所发生的热液交代、动力变化和风化淋滤作用的过程，可进一步分为热液期、表生期和埋藏期，主要包括破裂作用、充填作用、交代作用、脱玻化作用和溶解作用。熔岩和火山碎屑岩的次生变化与碎屑岩有很大不同，但也有某些相似性。表 1-4 是熔岩、火山碎屑岩与正常碎屑岩的成岩次生变化阶段及主要作用的对比。

表 1-4 碎屑岩—火山岩成岩次生变化对比

<table>
<tr><th colspan="2">碎屑岩</th><th colspan="2">熔岩</th><th colspan="2">火山碎屑岩</th></tr>
<tr><th>成岩阶段</th><th>成岩作用</th><th>成岩阶段</th><th>成岩作用</th><th>成岩阶段</th><th>成岩作用</th></tr>
<tr><td rowspan="2"></td><td rowspan="2"></td><td>成岩阶段</td><td>冷却成岩作用</td><td rowspan="2"></td><td rowspan="2"></td></tr>
<tr><td>热液成岩阶段</td><td>热液矿物充填作用</td></tr>
<tr><td>同生阶段</td><td>海解作用、陆解作用</td><td>表生阶段</td><td>水化反应
表生矿物充填
淋滤作用</td><td>同生阶段</td><td>水化反应</td></tr>
<tr><td>成岩阶段</td><td>微生物作用、压实作用、胶结作用</td><td rowspan="2">埋藏阶段</td><td rowspan="2">交代作用
充填作用
溶蚀作用</td><td rowspan="2">成岩阶段
后生阶段</td><td rowspan="2">压实作用
交代作用
充填作用</td></tr>
<tr><td>后生阶段</td><td>压实压溶作用、有机质成熟作用、交代作用、黏土矿物转化、溶蚀作用</td></tr>
</table>

二、火山岩岩性识别技术与理论

火山岩的岩性识别是火山岩评价最为重要的基础工作，岩性识别及划分结果可直接指导岩相的划分、物性及含油性评价。

Sanyal 等（1979）最先针对流纹岩、玄武岩和凝灰岩的自然伽马、密度、中子和声波测井曲线绘制了直方图和交会图。Benoit 等（1980）讨论了在玄武岩、流纹岩、英安凝灰岩及花岗岩中的密度、中子、声波和自然伽马测井响应。Khatchikian（1982）针对阿根廷某盆地的火山岩地层，利用密度—中子、密度—声波测井频率交会图、M—N 频率交会图和 Z 值图等对岩性进行了识别。

在国内，黄隆基等（1997）分析了火山作用过程并总结出一套利用测井响应识别火山岩的岩性、岩相的基本方法。朱爱丽等（1997）利用测井相分析技术，精细地确定了大港油田枣北地区沙三段的火山岩的岩性。范宜仁等（1999）在新疆克拉玛依油田利用交会图技术有效识别了该区的火山岩岩性，并对裂缝进行了有效识别。高秋涛等（1998）用不连续岩心的各种特征，精细地刻度了地层微电阻率成像测井资料，绘制了石西油田火山岩地层岩性柱状图和裂缝剖面图。之后，陈建文（2000）、黄布宙等（2001）、刘为付等（2002）根据测井资料，分别使用聚类分析法、模糊聚类方法、模糊数学方法识别火山岩。丁秀春等（2003）、赵建等（2003）、杨申谷等（2003）使用测井响应交会图识别火山岩。陈钢花等（2001）总结了火山角砾岩、凝灰岩的测井响应特征和地层微电阻率成像图像识别模式。张莹等（2007）给出了玄武岩、安山岩等熔岩类及火山角砾岩、凝灰岩等火山碎屑岩类的 FMI 识别模式图。此外，席道瑛等（1994）、夏宏泉等（1996）、邹长春等（1997）、张洪等（2002）、刘为付等（2002）、潘保芝等（2003）、张世晖等（2003）、张平等（2009）分别利用模式识别、神经网络等方法，对火山岩的岩性进行了识别。

以上对火山岩岩性识别都是基于火山岩在重磁、地震、测井、岩心及薄片、地球化学等方面，均有区别于其他岩石的特征。想要识别火山岩岩性，就必须从这些资料入手。

从以上研究成果可以看出，火山岩岩性识别方法主要包括重磁方法、地震方法、常规测井方法、测井交会图识别法、成像测井岩性识别法、测井数据处理方法等。其中，重磁方法、地震方法适用于大范围火山岩岩体的圈定。常规测井方法主要是依据测井曲线的形状来判定火山岩的岩性。而曲线形状又是一种相互比较的结果，并且不同地区的火山岩测井曲线又有不小的差异；因此这个方法主要适用于有经验的工作人员对岩性相近地区的火山岩岩性识别。岩心薄片方法是火山岩岩性识别的可靠方法，但是由于受钻井取心数量的限制和火山岩非均质性的特性制约，一般情况下不能作为油气田火山岩识别的主要方法，只能作为其他方法的标定和识别结果检验（石新朴等，2016）。现实应用中经常采用成像测井与元素俘获谱测井（ECS）相结合的方法来鉴定岩性。测井数据处理方法主要有模糊数学法、主成分分析法、Fisher 判别法和神经网络法等。但是各种方法都有一定的局限性，值得注意的是，现在较有成效的方法大多都是两种方法或者是多种方法相结合。

三、火山岩岩相识别与划分技术

“相”是地质体中能反映成因的地质特征的总和。火山岩岩相一词由苏联学者较早引入地质文献。早期主要指火山熔岩，即喷溢相或溢流相火山岩。火山岩岩相是指火山喷发过程中所形成的岩石类型及其所处环境的综合响应，能够揭示火山岩空间展布规律和不同岩性组合之间的成因关系。典型的火山岩岩相划分方案在国内外经历了长期的发展历程。

1978 年，科普切弗 · 德沃尔尼科夫按火山岩产出条件和岩体形态分为原始喷发相、次火山岩相和火山通道相。原始喷发相包括流状熔岩亚相（熔岩流、熔岩被和熔岩角砾岩），喷出亚相（熔岩、岩浆角砾岩以及岩钟等其他岩石）和爆发亚相（火山碎屑和火山—沉积岩）。次火山岩相多呈岩盘、岩床、岩墙及岩株，主要由流纹岩、英安岩、玄武质斑岩或玢岩组成。火山通道相一般分为简单构造岩颈和复杂构造岩颈两种类型，主要由各种

（隐爆）角砾熔岩、熔结角砾岩和玢岩或斑岩组成。

Lajoie（1979）按成因将火山碎屑岩分为自碎屑岩相和火山碎屑岩相。前者是熔岩流在空中、陆上或水中、水下流动过程中，因受到摩擦或急剧冷却而发生碎裂作用、再经熔浆冷凝胶结而形成。

李石和王彤（1981）根据火山岩在地表、地壳和火山输导通道中形成的地质环境不同（即岩相的产出条件不同），将火山岩岩相划分地表（海底和陆面）形成的喷发相组、在地壳（地下）形成的次火山岩相组、充填火山输导通道的火山通道相三个相，三个相可细分为八个亚相。

Fisher 和 Schmincke（1984）按搬运方式和沉积环境，将火山碎屑岩分为火山碎屑流相、陆上降落火山碎屑岩相、陆上喷发水下降落火山碎屑岩相、水下喷发冲积相、水下火山碎屑岩相、火山灰流相。每种岩相可进一步划分为若干微相。

Gas 和 Wright（1987）按物源特征和搬运方式，将火山岩岩相划分为熔岩流、火山碎屑岩相、火山碎屑降落沉积相、陆上碎屑流和涌浪相，凝灰岩相、水下碎屑流和深海火山灰相。每种岩相可进一步划分为若干微相。

金伯禄和张希友（1994）依据长白山第四纪火山岩的详细研究资料，按火山物质搬运方式、定位环境与状态，划分为四类相及十一个亚相。包括爆发相（空落堆积、崩落堆积、碎屑流堆积、基浪堆积），喷崩与喷溢相（喷崩相、喷溢相），侵出相及潜火山相（侵出相、潜/次火山相），喷发—沉积相（火山喷发—沉积、火山泥石流及石堆）。

陶奎元（1994）按喷发形式、喷发环境、堆积环境和搬运方式，划分出 11 种火山岩岩相。分别为喷溢相、降落（空落）相、火山碎屑流相、涌流相、地面涌流（干涌流）和基底涌流（湿涌流）、火山泥流相、火山爆发崩塌相）、侵出相、火山口—火山颈相、次火山岩相、隐爆发角砾岩相、火山喷发沉积相。邱家骧等（1996）按喷发形式、喷发环境、堆积环境、搬运方式、侵位机制、火山机构位置，划分出 11 种火山岩岩相。划分结果与陶奎元（1994）的分类方案基本一致。

谢家莹（1996）按岩浆作用方式划分出 13 种岩相。其中与喷发作用相关的岩相有喷溢相、爆发空落相、火山碎屑流相、爆溢相、基底涌流相、火山泥石流相、喷发沉积相七种。侵出作用形成火山颈相和侵出相。侵入作用形成潜火山相、隐爆角砾岩相、侵入相。火山间歇期形成火山湖盆沉积相。

刘祥和向天元（1997）主要依据对长白山、五大连池等中国东北地区新生代的典型火山岩发育区的火山岩和火山碎屑堆积物研究结果，按火山碎屑堆积物形成方式，将火山碎屑岩分为四种岩相，包括火山喷发空中降落堆积物、火山碎屑流状堆积物、火山泥流堆积物、火山基浪堆积物。刘文灿等（1997）通过对大别山北麓安徽金寨—河南商城一带晚侏罗世金刚台组火山岩研究，划分出爆发相（火山碎屑流、崩落堆积）、喷溢相、喷发—沉积相、潜火山岩相。谢家莹等（2000）对东南地区竹田头 J_3—K_1 火山岩—沉积岩序列进行研究，划分出五种岩相，并详细描述了各种岩相的岩石组合特征：喷溢相由流纹岩、安山岩组成；火山碎屑流相的岩石类型包括熔结凝灰岩、熔结角砾岩、弱熔结角砾岩；爆发空落相包括晶屑凝灰岩、集块岩、角砾岩、凝灰角砾岩、角砾凝灰岩、含集块角砾岩、集块角砾熔岩、晶屑凝灰岩夹砂岩等；喷发沉积相由沉凝灰岩和沉角砾凝灰岩组成；沸溢相为凝灰熔岩。

火山岩岩相的厚度、物质组分、碎屑粒度、结构构造、熔结程度等在纵向上和横向上具有规律性变化，找出火山岩岩相在三维空间上的变化特征和规律，对恢复火山作用过程，重建地质历史，了解火山岩储集物性及成岩期后生变化对储集物性的影响，正确圈定油气聚集具有重要意义。

综上可知，不同的火山岩岩相具有不同的岩石组合，控制了不同储集空间的发育，是决定油气富集与否的重要因素。目前火山岩油藏的研究对象大多是隐伏的和多旋回产物，所以需要用一定的技术手段来识别和划分隐伏的火山岩岩相。在火山岩油气藏研究中，可通过露头、岩心或岩屑来观察和准确标识基本地质属性，进而划分岩相；不同的岩石组合具有各自的测井、地震响应特征，所以，在火山岩岩相识别和划分时，通常采用测井、地震技术来综合识别和预测岩相展布。

四、火山岩裂缝识别与评价技术

裂缝是指岩石在外力作用下，因失去内聚力而发生各种破裂或断裂所形成的片状空间。作为火山岩储层的基本地质特征，裂缝不仅是火山岩体形成储层的重要条件，还是溶蚀孔、洞发育的控制因素。因此，裂缝特征研究是火山岩储层表征技术极其重要的组成部分，是储层测井解释、储层综合评价及井网部署、开发方案编制的基础和关键（王拥军，2006）。裂缝的识别与评价对于裂缝储层评价具有重要意义。

国外对裂缝性储层的地质研究要追溯到 20 世纪 80 年代。Rigby（1980）利用中子测井资料对玄武岩、玄武质角砾岩、安山岩和凝灰岩地层的裂缝进行了识别和研究。Ne1son 等（1985）总结了天然裂缝研究理论和技术方法，出版了《裂缝性储层地质分析》。Koshlyak 等（2000）针对裂缝性花岗岩储层，建立了一套利用测井资料评价孔隙度的方法。近十年来，国外的裂缝研究在测井方法上取得了显著的突破，通过岩心及成像测井技术来精细描述地下裂缝的各种参数。在 20 世纪 70 年代，国外开始用地震方法进行裂隙检测，先后经历了横波、多波多分量和纵波裂缝检测等阶段。

国外裂缝识别的主要技术有：（1）露头区地质调查和岩心观测法；（2）岩心实验室分析法；（3）各种常规测井和特殊测井方法；（4）重磁电方法；（5）基于地震数据的构造应力场数值模拟方法；（6）利用地震与测井技术相结合的方法来确定裂缝发育带等。各种预测研究方法都有其优点和不足，在实际的应用中，要根据研究区的实际地质情况，选择合适的方法，组成合理的裂缝预测配套技术，常采用综合多手段、多信息的方法来解决裂缝预测问题。

在国内，不同地区发育不同类型的裂缝性火山岩油气藏。1989 年，江苏油田在闵桥地区发现了古近系火山岩断块油藏，该区火山岩储层裂缝十分发育，裂缝类型有冷凝收缩裂缝、风化溶蚀裂缝、角砾间裂缝和构造裂缝等类型。阎新民（1994）系统研究了准噶尔盆地火山岩储层的测井曲线形态、数值和参数组合等特征，提出了应用计算参数识别火山岩裂缝的技术。克拉玛依油田九区石炭系油藏、大港油田的枣 35 区块都是裂缝非常发育的火山岩油藏。位于新疆准噶尔盆地西北缘的车排子油田，其车 21 井区石炭系油藏为典型的火山岩裂缝性储层，发育不同尺度的断裂和裂缝，这些断裂系统控制了油气的聚集。王全柱等（2004）在室内对裂缝系统中裂缝的产状、开度等进行了模拟研究，建立了一套适用于商 741 地区火山岩储层的评价方法。曹毅民等（2006）将探测深度较深的常规测井资料与分辨率高的电成像测井相结合，对裂缝性储层进行了定量评价。王建国、何顺利等（2008）以大庆徐深气田火山岩储层裂缝为研究对象，描述了岩心裂缝特征、裂缝的常规测井和成像测井响应特征，利用曲线元的原理和算法，建立了裂缝的定量判别标准。周文华、郑丽萍等（2008）在南堡油田应用地震资料研究火成岩体内部的频率、振幅特征，指出了存在火成岩裂缝时火成岩体频率和振幅的变化特征和一般规律。刘为付（2008）利用双侧向电阻率，在识别裂缝类型基础上，建立裂缝孔隙度解释模型，并在相应地区进行了验证，取得了较好的效果。

火山岩油气藏多年的勘探开发证明，裂缝性油气藏具有较大的勘探潜力。裂缝预测一直以测井信息为主，随着地球物理技术的发展，已逐渐将地震资料用于裂缝预测。

第三节　火山岩油气藏储层分类评价

储层综合评价是广泛选用各种评价参数，综合相应的技术方法，对储层的储集能力和渗流能力进行系统而全面的分类，进而给出相应的评价。

一、火山岩双重介质储层定量表征

1. 储层表征

在自然界中，把具有一定储集空间并能使储存在其中的流体在一定压差下流动的岩石称为储集岩。由储集岩所构成的地层称为储层。地下油气储层具有强烈的非均质性。这种非均质性表现在不同的规模，包括油藏规模、岩相规模、孔隙规模等。如果在地面露头和现代沉积环境，可以直接观察和测量这种非均质性，然而，地下储层像一个“黑箱”，无法直观地看到，所以需要借助一些地下资料，如岩心、测井、地震等，但是这些资料是间接地反映储层性质，因此，地下储层的规模及属性参数具有不确定性，展现出的是一个“灰箱”，是一个部分信息已知、部分信息未知（实际上大部分信息未知）的一个地质体。

储层表征是应用多学科信息定量描述地下非均质储层的一个过程，这一过程包括三个层次，即特征识别、特征描述和三维建模。

特征识别是指应用探测手段识别储层特征。比如，根据岩心和测井资料识别火山岩的岩性、岩相及裂缝预测等，这是储层表征的基础。

特征描述是对已识别的储层类型进行成因机理分析，探索储层及其特征要素的分布规律，并从一维或二维的角度来描述储层的外部形态及内部结构特征，如火山岩岩的性、岩相的平面分布情况。

三维建模是指建立储层特征三维分布的数字化模型，是储层表征的最高层次。三维储层模型是一套利用计算机存储和显示的储层数据体，把储层三维网块化后，对各个网块赋以各自的参数值，按三维空间分布位置存入计算机内，形成了三维数据体，这样就可以进行储层的三维显示，并进行任意切片（不同层位、不同方向）及各种运算和分析，从而深入认识地下非均质储层，极大地方便了油藏评价和油藏管理。从本质上讲，三维储层建模是从三维的角度对储层进行定量化描述并建立其三维模型，其核心是对井间储层进行多学科综合一体化、三维定量化及可视化的预测。三维储层建模是油气勘探开发的发展要求，也是储层研究向更高阶段发展的体现。

2. 储层表征进展

储层表征技术都是因生产实践的需要而发展起来的，是理论与实践结合的最佳选择。储层表征最早由美国能源部研究所提出。1985 年 4 月 29 日至 5 月 1 日，在美国达拉斯举办“储层表征技术进展会议”，也是第一届国际储层表征会议，将储层表征定义为：定量地确定储层性质（特征）、识别地质信息及空间变化的不确定过程。与储层描述相比，除具有从定性到定量的变化外，储层表征最显著的特点是与油气藏管理相结合，主要体现在两个方面：一是建模过程中油气藏生产动态资料的反馈，使地质模型不断完善；二是储层表征成果往往直接应用于油气藏评价和开发，不仅可以优化油气藏开发方案，还可为油气藏管理提供依据，从而达到提高油气藏管理的目的。理查德、刘孟惠等认为，储层表征包含技术和效益两个层面，技术层面上又包含动态和静态两个层次；效益层面主要是提高采收率和使企业效益最大化。因此，储层表征技术是理论与实践结合的最佳选择。

在储层的定义中，地质信息应包含两个要素：一是储层的物理性质，主要指储集体内部物性（孔隙度、渗透率、含油性）的不均一性，即非均质性；二是储层的空间特性，即储层在空间上的外部形态特征（几何特性），三维空间上岩性的变化或延伸范围（也称构型）。

自第一届国际储层表征会议之后，美国于 1989 年、1991 年和 1997 年分别召开了三次国际储层表征技术研讨会。其后，在美国每年的 AAPG 年会，均设置“储层表征与建模”的专题。

中国自 1985 年开始将“油气储层评价研究”列为部级重点科研课题，目前更是将储层表征与建模作为油藏评价和油田开发的必备工作。

储层表征技术的发展经历了三个阶段：（1）储层静态描述阶段（1985—1989 年），以储层岩石学、沉积学和成岩作用为研究内容，采用定性和定量相结合表征手段；（2）储层建模阶段（1989—2001 年），以储层地质建模和储层非均质性表征为主要研究内容，引入了地质统计法、地质与测井综合法、地质与地震综合法等表征方法；（3）储层综合表征阶段（2001 年至今），其显著特点是与油气藏工程紧密结合，表征内容包括了油气藏地质属性、流体性质的动态变化与跟踪等等，三维地震、井间地震、二维多分量地震及三维多分量地震等成为储层表征的重要方法。目前，储层表征技术已发展为集地震、测井、地质、计算机等多学科，高分辨率层序地层学、储层建筑结构分析、非均质规模等新理论，露头研究、现代沉积调查、密井网资料、生产动态研究及地质统计学、神经网络等多种手段和方法于一体的综合研究过程。

储层表征技术的发展趋势大致体现在以下方向：（1）从宏观到微观发展：随着地震技术的发展，通过井—震信息结合，已能较好地预测储层的宏观展布特征，同时，应用岩心可深入研究储层的微观孔隙结构；然而，对于地震分辨率难于达到的储层内部结构规模，是储层表征技术的重要攻关目标；（2）从定性到定量发展：近 20 多年来，储层表征的重要发展动向就是通过储层沉积学、地质统计学、高分辨率地震技术和水平井技术等，定量描述储层构型及岩石物理参数的三维空间展布，建立定量的三维储层地质模型；同时，出于定量储层表征与建模的需要，定量储层地质模式和成因机理的研究也得到了充分的重视；（3）从单学科到多学科集成化方向发展：目前，国内外储层研究的显著特点是紧密围绕油气勘探开发的需要，发展多学科综合研究，即综合地质、测井、地震、油藏工程、数学地质、计算机等各种技术手段，多专业协同合作，以提高储层表征的精度。

二、储层有效性评价技术

就双重介质储层而言，孔隙是主要的储集空间，裂缝则主要起渗流通道的作用。因此，储层基质的储集能力及有效性评价至关重要。定性评价方法和手段包括岩心观察和描述、薄片显微镜下观察、CT 扫描等，定量评价方法则有岩心物性分析、测井解释、压汞实验定量分析和核磁共振实验分析等。

岩心观察和描述是储层研究的基础工作，通过岩心观察的储集性和含油性，可粗略地判断储层基质的有效性。

在目测观察岩心的基础上，通过显微镜可仔细观察岩石的微观结构，包括岩石薄片（单、正交镜下的比较）、铸体薄片、荧光薄片、扫描电子显微镜等，可对岩石的微观结构形成直观的认识，特别是孔隙、裂缝及其之间的连接模式。然后结合微观孔隙结构实验（压汞实验、离心实验和半渗透隔板实验）资料，仔细分析不同孔隙、裂缝之间的网络连接模式在驱替过程中的表现特征，获得相应的微观孔隙结构参数。这是储层评价中最重要的环节之一。

储层物性直接反映储层的储渗能力，对于一般的孔隙性储层来说，储层物性相对较好，孔隙度和渗透率之间的相关关系也比较好，流体主要通过孔喉网络渗流。但是对于裂缝性储层来说，由于裂缝多发育在物性相对较差、性脆、致密的岩石，所以如何有效地评价储层的储渗能力非常重要。储层储渗能力是岩石孔隙、喉道或孔—洞—缝连接结构的具体表现。首先，按岩性、层位对储层进行筛选、分类；然后，建立储层的孔隙度和渗透率关系交会图。一般来说. 如果储层孔隙度和渗透率之间的关系有比较明显的规律，说明储层的孔喉系统相对单一，相关性越好，储集性越好；如果储层的孔隙度和渗透率之间的关系复杂且规律性较差，说明储层或具有多重孔喉系统，甚至发育微裂缝。

火山岩储层的测井评价目前已经做了大量的工作。如李宁等（2009）从酸性火山岩测井响应特征分析、酸性火山岩岩心实验出发，系统介绍了岩性判别、基质和裂缝孔隙度计算、基质和裂缝饱和度计算、渗透率计算等酸性火山岩测井解释的理论和方法。火山岩油气藏的测井评价主要包括岩性、岩相评价，储层识别与物性参数评价，储层流体性质评价等方面，其中裂缝评价及孔隙度、流体饱和度等储层参数的确定是储层评价的关键。储层评价所用测井资料仍以常规测井为主，但会充分利用特殊测井信息及特殊岩心分析数据。

CT 扫描不破坏岩石的形态，直接观察岩石的孔隙发育特征及孔隙之间的连通情况。特别是缝洞型储层，由于储集空间发育不均匀，在不破坏岩石整体形态的状况下，可以定性或半定量地了解岩石的孔隙结构。在裂缝性火山岩储层中，经常使用 CT 扫描研究储层的空间发育特征，从而对有利储层空间分布进行预测。苗春欣等（2015）在研究车排子地区火山岩储层时，利用显微镜观察及 CT 扫描成像方法，对车排子地区石炭系火山角砾岩、安山岩和凝灰岩进行原生孔隙及裂缝研究，并结合测井等资料，对火山岩有利区带进行预测。一般通过 CT 扫描，可以清晰地看出岩石孔隙结构的分布情况，所以 CT 扫描是一种无损岩样且可快速评价储层的方法。

利用核磁共振评价储层性能是近年发展起来的一种实用而有效的方法。最初主要基于核磁共振实验，分析储层基质是否具有可流动性，之后发展的核磁共振测井技术极大地拓宽了评价范畴，可以研究储层微观结构及流体类型。

三、储层分类评价方法

储层综合评价是指在各单项评价的基础上，综合各种技术方法和储层参数，对储层进行系统、全面的分类，进而评价各类储层质量的优劣。储层分类评价是储层综合评价的重要组成部分，可以为后期储层预测、储量计算、地质建模和井网部署等提供一定的依据。储层的分类评价早在20世纪50年代就已开始，主要是采用储层物性和孔隙结构参数进行分类评价，它能粗略地评价储层的储集能力和产能。由于各油气田的地质情况各不相同，因此各种分类评价方法都仅适用于其所研究的地区。

储层研究最终结论在于判断出储层基本类型，并给出各分类参数的指标界限，达到储层分类与评价的目的。

1. 评价参数

1）参数的选择

实践证明，能用于储层分类评价的参数有很多，如有效厚度、渗透率、孔隙度、孔隙结构参数、层内非均质程度等。因为一项参数只能从一个方面表征储层的特征，因此在评价某一具体的储层时，必须采用多项参数综合方法，从多个方面进行评价。所选用的参数，在不同地区、不同油田、不同研究目的和不同的勘探开发阶段应该有不同的侧重点，因而评价参数的选择范围和参数的重要程度也有不同。

一般来说，储层综合评价主要选择以下六类参数：

（1）油层厚度：如地层厚度、砂泥岩厚度、有效厚度等；

（2）油层物性：如有效孔隙度、绝对孔隙度、有效渗透率、粒度中值、分选系数、泥质含量等；

（3）孔隙结构：如孔隙类型及分布状况、平均孔隙半径、孔喉比、最大连通喉道半径、最小非饱和体积孔喉分选系数等；

（4）沉积相带：所属亚相、微相及其特征；

（5）油组分布状况：如含油面积、油砂体个数、油层连通情况、储层钻遇率等；

（6）生产参数：油层压力、日产量、每米采油指数等。

储层评价主要包括确定储层微相类别、建立“四性”关系（岩性、物性、电性、含油性）、明确储层分布规律、评估流动单元的连续性、评价微观孔隙结构特征、评价储量丰度、预测油气分布规律等内容，在不同的勘探开发阶段，由于资料录取的精度不同，对储层的认识程度也不一样，故储层综合评价的任务也不相同。对不同类型的油藏而言，由于开发方式的差异，储层评价工作也应有所侧重。在油气藏不同开发阶段，上述参数各有侧重。

（1）油藏评价阶段。属于对油气藏早期评价认识，以地质资料为主体，依据地震、测井、地质对储层在三维空间的分布和储层参数变化分析，做出基本预测，物性、电性、岩性岩相和储层空间特征参数参与储层分类评价。

（2）开发设计及方案实施阶段。本阶段认识储层的资料比较多，已建立起各研究单元的储层静态模型，因此，储层综合评价要力求准确，以保证重大开发决策的科学性，选用对渗流作用起主要作用的参数、表征渗透率非均质程度的参数、粒度中值、表征岩性特征的参数、夹层频率、夹层密度等。

（3）管理调整阶段。已具有一段时间的开发历史，在注入驱替剂未做改变以前、即未采用改善注水或三次采油开采以前的整个开发过程，在前面参数的基础上，可增加压力、产量及采油指数等参数。

2）参数优选的方法

利用多元回归分析、R 型主因子分析、多种非线性单相关分析等数学分析方法，筛选上述各参数，作为评价参数。

（1）多元回归分析。

多元回归分析是指在相关变量中将一个变量视为因变量，其他一个或多个变量视为自变量，建立多个变量之间线性或非线性数学模型数量关系式并利用样本数据进行分析的统计分析方法。

（2）R 型主因子分析。

将有一定相关程度的多个变量进行综合分析，从中确定出在整个数据矩阵中起主要作用的变量组合，把多个变量减少为相互独立的几个主要变量（即主因子）。

（3）多种非线性单相关分析。

从多个变量中剔除与因变量关系不密切的参数。输入各个研究单元的物性参数和孔隙结构参数，进行多元逐步回归分析，得出储层主变量参数；对主变量进行 R 型因子分析，得出孔隙结构主参数；对渗透率、孔隙度和孔隙结构等参数进行 Q 型聚类分析，得到储集岩分类结果。

根据储集岩的分类结果，结合其他资料对各类储层进行评价。

2. 评价方法

许多学者已开展储层评价方法研究。1966 年，Leversen 用孔隙度和渗透率对储层进行分类评价，2000 年，Robison 基于 2000 块岩心样品的观察，应用孔隙度、渗透率、岩石表面结构、毛细管压力形状（C-经验参数）进行储层储层分类评价，Wekeng 提出根据毛细管压力曲线 20%、35%和 50%汞饱和度对应的 R_{20}、R_{35}、R_{50}值，对储层分类评价。

随着油田开发的不断深入，多学科交叉综合研究，使储层综合评价日趋综合性、定量化和计算机化。由于不同油区储层总的特征不同，选用分类标准的出发点也不同，所以许多油田的储层综合评价及分类标准不尽相同。在确定了评价参数后，按评价方法给出具体的分类标准，同时得出评价结论。

常用的方法有“权重”评价法、聚类分析法、模糊综合法、模拟试验法等。这些方法多借助相应的数学原理，编制出计算软件。主要步骤如下：

（1）原始数据预处理，将因为量纲不同而产生的数值悬殊尽量缩小，建立初试数据矩阵；

（2）建立评价标准，根据储层参数分布特征，分为Ⅰ级、Ⅱ级、Ⅲ级、Ⅳ级、Ⅴ级等；

（3）输入参数权值，建立分析评价矩阵；

（4）建立分析矩阵；

（5）选择可靠程度，输出储层评价结果。

目前，国内外对储层研究非常重视，总的趋势是从宏观到微观、从静态到动态对储层进行综合分析，然后分类评价。储层评价是在综合分析以后，用来认识地下油气藏的各种特点，为编制开发方案服务。

第四节 火山岩油藏开发

世界许多含油气盆地存在火山岩，火山岩油气藏丰富的国家主要有俄罗斯、美国、印度尼西亚、中国、古巴等国。一些火山岩具有较好的储集能力、蕴藏丰富的油气资源，可成为油气富集的油气田。因此，火山岩油藏的开发逐渐受到重视，与传统沉积岩储层不同，火山岩油藏有其特有的开采特征。

一、主要开采特征

火山岩油藏由于受地质条件限制，油藏的建筑结构、储层特征、油水分布、储渗模式和渗流机理等均比较复杂，使得该类油藏的开采特征具有特殊性。

辽河盆地黄沙坨油田于1999年9月因在黄沙坨构造完钻小22井获得高产工业油流而发现，至今已经历了20年的开发（曹海丽，2003），其中沙三段发育火山岩储层。在该油田开发过程中，对火山岩油藏的开发特征形成了系统性认识。从生产特征上来看，显示出储层非均质性强、单井产能差异大、平均产能较高的特点，裂缝发育带的油井产能明显高于裂缝不发育带的油井。从生产井的产能分布来看，高产井的累计产油量占全油田总产量的85.3%，所占的比例较大。对见水特征来说，构造高部位的油井无水采油期相对于构造边部的油井要长；裂缝发育带的高产井一旦见水，会发生暴性水淹，产油量将迅速下降。

大港油田枣35区块是一个裂缝性火山岩稠油油藏（孙建平，2005），是少数进行注水开发的火山岩稠油油藏。该油藏首先采用衰竭式开采，一年后开始注水开发。在注水开发过程中，地层压力变化特征为先降后升，原始压力从17.55MPa降到最低5.5MPa，之后回升到8.08MPa，但产油量一直呈现递减趋势，未出现反弹，注水后年产油量仅为注水前的25.9%，整体注水增油效果未达到预期目的。与此同时，油井见水后，综合含水率快速上升，具有显著的窜流特征，油层快速水淹。

胜利油田滨南沙三段油藏也是一个发育孔缝双重介质、低压的火山岩稠油油藏（李晓红，2011）。该油藏采用天然能量弹性驱开采，原始压力高，能量消耗快。其开发特征包括：（1）产量递减快、油藏无稳产期；（2）无水采油期和含水率上升速度差异大，距油水界面很近或位于油水界面上的井，没有无水采油期或无水期很短，位于构造高部位和中心部位的井，有一定或较长的无水采油期，例如位于构造高部位的井投产初期含水率1.52%，开采10年后，综合含水率仅为11%；（3）油井见水后，含水率上升快，呈直角式上升，不少油井1~2年内含水率即达90%以上而出现水淹；（4）由于存在数量众多的垂向裂缝，油井易发生暴性水淹。

各火山岩油气藏的开发实践表明，总体上火山岩油气藏具有以下开采特征：

（1）产能变化快，单井产量差异大。火山岩油气藏在纵向上和横向上含油气分布不均匀，造成各油气藏的产能差异大，而且同一油藏内不同部位（甚至相同部位）的生产井产能也相差悬殊；

（2）递减快，稳产难度大。油气井的产量达到峰值以后，快速进入递减阶段，很少出现稳产期；

（3）对于天然能量充足的油藏，溶解气驱的采收率较高；

（4）油气井见水后，含水率上升快。火山岩油气藏一般发育高角度裂缝，当油气井出现底水水锥，开始含水后，含水率一般上升较快，不少油气井在1~2年左右的时间内，含水就高达80%以上，进而出现水淹甚至暴性水淹，油气井生产周期减短或关停；

（5）井间干扰严重。火山岩的裂缝系统导致火山岩储层有较高的导流能力，使得不同距离的生产井之间水动力关系密切，因而造成井间干扰，甚至井距较大的油井也不例外。

二、关键开发技术

火山岩油藏开发是一个新的研究领域，在其特殊、复杂的油藏地质背景下，缺乏可供借鉴的成熟的开发理论与技术。针对复杂的地质条件、特殊的开采特征，在缺乏开发基础理论指导和可借鉴开发模式的情况下，从火山岩油藏储层特征地质及有效开发理论入手，通过建立适合火山岩油藏特点的有效储层预测和井位优选技术、提高单井产量和开发优化技术，解决储层认识与井位优选、开发规律与开发模式等问题，指导火山岩油藏规模开发。

从目前资料来看，除了日本八桥油田、新疆克拉玛依一区、江苏闵桥、内蒙古阿北油田曾进行过注水试验外，其他油藏均采用天然能量开采或衰竭式开采。总体上看，注水开采并未起到其应有的作用，但是，火山岩油藏能否注水开发，还应进一步地科学论证之后再确定，如克拉玛依一区的火山岩油藏通过注水，产量递减减缓、采收率提高，地层能量逐步恢复。在开发方式的选择上，应恰当优化注水时机；生产压差不宜过大，注采比不宜过高；采用周期注水的方式（赵一农，2010）。

数值模拟技术能以最经济的手段进行开发技术优化论证。大港油田枣35块开采方式优选论证过程中，通过应用CMG公司的数值模拟技术，确定该裂缝性火山岩油藏在天然能量衰竭式开采后，适时采用蒸汽吞吐接替开采，而不能采用水驱开采（王毅忠，2004）。

火山岩井网密度优化目前主要采用油气藏工程方法与经济评价相结合的方法来论证。吐哈油田ND火山岩油藏根据压力恢复测试、脉冲试井分析等，确定了油井的泄油半径（孙欣华，2011），对储层评价后，不同级别储层分别进行了综合研究（表1-5）。升平火山岩气田开发研究中（张威，2006），从经济评价、气藏工程及数值模拟角度，分别计算升平气田的合理井网密度，认为升深1井区和升深2井区分别采用1400m和1000m的井距最佳。

表1-5　ND油藏不同储层类型油井泄油半径（据孙欣华，2011）

类别	储层类型	泄油半径（m）	合理井距（m）
A	裂缝不发育、孔洞发育较差	90	180
B	裂缝不发育、孔洞发育较好	140	280
C	孔洞发育好、裂缝较发育	200	400
D	孔洞发育好、裂缝发育好	280	560

对低渗透火山岩油气藏开发来说，水平井的开发效果优于直井。在低孔隙度、低渗透率、动用程度低、裂缝不发育区，应用水平井技术可以获得较高的单井产能。作为国内火山岩开发的典型地区，徐深气田的火山岩气藏通过对水平井进行优化设计，取得了良好的

开发效果（李伟，2012）。具体做法是在建立三维精细地质模型的基础上，通过对布井区带、层位、水平段长度、井轨迹等方面进行优化设计，最终部署的水平段的储层钻遇率达到98%，产能是同层位直井的5倍，开发效果得到明显改善。

火山岩储层类型复杂、埋藏深、温度高、岩石致密、裂缝发育、低孔隙度、低渗透率，油层的自然产能低，需要采取增产措施才能获得良好开采效果。火山岩油层增产技术措施目前主要是采用水力压裂增产技术。火山岩油藏水力压裂的配套技术有其特点，需要考虑实际的地质情况，有针对性地进行技术攻关。姚锋盛等（2013）针对松辽盆地和三塘湖盆地的火山岩储层特点，采取了五种工艺处理措施进行压裂增产改造，建立了火山岩裂缝启裂与延伸的“千层饼”模型与“仙人掌”模型，更好地表征火山岩储层人工裂缝数、滤失及在空间的展布特征；采用包括近井摩阻、停泵压力梯度、滤失系数、微量裂缝条数等在内的多种特征参数进行快速解释诊断；选取不溶性降滤失剂和胶塞暂堵的前置液降滤失技术，提高压裂液的效率；针对不同的裂缝发育程度，确定了相应的裂缝控制延伸技术及优选压裂液体系来进行压裂增产改造。

第二章　火山机构及岩相模式

识别火山机构对火山岩油气藏勘探和开发都具有十分重要的作用。火山机构是火山岩分布的主体部分，控制着火山岩相带的划分。火山机构主体位置常常以火山喷发中心为典型特征，火山喷发中心常常是火山岩储层的发育区、油气高产区，因此寻找火山机构的主体位置，在火山岩勘探中尤为重要。火山机构反映火山岩岩相的横向上、纵向上变化特征，所以可通过分析火山岩的岩相特征，建立火山岩的岩相模式，进而分析火山机构的岩相组合及其特征，指导火山机构的识别描述，在此基础上建立火山地层格架，为火山岩油气藏勘探开发提供基础。

第一节　火山岩野外露头

火山喷发形成的各种碎屑岩及熔岩，一般具有比较显著的特点。在对火山岩进行野外研究时，可借用某些对沉积岩的研究方法，查明各个岩相的结构、构造、厚度、产状及层序等。

现代火山主要指新近纪以来有过活动的火山，主要包括活火山、休眠火山及火山形态保存较完整并有近期活动证据的死火山。现代火山一般保存有比较完整的火山机构，第四纪以前的古火山机构，一般都已遭受不同程度的破坏或严重破坏，火山锥的地貌形态已部分改观或完全改观，特别是由于多期次喷发的火山口，其喷发物的特点各不相同，火山机构也更复杂，通过对现代火山的研究，可对研究古老火山活动的特征有所借鉴。本节在对火山锥和古火山口研究的基础上，选取国内外的典型火山，分析其岩相类型和相模式。

一、火山岩野外露头特征

1. 火山锥特征

1）火山锥的物质组成及分类

第四纪中心式火山的喷发中心，通常形成高出附近地面的锥形山，即火山锥。根据物质组成可分为：

（1）碎屑锥：完全由固体火山碎屑物质（火山弹、火山角砾、火山灰）组成；

（2）熔岩锥：完全由基性—酸性成分的熔岩组成；

（3）混合锥：由固体火山碎屑物与熔岩混合组成，熔岩多为夹层或成互层，又称层状火山锥。混合锥是现代火山的主要类型。

2）火山锥形态的观察

火山锥的形态主要取决于火山喷发的机能、物质组成及火山机体被破坏程度的差异，因而表现出不同的形态特征。

形状完整的火山锥，一般呈圆锥形或椭圆锥形，锥顶呈漏斗状凹陷，直径数十米至数百米，锥顶边缘出现环状火山口垣。如在长白山主峰白头山顶的天池，由于漏斗状的火山口积水而形成火山湖。但是，大多数碎屑锥及混合锥由于多次喷发，或喷发的位置倾斜，火山锥一般多出现缺口，呈一面倾斜的盆状洼地。

在碎屑锥和混合锥的边缘，由于风化侵蚀和水流冲刷，火山锥的斜坡上常发育有从山顶向山麓呈放射状的粗短冲沟，即羊尾沟（图 2-1），沿羊尾沟可作为地质考察路线，一般能取得关于火山锥结构特征的可靠资料。

图 2-1　山西大同狼窝山火山锥和羊尾沟素描

火山锥由于其组成物质不同，常呈现出不同的形态。由碎屑岩组成的火山锥，锥顶坡角一般较陡，约 40°~45°，锥下部的坡角较缓，约 30°左右。由熔岩组成的火山锥，根据岩性的不同，其形态亦不相同。基性熔岩由于具有极大的流动能力，锥顶的坡角约为 10°，下部坡角约为 2°，锥底面积大，锥坡平缓形如盾牌，又称盾形锥（图 2-2）。而酸性熔岩由于黏性大，不易流动，锥坡极陡而锥底面积小，有时形成岩穹、岩钟形态。

在火山锥形成以后，如果在原来锥口或其附近，再喷发形成的火山锥，则称为寄生火山锥，其物质成分不一定和先期的火山锥相同。因此，一般根据对火山锥的观察，特别是火山弹或火山眼堆积的位置，可以比较容易发现第四纪火山口的位置。

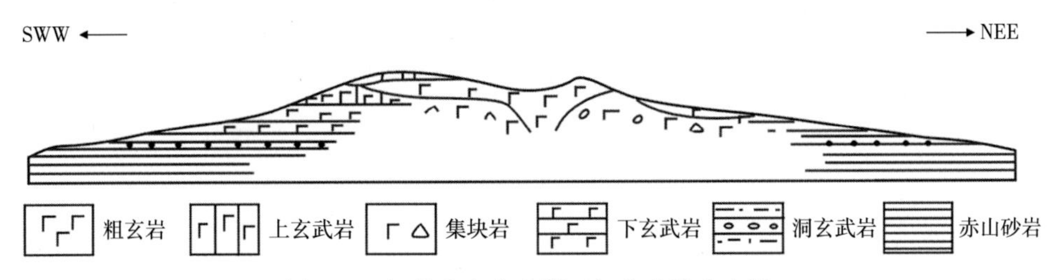

图 2-2　江苏南京方山第四纪玄武岩火山锥

2. 火山口特征

火山物质喷出地表的出口称为火山喷出口。喷出的火山物质在喷出口周围堆积形成的喇叭状、漏斗状或其他各种形状的洼地，都称作火山口（图 2-3）。喷出口出现在火山口底部深处，为火山颈的顶端。火山口的直径范围为几十米到几百米，有的达一千米以上。火山口的深度一般为几十米。

火山喷发常常伴随着部分火山口或与其毗连的地区发生塌陷，常在地表形成巨大的洼地，即所谓的破火山口（图 2-4）。破火山口的直径一般几千米到十几千米，个别达 20~

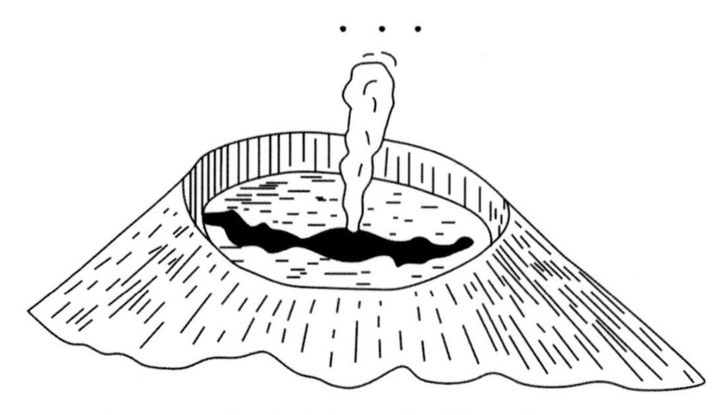

图 2-3　火山口与喷出口（据李石和王彤，1981）

30km，深度几米到几百米。这种破火山口后来常常积水成湖——火山湖，如中国长白山天池就是火山湖的典型代表（图 2-5）。

图 2-4　破火山口

各个火山口的喷发机理和形成的岩性、岩相、构造特点不同，往往表现出各种不同的特点。以下是识别火山口的一些标志，也是可以认为是古火山口的特征。

（1）火山口附近形成的火山碎屑岩的粒度较大，常为集块岩、火山角砾岩，而远离火山口，碎屑物粒径逐渐变细或为凝灰岩代替，同时混入陆源、溶液沉积及其他成分的碎屑物质。随着远离火山口距离的增大，陆源碎屑成分和数量逐渐增多，颗粒的分选、层理等也更为明显。

（2）熔岩或火山碎屑岩在火山口附近一般较厚，而远离火山口逐渐变薄。对一些易于流动的基性熔岩来说，距火山口越远，其厚度有时反而越大。另外，熔岩厚度的变化还取决于与火山活动时发生的构造运动和古地形有关。因此，当利用这个标志识别火山口时，务必综合考虑。

图 2-5 长白山天池

（3）火山岩产状（包括火山碎屑岩的层理及熔岩的流动构造）。一般来说，火山岩的走向常呈环形包围火山口，而倾向通常是指向火山口外侧，只在少数情况下，由塌陷形成的破火山口倾向内侧，并且在火山口附近，倾角较陡，而远离火山口则逐渐变缓。

（4）火山喷发的后期阶段，常伴有射气—热液活动，火山口附近岩石的热液蚀变（次生石英岩化、碳酸盐化、矿化等）较强，而远离火山口则逐渐减弱或未见蚀变。

（5）火山口附近一般见有环状、半环状及放射状裂隙系统。这些断裂性质主要属张性或张扭性，有时这些裂缝被岩墙（脉）或矿脉充填。因此，发现环状及放射状岩脉系统，往往可以确定火山口位置。

（6）火山口附近常有晚期侵入的次火山岩体分布。如果是裂隙式火山喷发，这些次火山岩体常呈带状或串珠状分布。

（7）大量流动构造、磁异常特征、地貌上反映的环形山、大型凹地等，均可借以分析古火山喷发中心的存在。

3. 国内外典型火山露头

现代火山的研究对于古火山活动分析具有重要意义。黄玉龙等（2006）利用 Google Earth 软件，测量和分析统计了一些典型的现代火山的规模、形态，并对其进行总结，其形态特征参数见表 2-1，在此基础上归纳出火山的特征及标志，进而对火山机构的物理模式做了进一步的认识和剖析，并将这些认识应用于松辽盆地古火山研究。

表 2-1 一些典型现代火山形态特征参数（据黄玉龙等，2006）

火山名称	锥体高度（m）	长轴（m）	短轴（m）	坡度范围（°）	平均坡度（°）	火山类型	岩石类型
St. Heles	1435	13	8	8.3~24.3	20.3	单锥层	玄武质安山岩
长白山	—	27	15	5.7~28.6	15.7	多锥层	粗面岩碱流岩
Fuji	2136	24	18	17.7~28.3	22.3	单锥层	玄武质安山岩

续表

火山名称	锥体高度（m）	长轴（m）	短轴（m）	坡度范围（°）	平均坡度（°）	火山类型	岩石类型
Vesuvius	947	9	7	12.7~32.7	23.0	叠锥层	安山岩
Nyiragongo	1215	16	10	11.3~17.6	15.0	多锥层	安山岩
Kilauea	1113	52	21	1.5~4.0	3.1	火口喷溢型盾状火山	拉斑玄武岩
Mauna Loa	4101	96	48	3.4~8.9	6.2	火口喷溢型盾状火山	玄武岩安山岩
Etna	2658	22	16	8.2~12.7	9.9	火口喷溢型盾状火山	玄武岩
Nyamuragi	769	43	24	7.3~11.7	9.5	火口喷溢型盾状火山	白榴玄武岩

1）达里诺尔火山群

达里诺尔火山群位于内蒙古锡林郭勒盟和赤峰交界地带、达里湖的西北部地区，属于第四纪火山，火山数目众多，达上百座。达里诺尔火山群早期有大规模玄武岩溢流，形成较大范围的熔岩台地，后期熔岩溢流叠加在早期形成的熔岩台地之上，一起形成了波状起伏的火山区地貌，整体呈周边低、中间高的阶梯台地状展布，中部火山密集的地区向上隆起呈脊状，大部分火山锥体的相对高度仅在50~130m之间（李霓等，2017）。

断裂构造控制着达里诺尔火山群的火山活动，火山大部分为中心式或裂隙—中心式喷发，火山喷发类型多为斯通博利式，火山锥的形态呈圆锥状或截顶圆锥状，火山锥体多由火山喷发碎屑物组成。一些新的火山还保留着相对较为完整的火山机构，包括火山渣锥、火山口、熔岩溢出口、降落和溅落堆积物、塌陷坑、熔岩流、喷气锥等（图2-6）。

2）大同火山群

山西省大同一带分布的大同火山群，是第四纪喷发、今后不会再喷发的死火山（安卫平等，2008）。大同火山是成群出现的，又称大同火山群。火山形态多样，有圆锥形、马蹄形、盾形、垄岗形和火山小鼓包等（图2-7）。这些火山散布于大同盆地的冲积平原上，构成桑干河两岸独特的火山垄岗起伏的平原地貌。其地貌类型有圆锥形火山、马蹄形火山、盾形火山、垄岗状火山、鼓丘形火山、半锥形火山等。

大同火山的火山物质主要是火山碎屑，其次是玄武岩，玄武岩既有在陆上喷发，又有湖中喷发。火山碎屑有火山渣、火山集块岩、火山角砾、火山砾、火山豆、火山砂、火山灰等。火山碎屑颗粒随着与火山口距离的增大而逐渐变小（翟姣，2011）。在火山群北边，火山以爆发式喷发为主，熔岩厚度比较小。盾形火山以溢流式喷发为主，火山碎屑喷发物含量低。熔岩流是熔融的玄武岩浆溢出地表后在地面流动形成的，其单层厚度一般为1~6m，在桑干河两岸可厚达3~10m，个别地段厚度可达25m左右。玄武岩多有皱纹状或绳状构造，多气孔。

图 2-6 达里诺尔火山群的喷发产物（据李霓等，2017）

（a）火山渣锥；（b）塌陷破火山口；（c）火山垣溅落堆积物；（d）熔岩流；（e）喷气碟；（f）熔浆团块挟带的辉石巨晶

（a）大同马蹄形金山火山　　（b）肖家窑羊尾沟

图 2-7 大同马蹄形金山火山和肖家窑羊尾沟（据翟姣，2011）

3）腾冲火山群

腾冲火山群是中国西南区最典型的第四纪火山，出露的火山锥有70余座，火山岩分布面积达750m^2。腾冲火山喷发有裂隙式喷发和中心式喷发两种，裂隙式喷发是在上新世和早更新世，喷发物质多为基性玄武岩和粗玄岩，柱状节理发育。而中心式火山喷发时期是在更新世和全新世，喷发的岩性分为两大类：一类是中性或中偏酸性的安山岩与英安岩，另一类是基性或基性偏中性的玄武岩与安山玄武岩（穆桂春等，1982）。

腾冲各期火山喷发岩的岩性有一定的变化：上新世为玄武岩和粗玄岩，早更新世为安山岩及英安岩，中更新世为橄榄玄武岩，晚更新世为橄榄玄武岩和安山玄武岩。全新世为橄辉玄武岩、玄武岩和橄榄玄武岩。这反映了腾冲火山群呈基性岩—中性岩—基性岩的喷发旋回，并处于连续活动过渡状态。

腾冲地区的火山地貌分为火山锥和熔岩台地。其中，火山锥有五种类型，分别是截顶圆锥状火山锥、面包形层状火山锥、锥形层状火山锥、叠置层状复合巨火山锥和盾状火山锥。熔岩分为环火口熔岩台地、环火山锥熔岩台地和裂隙溢出的熔岩台地三种。

4）福建云霄金坑火山

金坑古火山口位于靖城—大溪断裂带南段，该处残留的火山喷发物的面积约80km^2，火山口的地形呈现出一个大型凹地，海拔200~250m；围绕火山口分布有环形山脉，海拔500~700m。

火山口主要由爆发成因的火山碎屑岩组成，距火山口愈远，碎屑物粒度逐渐变细，由集块岩、集块熔岩过渡为火山角砾岩、熔结角砾岩或熔结凝灰岩。岩层产状向外倾斜，并大致呈环状分布或半环状展布。

环形山由流纹质、英安质晶屑凝灰熔岩、流纹岩及薄层凝灰岩组成，岩层产状亦向外倾斜，倾角20°~30°。

在火山口凹地中，已发现四个火山颈，其岩性主要有石英斑岩、流纹岩、英安斑岩等，平面上呈圆形或椭圆形，直径从数十米到1500m不等。在火山区中部，次生石英岩化、黄铁矿化等蚀变矿化现象普遍，放射状及半环状张性裂隙发育，并多被次火山相花岗斑岩脉或岩墙侵入充填。

从火山口的构造和地貌特征分析，金坑古火山口的形成主要是由于火山中心塌陷和长期侵蚀加大的结果，并且以侵蚀为主。

二、火山岩岩相及相模式

1. 火山岩类型

1）火山岩分类

火山岩是指由火山喷发的岩浆在地表快速冷却而形成的岩石。其岩性多种多样、千差万别，已命名的岩性就有1000多种。熔岩是由岩浆溢出地表凝固而成，所以它的形成与火山作用有关，而火山作用包括了地下岩浆通过火山通道喷出地表的全过程，它既包括火山喷发作用，又包括与火山喷发有联系的侵入作用，同时还伴随有火山碎屑物的堆集作用。因此，熔岩、次火山岩及火山碎屑岩都属于火山岩的范畴。

火山岩的分类方法也有很多种，目前大部分学者将火山岩分为熔岩和火山碎屑岩两大类，火山熔岩是指火山喷发溢流出的熔浆冷却形成的岩石，火山碎屑岩是指火山爆发出来的各种碎屑堆积。火山熔岩分类有两个方法：一是按矿物成分进行分类，二是按岩石化学成分分类。由于火山岩颗粒细小，难以定量统计组成矿物含量。所谓的矿物成分分类，是指用化学成分计算标准矿物组成，然后借用深成岩的矿物成分双三角分类图，进行火山岩的分类（Chayes，1981）。岩石的化学成分是指用常量元素或微量元素划分火山岩类型（Winchester，1977）。

1989 年国际地科联（IUGS）推荐的火山岩分类方案是按 SiO_2 的质量百分数划分火山岩岩性的酸度分类法。按照 SiO_2 含量的变化，将火山岩分为四类：超基性岩（<45%）、基性（45%~52%）、中性岩（52%~63%）、酸性岩（>63%）。根据碱金属氧化物与 SiO_2 含量的比值 $\delta=(NaO+K_2O)^2/(SiO_2-43)$ 可将火山岩划分为：钙碱性系列（<3.3）、碱性系列（3.3~9）、过碱性系列（>9），这种分类方法称为碱性分类方法。

根据火山岩的氧化物含量进行火山岩分类的方法还有 TAS 图解分类法，TAS 图解是用 SiO_2、K_2O、NaO、Al_2O_3、Fe_2O_3、MgO、TiO_2 等常量元素含量确定火山岩的岩石类型，这种方法在国内外应用都比较广泛。国际地科联火山岩分类学分委会推荐的 TAS 图解分类标准如图 2-8 所示。

上面三种都是根据火山岩氧化物成分来进行分类的火山岩分类方法，需要获得岩石的全氧化物资料，同时不具成因意义，因此，在应用上受到一定的限值。

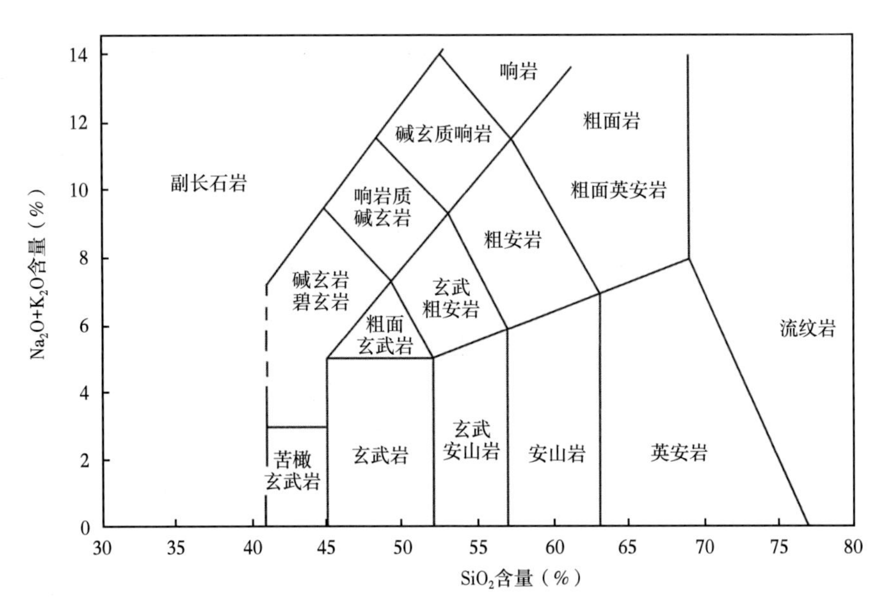

图 2-8　火山岩的 TAS 图分类

[据国际地质科学联合会（IUGS）火成岩分类学分委会，1989]

国际地科联（IUGS）（1989）定义的火山碎屑岩包括空落、流动和基浪沉积，还包括地下和火山通道沉积。对火山碎屑岩分类，邹才能（2012）提出，首先根据其物质来源、生成方式、胶结类型，划分为火山碎屑熔岩、火山碎屑岩和火山—沉积碎屑岩三大类，再根据粒级组分划分为集块岩、角砾岩和凝灰岩；再以火山碎屑物态、成分和结构予以详细定名（表 2-2）。

表 2-2　火山碎屑岩分类（据邹才能，2012）

分类		火山碎屑熔岩	火山碎屑岩		火山—沉积碎屑岩	
			熔结火山碎屑岩	普通火山碎屑岩	沉火山碎屑岩	火山碎屑沉积岩
火山碎屑含量（%）		10~90	>90		50~90	10~50
成因类型		火山碎屑熔岩类	高空降落型火山碎屑岩类	火山碎屑（灰）型火山碎屑岩类	沉积火山碎屑岩	火山碎屑沉积岩类
胶结方式		熔结、胶结为主	熔结为主	压实为主	压实和水化学胶结	
粒径（mm）	>64	集块熔岩	熔结集块熔岩	集块岩	沉集块岩	凝灰质角砾岩
	2~64	角砾熔岩	熔结角砾岩	火山角砾岩	沉火山角砾岩	凝灰质角砾岩
	<2	凝灰熔岩	熔结凝灰岩	（晶屑玻屑）凝灰岩	沉凝灰岩	凝灰质砂岩

任康绪（2014）的划分方案首先按照岩石结构—成因特征分为火山熔岩类、火山碎屑岩类和次火山岩类，再按照化学成分进行划分，最后按照 6 种构造—成因因素以词头形式加到基本岩石名称上完成定名。该分类方案较王璞珺和冯志强（2008）分类方案在基本岩石类型上更为简化，将化学成分相近的岩石划作同一主体，同时突出了储集空间特征在火山岩分类中的重要性。按照该方案进行火山岩分类，在油气勘探开发中更容易建立测井识别图版，便于井—震结合和储层综合评价研究，在实际运用中更为便捷、有效。

表 2-3　火山岩岩性分类方案（据王璞珺和冯志强，2008）

岩性	火山碎屑体积含量（%）	结构	成分		岩石类型	成岩方式
			类型	SiO_2 含量（%）		
火山熔岩类	<10	熔岩结构	基性	45~52	玄武岩/气孔杏仁玄武岩	冷凝固结
			中基性	52~57	玄武安山岩/玄武粗安岩	
			中性	52~63	安山岩、粗面岩/粗安岩	
			中酸性	63~69	英安岩	
			酸性	>69	流纹岩/碱长流纹岩、球粒/气孔/石泡流纹岩	
		玻璃质结构	多为酸性，基性—中性都有	一般>63	流纹质/安山质/玄武质珍珠岩/黑曜岩/松脂岩/浮岩	

续表

岩性	火山碎屑体积含量（%）	结构	成分		岩石类型	成岩方式
			类型	SiO_2 含量（%）		
火山碎屑熔岩	10~90	熔结结构/碎屑熔岩结构	基性	45~52	玄武质（熔结）凝灰/角砾/集块熔岩	冷凝固结
			中性	52~63	安山质（熔结）凝灰/角砾/集块熔岩	
			中酸性	63~69	英安质（熔结）凝灰/角砾/集块熔岩	
			酸性	>69	流纹质（熔结）凝灰/角砾/集块熔岩	
		隐爆角砾结构	基性中性酸性	45~52	玄武质隐爆角砾岩	
				52~63	安山质隐爆角砾岩	
					粗安质隐爆角砾岩	
				>69	流纹质隐爆角砾岩	
火山碎屑岩	>90	火山碎屑结构	基性	45~52	玄武质凝灰/角砾/集块岩	压实固结
			中基性	52~57	玄武安山质凝灰/角砾/集块岩	
			中性	52~63	安山质凝灰/角砾/集块岩	
			中酸性	63~69	英安质凝灰/角砾/集块岩	
			酸性	>69	流纹质（晶屑、玻屑、浆屑）凝灰/角砾/集块岩	
			蚀变火山灰	通常>63	沸石、伊利石岩、蒙脱石岩	
沉火山碎屑岩	50~90	碎屑结构	粒径<2mm		沉凝灰岩	
			2mm<粒径<64mm		沉火山角砾岩	
			粒径>64mm		沉火山集块岩	

表 2-4 火山岩岩性分类方案（不含次火山岩）（据任康绪，2014）

化学成分	火山熔岩类	火山碎屑岩类					细分因素
		火山碎屑熔岩	熔结火山碎屑岩	正常火山碎屑岩	沉火山岩	火山碎屑沉积岩	
酸性	流纹岩、英安岩、碱性流纹岩等	集块熔岩、角砾熔岩、凝灰熔岩	熔结集块岩、熔结角砾岩、熔结凝灰岩	集块岩、火山角砾岩、凝灰岩	沉集块岩、沉火山角砾岩、沉凝灰岩	凝灰质巨砾岩、凝灰质角砾岩、凝灰质砂岩/粉砂岩/泥岩	孔洞、杏仁、致密、裂缝、缝孔（洞）、淋滤
中性	安山岩、粗安岩、粗面岩、响岩等						
基性	玄武岩、碱性玄武岩等						
超基性	苦橄岩、霞石岩等						

2）火山岩岩石学特征

火山岩岩石学特征主要结合新疆 JL2 井区佳木河组的火山岩特征进行介绍。新疆油田 JL2 井区块二叠系佳木河组火山岩的分类，首先按照岩石结构—成因划分为火山熔岩与火山碎屑岩两大类；按照国际地科联（IUGS）推荐的火山岩分类方案，火山熔岩类进一步按岩石的 SiO_2 含量划分为中性岩类与酸性岩类。

根据岩心观察和铸体薄片鉴定，对各取心井段进行了岩石类型标定，JL2 井区火山岩主要发育两大类岩石类型（图 2-9 和图 2-10）：（1）熔岩类：包括玄武岩类、安山岩类、英安岩和流纹岩类，同时根据熔岩中与储层性质关系密切的杏仁体的发育特征，进一步划分出杏仁状玄武岩和杏仁状安山岩；（2）火山碎屑岩类：主要为安山质熔结角砾岩、玄武质熔结角砾岩、火山角砾岩、集块岩及凝灰岩。

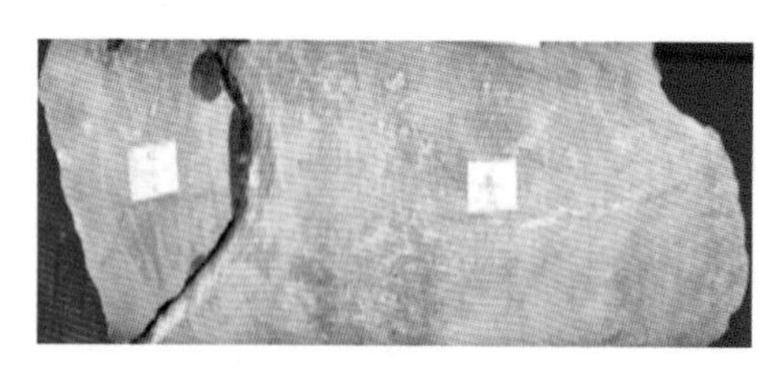

（a）金213井，4248.01~4248.22m，深灰色玄武岩

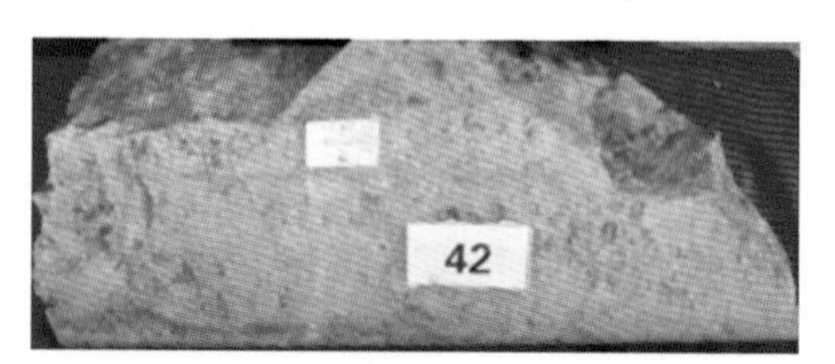

（b）金213井，4220.42~4220.58m，灰色安山岩

（c）金213井，4231.51~4231.66m，灰褐色英安岩

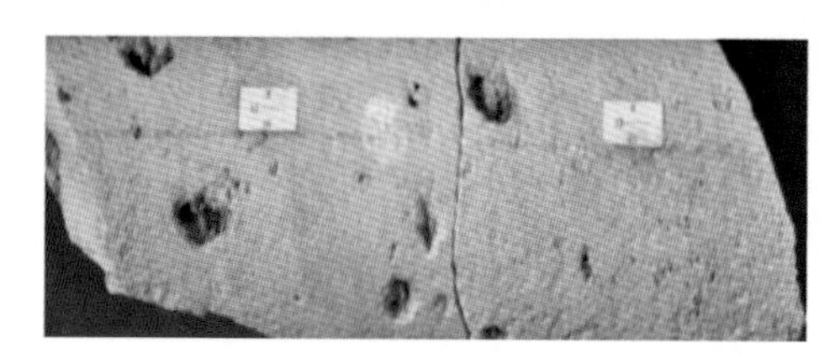

（d）金213井，4255.65~4255.87m，浅灰色流纹岩，孔洞发育

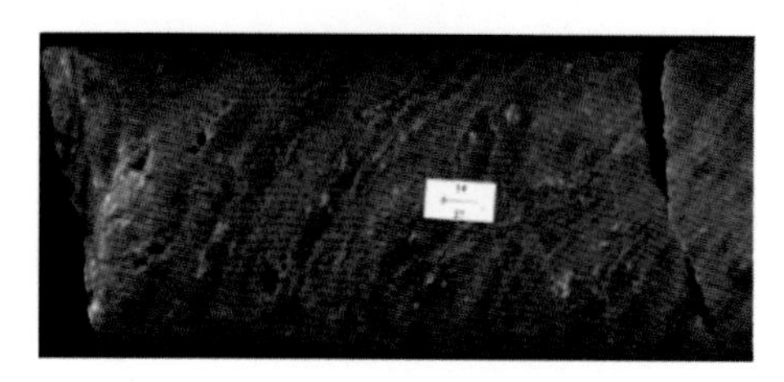

（e）金204井，4289.78~4289.94m，灰褐色流纹岩

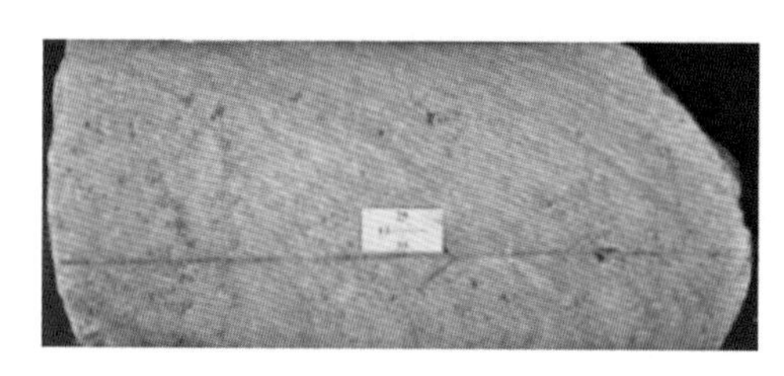

（f）金213井，4261.14~4261.26m，浅灰色流纹岩，气孔沿层分布

（g）金201井，4163.22m，气孔玄武岩

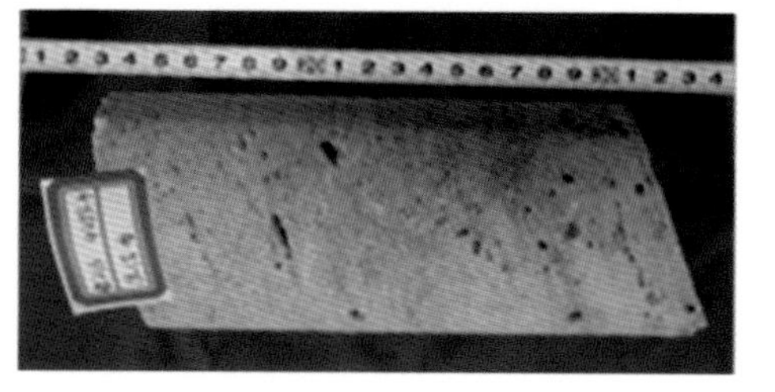

（h）金213井，4253.4m，流纹岩

图 2-9　JL2 井二叠系佳木河组熔岩类岩性照片

为了进一步认识和评价火山岩储层，需要对各种火山岩岩石类型特征做较为详细的分析和描述。

(1) 火山熔岩。

①玄武岩类。

一般呈深灰色，经风化蚀变后可呈灰紫色、暗红色、灰绿色、暗绿色（图 2-9）；化学成分中 SiO_2 含量一般在 45%~53.5%之间；斑晶为基性斜长石（拉长石、倍长石多为针状，晶体长宽比大于 4:1，消光角 20°~50°，常具双晶）、橄榄石、辉石；基质为玻璃质、长石微晶和细粒辉石等，长石微晶以基性斜长石为主；具粗玄结构、间隐结构、拉斑玄武结构；斑晶或无斑晶隐晶质结构，常具气孔、杏仁、块状构造。玄武岩层剖面上由于温度差异、冷却速度差异、结晶分异度差异等，气孔和杏仁含量、大小、充填物类型及斑晶成分等呈规律性分带性，一般来说，越靠近熔岩层的顶部，杏仁、气孔相对较发育。

随着 SiO_2 含量的增加，玄武岩向安山岩过渡，这类岩石可定名为安山玄武岩。

②安山岩类。

一般呈浅色、浅褐色、深灰色及灰绿色，经蚀变后，大多呈褐色、绿色、灰白褐色（图 2-9）；化学成分中，SiO_2 含量一般在 53.5%~62%之间；斑晶为中性斜长石（中长石、更长石多为柱状，晶体长宽比约在（2.5~4）:1 之间，消光角在 10°~15°之间，环带构造发育）、辉石、角闪石、云母；基质为玻璃质、长石微晶和细粒辉石等，基质中长石微晶以中长石为主；常具斑晶结构，发育气孔、杏仁、块状构造；基质具交织结构和玻晶交织结构。安山岩层在剖面上受温度差异、冷却速度差异、结晶分异度差异等的影响，气孔和杏仁含量、大小、充填物类型及斑晶成分等呈规律性分带，一般来说，越靠近熔岩层的顶部，杏仁、气孔较发育。

③英安岩和流纹岩类。

JL2 地区该岩类的颜色多以浅粉白色、浅褐色和灰白色为主，经蚀变后，多呈褐色（图 2-9）；化学成分中，SiO_2 含量一般在 53.5%~62%之间；斑晶为酸性斜长石（正长石、微斜长石及中性长石）、石英及云母等；基质为玻璃质、长石微晶和细粒石英等，基质成分为正长石、微斜长石；基质具流纹构造，纹层呈不规则状。可见沿流动纹层发育的拉长气孔和杏仁。

(2) 火山碎屑岩类。

火山碎屑岩类是火山作用形成的各种碎屑组成的岩石。当混入了一定量的熔岩物质和正常沉积物时，则为火山碎屑岩向熔岩、沉积岩的过渡岩石类型。

岩心观察到的火山碎屑岩类主要有褐色集块岩（金 214 井）、安山质熔结角砾岩、玄武质熔结角砾岩、火山角砾岩、角砾凝灰岩及凝灰岩等类型（图 2-10），其颜色多以灰色、褐色、灰白色为主，其火山碎屑物质成分多为玄武岩、安山岩等中基性熔岩，裂缝发育，是佳木河组火山岩储层的主要岩石类型。

2. 火山岩岩相特征及标志

火山岩岩相是指在特定的岩浆活动环境（构造环境、地理环境、距火山通道的距离和岩浆性质等），以及该环境下所形成的火山岩及相关岩石类型（外变质岩带等）组合分布特征的集合。按岩石类型及其结构、构造特征，将火山岩岩相分为不同的亚相带，这是火山岩储层研究的主要任务之一。

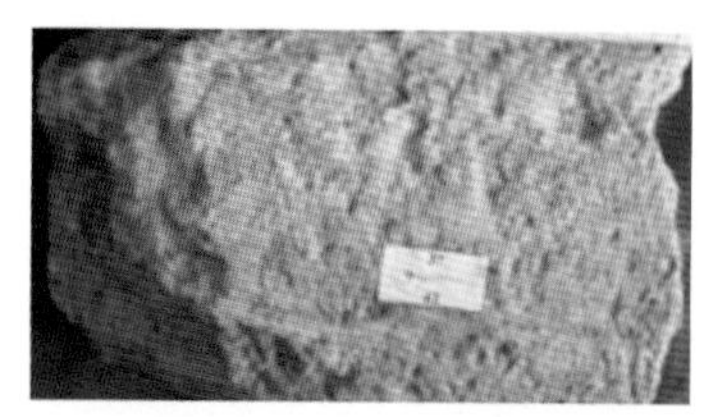

（a）金213井，4237.08~4237.19m，灰色安山质角熔结角砾岩

（b）金213井，4253.15~4253.26m，灰色火山角砾岩

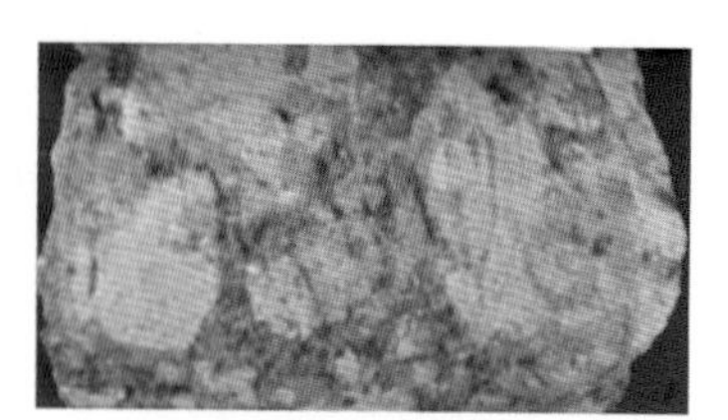

（c）金214井，4118.96~4119.09m，灰色安山质集块岩

（d）金208井，4243.17~4243.31m，灰色安山质熔结角砾岩，发育裂缝

（e）金214井，4120.13~4120.29m，深灰色玄武质溶结火山角砾岩

（f）金214井，4054.31~4054.49m，褐色集块岩岩

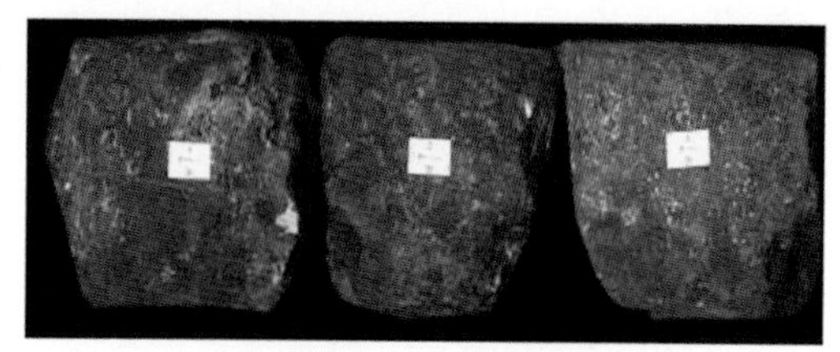

（g）金201井，4128.55~4128.80m，玄武质熔结角砾岩

（h）金214井，4051m，火山角砾岩

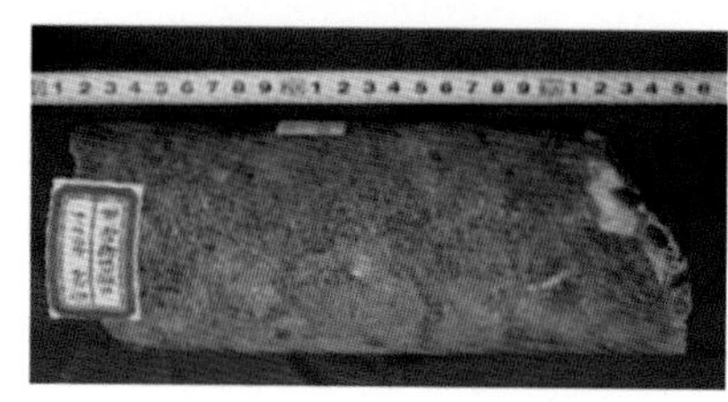

（i）金214井，4112.6m，熔结角砾岩

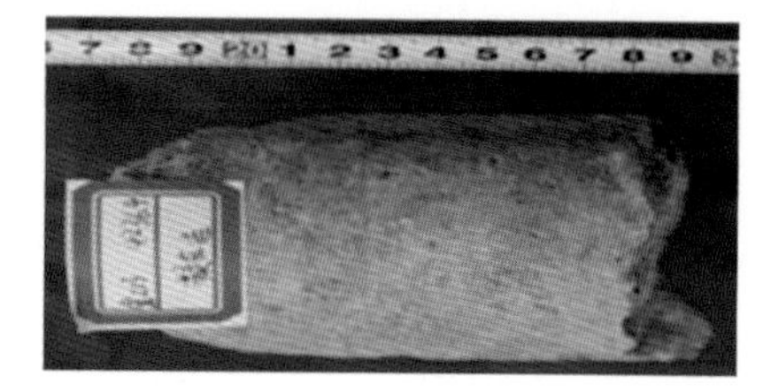

（j）金213井，4236.4m，凝灰岩

图 2-10　JL2 井区二叠系佳木河组火山碎屑岩类岩性照片

目前，国内外对火山岩相有诸多划分方案。根据火山岩形成时代的新老，划分为古相和新相；根据火山岩喷出时所处的环境，划分为陆相、海相、水上相和水下相；根据火山喷发物距火山口的远近，划分为近火山口相和远火山口相；根据火山喷发物所处的部位，划分为顶板相、底板相、内部相和前额相。

王璞珺和冯志强（2008）提出的五相、十五亚相分类是最具代表性的火山岩相划分方案。一次火山事件可能发育火山通道相、爆发相、溢流相、火山沉积相、火山侵出相等五种火山岩相，每种岩相可以进一步细分为多个亚相，共划分出十五种亚相。这是目前采用最多的一种火山岩相划分方案，也是最能体现火山机构分布形态的划分，同时又能大致体现出火山岩相和储层物性的关系（表 2-5）。

表 2-5 火山岩相分类和主要特征（据王璞珺和冯志强，2008）

相	亚相	搬运机制和物质来源	成岩方式	特征岩性	特征结构	特征构造	相序和相律	储层空间类型
Ⅴ火山沉积相	V_3 凝灰岩夹煤沉积	凝灰质火山碎屑和成煤沼泽环境的富植物泥炭	压实作用导致的胶结成岩	火山凝灰岩与煤层互层	火山/陆源碎屑结构	韵律层理、水平层理	位于距离火山穹隆较近的沼泽地带	碎屑颗粒间孔和各种原生、次生孔和缝、物性特征及其变化类似于沉积岩
	V_2 再搬运火山碎屑沉积	火山碎屑物经过水流作用改造		层状火山碎屑岩/凝灰岩	砾石有磨圆但不含外碎屑，火山碎屑结构	交错层理、槽状层理、粒序层理、块状构造	多见于火山机构穹隆之间的低洼地带，亦见于大型火山机构的机构的近源组合之中	
	V_1 含外碎屑火山碎屑沉积岩	以火山碎屑为主并有其他陆源碎屑物质增加		含外来碎屑的火山凝灰（质砂砾）岩	砾石有磨圆并含外碎屑，火山/陆源碎屑结构		位于火山机构穹隆之间的低洼地带	
Ⅳ侵出相（位于火山旋回后期）	Ⅳ$_3$ 外带亚相	熔浆前缘冷凝、变形并铲刮和包裹新生和先期岩块，内力挤压流动	熔浆冷凝熔结新生和原岩块	具变形流纹构造的角砾熔岩	熔结角砾和熔结凝灰结构	变形流纹构造	侵出相岩穹的外部，可与喷溢相过渡	角砾间孔缝，显微裂缝，流纹层理间缝隙
	Ⅳ$_2$ 中带亚相	高黏度熔浆收到内力挤压流动，停滞堆砌在火山口附近成岩穹	熔浆（遇水淬火）冷凝固结	块状珍珠岩和细晶流纹岩	玻璃质结构、珍珠结构、少斑结构、碎斑结构	块状层状、透镜状和披覆状	侵出相岩穹中的中带	原生显微裂缝、构造裂缝，晶洞
	Ⅳ$_1$ 内带亚相			枕状和球状珍珠岩		岩球、岩枕、穹状	侵出相岩穹中的核心	岩球间的空隙，穹捏松散体，微裂缝，晶洞

续表

相	亚相	搬运机制和物质来源	成岩方式	特征岩性	特征结构	特征构造	相序和相律	储层空间类型
Ⅲ喷溢相（于火山旋回中期	Ⅲ$_3$ 上部亚相	晶出物和同生角砾的熔浆在后续喷出物推动和自身重力的共同作用下沿着地表流动	岩浆冷凝固结	气孔流纹岩	球粒结构	气孔、杏仁、石泡	流动单元上部	气孔、石泡腔、杏仁内孔
	Ⅲ$_2$ 中部亚相			流纹构造流纹岩	细晶结构、斑状结构	流纹构造，可见气孔、杏仁	流动单元中部	流纹层理缝隙，气孔、构造缝
	Ⅲ$_1$ 下部亚相			细晶流纹岩、含同生角砾的流纹岩	玻璃质、细晶结构、斑状结构、流纹结构	块状或断续的变形流纹构造	流动单元下部	板状和楔状节理裂缝，构造裂缝最易于形成和保存
Ⅱ爆发相(形成于火山旋回早期)	Ⅱ$_3$ 热碎屑流亚相	含挥发成分的灼热碎屑—浆屑混合物在后续喷出物推动和自身重力的共同作用下沿着地表流动	熔浆冷凝胶结为注，多有压实作用叠加	含晶屑、玻屑、岩屑的熔结凝灰（熔）岩；熔浆胶结复成分砾岩	熔结凝灰结构，火山碎屑结构	块状、正粒序、逆粒序，气孔、火山玻璃等拉长定向，基质支撑	火山旋回早期多见，爆发相上部，与喷溢相过渡	颗粒间孔，气孔，每个冷却单元底部可能发育几十厘米厚的松散层
	Ⅱ$_2$ 热基浪亚相	气射作用的气—固—液态多相浊流体系在重力作用下近地表呈悬移质快速搬运（最大时速 240km）	压实为主	含晶屑、玻屑、浆屑的凝灰岩	火山碎屑结构（以晶屑凝灰结构）	平行层理、交错层理、逆行沙波层理	爆发相中下部或与空落相互层，低凹处厚，向上变细变薄，与古地形呈披覆状	有熔岩围限且后期压实影响小则为好储层（岩体内松散层），晶粒间孔隙和角砾间孔缝为主，物性特征及其变化类似于沉积岩
	Ⅱ$_1$ 空落亚相	气射作用的固态和塑性喷发物（在风的影响下）做自由落体运动	压实为主	含火山弹和浮岩块的集块岩、角砾岩，晶屑凝灰岩	集块结构、角砾结构、凝灰结构	颗粒支撑、正粒序层理，弹道状坠石	多在爆发相下部，向上变细变薄，也可呈夹层	

续表

相	亚相	搬运机制和物质来源	成岩方式	特征岩性	特征结构	特征构造	相序和相律	储层空间类型
Ⅰ火山通道相（位于火山机构下部）	$Ⅰ_3$ 隐爆角砾岩	富含挥发分岩浆入侵破碎岩石带产生地下爆发作用，爆炸—充填作用同步进行	与角砾成分相同或不同的岩汁（热液矿物）或细碎屑物冷凝胶结	隐爆角砾岩（原岩或围岩可以是各种岩石）	隐爆角砾结构、自碎斑结构、碎裂结构	筒状、层状、脉状、枝杈状，裂缝充填状	火山口附近或次火山岩体顶部或穿入围岩	角砾间孔，原生显微裂隙，但多被后期岩汁再充填
	$Ⅰ_2$ 次火山岩亚相	同期或晚期的潜侵入作用	熔浆冷凝结晶	次火山岩玢岩和斑岩	板状结构，不等粒全晶质结构	冷凝边构造，六面、流线，柱状、板状节理，捕掳体	火山机构下部几百米至1500m与其他岩相和围岩呈交切状	柱状和板状节理的缝隙，接触带的裂隙
	$Ⅰ_1$ 火山颈亚相	熔浆侵出停滞并充填在火山通道，火山口塌陷充填物	熔浆冷凝固结、熔浆熔结火山碎屑物质，压实影响	熔岩，熔结角砾/凝灰熔岩及凝灰/角砾岩	斑状结构、熔结结构角砾/凝灰结构	堆砌结构；环状或放射状节理，岩性分带	直径数百米、产状近于直立、穿切其他岩层	角砾间孔，基质遮蔽孔，环状和放射状裂隙

根据火山岩的形成条件、火山作用的一般机理和成岩方式，以新疆油田JL2井区火山岩油藏为例，该地区火山岩可划分出6种岩相，每种岩相再分为若干个亚相（表2-6）。

表2-6 JL2井区火山岩相划分

位置	相	亚相	岩石	产状、形态	备注
火山口	火山通道相	火山口亚相	垮塌、熔结火山碎屑岩、火山碎屑熔岩	圆形、裂隙形火山口；单一岩颈，复合岩颈，喇叭状和筒状岩颈	火山机构被剥蚀出露
		火山颈亚相	隐爆角砾熔岩，碎裂状熔岩		火山管道中充填产物
火山口下部	次火山岩相		浅成侵入体	岩株、岩盘、岩盖、岩盆、岩脉、岩墙	岩将近地表侵入
近火山口	爆发相	溅落亚相	火山碎屑熔岩、熔结角砾岩等	空中坠落堆积、火山碎屑流堆积、火山口附近溅落堆积，形成火山碎屑层或锥	岩浆上涌携带的物质就近坠落堆积
		空落亚相	火山碎屑岩、熔结碎屑岩		火山爆发喷发空落、重力等动力驱动搬运
		热基浪亚相			
		热碎屑流亚相			

续表

位置	相	亚相	岩石	产状、形态	备注
中—近火山口	喷溢相	顶部亚相	自碎角砂熔岩	岩流、岩被，绳状、渣状、枕状熔岩等	熔浆溢流、泛流产物
		上部亚相	气孔、杏仁状熔岩		
		中部亚相	少杏仁、气孔熔岩		
		下部亚相	气孔、杏仁状熔岩，少量自碎角砾熔岩		
	侵出相		熔岩、角砾熔岩、珍珠岩等	岩针、岩钟、岩塞岩穹等	火山颈熔岩等靠机械力挤出地表次凝固结
远火山口	火山沉积相	过渡亚相	沉火山碎屑岩、火山碎屑沉积岩	层状、似层状、透镜状	火山碎屑物再搬运，或由于漂移空落等与沉积岩混杂

1）火山通道相

火山通道是指从岩浆房到火山口顶部的整个岩浆导运系统。火山通道相位于整个火山机构的下部和近中心部位，是岩浆向上运移到达地表过程中、滞流和回填在火山管道中心的火山岩岩类组合。火山通道相分为火山岩口亚相和火山颈亚相。

火山锥被剥蚀后，堆积于火山通道的残余岩浆冷凝产物。产状陡，形态细而长，其横断面近圆形，因而又称为岩颈、岩筒、岩管。产物为熔结火山碎屑岩、火山碎屑熔岩等。碎屑可以是同源，也可以为异源，甚至是深源产物。裂隙式火山通道相岩石常呈岩墙状产出，而中心式火山喷发的通道相常呈岩颈产出。

2）次火山相

它是与火山岩同源的小侵入体，是岩浆内部压力小于上覆静压力，是岩浆未喷出地表而定位、固结形成。它与火山岩具有四同特征：同时间但一般较晚，同空间但分布范围较大，同外貌但结晶程度较好，同成分但变化范围及碱度较大。

3）爆发相

由火山强烈爆发形成的火山碎屑岩在地表堆集而成。其岩性成分不定，但以含挥发成分多、黏度大的岩浆常见，中酸性、碱性的岩类更有利于爆发。可形成于各个时期，但在火山活动早期及高峰期最发育。一般来说，其岩性在火山口附近以正常的火山碎屑岩为主，远离火山口时，逐渐向火山沉积岩过渡，主要为沉凝灰岩、凝灰质砂岩粉砂岩。

4）喷溢相

喷溢的岩浆往往黏度较小，易于流动，因而形成熔岩。组成喷溢相的岩性多种多样，从超基性到酸性皆有，但以基性岩最发育。可形成于火山喷发的各个时期，但以在火山强烈爆发之后出现为主。其形态多种多样，常呈面状、泛流熔岩被、呈线状流动的熔岩流产出，大陆上可见绳状熔岩、波状熔岩、块状熔岩，基性岩常见柱状节理；水下可见枕状熔岩、球状熔岩。

5）侵出相

主要为黏度大不易流动的酸性岩浆和碱性岩浆，在气体大量释放以后，从火山口向外推挤。多见于火山作用末期形成。常具岩钟、岩针或岩塞等熔岩穹。

6）火山沉积相

在火山作用过程中皆可产生，但以火山喷发的低潮期—间隙期最为发育，是火山作用叠加沉积作用的产物。可形成于陆地，也可形成于水体中，与正常沉积岩组成沉积—火山碎屑岩序列。层理可发育，也可不发育，有时呈透镜状；大多分布在离火山口较远的地方。

3. 火山岩相模式

火山岩相的厚度、物质组分、碎屑粒度、结构构造、熔结程度等在纵向上和横向上具有规律性变化，找出火山岩相在三维空间上的变化特征及规律，并建立相模式，是划分和研究火山岩相的主要任务之一。

1）火山岩相纵向分布模式

一般而言，火山具有频繁活动、多期次喷发的特点，火山岩在纵向上重复出现和周期性变化可形成多个旋回。在实际调查中，对于火山岩野外露头和钻井取心，可以根据每种岩相和亚相的特征岩性、结构和构造来划分相和亚相；在非取心段，可采用同样的方法，根据岩屑薄片来确定岩相和亚相；对没有岩心和岩屑样品的井段，可通过取心段建立岩相亚相—测井相关系图，利用常规测井曲线特征，划分火山岩岩相和亚相（王璞珺和冯志强，2008）。

在对不同火山岩岩相测井标定的基础上，依据不同岩性的测井响应特征，对所钻井的火山岩岩性进行系统解释。在此基础上，综合分析工区的单井相、剖面相。根据这种技术流程，结合测井曲线特征，建立新疆 JL2 井区的火山岩岩相单井相图（图 2-11），在此基础上，建立了火山岩岩性横向对比剖面（图 2-12）和火山岩岩相对比剖面（图 2-13）。

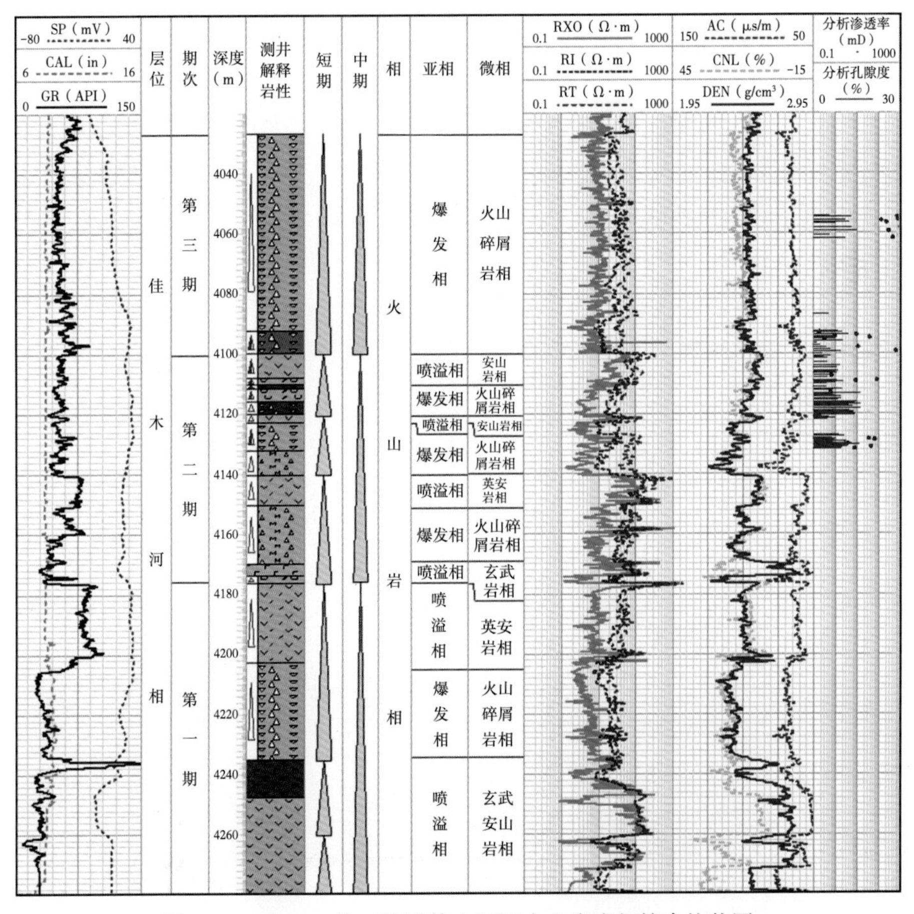

图 2-11　金 214 井二叠系佳木河组火山岩岩相综合柱状图

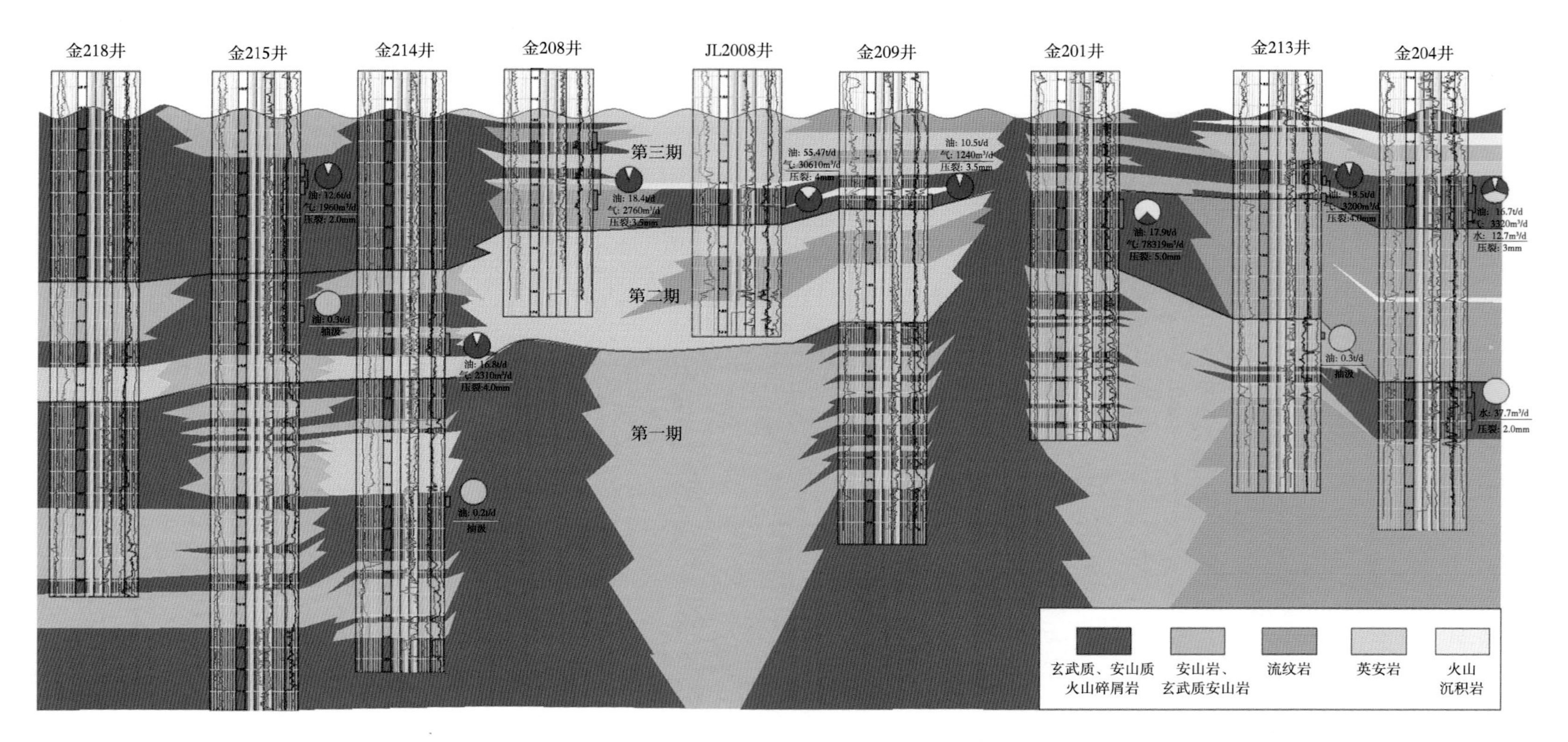

图 2-12 JL2 井区佳木河组过金 218 井—金 204 井近东西向火山岩岩性剖面图

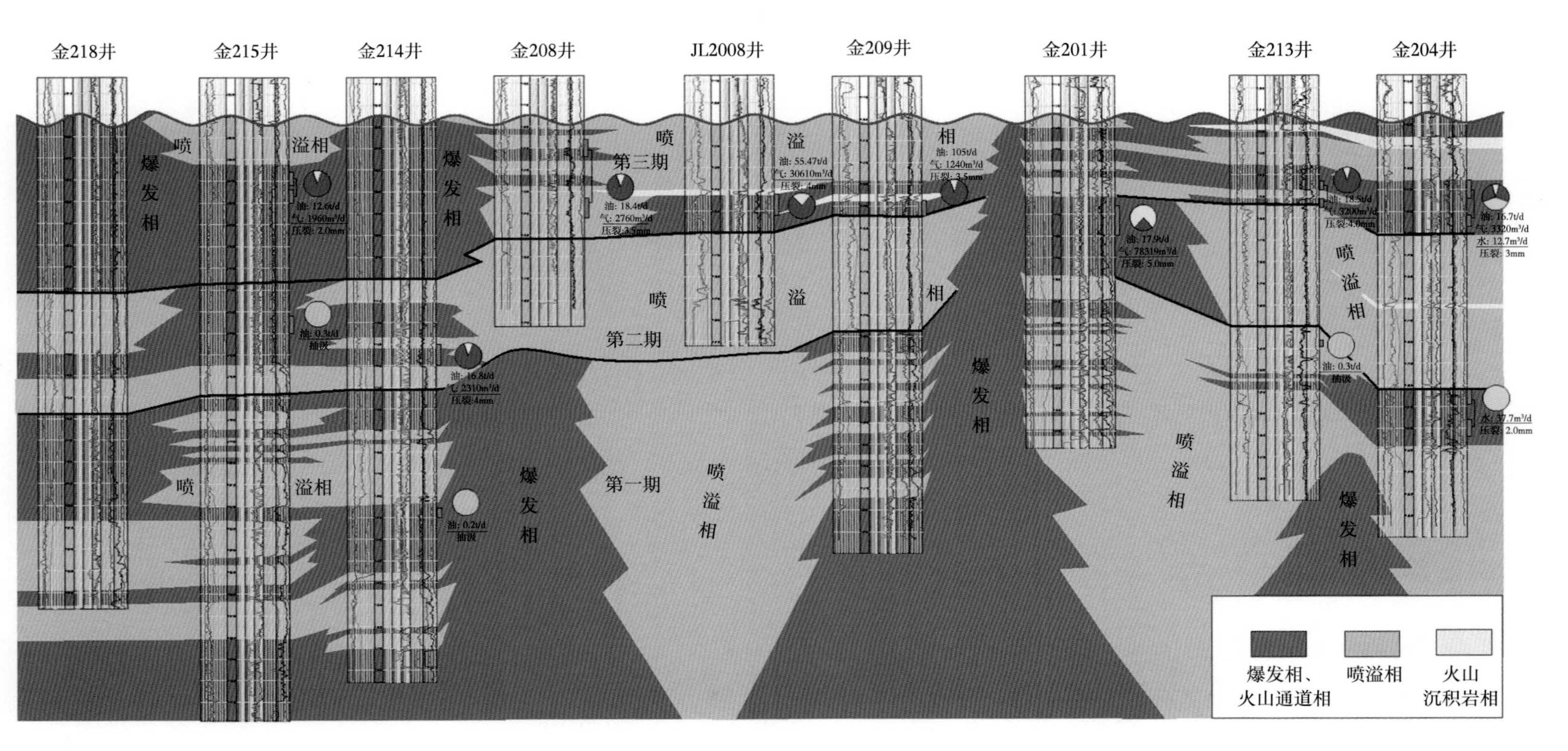

图 2-13 JL2 井区佳木河组过金 218 井—金 204 井近东西向火山岩岩相剖面图

这些剖面图反映出，新疆 JL2 井区佳木河组火山岩相类型非常多，各个相类型均有发育，但分布不均匀，以爆发相和喷溢相为主。

单井相图和剖面相图也反映了火山岩岩相和亚相之间的依存关系。剖面图揭示了佳木河组三期火山岩相序自下而上具有爆发相—喷溢相—火山沉积相—爆发相—喷溢相间互的特征。

佳木河组第一期时，JL2 井区存在多个火山口，爆发作用较强，以爆发相为主，喷溢相分布于爆发相之间，爆发相主要发育在金 213 井、金 201 井及金 214 井一带，而在这几个爆发相之间，多发育喷溢相。第一期的火山喷发多以中基性岩类为主，形成中基性安山岩及安山质火山碎屑岩等火山岩石类型。

佳木河组第二期时，火山活动主要以溢流相为主，火山口位于金 201 井和金 214 井一带，主要以中酸性火山喷发为主，形成了孔洞发育、流纹构造特征明显的酸性流纹岩和中酸性英安岩。但在金 201 井一带仍为中基性火山岩，岩性仍以中基性玄武岩、安山岩及中基性火山碎屑岩为主。

佳木河组第三期时，主要以火山爆发相为主，岩性以中基性玄武岩、安山岩及中基性火山碎屑岩为主。由于该期火山活动后，JL2 井区处于长时期的沉积间断期，火山岩暴露于地表，接受长时间的风化淋滤，后受构造运动影响，形成具溶蚀孔和裂缝发育的双重孔隙介质岩石类型，为油气的聚集提供了空间。

2）火山岩岩相平面分布特征

根据火山岩岩性剖面对比（图 2-12）、火山岩单井相分析（图 2-13）和火山岩岩相剖面对比（图 2-14），结合成像测井分析和地震资料，对火山岩的平面相展布规律进行分析。

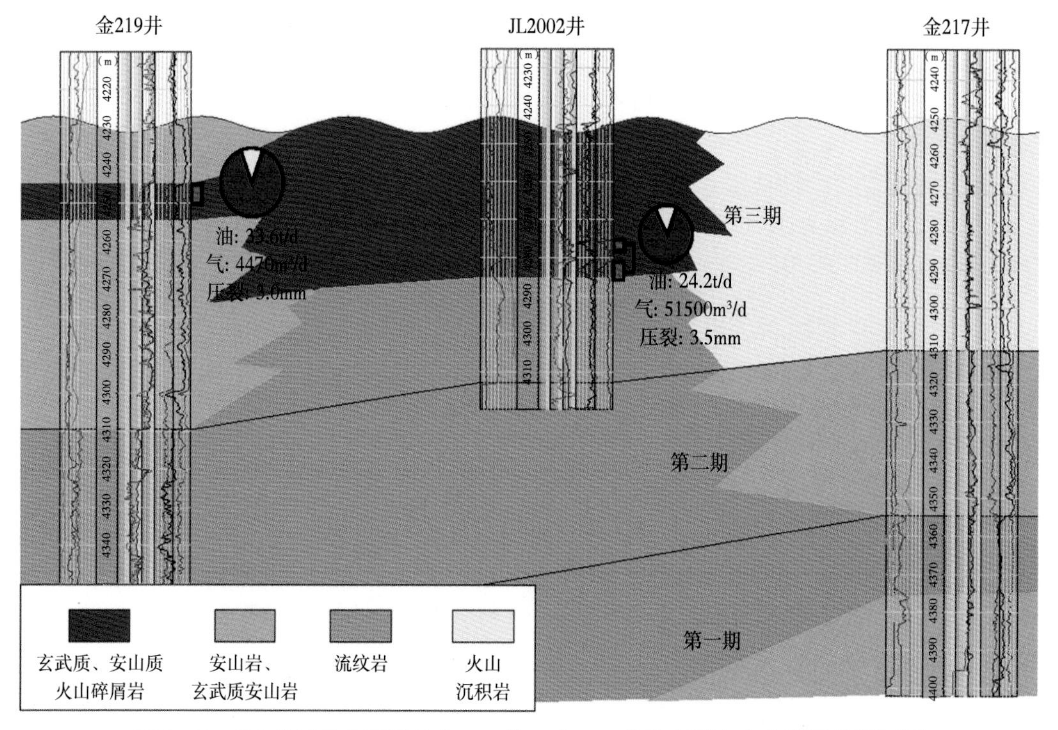

图 2-14　JL2 井区佳木河组过金 217 井—金 220 井近东西向火山岩岩性剖面图

火山岩岩相划分的一个主要标志是火山岩岩性，其中爆发相形成的火山岩性主要为熔结角砾岩、火山角砾岩、集块岩、角砾熔岩和凝灰岩。因此，在平面上，利用每一期火山活动的火山碎屑岩与所在期次火山岩厚度的比值——火山岩爆发指数，可作为火山岩岩相划分的标志。由于火山碎屑岩是火山岩的主要储层，因此，以火山岩爆发指数 0.3 作为界线，将火山岩爆发指数大于 0.3 区域定为爆发相发育区，小于 0.3 的区域定为喷溢相发育区。

（1）佳木河组第一期火山岩相。

火山爆发指数图表明（图 2-15），克 303 井—金 214 井一带、金 209 井—金 204 井一带火山爆发指数较高，以大于爆发指数 0.4 为主；火山岩厚度图反映（图 2-16），此带火山岩厚度也最大，以大于 50m 为主。因此，平面上，该期火山口主要分布在克 303 井、金 209 井附近、金 213 井附近及金探 1 井西部一带，火山爆发相也主要沿此条带分布，呈北西—南东向展布。喷溢相主要位于爆发相的外围及相间区，其中西部由于受断裂影响，喷溢相带发育的范围比东部要窄（图 2-17）。

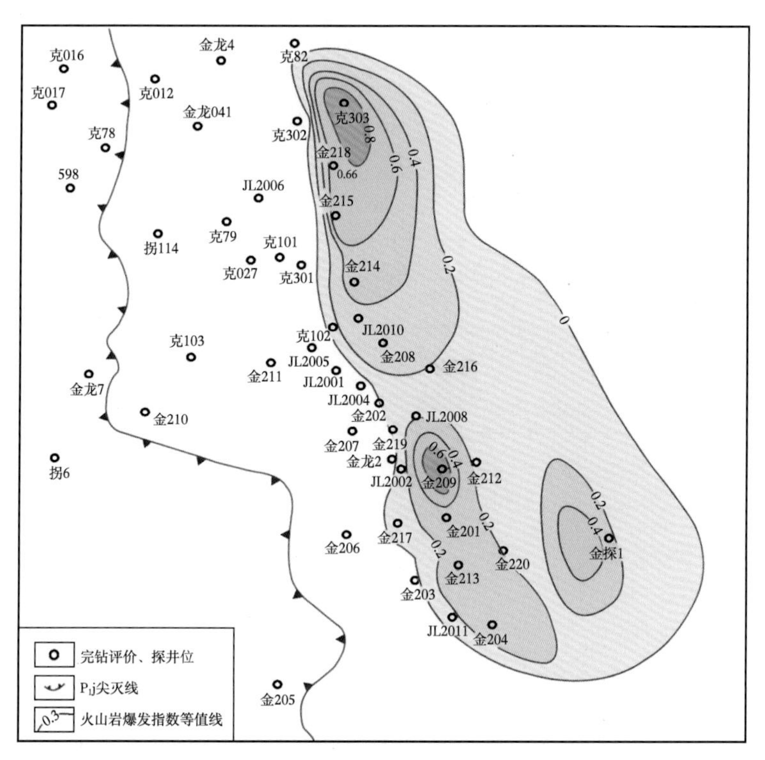

图 2-15　JL2 井区佳木河组第一期火山岩爆发指数图

（2）佳木河组第二期火山岩相。

火山爆发指数图表明（图 2-19），克 303 井—金 214 井一带、金 201 井一带及金探 1 井西部的火山爆发指数较高，以大于 0.4 为主；火山岩厚度图反映（图 2-20），此带火山岩厚度也较大，以大于 45m 为主。因此，平面上该期火山口主要分布在克 303 井、金 201 井附近、金探 1 井西北部一带，其中金 201 井一带火山爆发相分布范围较佳木河组第一期小，克 303 井分布范围较广，主要沿克 303 井、金 215 井及金 214 井一带分布，喷溢相主要位于爆发相的外围，其范围比佳木河组第一期要广（图 2-21）。

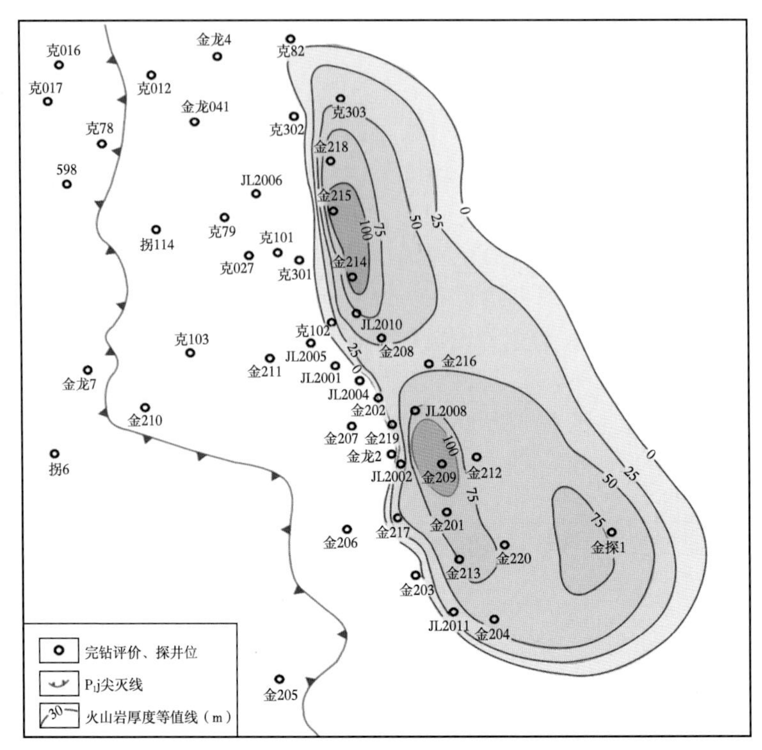

图 2-16　JL2 井区佳木河组第一期火山岩地层厚度图

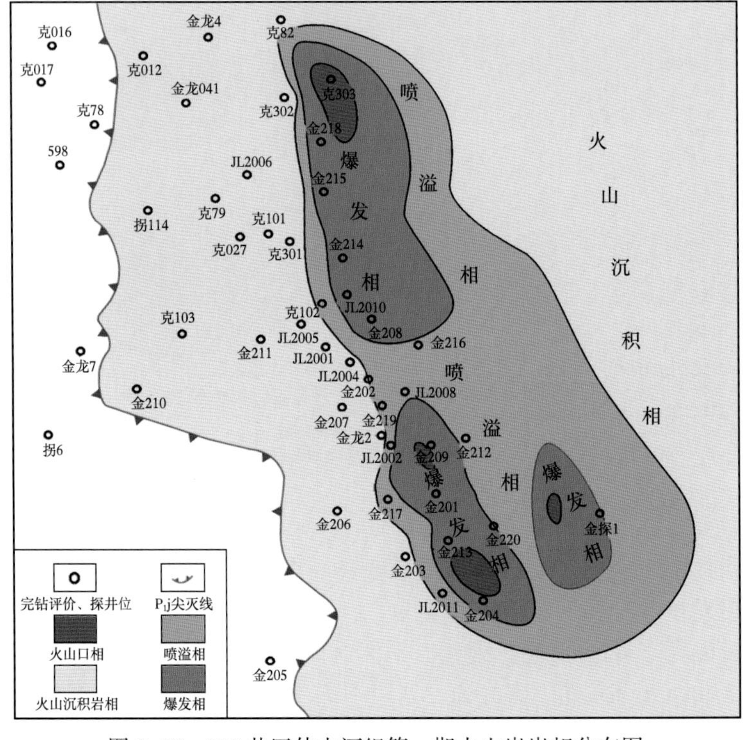

图 2-17　JL2 井区佳木河组第一期火山岩岩相分布图

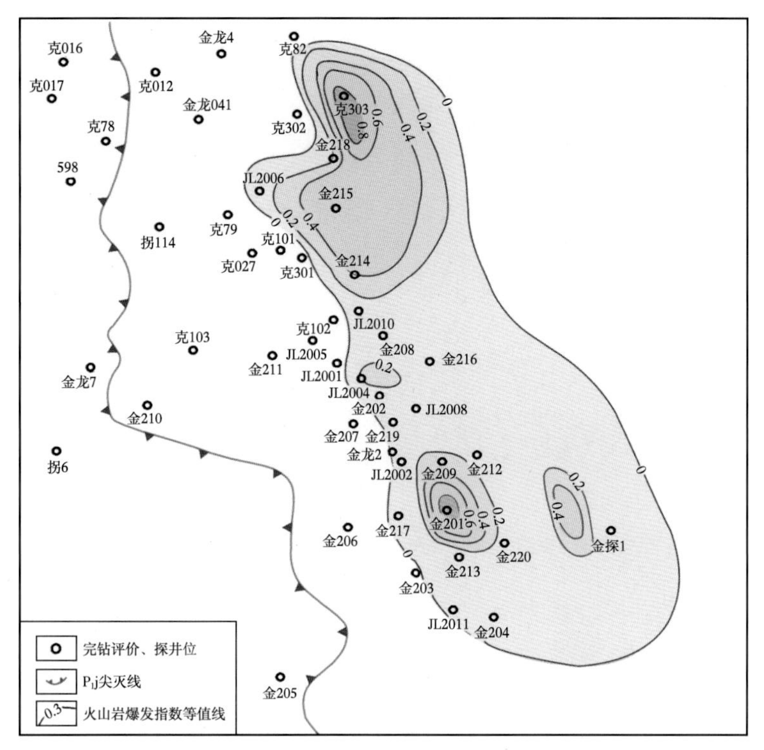

图 2-18 JL2 井区佳木河组第二期火山岩爆发指数图

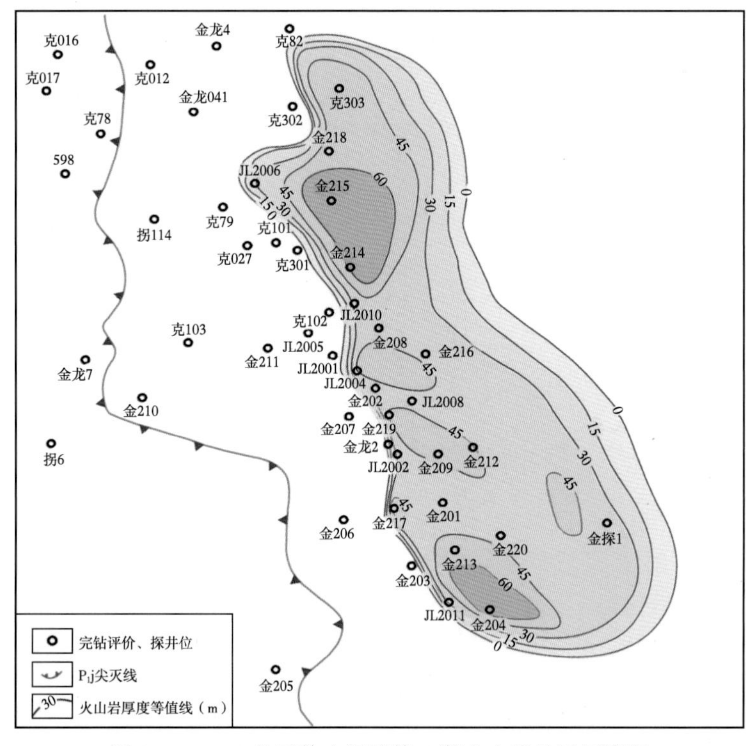

图 2-19 JL2 井区佳木河组第二期火山岩地层厚度图

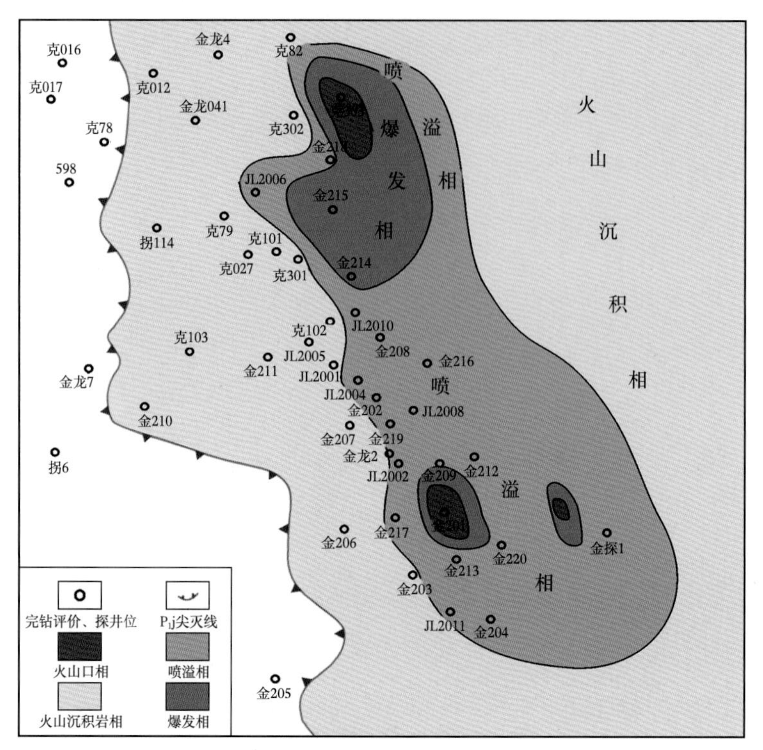

图 2-20　JL2 井区佳木河组第二期火山岩岩相分布图

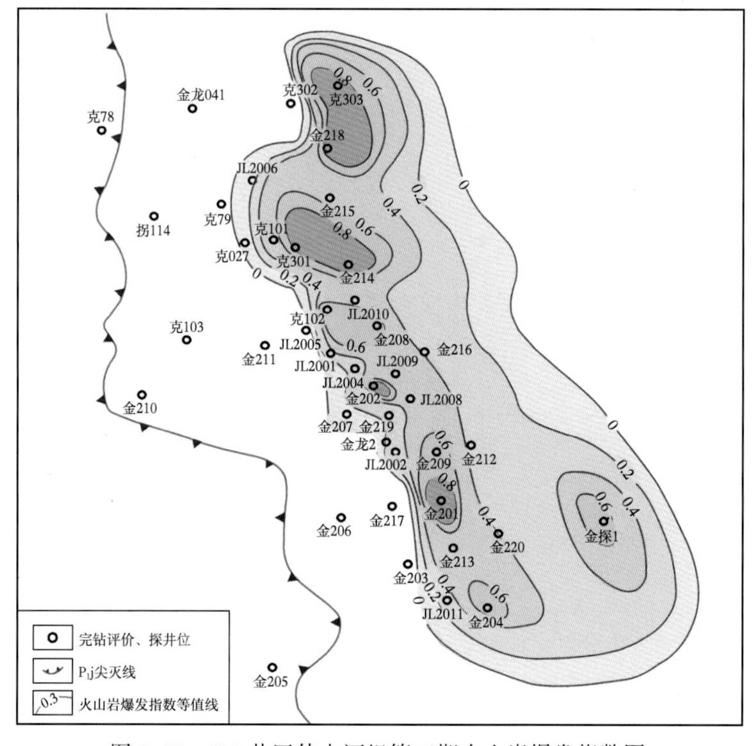

图 2-21　JL2 井区佳木河组第三期火山岩爆发指数图

（3）佳木河组第三期火山岩岩相。火山爆发指数图表明，克 303 井—金 214 井一带、金 201 井、金 204 井及金探 1 井一带火山爆发指数均较高，以大于 0.4 为主，部分达 0.8 以上（图 2-21）；火山岩厚度图（图 2-22）反映，此带火山岩厚度也较大，以大于 30m 为主。因此，平面上，该期火山口主要分布在克 303 井、金 214 井、金 201 井附近及金探 1 井附近一带，其中火山爆发相分布范围最广，主要沿克 303 井、金 215 井、金 214 井及金探 1 井一带呈北西—南东向分布。喷溢相则主要位于爆发相的外围，其范围比较局限（图 2-23）。

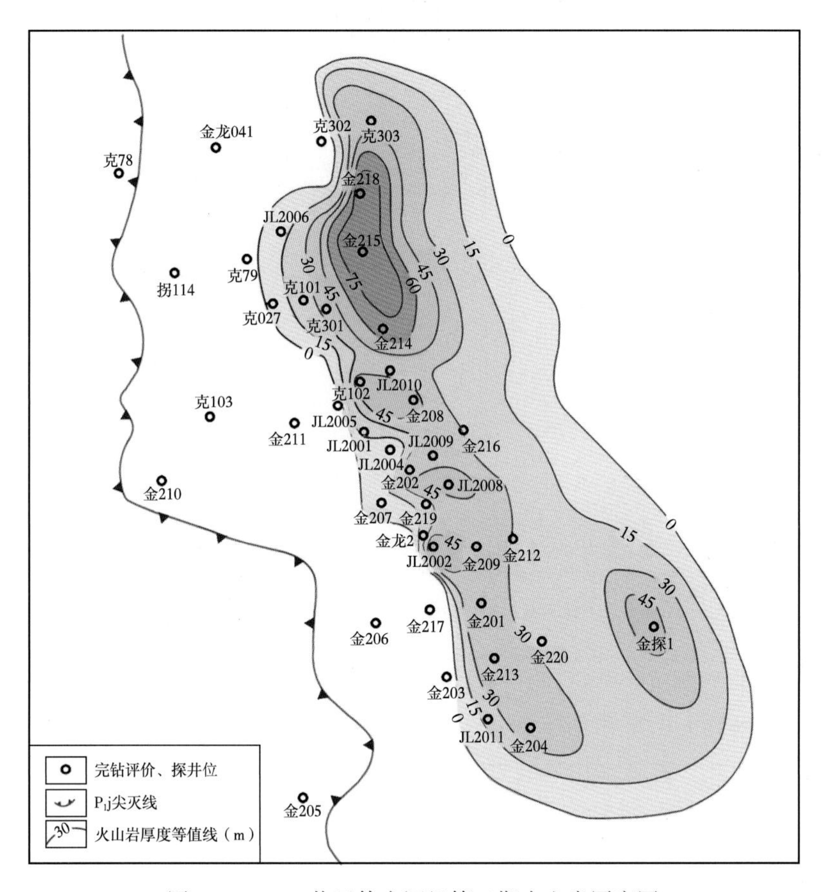

图 2-22 JL2 井区佳木河组第三期火山岩厚度图

3）火山岩岩相模式

火山岩相模式是展现火山岩各岩相之间依存关系的概念化和简单化的直观模型，它是已知剖面/钻井的相序研究成果的概括总结，同时它对于新的剖面/钻井的岩相观察和预测又具有指导作用。火山岩相模式在火山岩油气藏勘探开发中最重要的作用是用来约束和指导地震—岩相解释。

关于火山岩岩相模式，基性火山岩和中性—酸性火山岩的分布特征有一定差异。王璞珺等（2013）在研究松辽盆地火山岩时，提出了一种更适合于酸性喷发岩的岩相模式（图 2-25）。该模式是在松辽盆地营城组火山岩研究的基础上逐步完善的，在火山岩储层预测中发挥过作用。爆发相、喷溢相火山熔岩是可以直接过渡到火山沉积相的火山碎屑岩，在

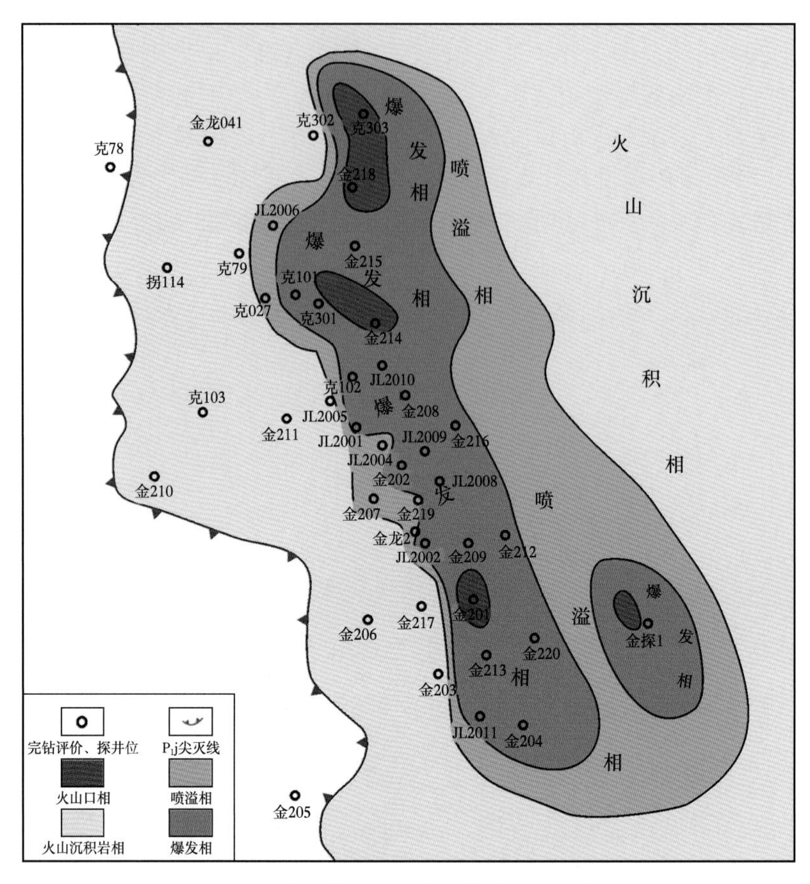

图 2-23　JL2 井区佳木河组第三期火山岩岩相分布图

近火山口相组合中尤为如此。所以，认为在火山口附近的凹陷地带会出现只含火山碎屑的火山沉积相，但多数火山沉积相还是分布在火山机构隆起的侧翼部。一次酸性火山喷发旋回主要以爆发相开始，但在火山口附近，也可以直接出现火山通道相或侵出相。

孙中春等（2013）在研究准噶尔盆地火山岩时，提出了中性—基性火山岩的岩相模式。根据石炭系露头残留古火山机构与隐伏古火山机构的识别与解剖，结合火山活动特点、火山岩的产出形态、厚度、岩石类型及其分布规律等，再加上对火山机构的地震反射剖面的解剖，建立中性—基性火山岩岩相模式（图 2-26）。准噶尔盆地火山岩以中性—基性为主，其喷发模式和岩相特征明显有别于中性—酸性火山岩。

从火山岩相特征来看，中性—基性火山岩岩相模式具有以下特征：

（1）从岩相类型上看，石炭系火山岩非常发育，火山岩岩相类型也非常多，各个相类型均有发育，但以爆发相和溢流相为主；

（2）从地层序列看，石炭系火山岩溢流相的熔岩与爆发相的火山碎屑岩交替出现，反映出石炭系火山活动具多期、多喷发且相互叠置的特点；

（3）从平面分布看，总体上受北东向和北西向两个构造线方向的控制，沿断裂带走向呈带状展布，火山口主要分布在断裂的交会处，属沿断裂展布的中心式喷发火山岩。

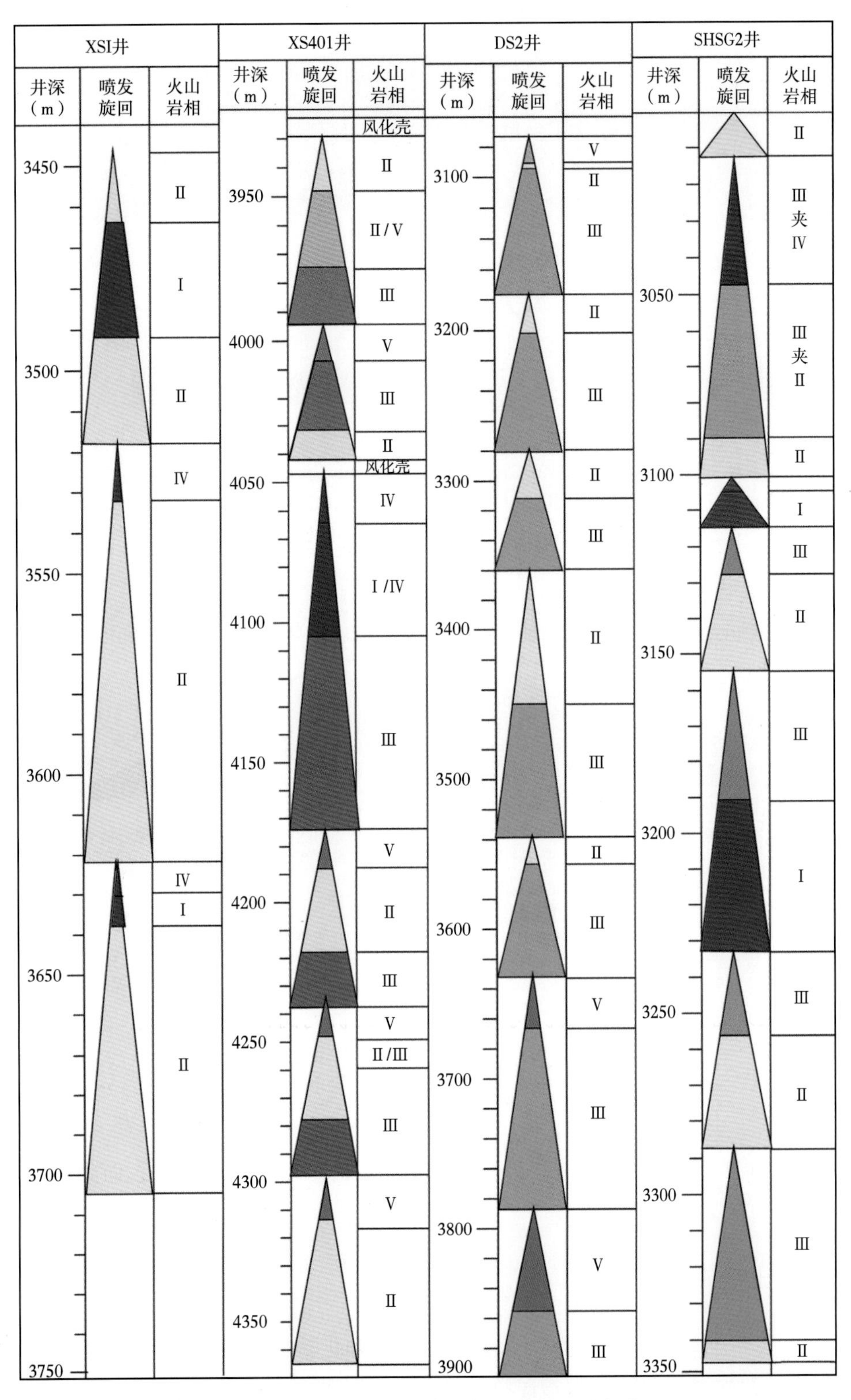

图 2-24 钻井火山岩的典型相序（据王璞珺和冯志强，2008）

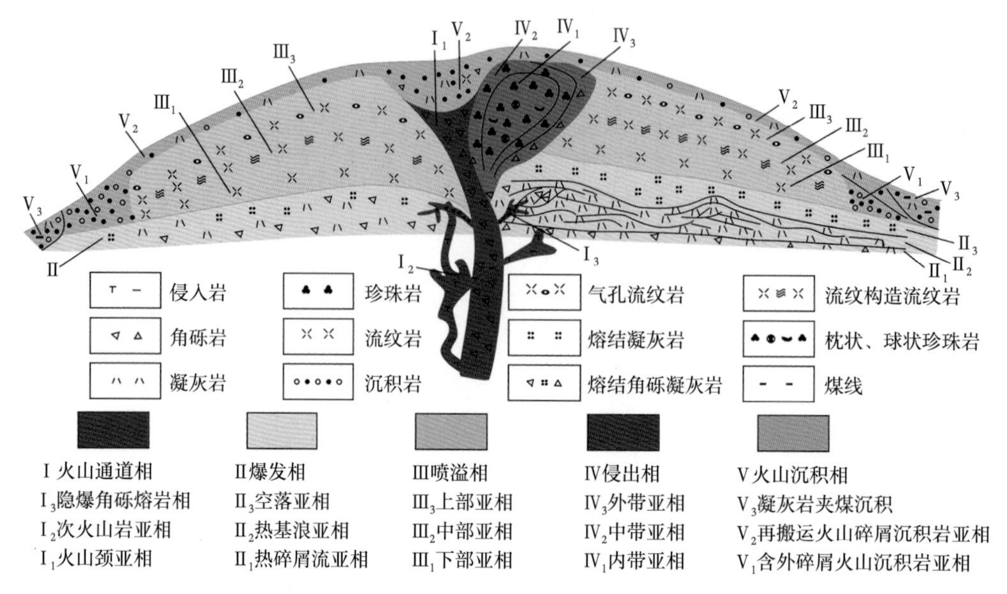

图 2-25　松辽盆地酸性火山岩相模式（据王璞珺和冯志强，2008）

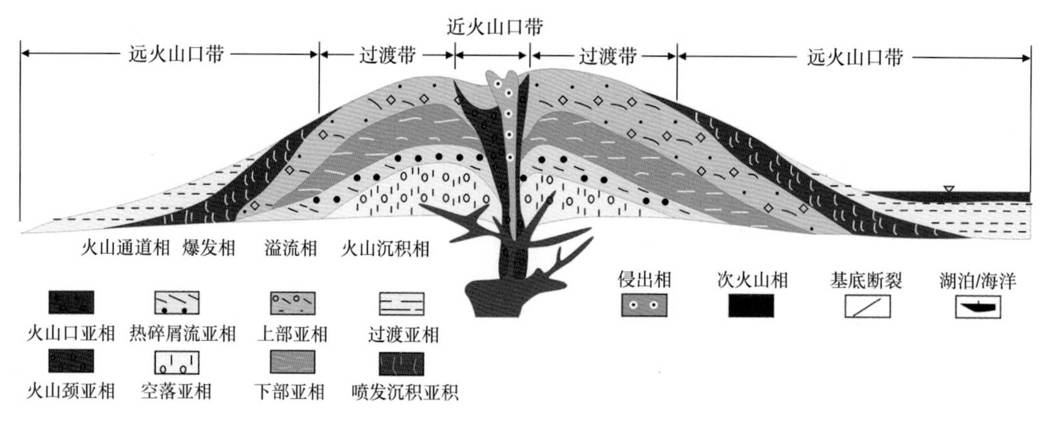

图 2-26　准噶尔盆地石炭系中性—基性火山岩岩相模式（据孙中春等，2013）

第二节　火山机构类型及特征

不同的岩浆作用形成的火山岩不但在岩性、结构、构造上有区别，而且火山机构类型、特征、产状也不同。

一、火山机构

火山，实际上是岩浆于地下深处经漫长的物理和化学演化在地表的集中表现。火山机构是一定地质时期内，同源火山物质堆积体的总称。火山机构的英文名称是 volcanic edifice 或 volcanic structure；但西方学者较少使用 volcanic edifice 一词，而且把火山机构和火山（volcano）两词混用。欧美学者用 volcanic structure 更侧重于描述火山口形成演化及其岩石组合的地质记录（Nault，等，2001）。

火山机构的定义在不同阶段和不同研究领域时，存在一定差异。1983 年版《地质辞典》中将火山机构定义为构成一个火山的各个部分的总称，是火山作用的各种产物的总体组合。依据《地质辞典》的解释，火山机构包含两层意思，是建造和改造两种相反的力相互作用的最终结果。建造作用产生明显的火山地形，建造的时间可以很短暂，只有几天或几周，也可很久达百万年。改造则趋于破坏已建成的火山构造，它分两种：一是风化侵蚀作用，当火山停止生长时就已开始，侵蚀速率取决于气候条件；另一种是新的爆破活动（时应敏，2011）。2006 年版的《地球科学大辞典》将火山机构定义为：火山喷发时在地表形成的各种火山地形，如火山锥、火山口、破火山口、熔岩高原等，有时还涉及火山颈、火山通道等地下结构，又称为山体、火山堆积物。国内邱家骧于 1991 年发文认为火山机构是“同一火山作用下，在一定时期内，以火山通道为中心的各种岩相、构造的总体，包括喷出相、火山通道相、环状与放射状次火山岩墙、中央岩株及破火山口等。一般情况下，火山机构是指火山锥及破火山口”。陶奎元等 2003 年将火山机构定义为：在一定地质历史时期内，由火山通道及与之有关的各类火山作用产物所组成的综合地质体，包括火山口、火山颈、火山锥及各类火山喷出岩和侵入岩、次火山岩等。

火山机构的每个定义之间存在一定的差异，但基本内容都很相似，只是每个专家根据研究的侧重点不同，有些偏重于岩相组合，有些偏重于产状和形态，也有些强调时间与空间的概念（邹才能，2012）。

二、火山机构类型及岩相组合

1. 火山机构与岩相

火山机构是火山岩建造的基本构成单元，它决定了火山岩油气藏的类型、分布和规模。国外学者在现代火山机构研究中，根据火山机构形态，将火山机构分为单一形状火山、复合形状火山、盾状火山、破火山、残留古火山和潜火山。这种命名方式既包含了火山机构的外形，如盾状火山、破火山，又包括了火山机构的成分，如复合火山，也包括其成因。在对冰岛火山机构的研究过程中，Thordarson（2007）提出了中心式火山和玄武岩火山两类方案，玄武岩火山又可进一步分为爆发火山、溢流火山和复合火山。国内有学者根据长白山地区火山机构研究成果，将火山机构分为中心式（盾状火山、锥状火山、弯状火山、低平火山和破火山）、裂隙式和复合式（金伯禄和张希文，1994）。邹才能（2012）定义火山机构时，强调时间与空间的概念，且位于火山通道附近，将火山机构划分为盾火山、层火山和渣锥火山三种类型。

研究盆地内埋藏的古火山机构，需要应用钻井资料、测井资料和地震资料，钻井资料是唯一的第一手高精度资料，据此可以获得火山机构的岩性和岩相的定量特征。根据地震资料可以获取火山机构的形态和内部结构。由于受常用地震资料分辨率的限制，难以实现精确的火山机构形态和内部结构描述。如弯状火山、钟状火山和锥状火山可能均识别为锥状火山。高精度的井间地震资料由于采集费用、处理费用昂贵、处理周期长而不能大规模获取，这些因素限制了利用形态参数划分盆地内埋藏火山机构类型的精度（唐华风等，2007）。同时研究盆地内埋藏火山机构的目的是为了研究它的储层特征，所以在火山机构类型研究时，需要建立火山机构与储层的关系。火山岩的储层类型和物性受岩性、岩相的控制，熔岩以气孔和裂缝为主，碎屑岩以角砾间孔、溶蚀孔和裂缝为主。所以，火山机构的成分控制着储层类型的发育。即火山熔岩、火山碎屑岩及其比例关系的不同，就决定了该火山机构总体成储能力的差别。

为了满足火山机构储层研究的需要，衣健（2010）在进行盆地内深埋藏火山机构类型研究时，选用成分参数，将酸性岩火山机构划分为碎屑岩火山机构、熔岩火山机构和复合火山机构3种（表2-7）。火山通道的区域发育丰富的裂缝，这些裂缝使火山岩储层相互连通，成为有效储层的可能性增大。火山锥或火山穹隆通常是火山通道的地表出露部分，所以火山锥的数目对火山岩储层的影响巨大。

根据火山锥的数目，可将火山机构细分为8类：（1）碎屑岩火山机构分为无锥、单锥和多锥三类；（2）熔岩火山机构分为无锥、单锥和多锥三类；（3）复合火山机构可划分单锥复合火山机构和多锥复合火山机构两类。在判定火山机构的岩性时，后期改造型岩石应根据原岩来判定。如隐爆角砾岩依照原岩的岩性来划分，原岩是熔岩则划归为熔岩，是火山碎屑岩则划归为碎屑岩。

表2-7　火山岩机构类型（据衣健，2010）

类	亚类	岩性特征	岩相特征	参比实例
碎屑火山机构	无锥碎屑火山	火山碎屑岩和碎屑熔岩占60%以上	火山通道相8.1%，爆发相55.3%，喷溢相29.2%，侵出相1.4%，火山沉积相4.8%	田洋玛耳湖
	单锥碎屑火山			新疆于田卡尔达西碎屑锥
	多锥碎屑火山			黑龙江五大连池老黑山
熔岩火山机构	无锥碎屑火山	熔岩占65%以上，这类火山含有较多的玄武岩	火山通道相9.3%，爆发相23.4%，喷溢相62.6%，侵出相5.1%，火山沉积相1.8%	南极埃里伯斯火山、印度德干玄武岩
	单锥碎屑火山			夏威夷基拉韦火山
	多锥碎屑火山			冰岛拉基火山
复合火山机构	单锥碎屑火山	熔岩占35%~65%，火山碎屑岩和碎屑熔岩占60%~35%	火山通道相4.9%，爆发相34.4%，喷溢相56.8%，侵出相2.6%，火山沉积相1.3%	富士火山
	多锥碎屑火山			长白山火山

2. 火山机构鉴别标志

火山机构由火山口、火山通道和围斜构造所构成（张永忠等，2010）。火山口是指位于火山机构顶部，由火山喷出物四周堆积而形成的环状坑；火山通道是指位于火山机构近中心部位，连接岩浆囊和火山口的岩浆导运系统。

火山口及火山通道是识别火山机构的重要标志（冉启全等，2011）。因此，综合岩性、测井和地震资料，建立识别火山口、火山通道、围斜构造的岩性标志、测井标志和地震标志是宏观识别火山机构的必要手段（表2-8），也为追踪机构界面，搞清火山机构的形态、规模、空间分布及叠置关系奠定了基础。

表 2-8 火山机构识别标志（据冉启全等，2011）

<table>
<tr><th colspan="2" rowspan="2">识别对象</th><th colspan="3">典型岩性特征</th><th colspan="3">测井响应特征</th><th colspan="4">地震反射特征</th></tr>
<tr><th>岩石类型</th><th>岩石组合形态</th><th>结构构造</th><th>值域</th><th>主要形态</th><th>光滑度</th><th>波形</th><th>振幅</th><th>频率</th><th>连续性</th></tr>
<tr><td colspan="2" rowspan="2">火山口</td><td>火山碎屑岩环状分布，夹表生碎屑沉积岩</td><td>近平行互层状</td><td>集块结构、火山角砾结构、凝灰结构、层理</td><td>伽马、密度、电阻率高低交互</td><td>指形</td><td>齿状—锯齿状</td><td rowspan="2">局部层状、弧形凹陷或地堑式下拉</td><td rowspan="2">强</td><td rowspan="2">高</td><td rowspan="2">好</td></tr>
<tr><td>侵出岩穹或岩体</td><td>蘑菇状、云朵状</td><td>块状构造、流纹构造</td><td>高电阻率、高密度、低声波时差</td><td>箱形</td><td>平滑—微齿状</td></tr>
<tr><td rowspan="2">火山通道</td><td>火山颈</td><td>熔岩、熔结角砾岩、次火山岩、捕虏体</td><td>近直立的柱状</td><td>柱状节理、自立流纹结构、斑状结构</td><td>中高电阻率、中低密度、中高声波时差</td><td>箱形、钟形+漏斗组合形</td><td>平滑—微齿状</td><td rowspan="2">伞状、漏斗状、柱状、线状</td><td rowspan="2">中—弱</td><td rowspan="2">高</td><td rowspan="2">差</td></tr>
<tr><td>隐爆角砾岩</td><td>隐爆角砾岩</td><td>碎裂的枝杈状、不规则脉状</td><td>隐爆角砾结构、自碎斑状结构、碎裂结构</td><td>中低电阻率、中低密度、中高声波时差</td><td>箱形+漏斗组合形</td><td>齿状—锯齿状</td></tr>
<tr><td rowspan="2">围斜构造</td><td>近火山口带</td><td>集块岩、角砾岩、熔结角砾岩、气孔熔岩</td><td>楔状、透镜状、块状</td><td>火山集块结构、角砾结构、气孔结构</td><td>电阻率、密度、声波时差均为中值</td><td>钟形、箱形</td><td>平滑—微齿状</td><td>杂乱，向上收敛</td><td>弱—中</td><td>低</td><td>差</td></tr>
<tr><td>远火山口带</td><td>凝灰岩、小气孔熔岩夹火山沉积岩</td><td>层状</td><td>凝灰结构、流纹构造、层理</td><td>中低电阻率、中低密度、中高声波时差</td><td>箱形、指形</td><td>微齿—齿状</td><td>似层状</td><td>中—强</td><td>高</td><td>较好</td></tr>
<tr><td colspan="2">外部包络面</td><td colspan="3">岩性界面、地层产状变化面、不整合面</td><td colspan="3">常规测井伽马、密度、电阻率突变、FMI 产状变化</td><td colspan="4">不整合界面反射</td></tr>
</table>

1）岩性标志

火山口及火山通道主要发育于火山机构的轴部，多刺穿围岩及其他岩相，其发育的典型岩性包括隐爆角砾岩、次火山岩、玢岩和斑岩等；火山通道在纵向上以柱状为主。

例如，在XQ104井火山岩研究过程中，从钻井资料分析，XQ104井发现火山弹。在2115.83~2116.28m井段取心，第1~13段岩心描述为油斑凝灰岩（图2-27），具凝灰结构，岩石主要成分为火山碎屑和陆源碎屑，火山碎屑主要为火山灰物质，少量岩屑，火山灰胶结。岩心柱面可见溶蚀孔洞，部分被其他物质充填。岩心柱面可见火山弹，不均匀分布，椭球形—球形，直径45~90mm。这就说明，XQ104井附近是火山喷发通道。而在XQ106井和XQD3054井钻遇B2火山岩体的中下部，发育大套安山岩，厚度分别为119m和251m，均未钻穿，岩相为溢流相，根据近代火山岩机构研究成果及火山岩模式认为，火山爆发能量相对较弱时，主要发育溢流相，分布于火山口附近。从井上分析，认为XQ103井区的XQ106井和XQD3054井位于更靠近火山岩体火山口的位置。

（a）角砾含量>5%

（b）角砾含量<5%

图2-27　XQ104井岩心照片（角砾凝灰岩）

2）测井标志

火山机构顶底界面的岩性突变，导致常规测井曲线形态也呈现突变的特征。从常规测井曲线的“四性”关系分析可以看出，岩性突变时，一般表现为密度急剧变化、电阻率的显著变化及伽马值的突变。从表2-6中可以看出，火山口、火山通道、围斜构造均具有相应的测井曲线特征，可根据测井曲线特征来鉴别火山机构。

3）地震标志

根据各种地震反射参数的纵横向变化和组合特征，可对火山机构进行识别。这些地震参数主要包括地震反射外部几何形态、内部反射结构和物理参数，如振幅、频率、连续性等。这3个地震反射参数可以反映出火山机构不同层次的组合特征，可对不同火山机构类型进行综合判识。在地震剖面上，火山岩体的地震反射特征具有中心式喷发的丘状（火山锥）外部形态，火山口明显，沿中心（火山口处）呈对称性分布，特别是把岩体底部拉平，这种对称性结构更加明显。火山口部位火山岩体厚，内部反射结构为杂乱反射或空白反射，具有明显的顶底反射界面。地层产状陡倾；远火山口部位地层厚度变薄，反射同相轴连续性逐渐变好，成层性变好，地层产状变缓（图2-28）。

其次还可以借助水平切片、波形分类等属性平面分析，观察分析其属性异常。图2-29和图2-30分别是XQ103井的水平切片和波形分类图，反映了在XQ115井附近存在火山通道的变化异常。

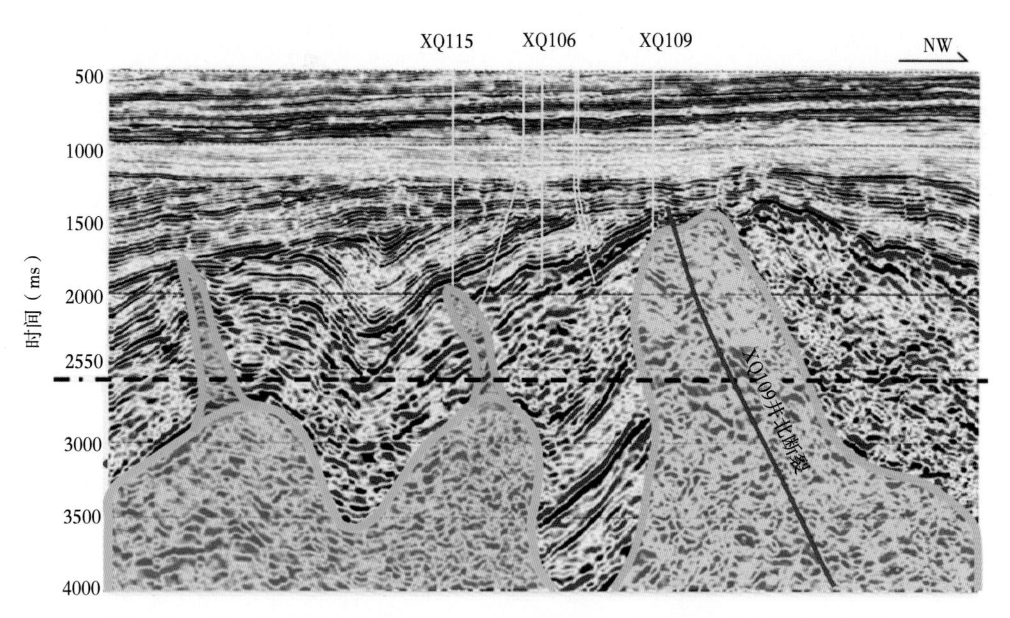

图 2-28 过 XQ115 井—XQ106 井—XQ104 井东南—西北方向火山机构分析剖面

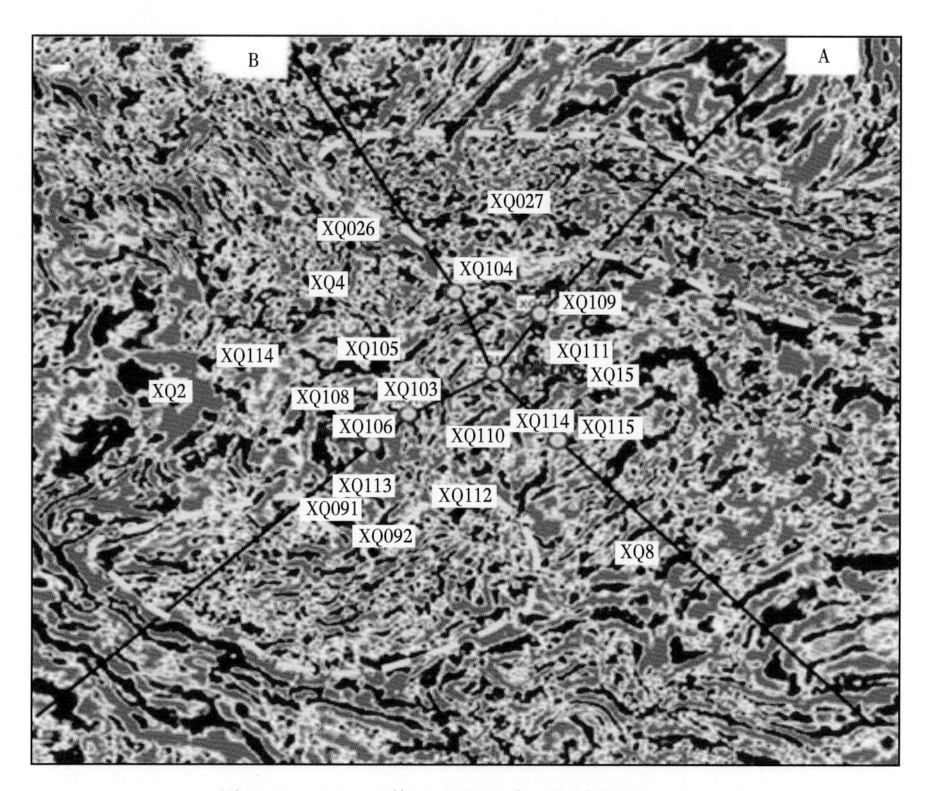

图 2-29 XQ103 井区 2550m 水平深度切片

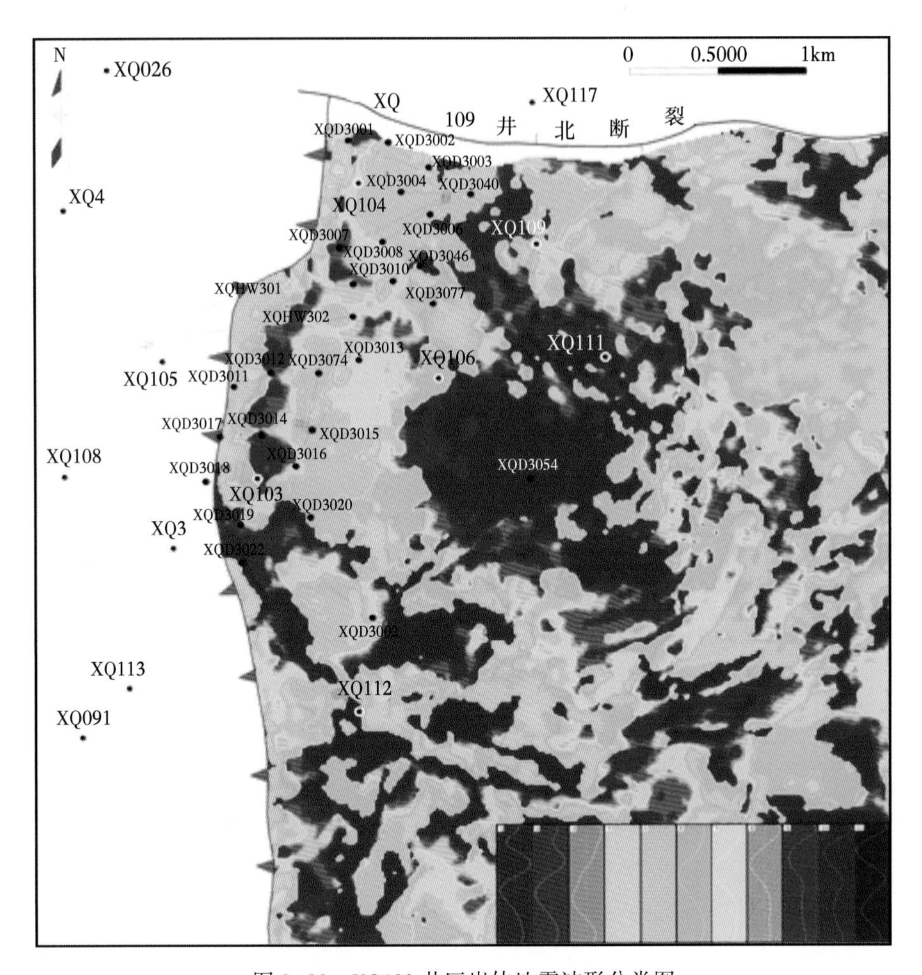

图 2-30 XQ103 井区岩体地震波形分类图

三、火山机构成因及其演化

1. 火山机构成因

火山机构是火山体结构的整体总括，从成因及分布范围上看，火山机构可以是单一火山体的整体结构，也可以是同一时期同源火山群的整体结构。对火山机构的成因进行研究，能够更准确地了解火山岩储层分布样式的来源。

从宏观角度看，火山机构通常发育在板块活动边缘地区或板块薄弱地区，与地下深处的地壳运动或岩浆活动有关。根据 Rittmann（1962）研究，洋底火山机构的形成与陆地火山的形成存在差别。以夏威夷式盾形火山为例，地壳运动产生的大裂隙达到硅镁带，将产生玄武岩质岩浆。由于玄武岩质岩浆的相对密度（2.8）低于太平洋底岩石的相对密度（3），在上覆静水压力的作用下，沿裂隙流到地表，形成火山机构。而对于陆地火山来说，岩浆与大陆地壳的相对密度恰好相反，因此，仅靠静水压力无法到达地表，而在地表以下的深处形成岩浆库，对于岩浆库，也有学者称之为岩浆囊或岩浆房。位于岩浆库中的岩浆再进一步受外界因素影响，在合适的时机，发生火山喷发，喷出或流出地表。

从形成的驱动力来看，火山机构有水驱喷发和气驱喷发两种（王璞珺，2007）。水驱喷发指的是近地表的水下喷发，进入岩浆并与之接触的水起到了重要的驱动作用，受热汽化的水蒸气提高了压力，产生的能量增加了火山喷发的爆炸能力。水的来源包括海水、地下水、湖泊或河流水等。由于该类火山喷发的爆发力完全来源于水与岩浆的相遇，所以，也称之为火山蒸汽型喷发。

气驱喷发是指岩浆自身分异出的挥发组分或岩浆在地下深处遇水产生的气体带来的内压力不断增大导致的喷发。对岩浆库中的岩浆而言，一部分热量会被周围的岩石吸走，从而在岩浆中产生结晶，结晶部分所含挥发性物质的量比溶于岩浆中的挥发性物质的量要少，同时，岩浆会与掉入其中的围岩发生反应，即混染作用，能从周围岩石聚集更多的挥发性物质。因此，随着结晶作用的推进，岩浆中的挥发性物质不断增加，当其压力与外压平衡时，会出现沸腾，通常情况下，沸腾是在液体温度上升时出现的物理现象，这里却是温度下降导致的。随着挥发性的游离气体向岩浆库上部集中，压力继续增大，当超过上覆地壳阻力时，即发生爆发。在岩浆向上运移的过程中，或遇到沉积岩、地下水等，其中的水蒸发为水蒸气，提供部分能量。随着深度的减小，岩浆所承受的岩石静压和围限压力越来越低，释放出的气体越多，气泡越大，内压力随之变大，当岩浆运移到地表以下几百米甚至几米时，岩浆中气体压力升至足以冲破上覆岩层阻力、炸碎岩浆，并把熔浆和围岩碎片抛向空中，剧烈喷发。

火山的喷发有爆发和溢流两种形式。爆发型火山喷发会形成覆盖面积较广的火山碎屑岩高原、成层火山等火山机构类型；溢流型火山喷发会形成盾形火山、熔岩高原等火山机构类型。火山喷发类型与3个因素有关，分别是岩浆黏度、岩浆自身挥发分气体含量及岩浆运移中遇到外部水体的程度。岩浆黏度取决于SiO_2含量，SiO_2含量越高，岩浆黏度越大。如果岩浆黏度大，且气体较多、压力大，就可能形成爆发式喷发；如果气体含量少，则只会流出熔岩。

根据火山碎屑物破碎程度指数（F）和火山凝灰质沉积所覆盖面积（D），国外学者（Nault，2001；Karlsruhe，2002）划分出几种典型的火山喷发类型（图2-31）。不同的火山喷发类型具有各自的喷发特点和火山机构的形成特征（表2-9）。

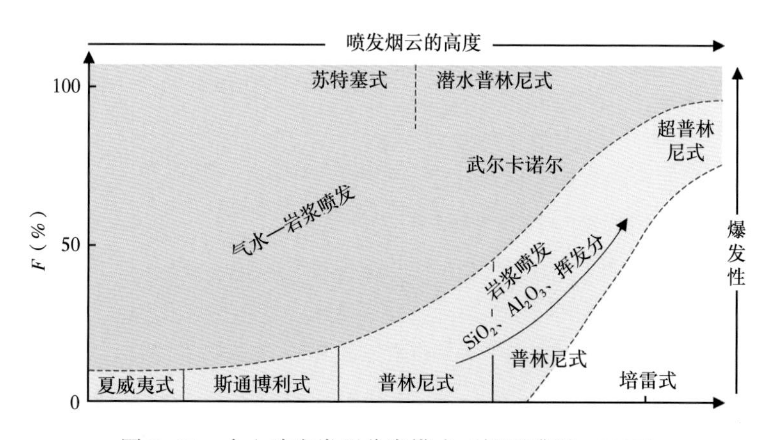

图2-31 火山喷发类型分类模式（据王璞珺，2007）

表 2-9 典型火山喷发类型和特征

喷发类型和命名地点	驱动力和喷发特点	喷出物类型和特征	火山机构形成和特征
苏特塞式；冰岛 Surtsey	水驱喷发；发生在洋底表面之下仅几米	蒸汽和因与水接触而浸水的熔浆碎屑，玻璃质碎屑，水成凝灰质，菜花状火山弹	岩浆近地表遇水爆炸、水下喷发，爆发为主；高大的、尖形的凝灰岩锥体，火山角砾岩筒
武尔卡诺式；意大利西西里岛 Vulcano	水驱喷发；中等黏度岩浆，有水参与；火山管道受阻，一系列规则的猛烈喷发	新生熔浆炸裂碎片；“面包壳”形熔岩弹，外壳光亮、玻璃质，内部泡沫状；为内部熔融外部冷凝的熔岩块，由于内部气压骤增炸裂而形成，大量火山灰，菜花状火山弹	爆发为主；杯状火山口，宽度远大于深度；火山角砾岩筒
夏威夷式；美国 Hawaii 岛	气驱喷发；低黏度岩浆，熔浆和气体从喷口持续流出，碎裂化和分散度都低，溢流为主也伴有爆发	牛粪状火山弹，带状、眼泪状、剥落丝状熔浆空落物；自由流动的熔浆大规模流动形成绳状熔岩，围限在火山口中则可形成熔融岩浆湖	溢流为主，爆发少见；熔浆主要从火山翼部的裂隙流出，溢出的岩浆炽热状态下还可回流，围绕火山口形成熔结火山渣锥，大型盾状火山机构，寄生熔岩锥
斯通博利式；意大利利伯里群岛 Strombli	气驱喷发；中等黏度岩浆，规则爆发，地球上最常见的火山活动类型	熔岩块、火山渣、火山弹、旋转火山弹，火山砾；流动状玄武岩浆凝块，空中飞行时固结的熔岩碎块，渣状熔岩	爆发为主；中心式喷发，喷发物围绕火山口形成火山渣锥；复合火山机构；常伴随有寄生的、侧向的或外来火山锥
普林尼式；意大利南部维苏威火山；公元 79 年小 Pliny 描述了其喷发	气驱喷发；中等黏度至高黏度岩浆，岩浆高硅富含气体	大量凝灰质；大型喷发柱和蘑菇状烟云，可高达数千米，富含细粒火山灰	撕裂的岩浆和岩浆挥发分从喷发口呈稳固的涡流射出；穹隆和隆起
培雷式；南美马提尼克岛 Saint-Pierre 或 Mont Pelée	气驱喷发；高黏度岩浆地下聚集最终喷出	炽热发光的烟云；以时速 75~300km 快速流动的火山碎屑流（破坏性极强）；气体、刚性碎屑、火山渣、浮岩块的混合物	地下缓慢流动的岩浆侵出，由于长期的能量聚集一旦喷出能量巨大；火山穹隆，火山岩脊
潜水水气—岩浆混合式；法国中部 Puys 火山岩带	气驱喷发；水与岩浆在地下数百米至数千米处相遇，大型烟筒状火山管道洞穿岩石，强烈爆发	凝灰质；菜花状火山弹	宽的火山口；周缘为环形或新月形凝灰岩环绕，低平火山口

2. 火山机构的演化

目前所研究火山岩储层的所在火山机构都经历了几百万年的漫长地质过程，与年轻的现代火山短期内涉及一种喷发类型的一次喷发事件不同，这些古火山机构通常都经历过多个时期的演化历程，而且不同地区、不同类型的火山机构的演化情况又各不相同。

新疆哈密双井子地区发现一座空心山火山机构，属于中心式喷发类型（彭湘萍，1999）。通过研究认为，该火山机构的演化模式分为四个阶段（图2-32）：第一阶段，由于北部准噶尔板块向南持续性俯冲、挤压，使得区内的上地幔—下地壳的部分岩石发生熔融，产生大量的中性—酸性岩浆，冲破石炭系坡子泉组、黑石山组的石灰岩及砂砾岩地层，初期是强烈的爆发性喷发，形成大量火山碎屑岩，之后爆发性喷发逐渐变为喷溢性喷发，形成中性—酸性熔岩；第二阶段，大量的岩浆喷发后，地层深部的岩浆库出现亏空，压力减弱，造成火山口塌陷，形成一系列环状断裂、放射状断裂；然后，流纹英安质—流纹质的岩浆沿着火山通道上涌到早期火山塌陷形成的凹地内，形成中性—酸性碎斑熔岩；第三阶段，后期岩浆库中残存的英安质岩浆，沿断裂通道向上侵入，在洼地中形成侵出相的英安质火山熔岩；第四阶段，经历漫长的风化剥蚀，地貌趋于平坦。

东北松辽盆地具有分布广泛的火山岩储层，其中包括互层状火山机构。熔岩与火山碎

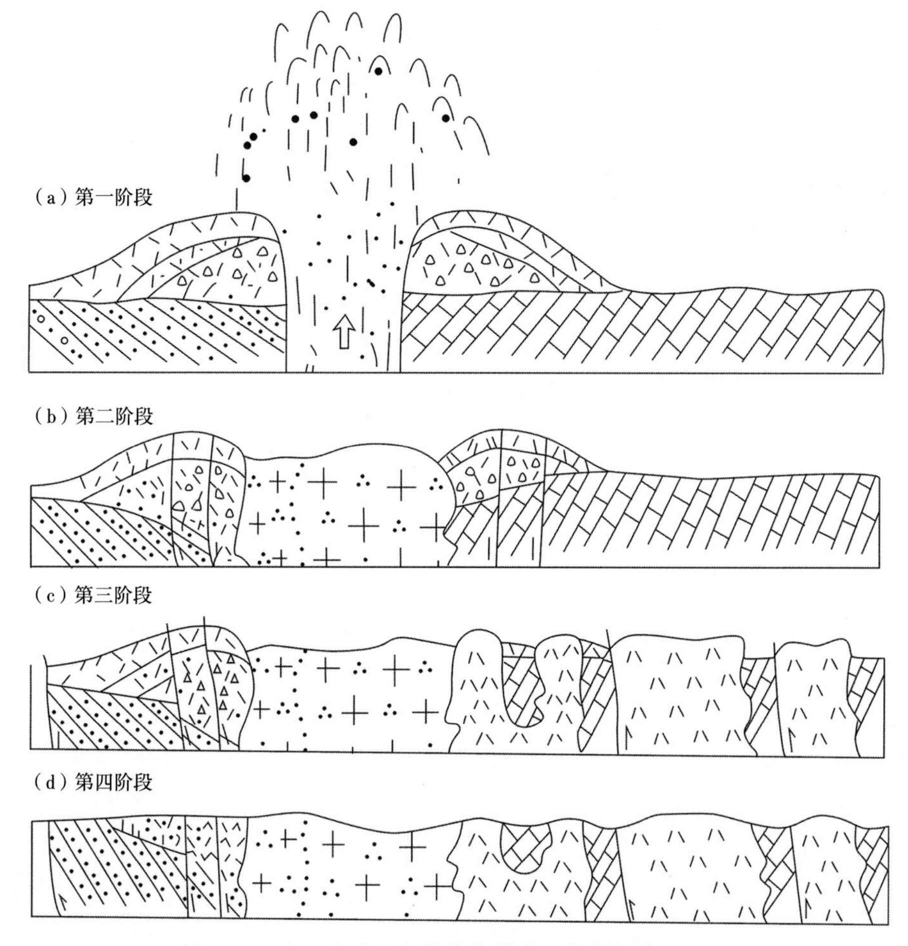

图2-32　空心山火山机构演化模式（据彭湘萍，1999）

屑岩互层状火山机构多以中性—酸性岩，尤其是安山岩类为主，发育时限万年至几百万年，与俯冲有关。其演变过程可大致分为5个阶段：（1）初始阶段：形成火山底部衬垫层，由爆发相火山碎屑岩（空落和碎屑流）和溢流相熔岩互层序列构成；（2）火山口形成阶段：由于岩浆和火山碎屑的喷出使得近地表带岩浆房被掏空，产生近圆形的、直径为千米量级的沉陷；（3）火山穹隆形成阶段：接续前两个阶段的爆发相之后，通常发育溢流相熔岩，且多表现为厚层的熔岩块体流；这种块状熔岩流在中性火山岩中特别发育，常见溢流相下部和上部两种亚相，且以下部亚相更为发育；岩性多为喷出岩与浅成侵入岩的过渡类型，如安山岩—安山玢岩、粗面岩—二长斑岩。又如松辽盆地北部林深三井3595~4483m井段就揭示了800余米这种块状熔岩流形成的溢流相粗安岩—二长斑岩过渡类型岩石：（4）火山穹隆破坏改造阶段：第三阶段大规模溢流之后又出现爆发，构成长短不一的普林尼式喷发序列，以火山碎屑流为主；火山穹隆被破坏改造；（5）终结火山锥阶段：新一轮喷发旋回的开始，往往伴随着下伏岩浆房的充注，该阶段主要表现为火山翼部的下陷和火山口的崩塌，形成火山通道相火山颈亚相、具有堆砌结构的火山角砾岩。

盾状火山机构是另一种典型的火山机构类型，夏威夷岛的莫纳罗亚火山即为该类型。其形成是高流动性拉斑—碱性玄武岩浆长期建造形成的；与大洋热点有关，也可位于大陆裂谷带和洋岛，通常规模巨大。

一般认为，该类型火山机构的演化分为5个阶段：（1）初始阶段，亦称火山发生阶段，对此阶段了解很少，就夏威夷火山而言，该阶段发生在海底，可能涉及碱性岩浆上涌；（2）火山盾水下建筑阶段，亦称水下阶段，第一阶段经过短期碱性火山喷发作用之后，所喷发的岩浆类型就转变为典型的洋底拉斑玄武岩，喷发仍然在水下进行，火山岩体开始形成，主要是通过高密度、玻璃质枕状熔岩和相关碎屑的堆积而成，可能出现绳状熔岩甚至偶尔可见渣状熔岩；在水下喷发的整个过程中，火山岩上覆水体向下的巨大重荷压力，使其无法形成任何形式的爆发；（3）火山盾浮现阶段，在火山浮出水面过程中，熔浆涌出的位置越来越接近海平面，上覆水体静压力也越来越小，由于水—岩浆作用导致火山蒸气型爆发式喷发，产生玻璃质火山碎屑岩层；（4）火山盾水上建造阶段，浮出水面后，拉斑玄武质岩浆继续喷溢，通常形成绳状熔岩流和渣状熔岩流；（5）披盖阶段，这是热点火山活动的最后阶段，其特点是喷发物又变成分异度较高的岩浆（夏威夷岩、橄榄粗安岩或粗面岩），这标志着火山已经从其热点移开，其岩浆库不再有补给。

松辽盆地北部的东南断陷营城组火山岩储层是典型的组合型火山机构（王亚楠和李占东，2017）。通过研究认为，该区域的火山机构演化有2个旋回阶段（Ⅰ、Ⅱ、Ⅲ），整体上表现弱—强—弱的特点。旋回I主要发育中酸性火山岩，火山口规模较小、零星分布，火山岩厚度不受断裂和火山口控制，表现为残余火山岩的特征。旋回II火山活动规模和强度显著增强，火山口沿断裂带两端及断裂交叉部位分布，其厚度受断裂和火山口控制。旋回III早期火山猛烈喷发，火山口连片呈条带状分布，规模大，保存形态完整，其厚度受火山机构控制，晚期火山活动减弱，在早期火山口处，局部活动，直至消亡，其厚度受火山机构控制作用减弱。火山喷发的三大旋回具有迁移叠置、多厚度中心的特征，不同期次火山岩喷发特征差异较大，火山口面积逐渐扩大，火山机构幅值和分布范围逐渐增大，且活动强度由东南向西北迁移。从而形成3个主要的火山发育带，即东、中、西3个大的火山机构发育带。

大型熔结凝灰岩火山机构是由巨量的凝灰质喷发形成的，喷发物呈厚层状覆盖在火山口的相邻区域。该类型火山机构中心的标志是在火山口位置处往往出现明显的凸起，称为再生穹隆。根据现有的认识，认为该类型火山机构的形成需要 3 个阶段：（1）隆升破裂阶段：大型火山机构下面都要有近地表的大规模岩浆房，圈闭在岩浆内气体的压力会引起岩浆房顶部膨胀，同时使围岩破裂，上覆岩石的这些初始裂缝有时会引发先期的火山活动，预示着可能发生大规模火山喷发；（2）喷发初期阶段：随着岩浆房顶部裂缝的扩大和岩浆房内部压力迅速增加，岩浆喷出，同时产生浮岩层并引起岩浆房顶部塌陷，这种下陷作用就像活塞一样，其附加压力会加速岩浆房内剩余岩浆的喷溢；此时的喷出物主要表现为两种：沿地表流动的基浪（载屑蒸汽流）和富含（细粒）凝灰质的数千米高的烟云柱；（3）火山口塌陷阶段：主喷发期过后，火山口垮塌，此时在火山机构中心的沉陷带内仍有中酸性火山活动，通常形成小型（安山岩）火山锥和穹隆，其岩浆来源可以是原先岩浆房内的剩余岩浆，也可能是新的原生岩浆充注到先期岩浆房。

第三节　火山岩精细成因地层格架

火山地层学起源于 19 世纪中期莱伊尔对欧洲维苏威火山的相关研究。随着火山研究的深入，Kasama 等（1976）认为，火山地层学是地层学的分支学科，需要建立一套专门的术语及其理论体系，反映火山成因序列自身的规律性。之后，一些地质学者对火山地层学展开了大量的研究，总结了一套相对系统的火山地层学术语（Plank 等，2000），并通过火山地震相研究，建立了地震相单元和火山地层单元之间的对应关系。

沉积岩地层格架是碎屑岩油气藏地质研究的重要基础，同样，火山岩精细地层格架是火山岩油气藏地质研究的基础。层序地层学主要针对的是沉积地层序列，是研究等时地层界面限定的、具有成因联系的地层之间的相互关系。基本方法是在识别层序界面的基础上，刻画这些界面围限的沉积体的充填类型，并建立与海平面、湖平面升降的关系，建立等时地层格架，预测沉积体的空间展布。

火山地层的形成和特征不同于沉积地层（表 2-10），火山地层的形成受构造作用、岩浆作用控制。因此，火山地层学研究的内容更加关注火山作用与构造作用的关系，需要在构造作用、岩浆作用研究的基础上，划分火山地层序列、预测火山岩分布规律（王璞珺等，2011）。

表 2-10　火山地层和沉积地层比较（据衣健，2014）

异同点	沉积地层	火山地层
物源	地表风化剥蚀物质或化学沉淀，物源位于隆起剥蚀区，成分与物源区、搬运距离等有关，近源、远源堆积	来源于地下岩浆房，成分与岩浆成分有关，喷发源位置受断层、热点等控制，多源，近源，少量远源堆积
搬运方式	水、风、重力等地质外营力作用	火山喷发作用本身产生的搬运力，如气—水岩浆喷发；重力、风等地质外营力
地层结构	层状	层状、似层状、非层状结构
地层序列	如无大规模构造运动改造，无倒转、穿时现象	有穿时现象和倒转现象
层序控制因素	古地理、构造格局、气候、海湖平面的升降等	构造演化、岩浆演化

火山地层学与沉积地层学研究在研究内容虽然有一定差异（表2-11），但是两者的核心思想方法和问题的切入点类似，都是先识别等时地层界面，然后再刻画等时界面内部地层的充填类型和充填样式；结合地震资料分析，建立地质属性与地震响应特征之间的对应关系，最终建立地层单元在空间上的对应关系。

表2-11 火山地层学和层序地层学的比较（据王璞珺等，2011）

对比条目	问题提出	切入点	核心思想	实现途径	直接目标	成果延伸
层序地层学	异化地层（沉积层序）	划分地层的基本形态和类型	先识别等时界面，再刻画充填类型	地震地层学方法（地层充填样式和终止方式，地震层序和地震相分析）	建立等时地层格架和地层对比关系	盆地充填和生—储—盖组合分析
火山地层学	异化地层（火山成因序列）	划分地层的基本形态和基本类型、组合类型与充填类型	先识别等时界面，再刻画充填类型	地震火山地层学方法（地层充填样式和终止方式，地震层序和地震相分析）	建立成因地层单元和地层对比关系	盆地充填和生—储—盖组合分析

一、火山岩地层划分与对比思路

冉启全等（2011）在对准噶尔盆地和松辽盆地火山岩进行了大量研究的基础上，提出了一套较为全面的火山岩地层划分对比方案，并将其与油气开发层组结合，此划分方案的合理性和实用性都较好。本书研究主要参考该方法，按照从大到小的顺序，将火山岩地层依次划分为火山喷发旋回、火山喷发期次、火山喷发韵律和冷凝单元4个对比单元（表2-12）。各单元的定义如下：(1）火山喷发旋回是指在火山岩建造内部，一个火山活动期内，由火山作用不同阶段形成并通过一定构造形式表现的同源火山喷发产物的总和；(2）火山喷发期次是在火山机构形成过程中，由一次相对连续的火山喷发形成的火山活动产物的总和；(3）火山喷发韵律是喷发期次内部一次集中喷发形成的一套火山岩组合；(4）冷凝单元是喷发韵律内部一次脉冲式喷发的产物，由火山岩冷—热界面分隔。

表2-12 火山岩地层单元划分方案（据冉启全，2011）

地层单元	约束机制	分布范围	规模		油气开发层组
			厚度	延伸长度	
喷发旋回	火山岩建造	盆地内	几百米～几千米	几十千米～几百千米	油层组
喷发期次	火山机构	机构内	几十米～几百米	几千米～几十千米	砂层组
喷发韵律	喷发期次		几米～几十米	几百米～几千米	小层
冷凝单元	喷发韵律	岩体内	几米～数十米	几十米～几百米	单层

二、火山岩地层划分与对比方法

火山岩地层划分与对比以火山岩内幕结构为约束，通过分析不同界面的岩石学特征、测井响应特征、地震响应特征，按照“逐级对比”的原则进行。

1. 火山喷发旋回的区域对比

火山喷发旋回是以火山岩建造作为内幕控制控制因素，旋回界面往往以区域性分布的沉积岩层、大规模的风化壳层或稳定分布的火山灰层作为典型特征。

以新疆 JL2 油田二叠系佳木河组火山岩为例，顶部旋回界面与上覆乌尔禾组砂砾岩地层在地震上表现为角度不整合面的强反射特征（图 2-33），测井上具有典型的旋回间断期沉积岩的“低密度、低电阻率、高声波时差”的响应特征（图 2-34），并伴有井径扩大的现象。

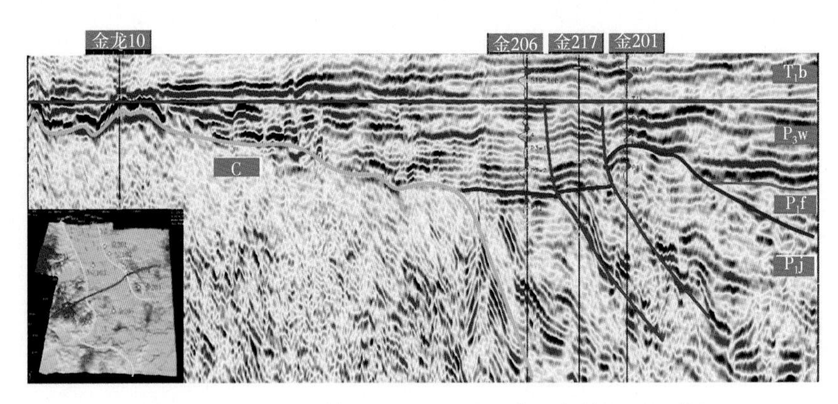

图 2-33　JL2 油田佳木河组火山岩油藏顶部旋回界面特征

2. 火山喷发期次的划分方法

火山喷发期次受到火山机构的控制，最重要的界面特征为岩性组合转换面（图 2-33），也存在火山喷发间歇期沉积界面和暴露时间较短的风化壳界面等类型。岩性组合转换面可根据火山喷发的能量变化特征分为火山熔岩—火山熔岩、火山熔岩—火山碎屑岩、火山碎屑岩—火山熔岩、火山凝灰岩—火山碎屑岩等不同形式。不同的岩性转换面曲线形态特征不一，最典型的火山熔岩—火山碎屑岩转换面，电阻率曲线表现为微齿状箱形向齿状钟形变化特征。岩性转换面在地震剖面上的特征主要根据岩性之间地震响应差异进行识别，表现为同相轴间强弱、频率、连续性等的差异。

3. 火山喷发韵律的划分方法

火山喷发韵律包括火山熔岩韵律、火山碎屑岩韵律和火山熔岩与火山碎屑岩交互韵律。熔岩韵律主要根据岩石结晶程度划分；火山碎屑岩韵律表现为碎屑颗粒粒径的变化；互层韵律主要表现为火山碎屑岩与火山熔岩的交替出现，与喷发期次中岩性组合的区别在于其厚度较小，一般在几米到几十米之间，可反映喷发能量的强弱变化。火山喷发韵律在区域上往往不稳定，地震剖面上识别困难，以测井响应识别为主，且形态变化多样。以新疆 JL2 油田 JIN213 井佳木河组火山岩为例，火山岩喷发韵律以互层韵律为主（图 2-33），下部火山碎屑岩曲线多呈齿状漏斗形、钟形特征，表现为中—低电阻率、中—高声波时差、中—低密度的特点，上部火山熔岩曲线则多呈平滑—微齿状箱形特征。

三、精细火山地层格架

在不同级次火山岩地层划分的基础上，进行火山岩地层逐级对比。由于火山喷发韵律和冷凝单元的分布较为局限，很难在全区范围内对比，因此火山岩地层对比通常统一到火山喷发旋回—期次级别。

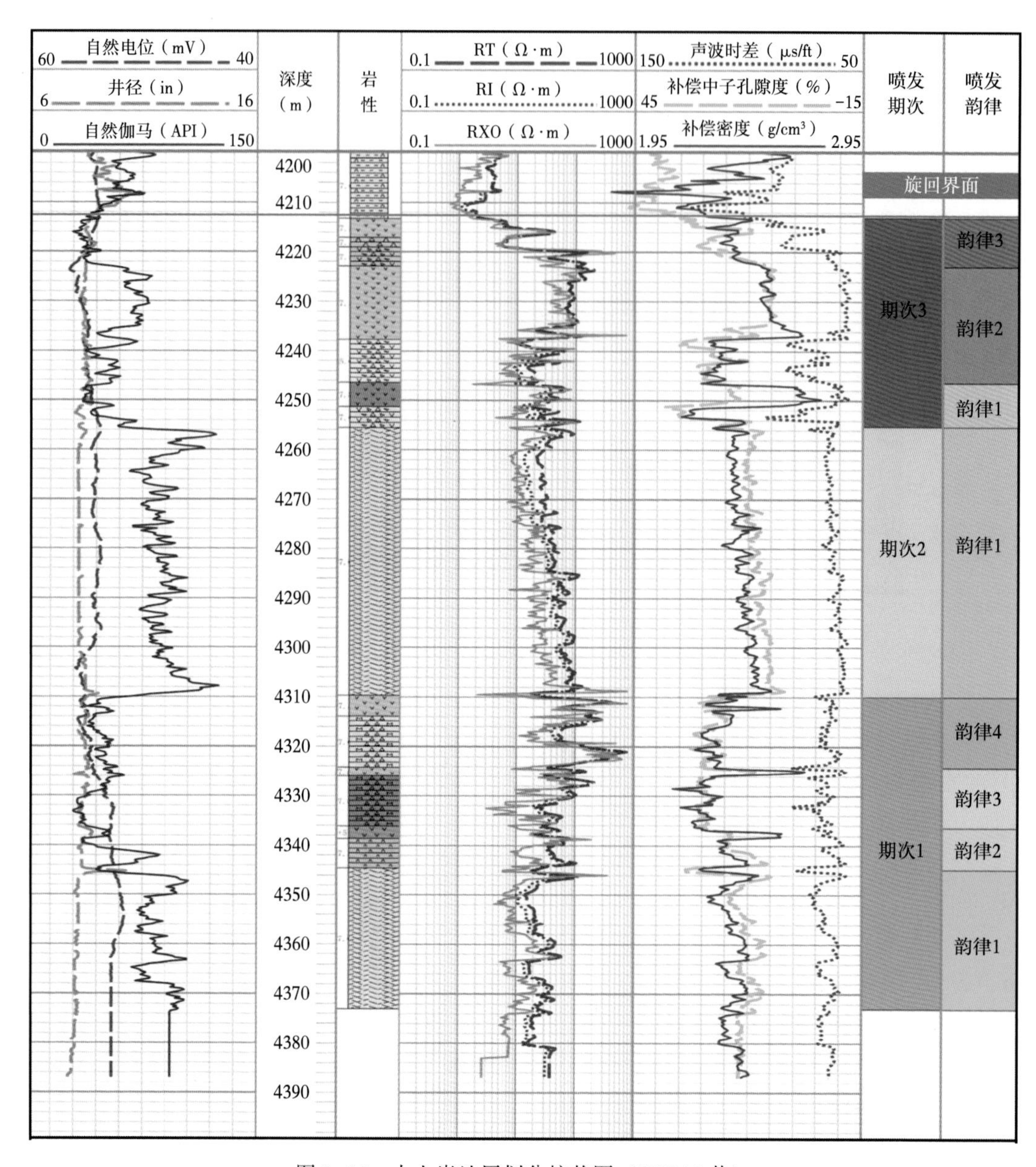

图 2-34　火山岩地层划分柱状图（JIN213 井）

以新疆 JL 油田为例，已完钻井揭示佳木河组火山岩体厚度 22～286m，平均值为 145.3m，属于顶部旋回。根据岩性及电性特征，将该旋回佳木河组火山岩自上而下划分第三期、第二期和第一期 3 个期次（图 2-35）。其中，第三期厚度 46～66m，呈中—低伽马（<50API）、中—高电阻率特征，物性较好；第二期厚度 35～60m，呈中—高伽马（>80API）、中等电阻率特征，物性较差；第三期厚度 60～80m，呈中—低伽马（<50API）、中—高电阻率特征，物性较好。在此基础上，建立骨架剖面辐射全区，完成研究区佳木河组火山岩地层的划分与对比工作，结合断裂系统分析结果，最终建立了 JL2 油田佳木河组火山岩地层格架。

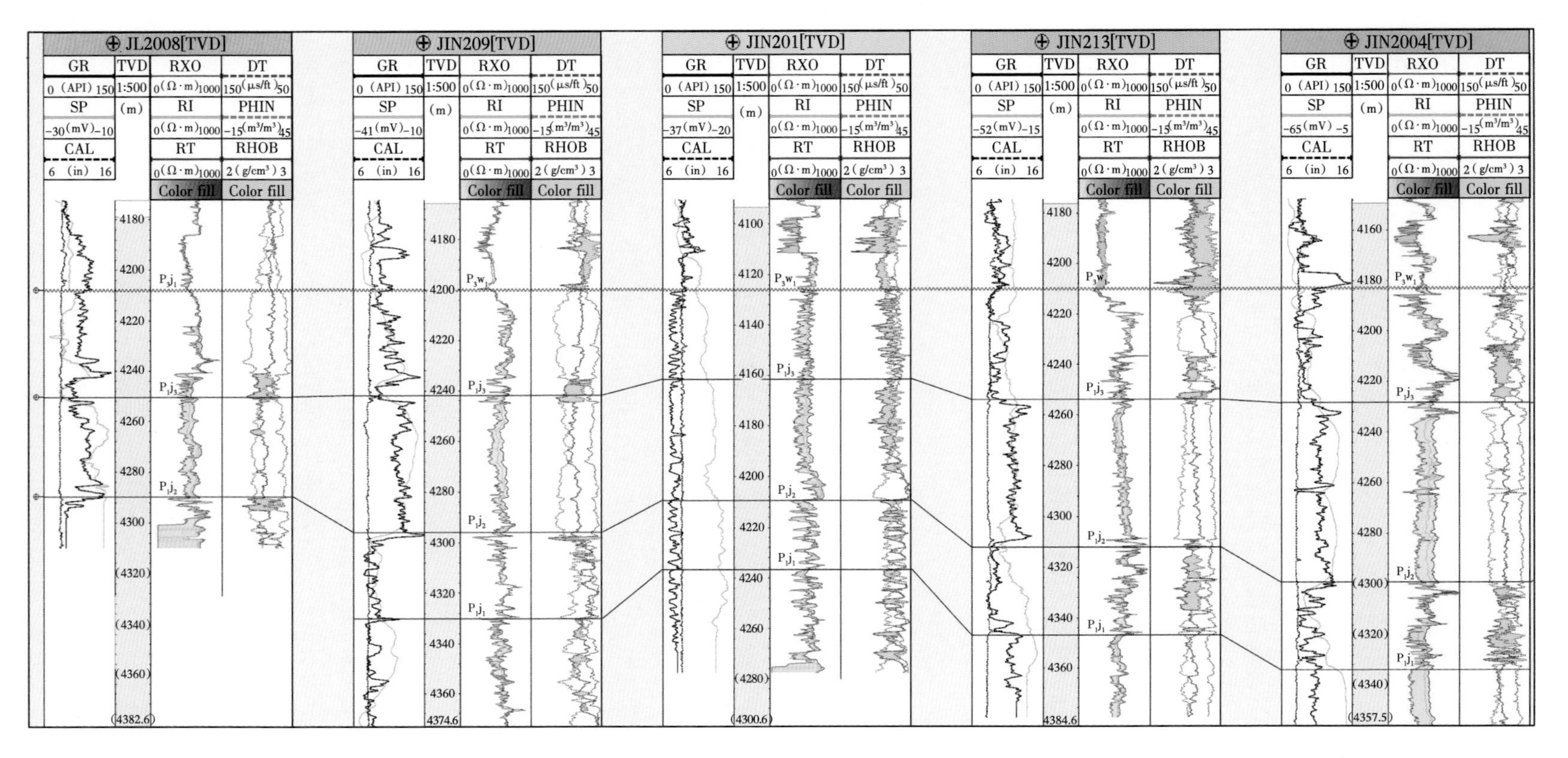

图 2-35 JL2 油田佳木河组火山岩期次划分对比剖面

第三章　火山岩储层识别与表征

目前，随着油田开发水平的不断提高，对储层预测及表征技术提出了更高的要求。总体来看，储层描述既包括宏观形态结构表征，又涉及微观尺度孔隙结构、孔喉形态表征；逐渐从定性、半定量描述储层质量向定量表征储层规模及储层物理性质发展；从狭义的储层地质特征描述向广义的结合油藏动态特征的储层预测表征发展。储层表征这个名词主要是指储层的定量描述。1985 年，首届国际储层表征技术讨论会上，将储层表征技术定义为：定量确定储层性质，识别地质信息及其空间变化。主要内容包括地质特征、特性参数分布及空间可变性、模拟参数的确定及流体流动等。火山岩油气藏非常复杂和隐蔽，研究者目前对它的认识不够，其储层研究还处于深入探索阶段，本章对火山岩储层的岩性识别与划分、裂缝的识别与表征进行技术进行总结，并分析火山岩储集空间类型和成因。

第一节　火山岩储层识别与划分

火山岩的岩性、岩相识别是火山岩储层评价最为重要的基础工作之一。火山岩岩性复杂多变，其识别手段和方法需要全面综合多尺度信息，既要结合野外火山岩露头描述分析，整体认识区域火山岩岩性及分布；又要从岩心分析、薄片鉴定资料着手，鉴别井点的火山岩岩性，并且还要通过测井资料解释、地震资料、重磁资料分析预测，通过点、面、体多信息结合，精确厘定火山岩岩性。岩性识别及划分结果，可以直接应用于指导火山岩岩相的划分及火山岩储层物性、含油性评价。

一、钻井资料

钻井资料识别火山岩是指利用岩心资料或者岩屑录井资料直接识别火山岩岩性的方法，这是最直接、最简单、最准确的方法。此外，通过岩心的分析化验资料，还可以得到有关火山岩的喷发期次、喷发年代等更多信息。

XQ103 井区石炭系火山岩选用岩心、薄片、岩屑录井等相关资料进行岩性识别，将该区火山岩岩性划分为安山岩、火山角砾岩、角砾凝灰岩、凝灰岩 4 种（图 3-1、图 3-2）。

（1）安山岩：XQ103 井 2301.1m 处的岩心定名为安山岩。岩石具斑状结构，气孔—杏仁构造。斑晶主要为斜长石，少量角闪石，部分长石发生了绢云母化，角闪石轻微绿泥石化。基质为典型的安山结构（玻晶交织结构），主要由微晶斜长石、磁铁矿、隐晶质组成。少量气孔为绿泥石等次生矿物充填。孔隙发育中等，面孔率 1%左右，主要为晶内溶孔、基质溶孔。

（2）火山角砾岩：XQ104 井 2048.68m 处的岩心定名为火山角砾岩。岩石具火山角砾结构，块状构造。岩石颗粒主要由火山角砾组成，成分主要包括安山岩、长石，多数呈次棱角状，角砾粒径以2~4mm为主，其含量约为60%左右。填隙物主要由安山质岩屑、晶屑（主要为斜长石）等凝灰物质组成，呈次棱角状，粒径多为0.5~1.8mm，含量约占30%左右，它们与火山灰共同胶结角砾。火山角砾岩的孔隙发育较好，面孔率约为2%，主要为基质溶孔和粒内溶孔。

（3）角砾凝灰岩：XQ104井2065.57m处的岩心的定名为角砾凝灰岩。岩石具角砾—凝灰结构，块状构造。岩石主要由火山角砾、岩屑、晶屑、火山灰组成。角砾成分主要是安山岩，多数呈次棱角状，角砾的粒径主要以2~6mm为主，其含量约为15%~20%。岩屑成分主要为安山岩，呈次棱角状，晶屑主要为斜长石、黑云母，呈次棱角状，岩屑和晶屑粒径多为0.2~1.5mm，含量约为60%~65%，碎屑与火山灰共同胶结，火山灰含量15%~25%。角砾凝灰岩的孔隙发育较差，主要为粒内溶孔和微裂缝，面孔率小于1%。

（4）凝灰岩：XQ110井2258.21m处的岩心的定名为凝灰岩。岩石具凝灰结构，主要岩石组分包括岩屑、玻屑和火山凝灰质物。其中，岩屑以安山岩、凝灰岩为主，粒径多在0.5~2mm之间，含量约为20%，玻屑呈撕裂状、鸡骨状、长条状等形状，含量约为30%；其余为火山凝灰质物，含量约为50%。孔隙发育中等，主要为粒内溶孔、基质溶孔与微溶孔和少量铸模孔，孔径较大，多在200~500μm之间，部分孔径可达1000μm以上。

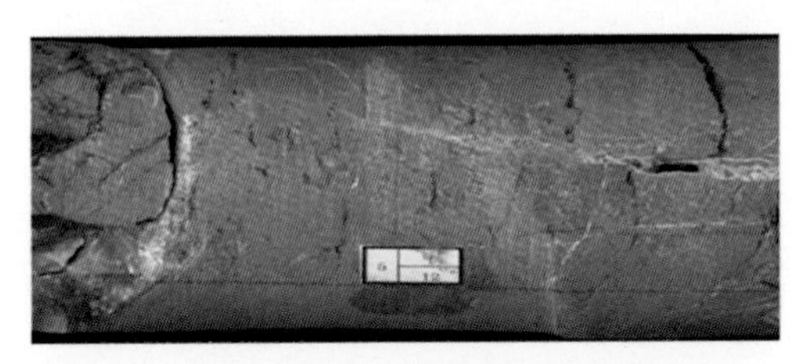

（a）安山岩，XQ103井，2267.01~2267.23m

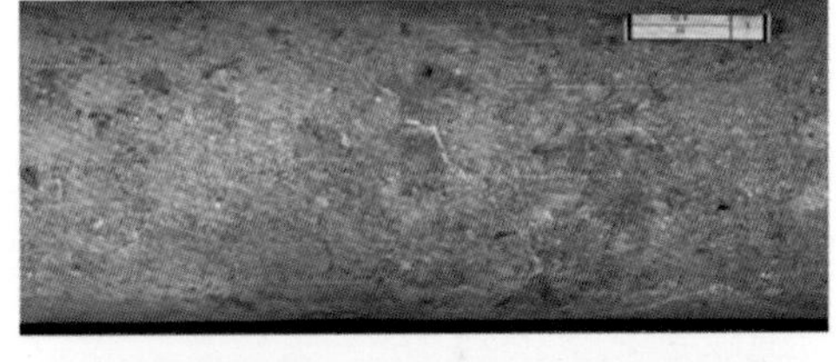

（b）火山角砾岩，XQ104井，2049~2049.5m

（c）角砾凝灰岩，XQ110井，2248.68~2248.77m

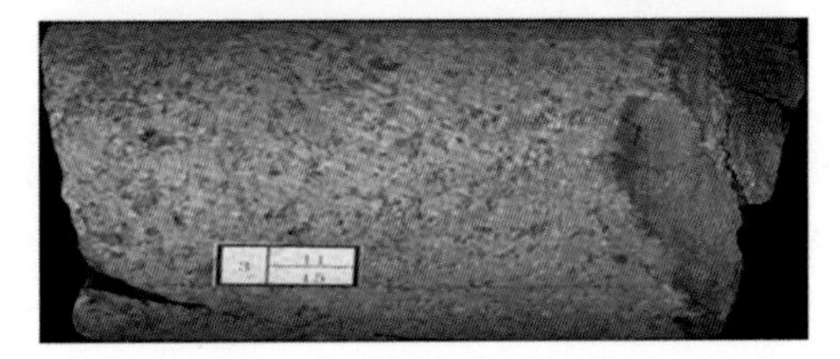

（d）凝灰岩，XQ103井，2156.35~2156.47m

图3-1 XQ103井区石炭系火山岩岩心照片

辽河坳陷火山岩岩性复杂，应用录井资料进行岩性鉴别。X24井主要目的层为沙三中亚段粗面岩储层，其顶部地层岩性也比较复杂，在井深2168m以下，出现大套蚀变玄武岩、粗玄岩（图3-3），其颜色、形态、矿物成分与粗面岩类似，加之岩屑破碎严重，颗粒较细，岩性难以鉴定，粗面岩顶界卡取非常困难。认真观察岩屑各项录井特征，当钻至井深2254m以后，钻时突然大幅度减小，由于钻井液密度增大的原因，气测值仅出现小幅异常，但岩屑返出后颜色明显变浅，由粗玄岩的黑灰色变为灰色，形状呈较均匀颗粒状，无棱角，显微镜下观察透长石斑晶明显，定量荧光检测级别从4.8级快速升至10.2级，出现明显异常，判定已钻到粗面岩顶界。

（a）安山岩，XQ103井，2301.1m　（b）火山角砾岩，XQ104井，2048.68m

（c）角砾凝灰岩，XQ104井，2065.57m　（d）凝灰岩，XQ110井，2258.21m

图 3-2　XQ103 井区石炭系火山岩薄片照片

二、重磁方法

从目前已发现的火山岩储层来看，基性玄武岩占 32%，中性安山岩占 17%，酸性流纹岩占 14%，火山碎屑岩占 12%，似乎各种类型的火山岩都可以形成油气藏。但是，从统计结果看，不同地区、同一地区的不同构造部位、同一构造部位的不同层段，其火山岩油气富集程度的差异又具有一定的规律性。因此，针对具体地区，岩性识别尤为重要。实测资料表明，沉积岩磁化率很弱或无磁性；而火山岩具有较强的磁化率，并且从基性火山岩到酸性火山岩，磁化率呈现出降低的趋势。从基性火山岩到酸性火山岩，其密度也呈现降低的趋势。因此，利用重磁资料，可以识别不同岩石类型的火山岩。

基于重磁资料，对准噶尔盆地莫索湾—陆西地区石炭系火山岩进行识别。根据岩石的磁性、密度测量结果分析，阐述了利用重磁方法圈定火山岩的可行性；以剩余重磁异常的视密度和视磁化率反演结果为基础，结合重磁异常的组合情况和实测岩石物性数据，确定目标区内火山岩岩性分布（周耀明等，2017）。石炭系内部火山岩磁化率和密度测量值显示，按辉绿岩—玄武岩—安山质玄武岩—安山岩—英安岩—霏细岩—火山角砾岩—凝灰岩这个顺序，其磁化率和密度依次递减，总体符合从基性火山岩—酸性火山岩，磁化率、密度逐渐降低的规律（表 3-1）。其中，中基性火山岩的磁化率和密度值分别为（500～1500）$\times10^{-5}$SI 与 2.57～2.74g/cm^3，明显大于酸性火山岩的磁化率［（120～180）$\times10^{-5}$SI）］和密度值（2.31～2.47g/cm^3）。不同时代的正常沉积岩密度较低且差异不大，与酸性火山岩密度基本相当，磁化率则均小于 100$\times10^{-5}$SI，可视为无磁性。

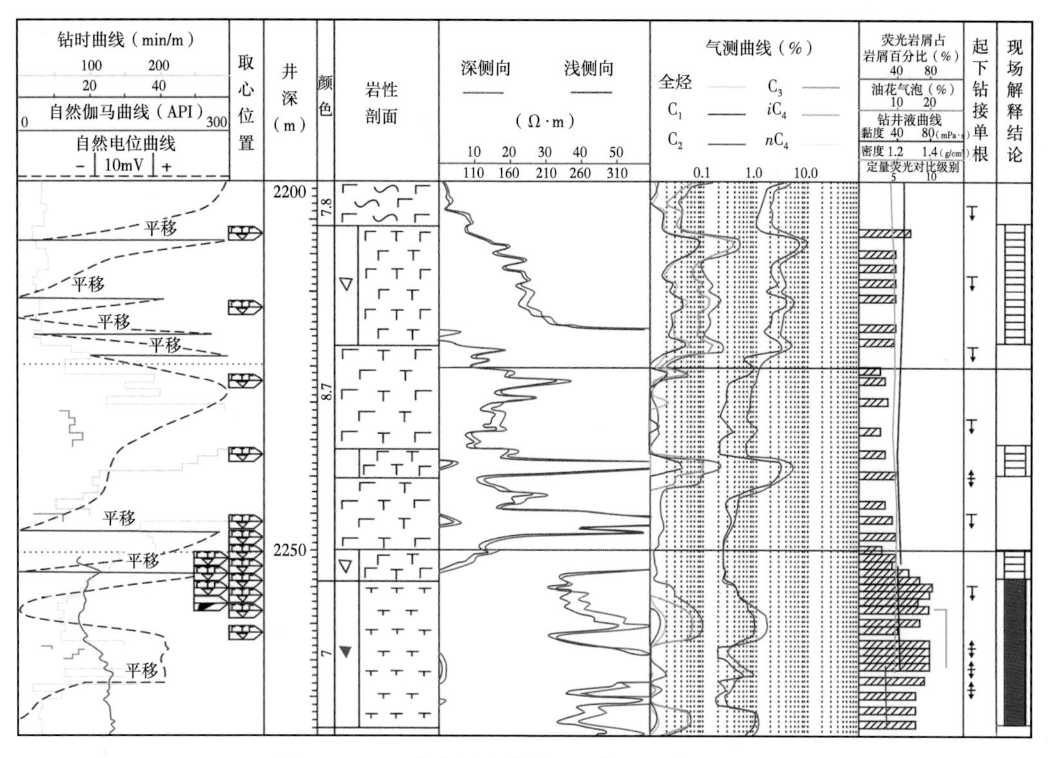

图 3-3 X24 井岩屑录井剖面（据马强等，2011）

软件中用数值代数不同颜色

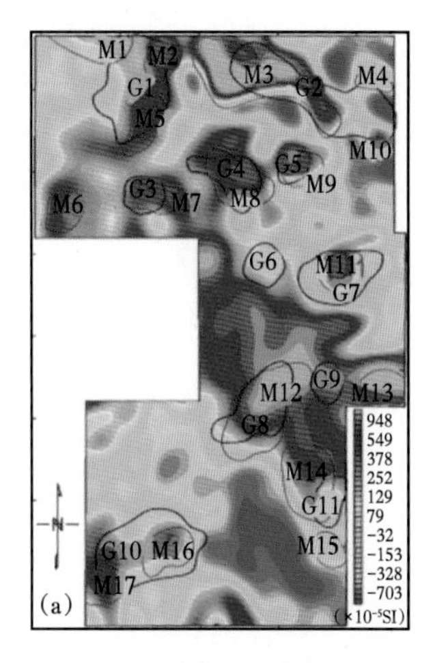

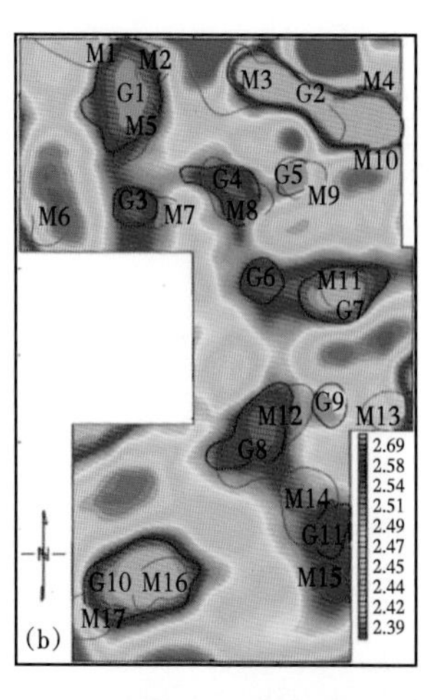

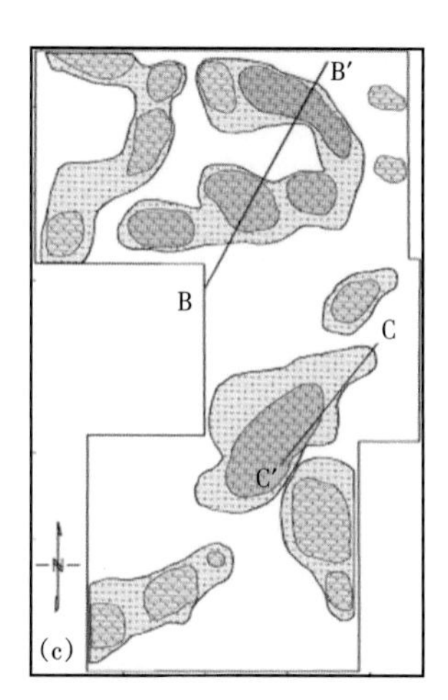

M1 1　G1 2　3　4　5　6　7　8　C C 9

1—剩余磁力异常及编号；2—剩余重力异常及编号；3—火山机构；4—火山碎屑岩、沉凝灰岩；5—英安岩，霏细岩和火山角砾岩；6—安山岩，火山角砾岩；7—安山质玄武岩，火山角砾岩；8—玄武岩，火山角砾岩；9—重磁联合正演剖面及编号；10—部分钻至石炭钻孔及编号

图 3-4 视磁化率（a）、视密度与剩余重磁异常叠合图（b）和火山活动带与火山机构岩性分布图（c）（据周耀明等，2017）

重磁异常的各种导数能有效地增强异常体的边界信息，Tilt 导数更是具有突出深源异常体平缓梯度的作用（王万银等，2010）。针对准噶尔盆地石炭系火山岩埋深大多在5000m 左右或更深的实际情况，采用剩余磁力异常的垂向二阶导数和斜导数，突出异常体的边界信息，划分目标区内火山活动带。同时，由于垂向二阶导数能有效地分离水平叠加的重磁异常，根据二阶垂向导数局部异常的分布情况，圈定火山活动带内的火山机构。垂向二阶导数虽然可以突出异常体边界信息，分离水平叠加异常，但对高频信息具有极大的放大作用，影响垂向二阶导数结果的利用，为消除这种影响，经计算对比，对垂向二阶导数进行了 5km 的低通滤波。以剩余重磁异常为基础，进行视密度和视磁化率反演，获得火山岩的视密度和视磁化率异常［图 3-4（a）、（b）］，结合各类岩石标本实测密度、磁化率值及重磁异常组合情况，可以对火山岩岩性进行划分［图 3-4（c）］。

表 3-1　陆西—莫索湾地区不同岩性磁化率及密度统计表（据周耀明等，2017）

岩石名称	磁化率（$\times10^{-5}$SI）		密度（g/cm^3）	
	变化范围	平均值	变化范围	平均值
辉绿岩	220~4800	1424	2.68~2.80	2.74
玄武岩	310~3290	1487	2.43~2.82	2.72
安山质玄武岩	320~2860	988	2.40~2.82	2.71
安山岩	280~3070	498	2.24~2.82	2.69
英安岩	150~940	312	2.48~2.92	2.57
霏细岩	80~620	126	2.12~2.48	2.32
火山角砾岩	60~530	175	2.03~2.50	2.31
凝灰岩	50~480	133	2.10~2.68	2.47
石炭系砂岩	30~140	58	2.14~2.65	2.52
石炭系泥岩	20~170	45	2.20~2.62	2.48

三、地震方法

不同类型的火山岩，由于其喷发类型不同，成分、结构、构造和产出形态存在差别，导致火山岩的地震反射特征也明显不同，在地震剖面上表现为强弱不等的波阻抗反射界面。

近年来，随着科学技术的迅速发展，在石油、天然气勘探领域中，地震资料解释和地质综合研究技术有了很大的发展，新技术和方法层出不穷，特别是地震相干解释技术、地震相分析技术、波阻抗反演技术、三维可视化技术作为一系列新的地震解释技术，在实际工作中得到了全面的发展与应用。由于地震资料覆盖面广、信息量大，能清晰反映和刻画地质体特征，是目前在火山岩研究中运用较为广泛的火山岩有利储层预测技术。火山岩储层地震预测到的难点是火山岩埋藏比较深，纵向厚度和横向上岩性、岩相变化比较大，火山岩成层性差，分布规律复杂，火山岩地震追踪困难，地震属性分析时窗难以确定，建模难度大，所以，在进行火山岩储层地震预测时，要分步对火山岩储层进行预测。

1. 火山岩储层地震响应特征

因为并非所有的火山岩都能够成为储层，所以需要对火山岩内部结构（岩相、亚相）

进行地震刻画，明确不同火山岩岩相的地震响应特征，从而对不同岩相控制形成的火山岩储层进行详细的表征与分类。

新疆 JL 地区主要发育爆发相和喷溢相两种岩相类型，局部发育火山沉积相和火山通道相，地震响应特征为：(1) 爆发相的同向轴连续性较差，频率和振幅能量相对较弱，反射杂乱，多呈丘状反射 [图 3-5 (a)]；(2) 喷溢相的同向轴连续性较好，中—低频率，振幅较强，多呈透镜状反射或楔状反射 [图 3-5 (b)]；(3) 火山通道相反射特征以中高频、中—弱振幅为主，连续性较差，波形形态呈柱状反射、伞状反射和蘑菇状反射；(4) 火山沉积相多表现为顶底强反射，内部中—弱振幅，同向轴连续性中等，呈平行—亚平行反射特征 [图 3-5 (c)]。

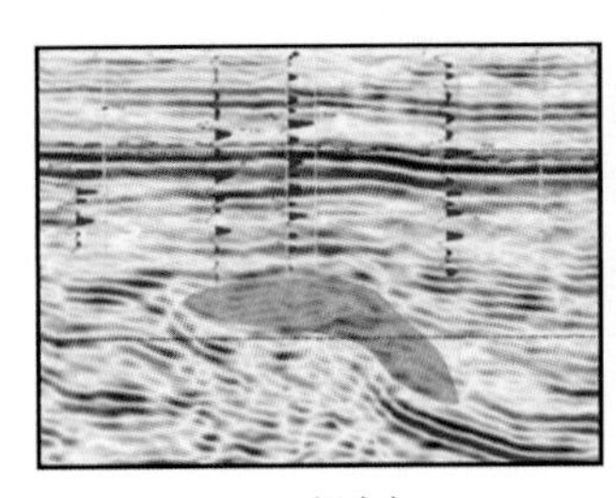
(a) 爆发相

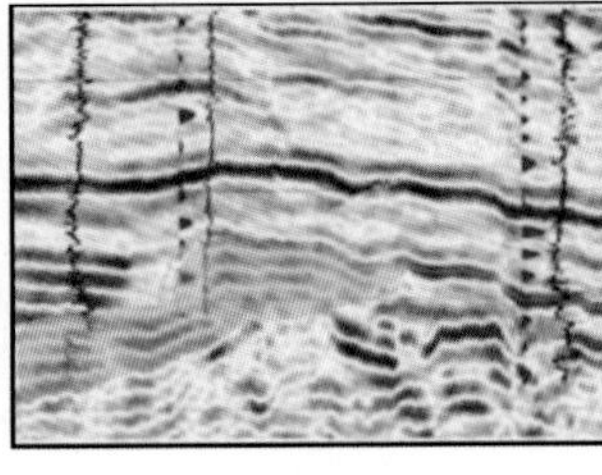
(b) 喷溢相

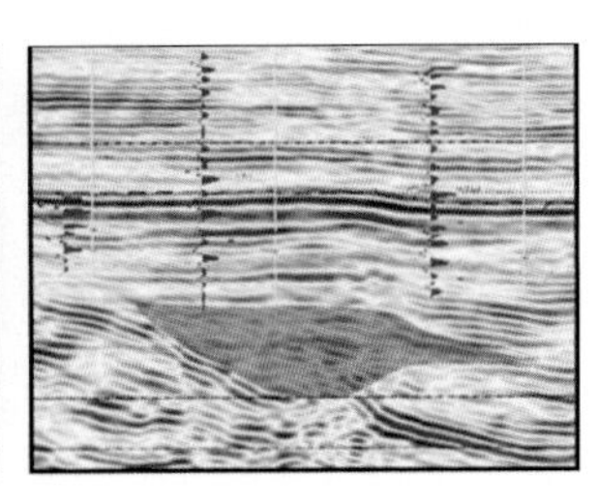
(c) 火山沉积相

图 3-5 JL2 油田佳木河组火山岩地震响应特征

在新疆 XQ103 井区地震相反射特征图中看出，爆发相主要发育火山角砾岩、角砾凝灰岩、凝灰岩，同一岩相不同亚相之间的地震响应特征也不同。火山角砾岩亚相地震反射剖面上呈中频、中等振幅、弱连续反射，部分表现出复波特征；角砾凝灰岩亚相对应岩性为角砾凝灰岩，地震反射剖面上呈中高频、弱振幅、杂乱反射；凝灰岩亚相对应岩性为凝灰岩，地震反射剖面上呈中低频、中强振幅、连续反射。溢流相主要发育安山岩，地震反射剖面上呈中频、中强振幅、连续反射。

表 3-2 XQ103 井区不同岩性、岩相地震剖面响应特征

岩相类型	亚相类型	代表岩性	地震响应特征
爆发相	角砾亚相	火山角砾岩	中频、中等振幅、弱连续反射，部分表现出复波特征
	角砾凝灰亚相	角砾凝灰岩	中高频、弱振幅、杂乱反射
	凝灰亚相	凝灰岩	中低频、中强振幅、连续反射
溢流相		安山岩	中频、中强振幅、连续反射

在其他火山岩油气藏研究中，如松辽盆地火山岩油气藏，其侵出相呈不对称穹隆状，中低频，中振幅，杂乱反射。火山通道相呈不对称碟状，中低频，低—高振幅，连续性差。喷溢相有板状—透镜状披盖、席状—楔状披盖，中低频，也有高频特征，中强振幅，连续性差（偶见中—好）。

长岭断陷东部下白垩统火山岩储层，具有如下的地震响应特征：爆发相在地震剖面上常表现为丘状外形，内部多为杂乱状反射，顶部为强反射，内部反射弱；溢流相在地震剖面上表现为中—强反射，呈间断性连续；次火山岩相在地震剖面上呈丘状外形，中高频，

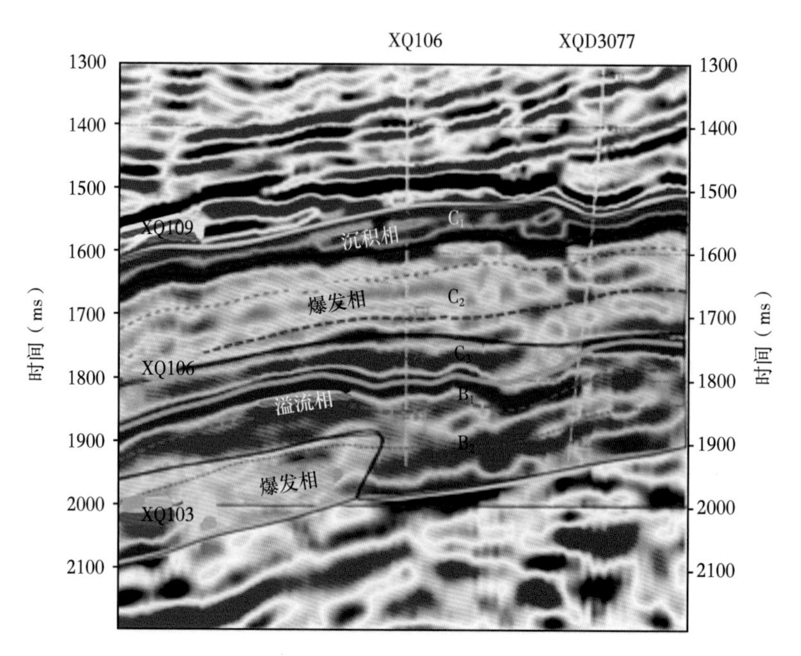

图 3-6　XQ 103 井区地震相特征

连续性中等；火山沉积相在地震剖面上为强反射、连续、稳定。

研究火山岩的地震响应特征是利用地震技术识别火山岩储层的基础，只有识别了火山岩在地震上的响应特征才能通过技术手段揭示其特征。

2. 地震属性识别火山岩

随着信息科学、计算机技术等领域新知识的引入及地球物理技术的长足进步，从地震数据中提取的地震属性越来越丰富，有关时间、振幅、频率、吸收衰减等方面的地震属性多达上百种，涵盖了叠前和叠后，并且新的地震属性还在不断地从地震数据中提取出来，并得到广泛应用。

地震属性是指基于叠前或叠后地震数据，经过数学变换而导出的与储层质量有关的地震波的几何学特征、运动学特征、动力学特征和统计学特征量（邱家骤等，1996；谢家莹，1996）。

众所周知，地震信号的特征是由岩石物理特性及其变异直接引起的。所以，储层岩性、物性及流体成分等相关信息，虽然可能发生各种畸变，甚至是不可恢复的扭曲，但确实是隐藏于地震数据之中。地震属性分析的目的就是以地震属性为载体，从地震数据中提取这些隐藏信息，并把这些信息转换成与岩性、物性、油藏参数相关的，可以用来为地质解释和油藏工程直接服务的信息（赵政璋等，2005）。近年来，随着地震资料及储层解释技术的进步，地震属性分析技术取得了引人注目的进展，其范围从单道瞬时同相轴属性计算到多道窗口式地震同相轴属性提取，直至地震属性体的生成；其应用从简单的振幅异常检测到油藏随时间推移的流体运动前缘监测。地震属性技术已成功应用于储层岩性、含油气性预测及储层物性估算，正成为油藏地球物理的核心和连接勘探、开发地震的桥梁。

1）振幅统计类属性

地震振幅是地震数据中最基本的也是最重要和最常用的属性，很多其他的属性都是由振幅变换而来的。地震波振幅（或能量）属性反映了波阻抗差、地层厚度、岩石成分、地层压力、孔隙度及含流体成分的变化。振幅属性既可用来识别振幅异常或层序特征，又可用来追踪地层学特征，如三角洲河道砂岩；另外，还可用于识别岩性变化、不整合等。目前在火山岩中应用较多的是均方根振幅属性。

均方根振幅属性是指时窗内时间域能量（振幅的平方）的平方根，即在分析时窗内选择极大振幅，在其两侧追踪零点的时间 t_1 和 t_2，计算 t_1 和 t_2 间隔内地震记录样点的均方根，称均方根振幅。它可用来确定孤立或极值振幅异常的岩体形态，因此在火山岩及火山机构识别中得到了较好的应用。图 3-7 是 XQ 地区石炭系火山岩 B2 岩体均方根振幅图，从图中可看出低值区分布在研究区中部区域，即 XQ109 井以南、XQ106 井以东、XQD3054 井及以北、XQ111 井附近包络区域，该区域周围则呈高振幅属性值。XQ109 井以北至 XQ109 井北断裂发育高振幅值区域，该断裂发育较大规模裂隙式爆发通道，能量强，对应高振幅属性值。XQ112 井附近也发育火山通道，对应高振幅属性值。西部钻井区域主要发育爆发相，能量也较强，也对应较高振幅属性值。图 3-8 为 XQ 地区石炭系火山岩 C2 岩体均方根振幅图，整体呈低值特征，只是在 XQ111 井—XQD3054 井—XQ115 井东北的小范围区域发育均方根振幅高值，该区域刚好发育火山口，火山口附近能量强，对应高振幅。另外 XQ112 井南侧也发育一火山口，对应高振幅属性值。从中可以看出均方根振幅属性能够更好地反映出岩体的变化及叠置关系。

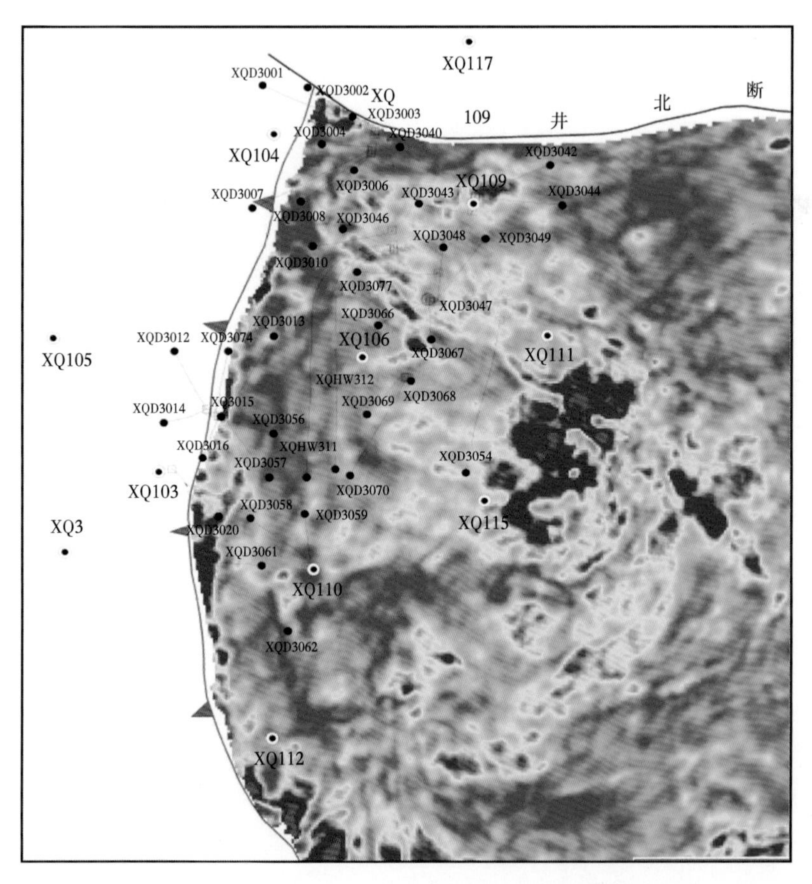

图 3-7 XQ 地区石炭系火山岩 B2 岩体均方根振幅属性图

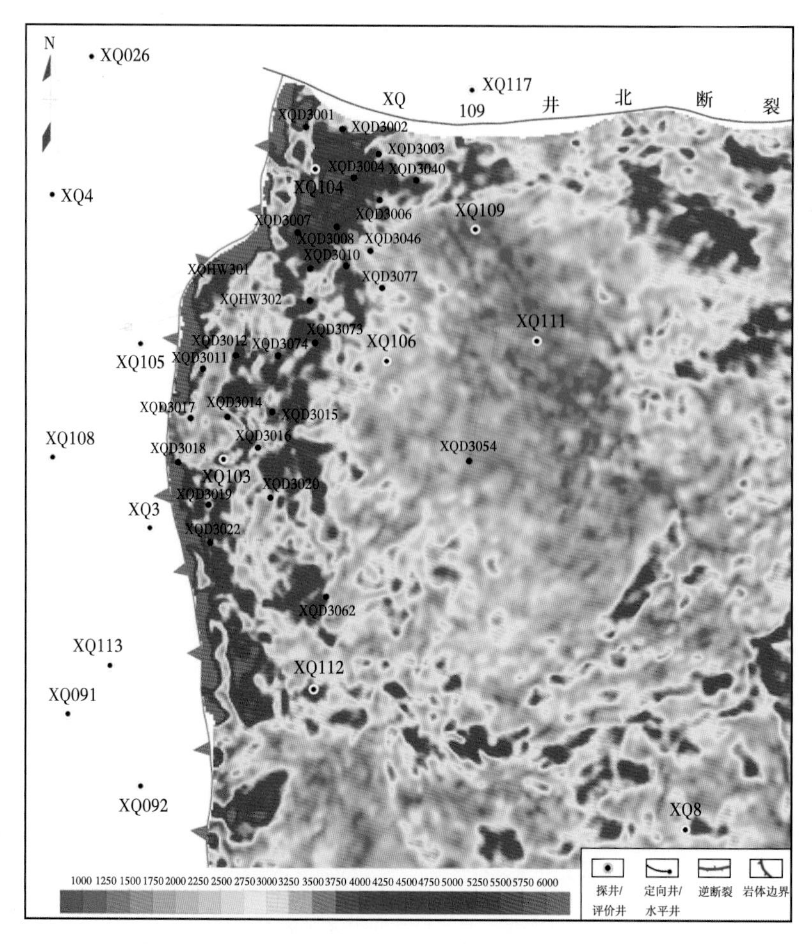

图 3-8　XQ 地区石炭系 C2 岩体均方根振幅属性平面图

2）几何属性

国外有学者开发了地震结构类属性的计算方法。对于每一地震道来说，计算结构类属性是通过扫描相邻道并计算各种不同的特征，如倾角绝对值、连续性等。地震结构类属性说明了瞬时类属性和子波类属性的空间和时间关系，地层相似性无论是对横向连续性还是不连续性都是一个很好的指示量，地层倾角和曲率给出了沉积信息。结构类属性最初是为了辅助地层学解释而产生的，然而，更多的实践表明，结构类属性在解释事件特征及其空间关系方面更有效，它的定量特征有助于识别沉积类型和与岩性有关的变量。结构类属性有多种，主要包括杂乱反射、倾角方位角、倾角方差、瞬时倾角、相似性方差、平滑最大相似性倾角等。

几何属性描述了瞬时类属性和子波类属性的时间和空间关系。侧向连续性可以用相似性来量度，可以很好地指示层位的相似性和不连续性。层位的倾角和曲率反映沉积特征的信息。既然几何属性是同向轴及同向轴之间的空间关系，因此，几何属性既可用于地层解释，又可以量化那些直接有助于认知沉积模式和相关岩性的特征。

3）瞬时类属性

复地震道分析就是提取地震记录的瞬时特征剖面。瞬时剖面上携带有大量岩性、油气特征的振幅、频率和相位信息。振幅信息也叫瞬时振幅，它是某一道的能量在给定时刻的稳定性、平滑性和极性变化的一种度量。

角度信息一般为瞬时相位或瞬时频率，具有不受极性变化影响的特点。瞬时相位是指它与某一时窗内的傅里叶分析确定的相移不同，它同时也是同一时刻子波真实相位的度量，它可以反映地层的连续性或地层、构造的结构。瞬时频率由地震道的逐点主频所估算，它与某一时窗的平均频率不同，是给定时刻信号的复能量密度函数（即功率）的初始瞬间中心频率（均值）的一种度量。对地球物理学者来说，这就意味着零相位地震子波的波峰瞬时频率等于子波振幅的平均频率，它可以反映储层的吸收、裂缝和厚度变化的影响。瞬时特征计算基本上是一种变换，它将振幅和角度信息（频率和相位）进行分解。这种分解并不改变基本信息，而是产生不同的剖面，它们有时可能揭示出在常规剖面上被掩盖了的某些地球物理现象。因此，瞬时属性一直是地震属性技术中必须选取的属性参数。

由于火山岩的反射特征多表现出弱反射、杂乱反射、连续性相对较差。从倾角方差属性时间切片图上可以看出，倾角方差变化较大的区域为弱反射或杂乱反射区域，是火山岩可能存在的区域，可进一步提取振幅、频率等其他地震属性进行综合对比分析火山岩分布的范围（图 3-9）。

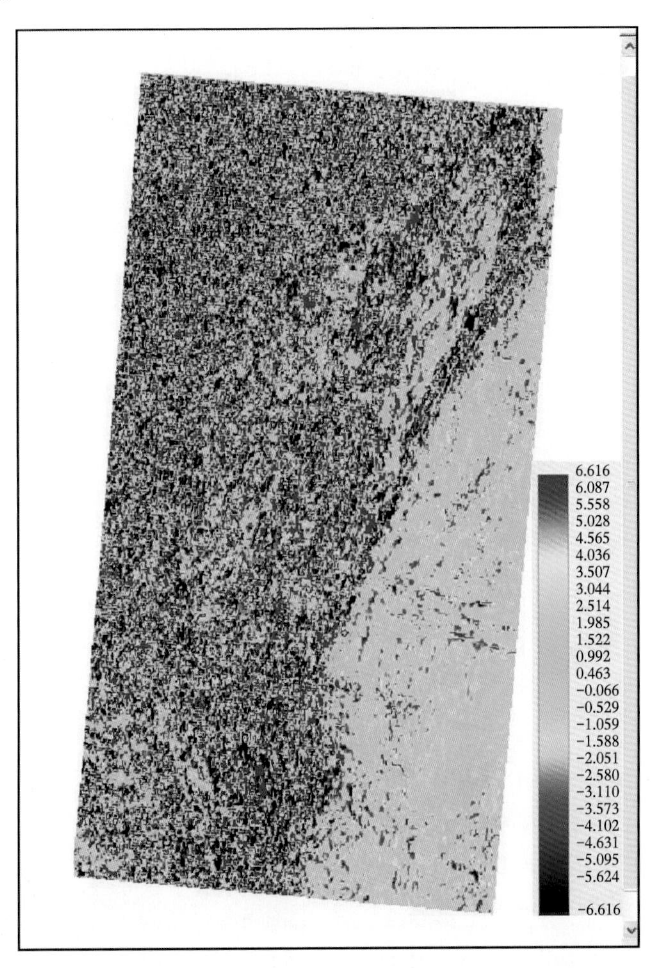

图 3-9 准噶尔盆地车排子凸起倾角方差属性时间切片（据徐丽丽，2010）

4）多属性分析

由于地震属性与储层特征对应关系复杂，利用地震单一属性进行储层预测往往存在多解性。然而随着地震属性研究的深入，地震属性的数量和分类也更为细化，因此地震多属性的优化组合与综合分析成为必然。地震属性优选及其综合解释技术全方位地利用了地震资料，将地震多属性提取与分析融为一体，在一定程度上克服了地震储层预测的多解性，能更好地为地质综合研究服务。

XQ 地区石炭系火山岩多属性分析技术是采用波形分类技术（俗称地震相研究）完成，地震波形是地震勘探最可靠、最直接的地下信息，也是地下地层岩性、岩相等发生变化可视的最直接反映，同一种沉积相带理论上应该具有相同或相似的波形。主要是地震振幅、频率和相位等多种地震属性信息融合，地震波形的变化定量为一个采样点到另一个采样点的采样值的变化。地震波形的平面分布规律可以反映出沉积相带和储层分布的变化。

根据岩体分布和地震层位解释结果，主要针对 B 岩体和 C 岩体开展地震波形分类（图 3-10、图 3-11），每个层段的地震波形均划分为 11 类。

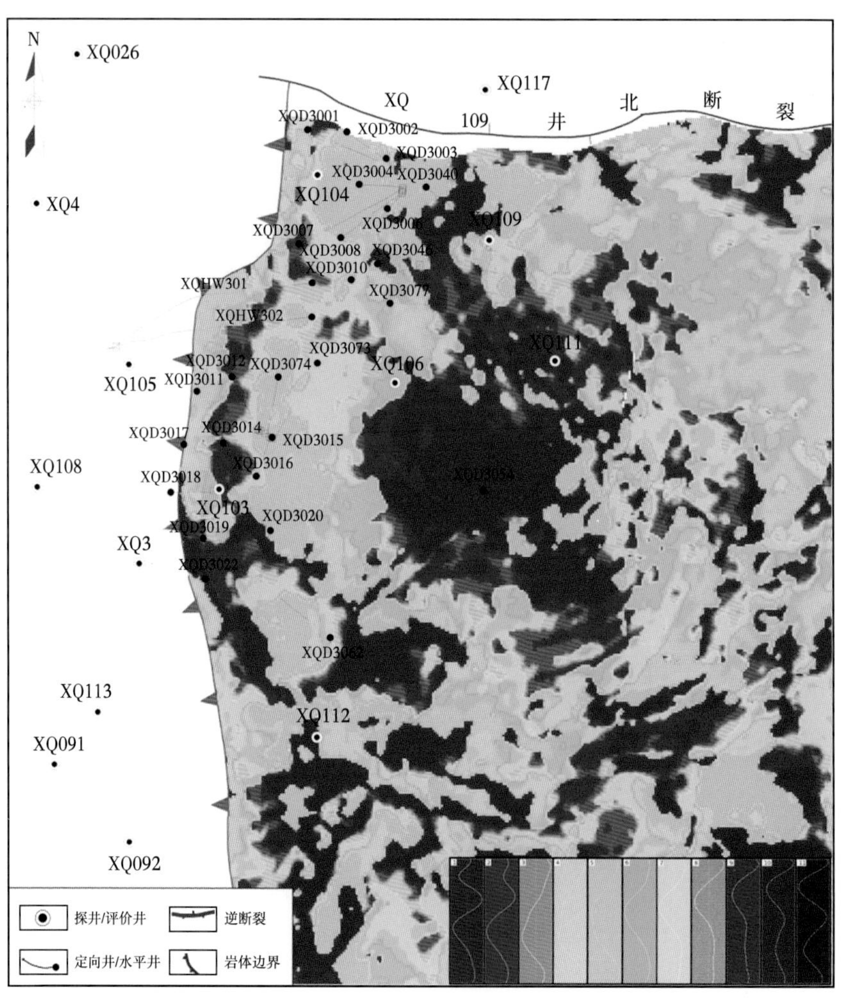

图 3-10　XQ103 井区石炭系 B 岩体波形分类平面图

XQ111 井—XQ106 井—XQD3054 井包络区域对应低频、中强振幅、连续反射地震波形，对应颜色为红色系，此类波形主要反映溢流相沉积特征。该区域东侧波形分布比较杂乱，颜色呈红色—绿色—蓝色相间特征，主要反映火山通道沉积。西部钻井区域中高频、中等振幅、弱连续地震波形，对应颜色以蓝色—绿色色调为主，反映爆发相沉积特征。XQ112 井附近区域波形分布同样比较杂乱，呈红色—绿色—蓝色相间色调，反映火山通道沉积。

该岩体整体上以橘红色—红色—紫红色色调为主，西部构造高部位对应爆发相角砾凝灰岩亚相。XQ112 火山通道在平面地震相上清晰可见，XQ112 井附近波形分布比较杂乱，红色—黄色—绿色—蓝色相间。而 XQ115 井东区域由于受 B 岩体火山通道影响，厚度变薄、波形存在变化，以绿色色调为主。

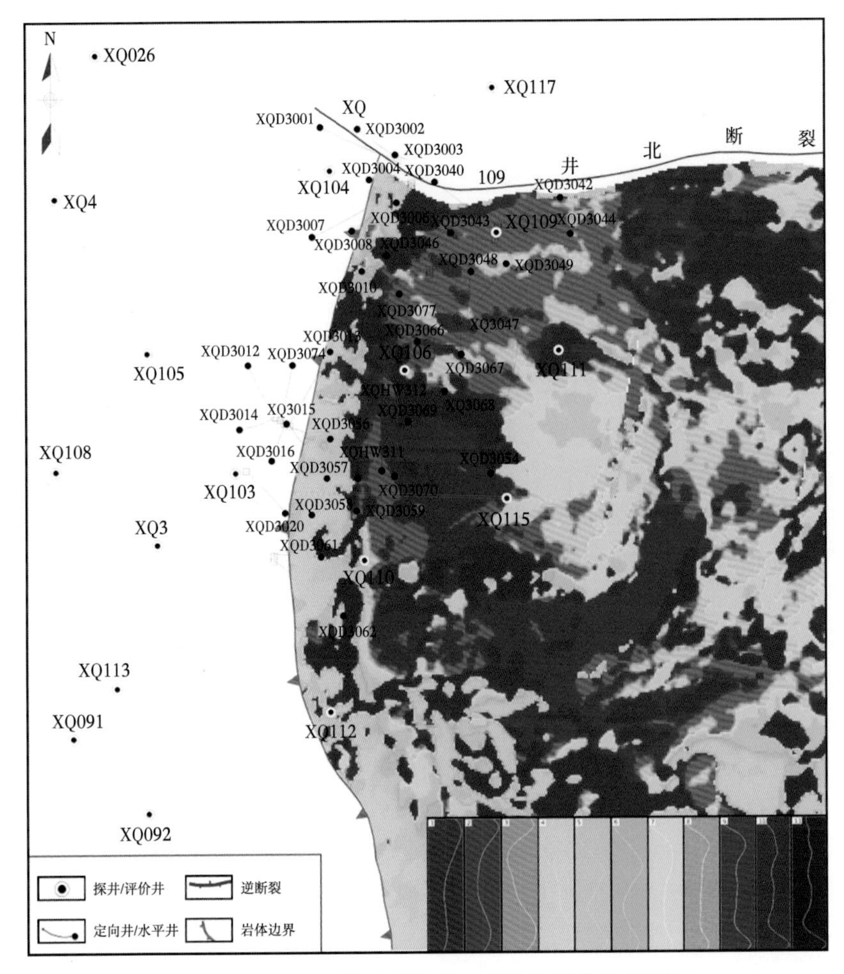

图 3-11 XQ103 井区石炭系 C 岩体波形分类平面图

3. 反演技术识别火山岩

储层预测最常用且有效的方法是地震反演法，利用地震资料进行储层预测是指利用钻井资料作为控制和标定点，充分利用地震资料对储层进行预测。地震反演是指利用地震资料，以已知地质规律、钻井和测井资料为约束条件，对地下岩层的空间结构和物理性质进行成像的过程，广义的地震反演包括了地震处理和解释的整个内容。经过地震反演把界面型的地震资料转换成岩层型的测井资料，使其能够与钻井资料和测井资料进行对比，以岩层为单元进行地质解释，充分发挥地震在横向上资料密集的优势，研究储层的空间变化。地震反演是储层地球物理的一项核心技术。地震反演有多种分类方法，通常分为叠前反演和叠后反演两大类；还可按测井资料在其中所起的作用大小可以分为四类：地震直接反演、测井约束地震反演、测井地震联合反演和地震控制下的测井内插外推；从实现方法上可以分为类：连续反演、递推反演和基于模型反演。在火山岩储层预测中已实现了多种地震反演技术，包括波阻抗反演、测井约束地震反演、分频属性反演等。

地震反演方法发展比较快，应用也很广，已形成了相对完整的反演方法系列。目前，应用的反演类软件有 20 多种，其中模型约束反演占 55%，叠前反演类占 20%，递推反演占 25%。在勘探初期钻井较少、储层厚度较大，或目标为特殊岩性储层时，应用直接反演效果一般较好。勘探中后期、油气田滚动勘探及开发前期地震储层精细预测时期，钻井相对较多，其他地质资料也相对丰富，应用测井约束类反演效果较好。叠前反演类重点在于地震的保幅、保真和提高分辨率处理，适用于各个阶段，是储层地震反演和预测的发展方向之一，但计算量较大，目前尚处于探索、积累经验和工业化应用的初期。

目前，基于地质模型的反演和利用地震和测井资料重构井间测井信息的地震和测井联合的属性反演代表了地震反演技术的发展趋势。实际工作中使用较多、效果较好的反演方法是基于模型的宽带约束反演和基于信息融合理论的地震反演方法。测井约束反演将高分辨率测井、钻井等资料和地震资料相结合，采用先进的计算方法求解。这类反演方法很多，PARM（储层参数反演，Parameters Inversion Method）、BCI（宽带约束反演，Broad Constrained Inversion）、ROVIM（速度反演，Robust Velocity Inversion Method）等方法比较具有特色。

波阻抗反演是指利用地震资料反演地层波阻抗（或速度）的特殊处理解释技术。与地震模式识别预测油气、神经网络预测地层参数、振幅拟合预测储层厚度等统计方法相比，波阻抗反演具有明确的物理意义，如储层岩性预测、油藏特征描述的确定性方法，是高分辨率地震资料处理的最终表达方式。在火山岩储层预测中，最常用的是波阻抗地震反演技术。在研究中利用波阻抗反演识别火山岩储层岩性，并在孔隙度、裂缝指数与波阻抗拟合关系的基础上进行了孔隙度反演和裂缝指数反演，利用波阻抗协模拟计算得到孔隙度数据体和裂缝指数数据体，以预测火山岩储层分布。

XQ103 井区石炭系火山岩发育的岩石类型有安山岩、凝灰岩、角砾凝灰岩和火山角砾岩，其中油气主要分布在角砾凝灰岩和火山角砾岩中。该区火山岩各岩性—电性响应差异大，不同岩性在常规测井曲线特征上表现为：凝灰岩、角砾凝灰岩、火山角砾岩与安山岩的自然伽马、声波时差、中子依次减小，密度、电阻率呈逐渐递增趋势（图 3-12）。选取所有评价井和开发井目的层段的声波时差、密度、伽马、电阻率和波阻抗等参数分 4 种岩性进行火山岩储层敏感参数分析。从目的层段各参数交会图来看，密度、伽马和电阻率等参数不能很好地将几种岩性分开，仅声波时差和波阻抗可以将 4 种岩性区分开来。

XQ103 井区石炭系火山岩各岩性波阻抗差异明显，因此可以利用波阻抗反演来有效预测火山岩储层（图 3-13）。凝灰岩、角砾凝灰岩、火山角砾岩和安山岩波阻抗呈逐渐增大的趋势，其区分界限依次为 6800[(g/cm^3)·(m/s)]、9150[(g/cm^3)·(m/s)]和 11000[(g/cm^3)·(m/s)]。

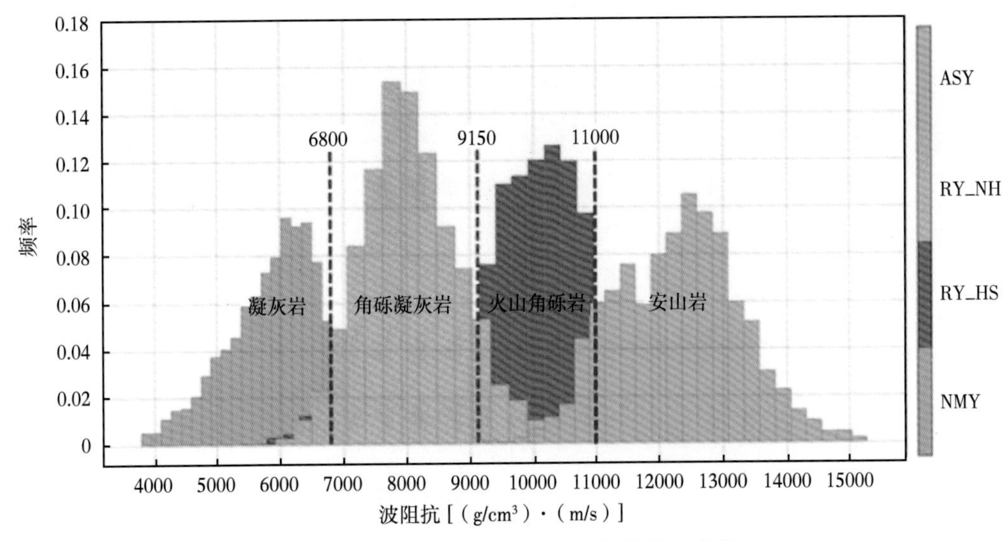

图 3-12　XQ103 井区火山岩波阻抗直方图

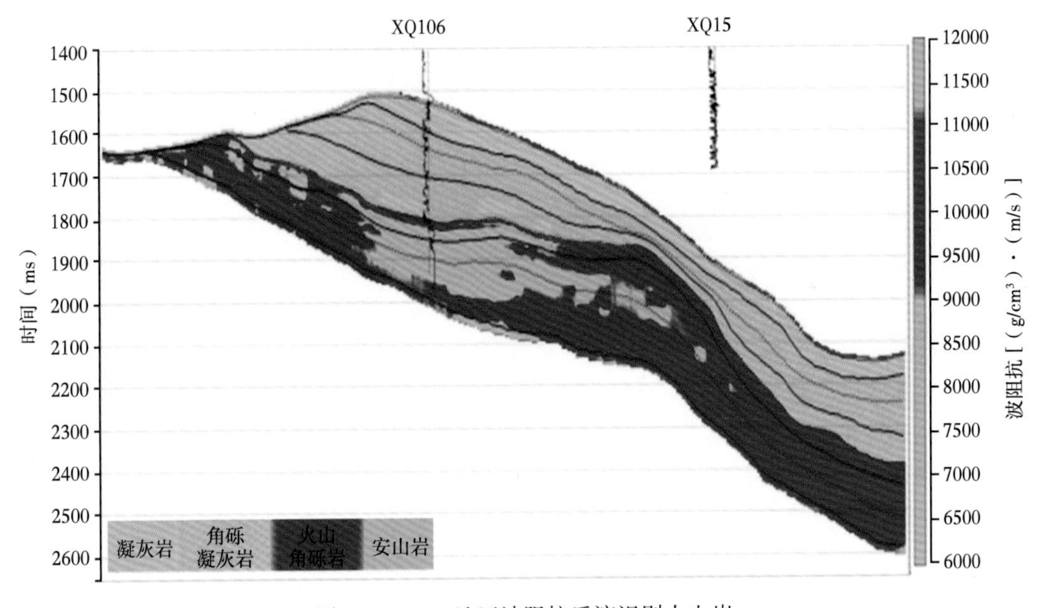

图 3-13　XQ 地区波阻抗反演识别火山岩

地层的波阻抗是其速度和密度的乘积。火山岩的速度远大于沉积岩层的速度；另外火山岩一般为硬度较大的岩石，即使火山岩裂缝发育，其密度值也相对较大。因此，火山岩对应的波阻抗往往为高值。从合成地震记录剖面图中可以明显看出，右侧曲线为波阻抗曲线，在火山岩段，波阻抗值明显偏高（图 3-14）。

4. 模式识别技术

模式识别就是根据研究对象的某些特征进行识别并分类。模式识别包括聚类分析和分类判别。聚类的过程就是把所有的样品中具有相似特性的样本归类，分属于不同类的点则具有不同的性质；分类判别是以聚类为前提，通过已知样品的性质将各个聚类指定特定的意义，然后建

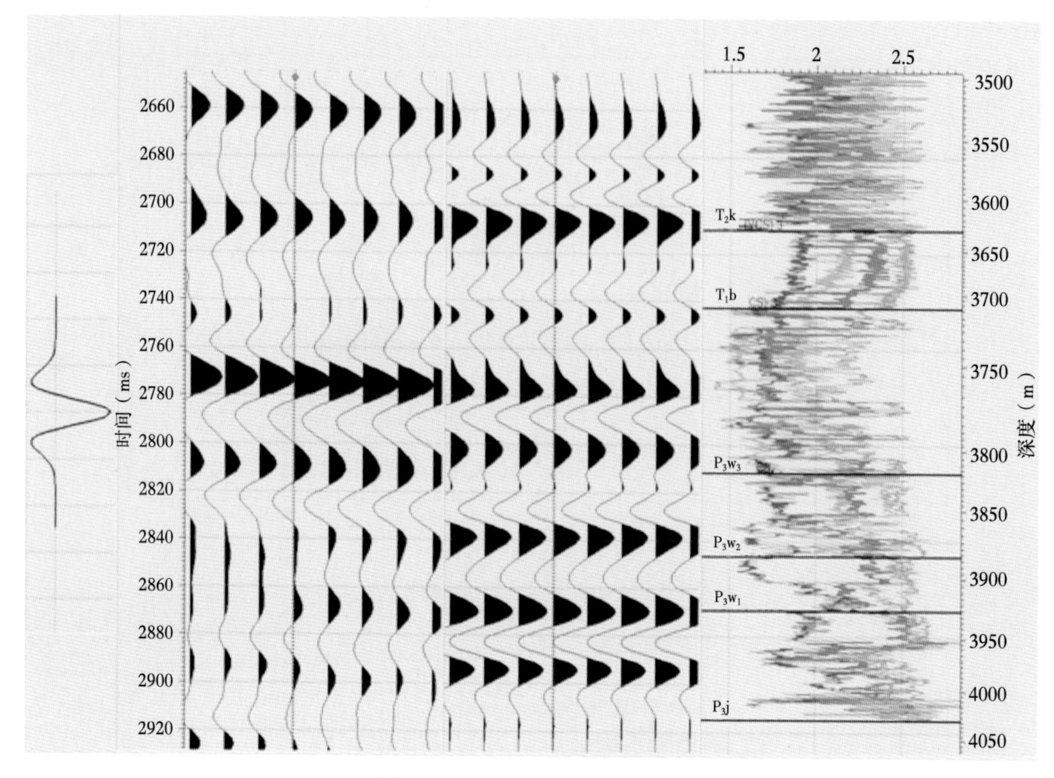

图 3-14　某火山岩合成记录

立判别公式，最后利用该公式判断所有未知类别的点应该属于哪一类（郭淑文等，2017）。

模式识别技术于 20 世纪 80 年代初开始应用于储层预测。1994 年，斯伦贝谢公司首次系统地研究了在有监督训练的神经网络模式识别下，利用地震属性来外推井参数。之后，多层感知器神经网络、概率神经网络、广义回归神经网络、Hopfield 神经网络等神经网络技术，在井参数的监督训练下，广泛应用于地震储层预测。在油气勘探和开发实践中，往往没有足够多的井可提供样本参数，导致有监督的神经网络训练不够充分，因而模式识别的储层参数误差较大。为解决这个问题，可先用无监督的神经网络对地震属性进行聚类，再依据地质背景及解释经验来分析数据间的关系，即先进行地震相分析；然后利用地震相分析进行约束，弥补井参数的不足，从而有效地监督神经网络训练，进行地震多属性的储层定量预测。

GeoEast® 系统地震属性提取与分析子系统为用户提供了两类 7 种属性模式识别方法：一类是统计模式识别法（SPR 监督模式识别、UPR 非监督模式识别、自适应增强（Adaboost）分类、对手受罚竞争学习方法（RPCL）和继承分类（HC））。另一类是神经网络法（BP 神经网络和自组织神经网络）。这几种分析方法依据是否使用训练样本又可分为无样本监督分析法和有样本监督分析法，其中有监督神经网络分析（BP）方法采用的是多层感知器（MLP）神经网络模型，采用后向传播（BP）学习算法。GeoEast® 系统的 BP 神经网络适用于有一定数量测井的情况下对储层参数进行定量分析。

火山岩的模式识别是根据地震属性和已知井的火山岩岩相类别建立多属性与火山岩岩相的对应关系。首先，针对火山岩发育的目标层位，沿层开时窗提取常规地震属性（各种振幅类、频率和弧长类）。然后结合已钻井的岩性标定和模型正演结果，分析典型火山岩厚度变化、常规地震属性的变化规律及敏感性，从多个属性中选出能有效识别火山岩的地震属性。前述几个属性的平面预测结果能部分满足火山岩分布的预测，但是每个属性预测出的规律与钻井结果还存在差异，要进一步综合多个岩性及钻井结果进行火山岩岩相带的详细预测。根据钻井结果，对火山岩岩相进行类别划分，将每个岩相用一个相应的数字表示。将优选的地震属性井旁道数据作为神经网络输入端，再将所有已知片的岩相分类结果作为 BP 神经网络样本输出端。在输入、输出已知的情况下，对神经网络节点参数进行学习训练，得到神经网络各隐层节点之间的权系数。最后将研究区内所有优选的地震属性数据作为神经网络输入端，再通过训练完成神经网络参数，对研究区内所有点的火山岩岩相进行计算，井震结合得到火山岩岩相的平面分布。克服单地震属性只能部分反映岩相差异的缺点，有效预测火山岩岩相的平面分布常用的方法包括多元统计分析、相关滤波技术、克里金预测技术和人工神经网络预测技术等。

5. 三维可视化技术

三维可视化技术是利用多种地震属性数据体对储层特征进行分析和描述，不仅是一种便捷的地震解释属性，还是一种灵活的、全新的储层描述技术。其基本原理是通过对地震数据作透明度调整和立体显示，在三维空间中描述地下反射界面的地震反射率，即将地震道曲线的振幅值大小用一定的颜色来表示，从而使 1 个三维地震道数据体变成 1 个用不同的颜色体（通常称为体素）来代表的数据体。该技术主要利用三维地震信息和地震属性，对各种复杂的地质模型和三维地震数据进行描述，并在三维立体空间显示。通过三维可视化拉术，有利于理解各种地质现象的发生、发展及影响，是对河道、三角洲、冲积扇等沉积相带及厚砂层储层展布的显示和描述。同时，三维可视化也是地震成像的重要技术基础，它可以实现解释结果的三维立体显示，以更加直观的方式展示目标体的形态。因此三维可视化技术可以预测火山机构的空间展布。

作为解释工具的可视化技术在地震解释中主要包括：

（1）地层可视化。地震层序可视化使解释和研究集中在研究者感兴趣的单独或多个地层及构造区。可选择的技术包括地层可视化窗口功能和透明选项。

（2）构造可视化。立体显示增强了对三维数据的理解，有利于解决复杂断层区的断层模式、类型、断距和可能的断层圈闭。可利用由体到面的灵活转换，同时显示结合功能和多层可视化功能。

（3）振幅可视化。强振幅很容易从三维空间立即突显出来，预期的研究区块能被快速选择、提出，并进行可视化评估。利用这一功能，可以查明有利区块及其地层信息，解释复杂地层系统，结合不透明显示功能使重点区分解成几个独立的分析系统，或把几个独立的系统合并，对整个沉积体系进行可视化，以便进行综合研究。

四、测井方法

火山岩岩性取决于岩浆成分、岩浆演化及火山作用的方式。因此，其识别难度远比碎屑岩大。由于火山岩成因及其物质成分的不同，各类火山岩岩性之间的物理性质有一定的差异，在不同测井曲线上，火山岩的响应特征各不相同，这是利用地球物理测井资料识别火山岩岩性的物理基础（Georgia Pe-Piper 等，1997）。测井资料可以测量岩石的电学、声学、放射性等方面的性质，通过不同测井曲线的组合，就可以识别出火山岩的岩性。相对于钻井资料，测井资料的连续性更好、精确度更高，可以全面反应储层的基本特征。

目前，识别火山岩岩性的测井信息主要有常规测井、ECS 测井和成像测井。利用常规测井资料，可以从大类上对岩性加以区分；ECS 测井通过测量地层的元素组成，从岩石成分角度解决岩性识别问题，结合成像测井资料反映的火山岩结构、构造特点，可以进一步准确地确定和细化岩性。目前，对于火山岩岩性识别与划分是将两种或两种以上信息进行结合，遵循“结构（成因）—成分—粒级”的方法，也有“结构+成分”的命名方式。

1. 常规测井

常规测井识别岩性最初主要是依据测井曲线的形状来定性判别火山岩岩性，尺度上比较难于把握，主要是依靠解释人员的经验来判断，所以这种方法应用起来具有较大的主观性（邓攀等，2002；纂敦科等，2002）。目前应用的常规测井交会图技术识别法，是把优选的某一特定区域的测井数据在坐标系中进行定位，根据已有的取心等可靠资料，对坐标系数据的落点区进行评价后，再编制出图版；这样编制出的图版具有很强的针对性，可以从大类上对岩性加以区分。

声—电成像测井能够直观地反映井壁附近地层的情况，可以从中较详尽地了解岩石结构、构造等变化，与常规测井岩性识别结果相结合，可以进一步准确地确定和细化岩性，从而识别出常见的火山岩岩性。该方法在实际应用中收到了较好的应用效果（魏嘉等，1998；赵建等，2003）。

在新疆 JL2 井区佳木河组火山岩岩性识别与划分过程中，以岩石薄片和岩心观察资料为依据，优选出对岩性反应敏感的自然伽马（GR）、电阻率（RT）、声波时差（AC）、中子孔隙度（CNL）和密度（DEN）曲线，统计出不同岩性在不同井段测井值的范围（表 3-3）及曲线形态的变化（图 3-15），总结出该区不同岩性的火山岩测井响应特征，并建立了 JL2 井区二叠系佳木河组火山岩的常规测井识别交会图版（图 3-16），可指导该区火山岩岩性测井识别解释。

表 3-3　JL2 井区佳木河组火山岩测井响应特征

分类	岩性	GR (API)	RT (Ω·m)	DEN (g/cm^3)	CNL (%)	AC (μf/ft)
熔岩	玄武岩	14.8~44.0	6.9~152.5	2.4~2.8	21.2~31.6	62.6~79.2
	安山岩	38.6~72.9	12.5~328.6	2.3~2.6	5.1~27.3	55.6~75.0
	流纹岩	64.0~106.7	22.0~246.2	2.4~2.6	6.2~16.4	52.9~66.6
火山碎屑岩	安山质熔结角砾岩	51.8~60.1	41.7~86.9	2.6~2.3	9.8~33.6	60.1~71.9
	安山质火山角砾岩	57.0~74.3	25.4~74.2	2.4~2.5	10.7~38.9	56.3~69.9
	凝灰岩	52.7~123.5	25.2~46.6	2.3~2.5	34.2~42.0	63.7~84.5
火山沉积岩	凝灰质砂砾岩	59.8~71.9	3.0~5.9	2.3~2.5	24.2~32.1	77.1~86.9
	凝灰质泥岩	51.5~61.5	3.5~4.1	2.1~2.3	31.5~34.8	84.3~86.4

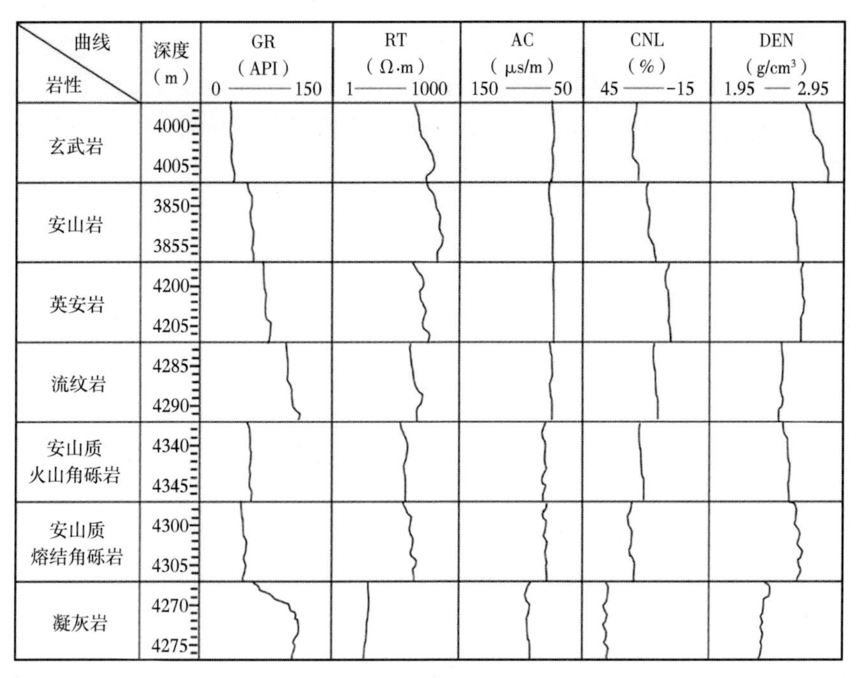

图 3-15 JL2 井区佳木河组火山岩测井响应特征

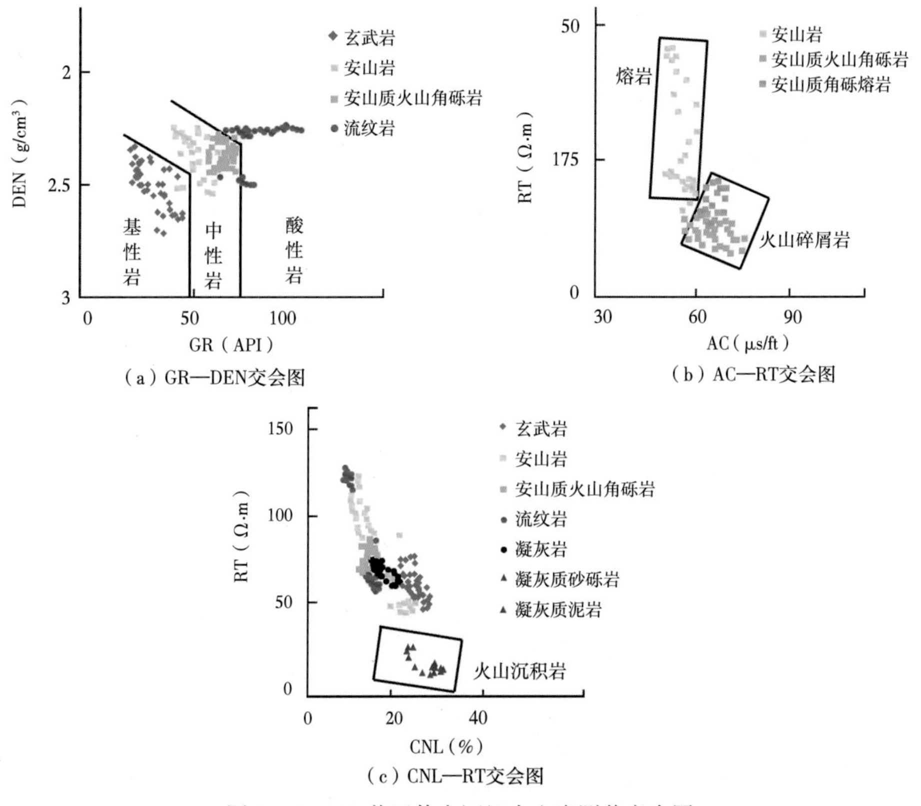

图 3-16 JL2 井区佳木河组火山岩测井交会图

佳木河组火山熔岩的常规测井曲线特征主要表现为呈平滑箱状或弱齿化箱状形态，高电阻率、低声波时差。随着熔岩从基性到酸性过渡，岩石中钾和钍元素的含量逐渐增加，岩石的放射性逐渐增强，自然伽马曲线发生明显变化；同时，因铁、镁等重矿物元素的含量逐渐减少，硅、铝等浅色矿物含量逐渐增加，密度曲线测井值有逐渐降低的趋势。在自然伽马—密度交会图上，不同成分的熔岩差别明显，易于区分［图 3-16（a）］。

佳木河组常见的火山碎屑岩有火山角砾岩、熔结角砾岩、集块岩和凝灰岩等。火山碎屑岩的自然伽马测井值随碎屑成分的不同而呈现较大的变化，而电阻率相对熔岩较低，且声波时差和中子孔隙度普遍较高。测井曲线多表现为齿化箱形和强齿化的形态特征。其中，火山角砾岩和熔结角砾岩的电阻率和密度高于凝灰岩，凝灰岩自然伽马值较高且容易发生井壁垮塌。通过声波时差—电阻率交会图，可以区分成分相近的熔岩和火山碎屑岩［图 3-16（b）］。

火山沉积岩类是介于火山碎屑岩和沉积岩之间的过渡性岩石，形成于火山作用和沉积作用的双重作用。JL2 井区钻遇的火山沉积岩主要是凝灰质泥岩和凝灰质砂砾岩，具有低电阻率、高声波时差和高中子孔隙度的特点，通过中子孔隙度—电阻率交会图，可以与熔岩及火山碎屑岩较好地区分开［图 3-16（c）］。

运用所建立的测井曲线交会图版，对 JL2 井区的火山岩岩性进行了识别。因常规测井曲线主要是对火山岩的矿物成分、流体性质及孔缝发育程度的响应，而对于化学成分相近的火山岩相亚类往往不好区分，如安山质火山角砾岩和安山质熔结角砾岩难以区分［图 3-16（b）］。所以，更准确地划分火山岩岩性还需借助成像测井资料。

新疆 XQ103 井区火山岩各岩性电性响应差异大，常规两参数岩性识别法已能够较好地区分该区岩性。总结不同岩性在常规测井曲线特征，表现为：凝灰岩、角砾凝灰岩、火山角砾岩与安山岩的自然伽马、声波时差、中子孔隙度依次减小，密度、电阻率呈逐渐递增趋势。其中，密度与电阻率对火山岩各岩性特征响应较好（图 3-17、图 3-18）。

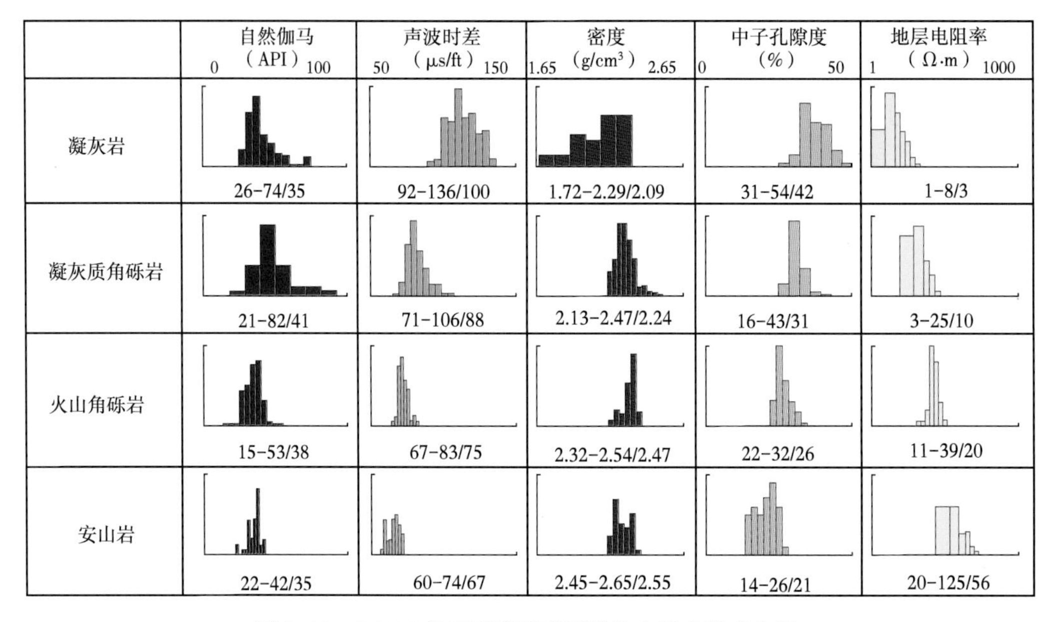

图 3-17　XQ103 井区石炭系不同岩性电性曲线直方图

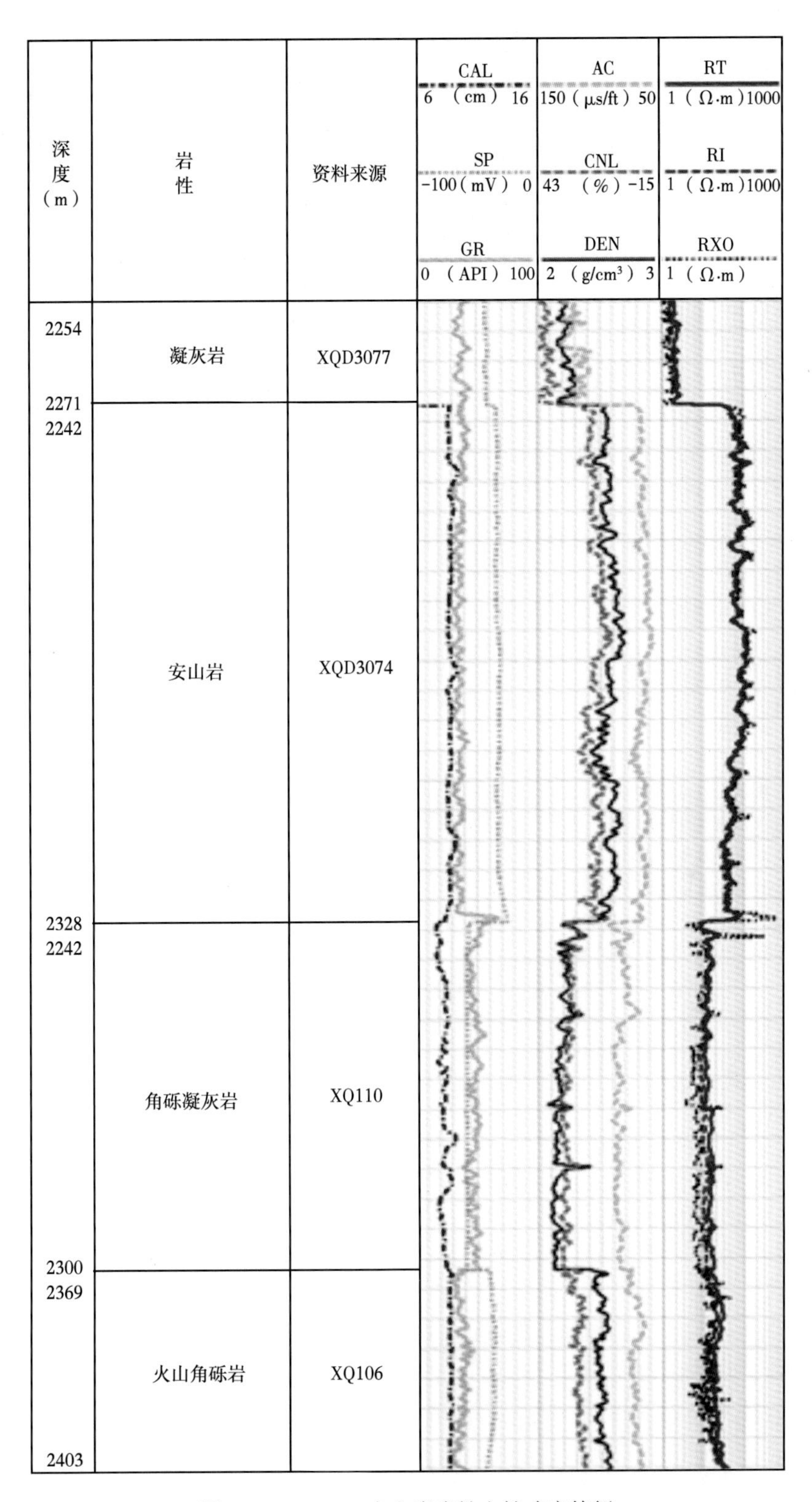

图 3-18　XQ103 火山岩岩性电性响应特征

2. ECS 测井

ECS（Elemental Capture Spectroscopy）是斯伦贝谢公司推出的一种新型地层元素测井仪器（程华国等，2005）。该仪器利用快中子与地层中的原子核发生非弹性散射碰撞及热中子被俘获的原理，通过解谱和氧化物闭合模型，计算得到地层中主要的造岩元素（Si、Ca、Fe、Al、S、Ti、Cl、Cr、Gd 等）的相对百分含量，并应用聚类分析、因子分析等方法，定量求解地层的矿物含量。在所有测井技术中，ECS 是唯一能从岩石成分角度解决岩性识别问题的测井方法，对识别那些成分差异较大，而颜色、结构、构造差异不明显的复杂岩性具有极其重要的意义。

目前，元素俘获测井是能够依据元素成分协助辨认岩性的独有技术手段。纵向分辨率可以达到 45.7cm，在岩体结构、构造、密度相似的层段，依据常规测井曲线难以识别成分差别造成的岩性迥异，所以，ECS 技术可以针对岩性繁杂区对岩性做出较为准确的解释，而且对各种钻井都可以通过测试 Si、Fe、Ca、Ti、Cd 等元素的含量来鉴定岩性，并且已经取得了较好的效果。ECS 俘获的元素都是每一种造岩矿物的代表：Si 是石英的代表，Ca 是白云岩与方解石的体现；Fe 反映含铁矿物的特征，如黄铁矿、菱铁矿等；S 和 C 可以表征石膏的存在；Cd 可以指示火山岩的酸碱性等（梁月霞，2017）。

根据 ECS 测井数据，也可以做出交会图（图 3-19、图 3-20）。Cd-Si 的交会图、Si-Fe 的交会图，对火山熔岩、火山碎屑岩、甚至对酸碱性都有好的响应。

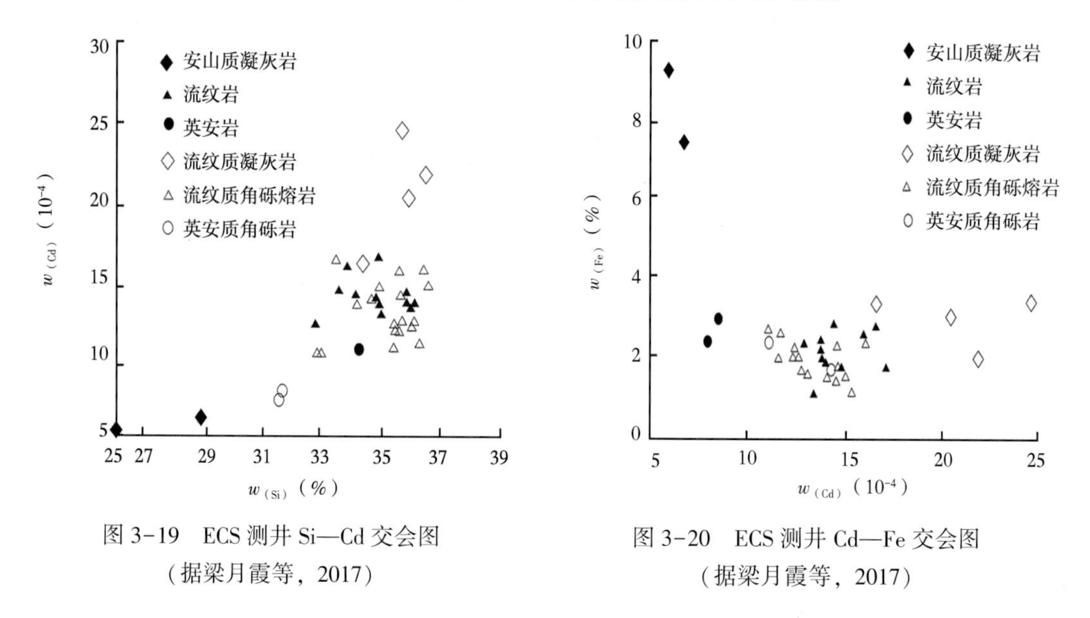

图 3-19　ECS 测井 Si—Cd 交会图
（据梁月霞等，2017）

图 3-20　ECS 测井 Cd—Fe 交会图
（据梁月霞等，2017）

克拉美丽气田火山岩经历了强烈构造作用和热液蚀变作用，K、Na 等活动性元素随热液活动带入和带出岩石，导致其含量难以真实地反映火山岩原始特征。通过 ECS 测井元素—岩性敏感性分析，选择 ECS 测井的 Si、Fe、Ti、Al、Ca 等元素含量，开展火山岩岩性组分识别，建立岩性测井识别模型，确定岩性成分分类指标（图 3-21）。依据克拉美丽气田 13 口井的 ECS 测井资料和岩心分析岩性定名结果，分析给出了该区元素测井的岩性分类参数（表 3-4）。

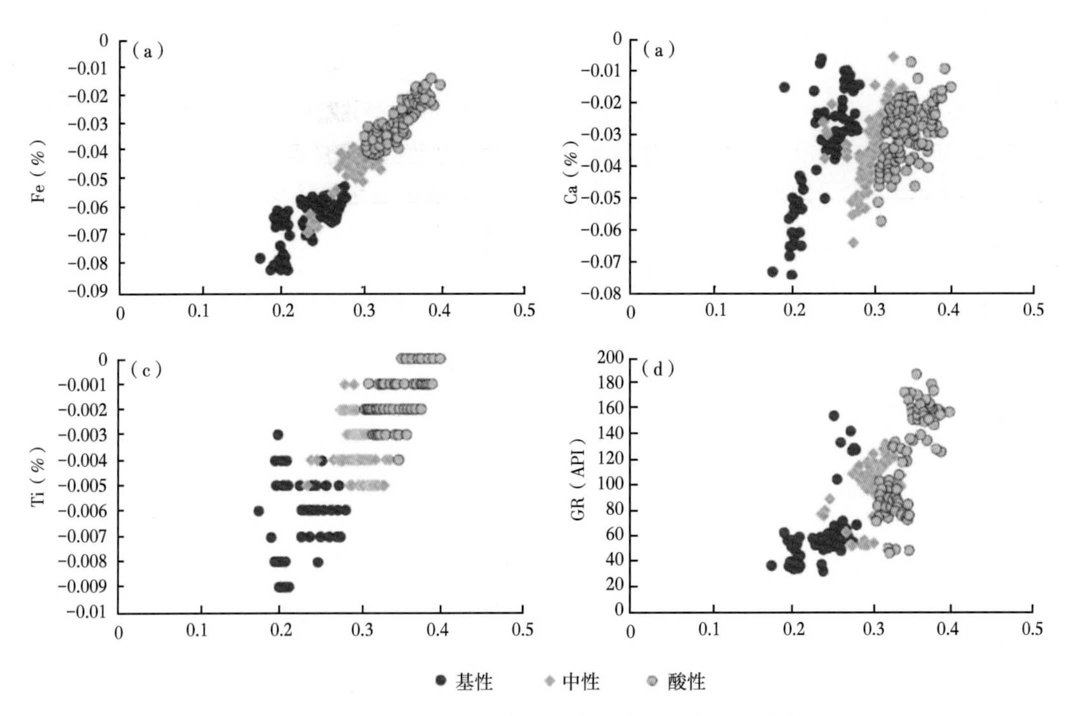

图 3-21 ECS 测井双因素交会岩性敏感性分析（据石新朴等，2019）

表 3-4 ECS 测井元素重量含量—岩性识别特征（据石新朴等，2019）

元素测井的质量含量分数	基性岩（%）	中性岩（%）	酸性岩（%）
Si	<0. 280	0. 266~0. 323	>0. 309
Fe	>0. 052	0. 038~0. 052	<0. 039
Al	>0. 038	0. 064~0. 089	<0. 066
Ti	>0. 003	0. 001~0. 005	<0. 004
Ca	>0. 006	0. 005~0. 064	<0. 057

3. FMI 测井

微电阻率成像测井（FMI）具有高分辨率、高井眼覆盖率和可视性等特点，在岩性识别、岩相识别、裂缝预测，以及在储层复杂、非均质强的油气藏勘探开发中起着越来越重要的作用。随着火山岩油气藏的发现，FMI 测井技术在火山岩岩性识别中的应用逐渐增多。常规测井仅限于岩性大类的区分，并且通常情况下，无法区分矿物成分相近、但结构不同的火山岩，如流纹岩和流纹质凝灰岩。而成像测井获取的图像的外观类似于岩心剖面，则能够从结构和构造等方面对火山岩岩性进行区分，弥补了常规测井曲线识别火山岩岩性的不足之处。

岩石的结构是指岩石物质组分的结晶程度、颗粒大小、形态特征及矿物与矿物之间的相互关系等。不同的结构往往代表着不同的地质成因，是火山岩岩相划分的重要标志之一。常见的火山岩结构包括熔岩结构、火山碎屑结构、隐爆角砾结构等（曾巍，2015）。

1）熔岩结构

在熔浆流动过程中，塑性碎屑物质发生压扁变形，定向拉长，形成熔结结构，是爆发相热碎屑流亚相的典型标志。JL2井区主要发育流纹质熔结凝灰岩，塑性浆屑成分多为含长石石英的岩石碎屑，因此，在FMI图像上多为亮色的角砾或浆屑，并呈定向拉长状排列[图3-22（a）、（b）]。

2）火山碎屑结构

这是当火山爆发所产生的火山碎屑体积百分数达到90%以上、并被相应的更细小的碎屑（通常为火山尘）压实固结所产生的结构。火山碎屑结构是火山爆发相的重要指示标志。由于火山角砾之间充填物的矿物成分不同，造成FMI图像上颜色明暗相间，可见颗粒间相互支撑、混杂堆积，不具磨圆特征。在FMI图像上，可以清晰地显示出颗粒大小和形状，根据颗粒大小，其碎屑结构特征可以细分为集块结构、角砾结构和凝灰结构。典型的结构特征是具有火山碎屑结构的火山碎屑岩，不规则组合亮斑模式[图3-22（c）]。

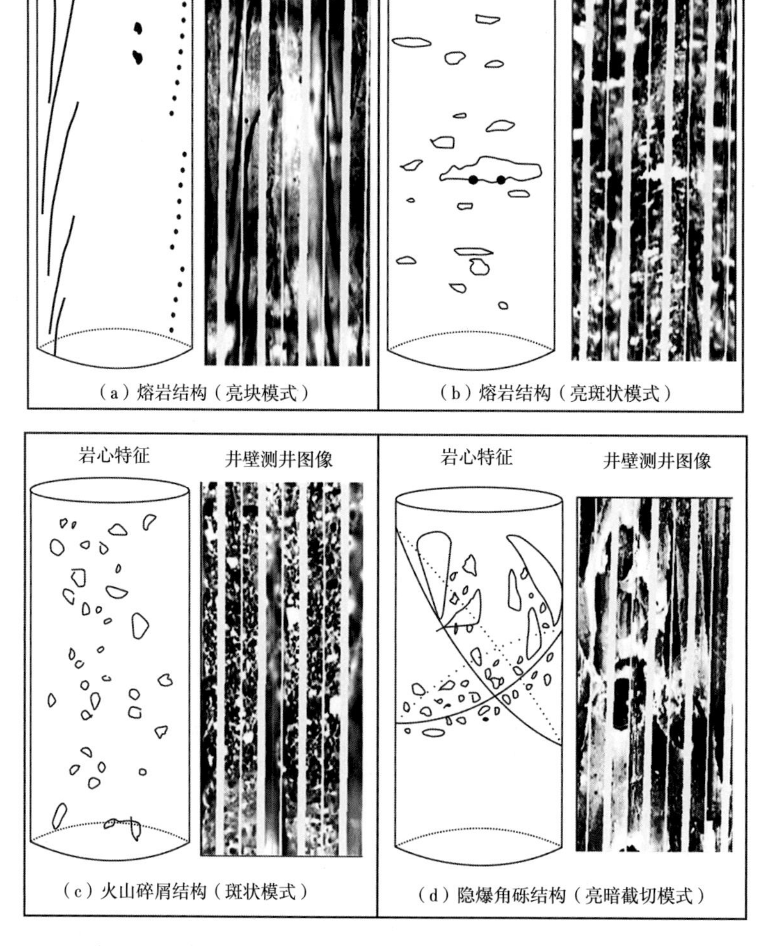

图3-22　火山岩结构的FMI测井响应特征（据曾巍，2015）

3）隐爆角砾结构

这是由于岩浆侵入烘烤、挤压造成围岩破碎及自身的冷却破碎形成的岩石结构。该结构常见于次火山岩及其与之接触的围岩。岩浆侵入在接近地面时冷却收缩，形成大小不等的碎块，小的为角砾级别，大的为集块级别。具有该结构的岩石由原地火山角砾和同成分或相似成分熔浆组成，是识别隐爆角砾岩亚相的典型标志。因此，在FMI图像上，显示为不规则组合亮斑模式和亮暗截切模式，具有明显的隐爆角砾结构特征［图3-22（d）］。

火山岩构造是指组成岩石的各部分（集合体）在形成岩石时，在排列充填空间方式上所构成的岩石特征，或者也可以说是集合体的排列、配置与充填方式的关系。从其定义可以看出，构造是反映岩石宏观特征的一种方式，是不同环境下火山成岩时的产物，是识别火山岩岩相、亚相的重要标志。在岩心观察的基础上，结合同行学者的研究成果，总结出测井能够识别的构造主要有：块状构造、气孔杏仁构造、流纹构造、变形流纹构造、堆砌构造5种类型。

（1）块状构造。

组成岩石的矿物在岩石中无定向排列，岩石各部分在成分和结构上都相同，图像整体上由高阻、低阻基质组成。FMI图像上为高阻亮色分布，但常被裂缝切割，呈现出高阻背景下的暗色条纹，但整体较均一［图3-23（a）］。

（2）气孔杏仁构造。

岩石形成过程中，岩浆中的气体逸出，占据空间，岩浆冷凝后留下气孔，称为气孔构造。气孔构造被后期矿物所充填，形成杏仁构造。气孔的形状有所不同，有时拉长，有一定方向性。气孔后期被绿泥石等黏土矿物充填或充满流体，其导电性能较强，因此气孔显示为高阻亮色背景下的暗色斑点状；同时，由于气孔是在流动过程中形成的，因此与流动方向及形成环境有关，是火山岩相的重要标志。杏仁则由于充填物与原岩成分差异，可能显示为亮色和暗色两种类型［图3-23（b）］。

（3）流纹构造。

这是由不同颜色的条纹和拉长的气孔等表现出来的一种流动构造，是酸性火山岩最为常见的构造。它是由不同颜色、不同成分的条纹、条带和球粒，雏晶定向排列及拉长的气孔等表现出来的一种流动构造，是在熔浆流动过程中形成的。FMI图像表现为条带状明暗相间的条纹，条纹连续性好，亮色部分主要成分是熔浆，暗色条纹主要成分是一些暗色矿物及充填的具有导电能力较强物质的气孔［图3-23（c）］。

（4）变形流纹构造。

变形流纹构造包括流面构造和流线构造。流面构造是由片状矿物、板状矿物及扁平状捕虏体、析离体的平行排列形成的。柱状矿物和长析离体、捕虏体的定向排列形成流线构造，流面和流动构造的产生与岩浆流动有关。应用流面构造、流线构造可以判断岩浆的流动方向。FMI图像上整体表现为杂色，中低阻橙色基质明暗相间，呈现明显的强烈揉皱状流纹构造，属不规则明暗相间条带状模式，具有明显的变形流纹构造［图3-23（d）］。

（5）堆砌构造。

这是识别火山通道相的重要标志。FMI图像上显示大块颗粒支撑排列。基质破碎割裂为形状规则的碎屑，发育具环状或放射状节理，堆砌构造明显发育。FMI图像上显示为火山集块堆积排列，为不规则组合断续线状模式（曾巍，2015）。

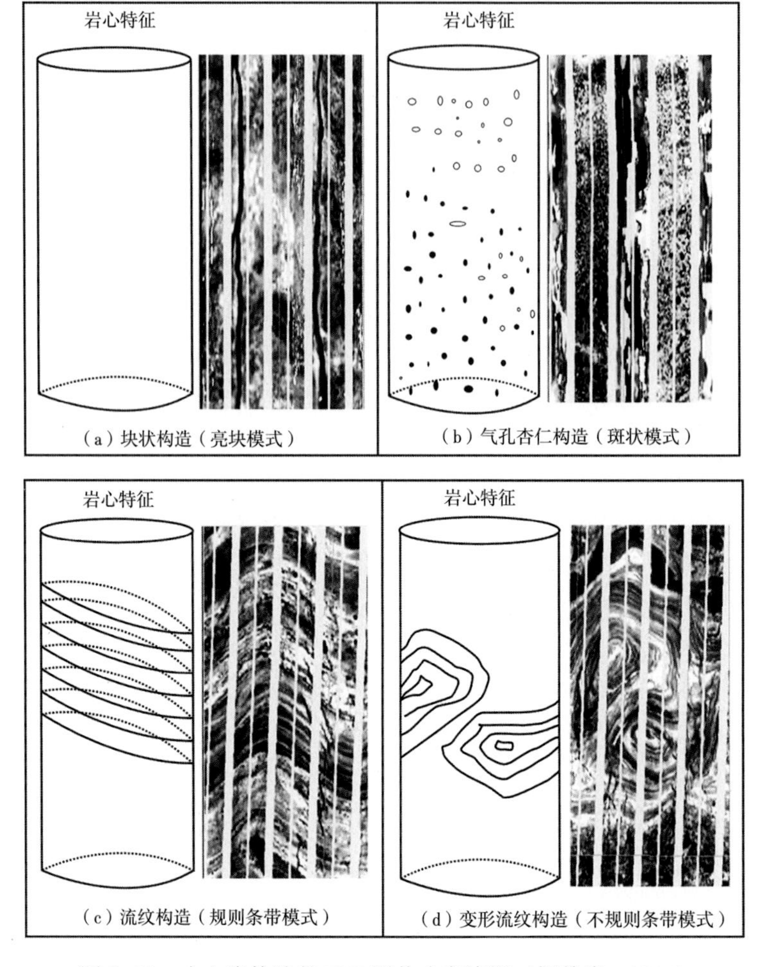

图 3-23　火山岩构造的 FMI 测井响应特征（据曾巍，2015）

利用成像测井在岩石结构识别方面具有显著优势，建立岩石结构的成像识别模式。新疆 JL2 区佳木河组火山岩从成像测井资料来看，主要发育熔岩结构、熔结结构、火山碎屑结构，可识别的构造包括气孔构造、杏仁构造、块状构造、流纹构造、枕状构造、层状构造、破裂构造及不同性质的裂缝。在发育不同岩性的各井段，拾取典型的结构和构造，建立该区佳木河组火山岩成像测井结构和构造特征模板（图 3-24）。

JL2 井区熔岩的典型结构为不具有粒度特征的斑状、交织和少斑结构，统称熔岩结构，成像图像由高阻亮色和低阻暗色相间组成，多呈块状和流纹构造［图 3-24（a）］。熔岩中气孔、杏仁构造广泛发育［图 3-24（f）］，其中气孔多为圆形—椭圆形，呈高导暗色，杏仁构造为气孔经矿物等充填而形成，呈高阻亮色。中性、酸性熔岩中常发育流纹构造［图 3-24（g）］，表现为深浅相间的波浪状条纹，具有与层理类似的层状特征，局部流动层可发生揉皱或撕裂而呈变形流纹构造。同时，该区北部 JIN215 井区和 JIN218 井区佳木河组下段基性熔岩中还发育枕状构造［图 3-24（i）］，表现为亮色枕状块体间的不规则接触特征，表明，当初岩浆喷发活动发生在水下，或者为靠近水边的陆上喷发。该区发育层状构造：火山沉积岩的典型构造，表现为明暗相间的条带，各条带的厚度常不一致，成层性往往好于火山碎屑岩。破裂构造由富含挥发组分岩浆侵入到破裂岩石带或遇地下水，压力释放产生隐伏爆炸，表现为脉状、树杈状的不均匀碎片特征，是火山通道的标志。

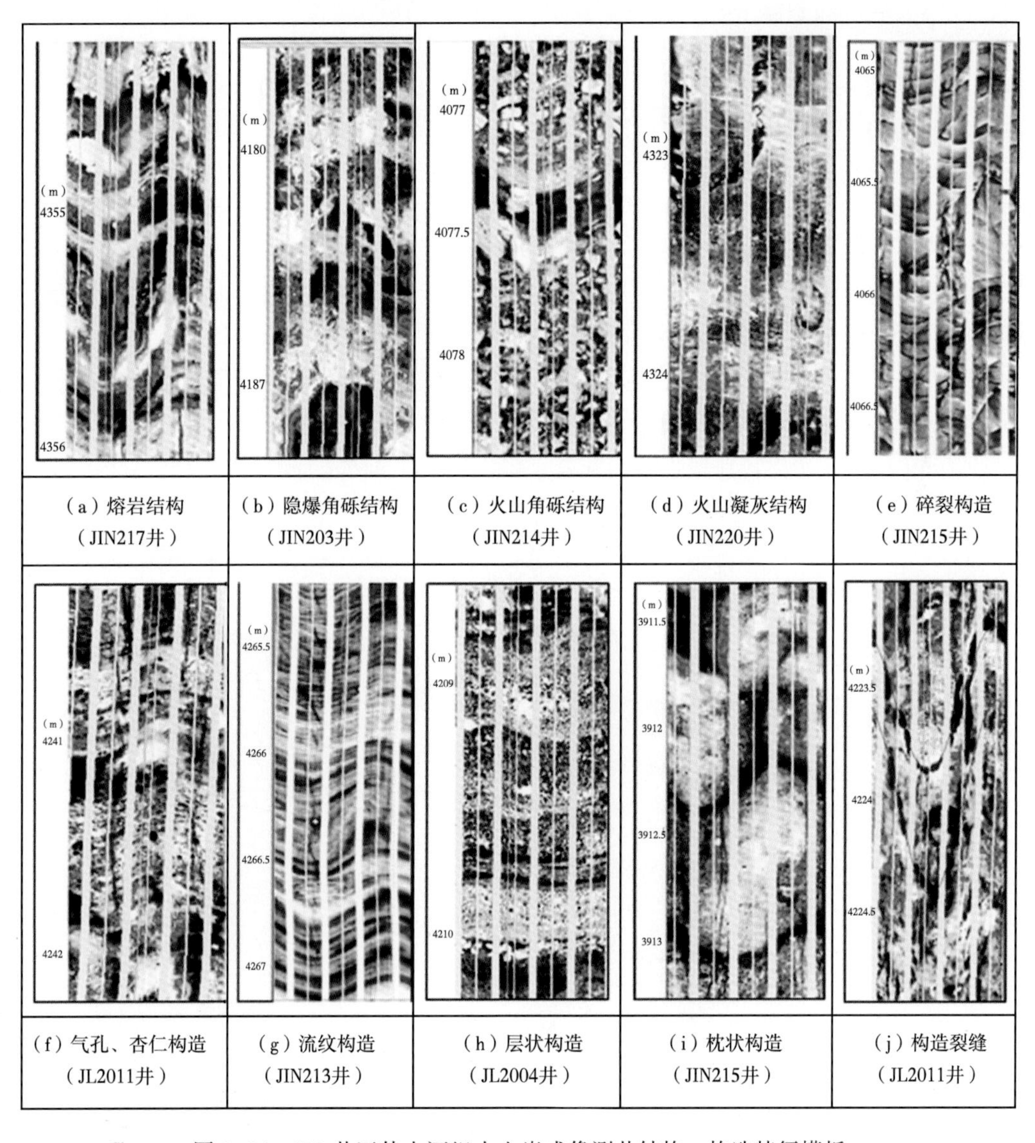

图 3-24　JL2 井区佳木河组火山岩成像测井结构、构造特征模板

火山碎屑岩最主要的成像测井特征为具有火山碎屑结构。火山碎屑结构是指岩石图像宏观上具有粒度特征，高阻亮色不规则角砾与中低阻暗色凝灰质交织组成。根据主成分碎屑粒径的大小，划分为火山集块结构（>64mm）、火山角砾结构（2~64mm）和凝灰结构（<2mm）。该区火山碎屑岩主要发育火山角砾结构［图 3-24（c）］和火山凝灰结构［图 3-24（d）］。

与火山碎屑岩不同，火山沉积岩发育有明显的粒度变化及层理构造，成层性明显好于火山岩碎屑岩。JL2 井区火山沉积岩在 JL2004 井附近少量发育，具典型层状构造特征［图 3-24（h）］。

第二节 火山岩储层裂缝识别及表征

一、裂缝识别及表征

1. 裂缝类型

从裂缝的力学成因来讲，岩石中裂缝的产生取决于构造应力、上覆地层压力、围岩压力、孔隙流体压力等作用力组成的复杂应力状态，该状态可由3个相互正交的主应力来表示，分别为最大主应力、中间主应力和最小主应力。3个主应力方向伴生3种裂缝类型，分为剪裂缝、张裂缝和张剪缝3类，岩石中产生的任意裂缝必然与其中一类相关。

从裂缝的地质成因上来讲，天然裂缝可以分为非构造缝和构造缝，非构造缝又可分为收缩缝、压溶缝、风化缝、卸载缝等类型（图3-25）。(1) 收缩缝是岩石因热收缩作用、脱水作用、矿物转化作用、干燥作用等引起的体积减小形成的拉张裂缝或扩张裂缝；(2) 压溶缝是岩石在成岩过程中由于压溶作用产生的裂缝；(3) 风化缝指岩石暴露在地表或近地表后，经各种物理作用和化学风化作用形成的裂缝，包括球状风化缝、席理、根劈等；(4) 卸载缝是指上覆地层的侵蚀作用导致岩层负载减小，产生应力释放形成的裂缝。

<table>
<tr><th>分类依据</th><th colspan="2">裂缝类型</th><th>实例</th><th>分类依据</th><th>构造缝类型</th><th>实例</th></tr>
<tr><td rowspan="5">成因</td><td rowspan="4">非构造缝</td><td>收缩缝</td><td>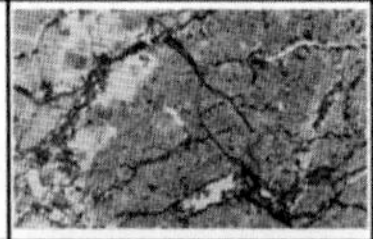</td><td rowspan="5">产状</td><td>水平缝
（倾角≤15°）</td><td rowspan="5"></td></tr>
<tr><td>压溶缝</td><td></td><td>低角度缝
(15°＜倾角≤45°)</td></tr>
<tr><td>卸载缝</td><td>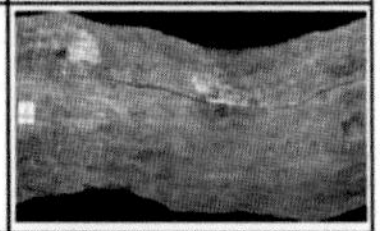</td><td>斜交缝
(45°＜倾角≤75°)</td></tr>
<tr><td>风化缝</td><td>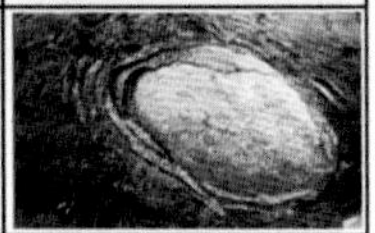</td><td rowspan="2">高角度缝
（含垂直缝）
(75°＜倾角≤90°)</td></tr>
<tr><td colspan="2">构造缝</td><td></td></tr>
</table>

图3-25 火山岩天然裂缝发育类型

构造裂缝是指由于构造应力产生的岩石破裂，与断裂和褶皱的形成密切相关，是岩层中分布最广的裂缝类型。构造裂缝最显著的特点是其分布具有一定规律性，常形成一定的组系。储层中的宏观裂缝主要是构造裂缝，是裂缝性油气藏中影响产能的最主要裂缝类型，此次研究主要针对这类裂缝展开。

构造裂缝按照产状可以划分为水平缝、低角度缝、斜交缝和高角度缝，对油气产能贡献最大的是高角度缝和斜交缝。利用常规测井资料（电阻率、双侧向测井、声波时差、密度和中子孔隙度的曲线），可以对不同角度裂缝进行一定程度的识别。（1）高角度缝：电阻率曲线形态为平滑箱形特征，双侧向表现为正差异、中高幅值、曲线平滑，声波时差变化不明显，密度相对变小，中子孔隙度值相对较大；（2）斜交裂缝：电阻率曲线形态为弱齿状—齿状特征，双侧向表现为差异较小、中等幅值，声波时差略有增大，密度变小，中子孔隙度值相对较大；（3）低角度缝：电阻率曲线形态为尖峰刺刀状特征，双侧向表现为负差异、低幅度值、声波时差值变大，密度变小，中子孔隙度值相对较大。

根据正弦切割原理，井筒钻遇的裂缝在成像测井图像上展开后为不同起伏高度的正弦曲线（图 3-26）。

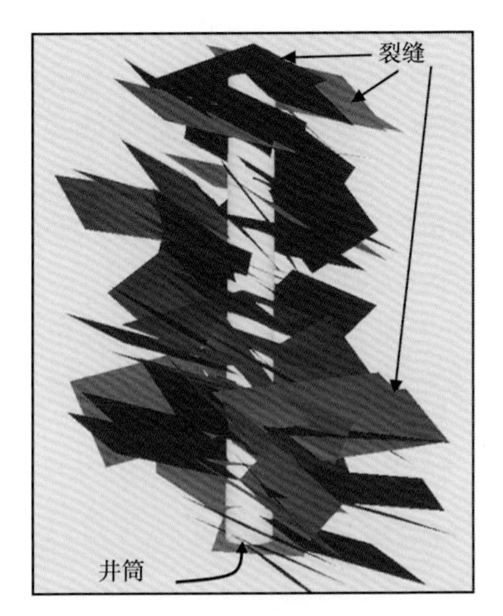

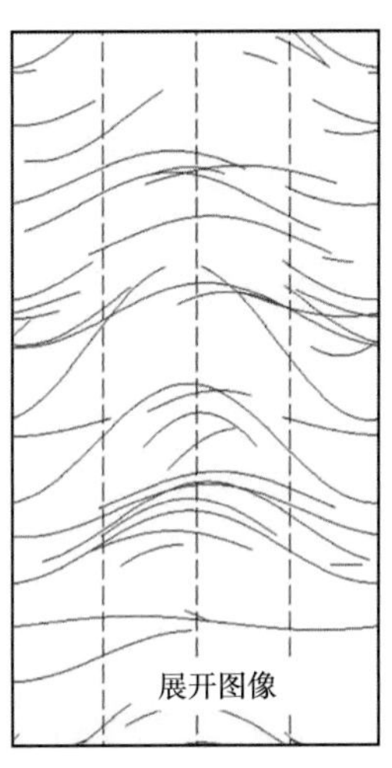

图 3-26 裂缝与井筒间切割关系

按照不同的响应特征，可将其分为高导缝、高阻缝、微裂缝和诱导缝（图 3-27）。高导缝多为开启的构造缝、柱状节理及溶蚀缝等，沿着裂缝面常可见串珠状分布的孔、洞特征；

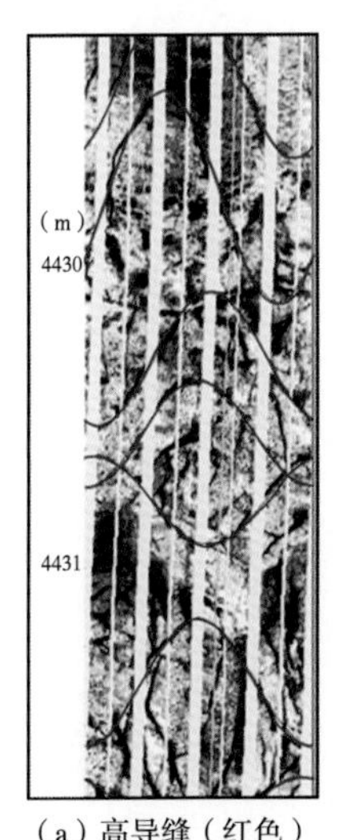

(a) 高导缝（红色）

(b) 高阻缝（黄色）

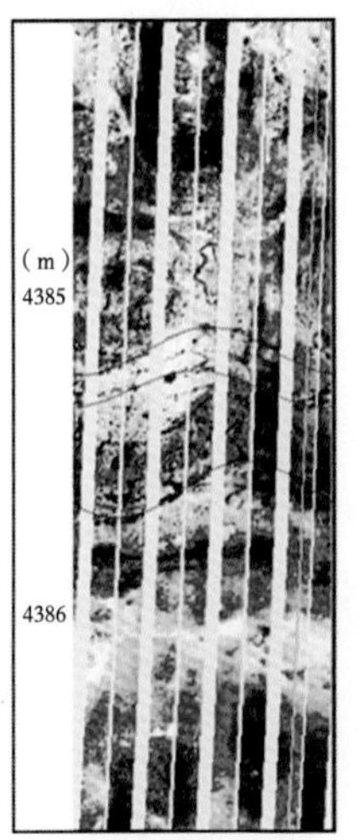

(c) 微裂缝（紫色）

(d) 诱导缝（粉色）

图 3-27 裂缝的成像测井裂缝

高阻缝一般为闭合的构造缝或后期被流体充填形成。微裂缝的延伸很有限，呈不规则分布，见部分充填，对储集空间的贡献很小，在火山岩储层中常起沟通基质孔隙的作用，它们的成因多样，可能为风化缝、收缩缝、砾间缝、炸裂缝等。诱导缝是在钻井过程中产生，与地应力有关，裂缝方向代表最大水平主应力方向。这几种裂缝的成像测井图像特征为：高导缝和高阻缝都为正弦曲线，延伸距离较长，不同之处在于高导缝呈黑色，而高阻缝呈亮色；微裂缝多表现为黑色不规则曲线或窄条带，正弦曲线特征不明显，延伸距离短，无组系特征；诱导缝表现为雁列状或羽状黑色曲线，呈单组系发育特征，延伸距离较长。

2. 裂缝表征

1）裂缝产状

裂缝的产状主要包括走向、倾向和倾角，其与地应力场间的相互关系是优化井网部署和水平井轨迹设计的重要参考因素，可采用成像测井法进行裂缝产状表征。

在成像测井图上识别出不同类型裂缝之后，利用裂缝正弦曲线波峰和波谷的高程差与裂缝所在位置井径的长度间的三角函数关系即可求得裂缝的倾角，而裂缝的倾向则是正弦曲线波谷的横坐标。同时，“蝌蚪”图也可以反应裂缝的产状信息，“蝌蚪”图上“尾巴”所指方向即为裂缝的倾向，原点所在位置的刻度即为裂缝的倾角。

图 3-28 为研究区 JIN220 井裂缝产状分析图，“蝌蚪”的不同颜色代表不同的裂缝类型，红色代表高导缝，黄色代表高阻缝，紫色代表微裂缝，粉色代表诱导缝。JIN220 井佳

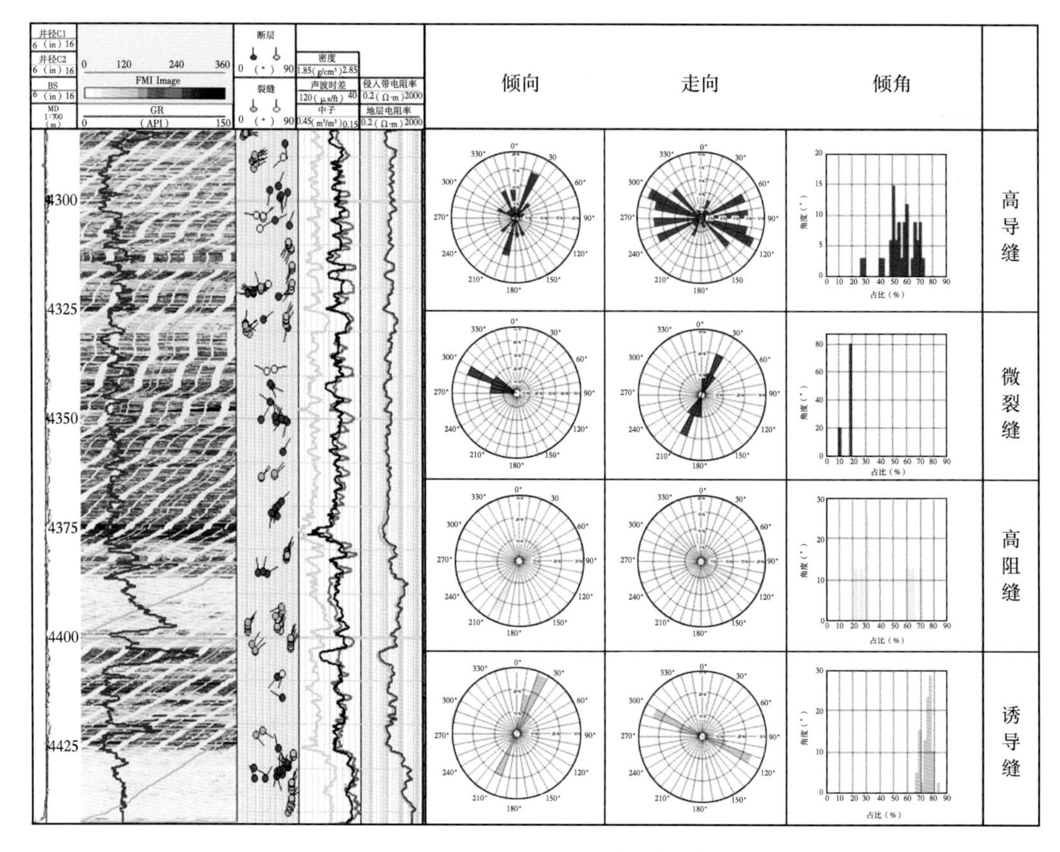

图 3-28　JIN220 井裂缝产状特征

木河组测量段裂缝在局部井段较发育，主要分布在佳木河组火山碎屑岩中。其中高导缝主要发育两组，倾向分别以北北东向和南南西向为主，走向分别为北东东—南西西向和北西西—南东东向，倾角范围在50°～70°之间。微裂缝少量发育在火山碎屑岩地层中，倾向以北西向为主，走向为北东—南西向，倾角范围在10°～20°之间。高阻缝倾向也以南西向为主，走向为北西—南东向，倾角范围在20°～70°之间。钻井诱导缝在火山熔岩中比较发育，走向为近北西西—南东东向，倾角范围在72°～80°之间。

研究区佳木河组3口取心井岩心的三向应力测试表明（表3-5），水平最大主应力方向角为113°～124.5°，平均为118°，水平两向应力相差1.9～18.1MPa，平均为13.3MPa。同时，利用成像测井资料进行双井径分析、井壁崩落及钻井诱导缝产状统计（图3-29），结果一致表明研究区现今最大水平主应力方向为北西—南东向。

表3-5　JL2油田佳木河组岩心三向应力测试

井号	深度（m）	岩性	垂向应力（MPa）	水平最大主应力（MPa）	水平最小主应力（MPa）	水平最大应力方向（°）	应力差（MPa）
JIN204	4288.3	流纹岩	98.6	104.9	90.9	124.5	14
	4330.3		99.6	104.7	95.8	119.5	8.9
JIN208	4240.1	安山岩	97.5	69.2	67.3	120.4	1.9
JL2001	4131.4	深灰色凝灰岩	95.0	72.3	55.2	113	17.1
	4132.9		95.1	68.4	48.4	117	20
	4134.7		95.1	72.9	54.8	114	18.1
平均			96.8	82.1	68.7	118	13.3

对研究区佳木河组14口具有FMI资料井的裂缝产状进行了解释（图3-30），发现高导缝走向与水平最大主应力方向（诱导缝走向）基本一致，都为近东西向，微裂缝走向则较为杂乱。研究区高导缝走向与现今最大水平主应力方向夹角较小，有利于裂缝保持开启。

2）裂缝大小

裂缝大小主要指裂缝的长度和宽度（开度）。利用成像测井资料表征裂缝长度时，将裂缝长度定义为单位面积（单位为m^2）井壁内的裂缝长度之和（单位为m/m^2或1/m）。裂缝宽度是指裂缝沿法线方向的开口度（单位为mm）。目前，求取裂缝宽度可根据常规测井法和成像测井两种方法求取。

（1）双侧向测井法。

斯伦贝谢公司的专家提出利用双侧向电阻率测井计算裂缝宽度。

对于高角度裂缝，裂缝宽度的计算公式为

$$C_{LLS}-C_{LLD}=4\times10^{-4}w\times C_{mf}$$

式中　C_{LLS}——浅侧向测井视电导率，S/m；

C_{LLD}——深侧向测井视电导率，S/m；

w——裂缝宽度，μm；

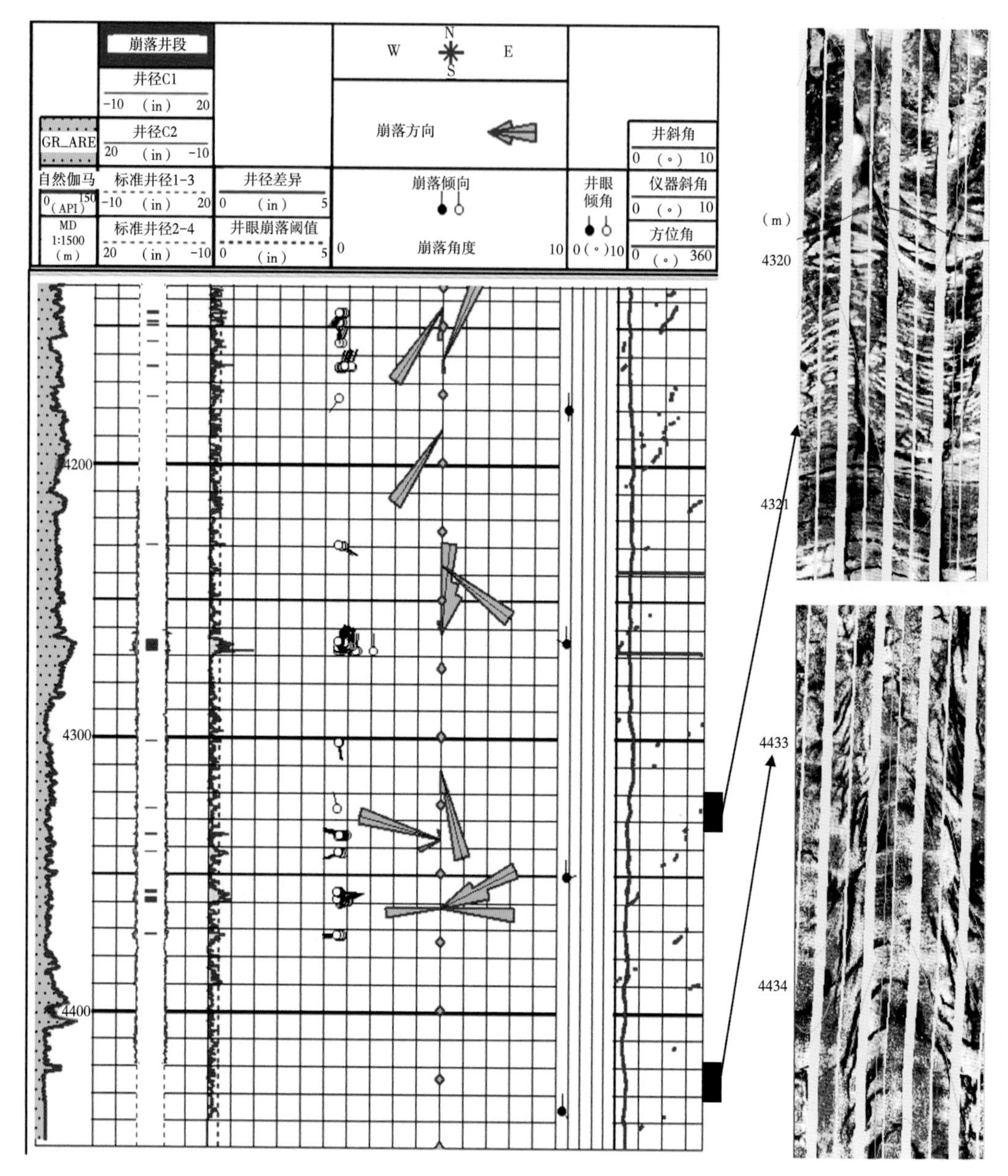

图 3-29　JIN220 井现今最大主应力分析

C_{mf}——钻井液滤液电导率，S/m。

该公式有一定的适用条件，即裂缝完全被钻井液滤液充填时、过井筒直径为 20. 3cm 时的井轴的等效裂缝宽度。式中常量参数是根据理想情况及测井仪器结构得到，在实际应用中需根据实际情况调整。

对于低角度裂缝，裂缝宽度的计算公式为

$$C_{\mathrm{LLD}}-C_{\mathrm{ma}}=1.2\times10^{-3}w\times C_{\mathrm{mf}}$$

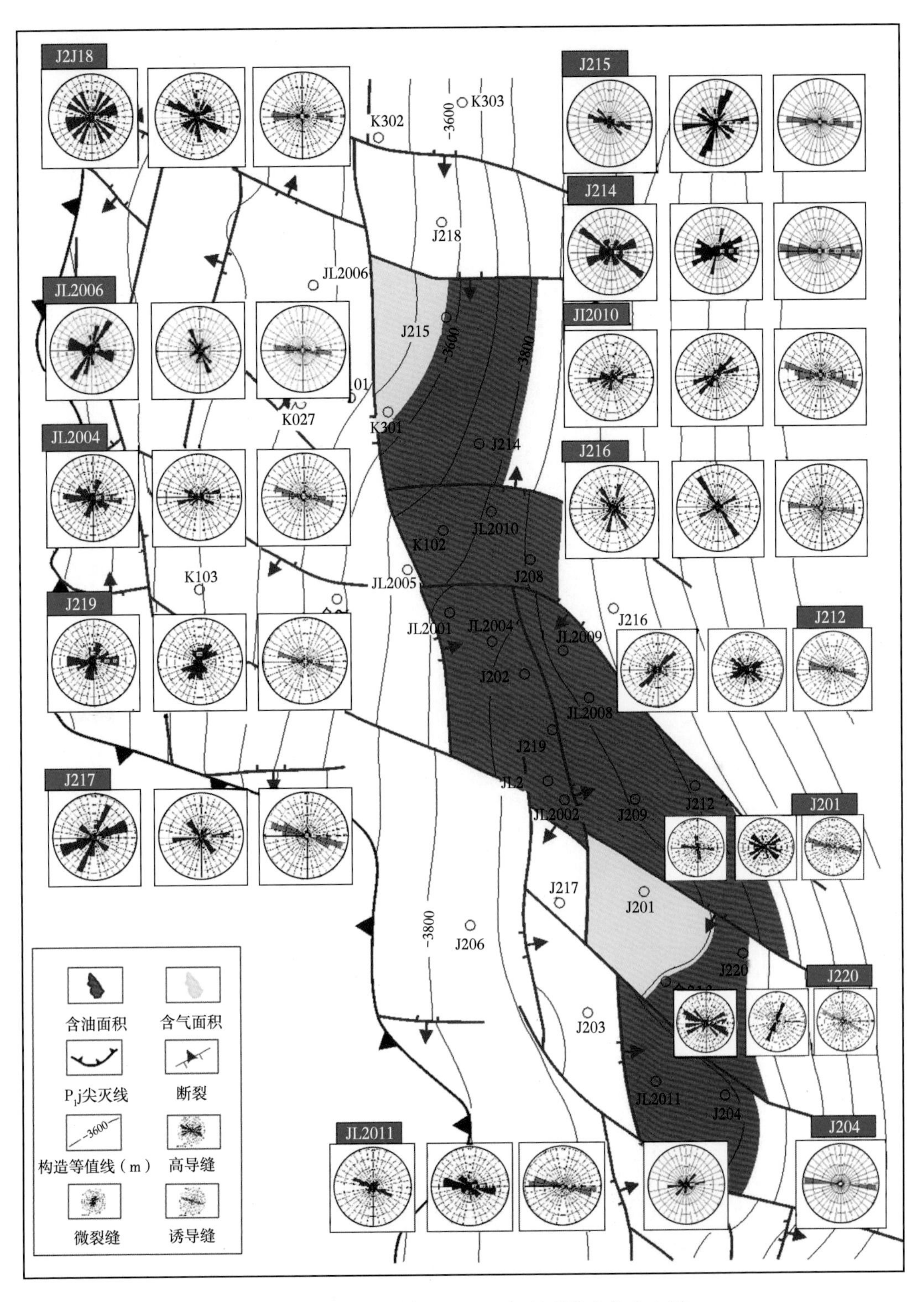

图 3-30　JL2 油田佳木河 FMI 解释裂缝方位分布图

式中 C_{LLD}——深侧向测井视电导率，S/m；

C_{ma}——岩块电导率，S/m；

w——裂缝宽度，μm；

C_{mf}——钻井液滤液电导率，S/m。

该公式有一定的适用条件，即裂缝完全被钻井液滤液充填时、双侧向测井的主电流层视厚度为 0.83m 时对应的等效裂缝宽度。式中常量参数是根据理想情况及测井仪器结构得到，在实际运用中需根据实际情况调整。

（2）成像测井法。

在成像测井图像中，虽然能够直观地识别出裂缝，但由于其宽度一般小于微电阻率成像测井的分辨率（5mm），所以宽度小于 5mm 的裂缝在图像上仍然显示为 5mm。同时，由于地层中电流发散效应的影响，即使裂缝宽度大于 5mm，图像上显示的裂缝宽度依然大于实际裂缝宽度。另外，微裂缝的宽度常常小于仪器分辨率，会在图像上显示为一条较宽的裂缝，产生视觉误差。所以，通过肉眼直接读取裂缝宽度存在较大误差，需要更为精确的计算方法。

成像测井求取裂缝宽度主要通过对仪器的相对电流的测量反映地层的特征。当地层中裂缝呈开启状态或被钻井液充填时，就会产生高导异常现象。不同裂缝宽度将导致不同的电导率异常面积，利用这一原理，可以将地层测量信息转换到裂缝实际宽度的计算当中。如图 3-31 所示，通过地层电阻率、钻井液电阻率和电导异常面积计算裂缝宽度：

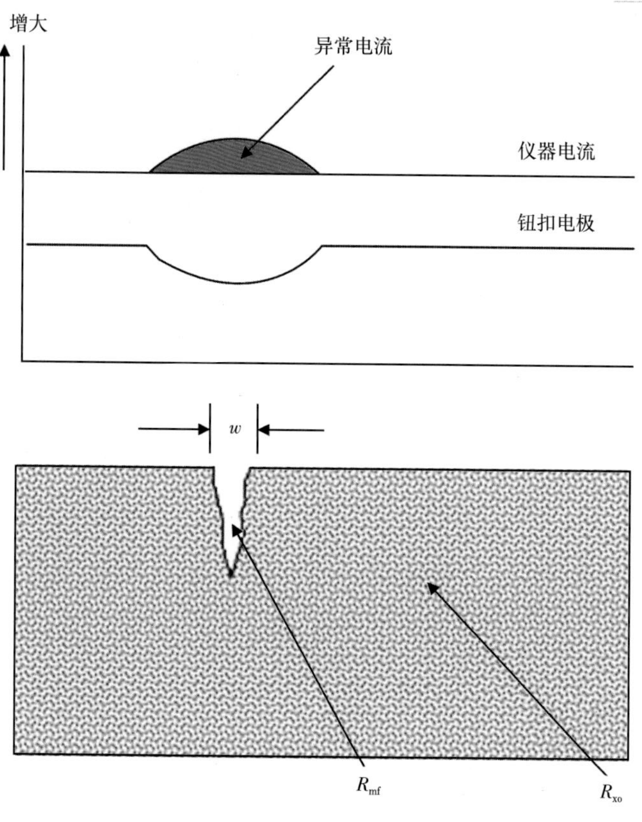

图 3-31　微电阻率成像测井裂缝宽度计算原理

$$w=c\times A\times R_{mf}^{b}\times R_{xo}^{1-b}$$

式中 w——裂缝宽度，mm；

A——由裂缝造成的电导异常的面积，mm^2；

R_{mf}——钻井液滤液电阻率，Ω·m；

R_{xo}——地层电阻率，Ω·m；

c 和 b——与仪器有关的常数，其中 b 接近于 0。

成像测井中求得的裂缝宽度有两种形式：一种是裂缝的平均水动力宽度（FVAH），它是裂缝水动力效应的一种拟合，定义为单位井段（1m）范围内各裂缝轨迹宽度的立方和开立方；另一种是裂缝的平均宽度（FVA），定义为单位井段（1m）范围内裂缝轨迹宽度的平均值。

3）裂缝密度（强度）

裂缝密度是描述裂缝发育程度最常用的参数，也是裂缝表征的核心内容之一。但关于裂缝密度和裂缝强度的定义，国内外学者之间存在一定的差异。国外学者多以 Dershowitz 于 1984 年提出的经典 P_{xy} 图解来表示裂缝密度、裂缝强度及裂缝孔隙度三者的含义及相互关系。如图 3-32 所示，以取样区域维度和裂缝维度分别为坐标轴，P_{10}、P_{20}、P_{30} 分别对应裂缝的线密度、面密度和体密度。可以看出，在一维空间中，裂缝密度和裂缝强度含义相同，都是指单位长度测线内裂缝的条数。但在二维空间和三维空间中，裂缝密度指单位面积和单位体积内裂缝的条数，而裂缝强度是指单位面积内裂缝的长度和单位体积内裂缝的面积，二者区别明显。而国内学者多习惯使用裂缝线密度、面密度和体密度概念，分别指单位长度内裂缝条数、单位面积内裂缝长度之和、单位体积内裂缝面积之和，此处主要

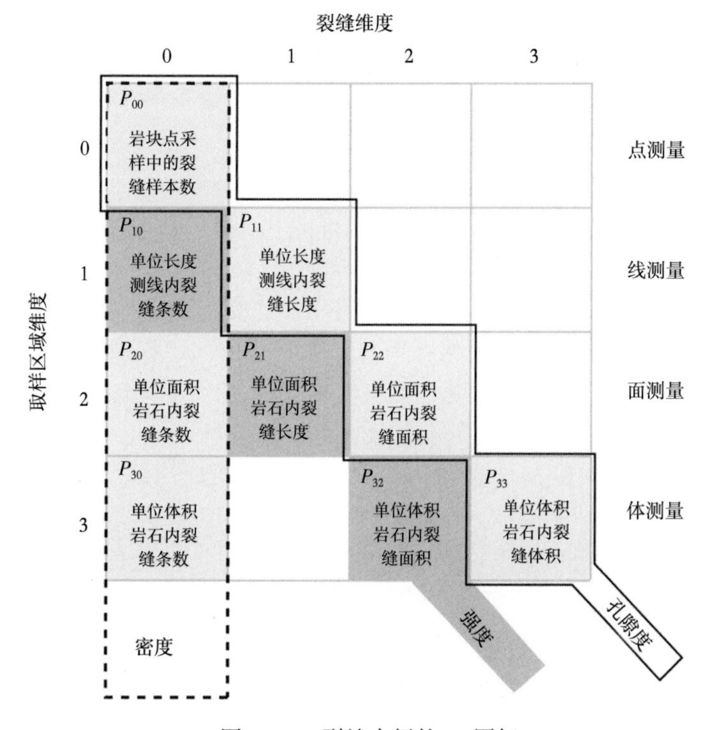

图 3-32 裂缝表征的 P_{xy} 图解

采用国内学者的表述方案。需要强调的是，在利用地震资料进行裂缝预测时，描述裂缝发育程度常用到“裂缝强度”这一术语，应理解为“裂缝发育强度”，跟图 3-33 中的裂缝强度含义不一样。

准确的裂缝密度求取一般只能通过成像测井资料拾取单条裂缝参数后计算，但利用常规测井资料也可以定性或半定量地评价目的层段裂缝发育程度，下面介绍两种常规测井评价裂缝发育程度的方法。

（1）三孔隙度测井。

密度、中子孔隙度和声波时差测井分别从岩石的不同物理性质反映其孔隙特性。一般情况下，密度和中子孔隙度测井反映地层的总孔隙特征，包括了原生孔隙和次生孔隙；声波时差测井由于声波的最短距离传播特性，主要反映岩石原生粒间孔隙。三孔隙度测井的裂缝响应各不相同：密度测井对于裂缝及其造成的不规则井眼响应较为敏感，在裂缝层段表现为密度值降低、曲线形态呈尖峰状；中子孔隙度测井只有当裂缝非常发育且次生孔隙空间较大时响应明显（值变大），对于纯裂缝地层响应相对较差，但是在火山岩中裂缝往往与热液蚀变关系密切，而中子孔隙度对于蚀变较为敏感，蚀变往往使中子孔隙度显著增加；声波测井主要针对低角度裂缝和网状缝发育段敏感，常出现周波跳跃现象，对于高角度裂缝几乎没有反映。总体来说，三孔隙度测井中声波时差测井对于低角度裂缝的反映最为真实、可靠，运用也最广，而密度测井及中子孔隙度测井由于都是对于井下某部分地层核性质的平均反映，一般对裂缝的响应效果较差。在实际裂缝分析中，需要比较它们之间的差异，并结合其他测井响应特征，进行综合判断。

（2）双侧向测井。

地层中裂缝越发育，双侧向电阻率相对于基质电阻率往往降低越多，且深侧向电阻率、浅侧向电阻率幅度差越大。可以通过构建电阻率差比函数间接反映裂缝的发育程度：

$$R_{tc}=\frac{R_{lld}-R_{lls}}{R_{lld}}$$

式中 R_{tc}——双侧向电阻率差比函数；

R_{lld}、R_{lls}——深侧向电阻率、浅侧向电阻率。

其中，R_{tc}值越大，裂缝越发育。

需要注意的是，在火山岩中，熔岩中双侧向测井幅度差异比火山碎屑岩更能反映裂缝的发育程度。这是因为熔岩中基质孔隙度相对较低，双侧向电阻率差异主要由裂缝引起，钻井液侵入的影响较小，并且随着裂缝孔隙度的增大，差比函数也越来越大。但在火山碎屑岩中，基质孔隙度相对较高，在基质孔隙度大到一定程度之后，裂缝对双侧向电阻率差异的影响就不再占据主导地位，而是以钻井液侵入粒间孔隙的响应为主。因此，在火山岩裂缝评价中，当基质孔隙度较高时，不能仅仅依据双侧向电阻率差异情况来评价裂缝发育程度。

图 3-33 为 JL2 油田佳木河组试油层段 FMI 解释裂缝密度与深浅电阻率差比函数之间的对应关系，二者之间的相关性较好，说明利用该方法评价裂缝发育程度较为可靠。对于缺少成像资料的井段，可以利用该拟合公式进行估算裂缝密度。

4）裂缝孔隙度

在获得了裂缝宽度的基础上，裂缝孔隙度的计算相对简单，可以利用下列公式求取：

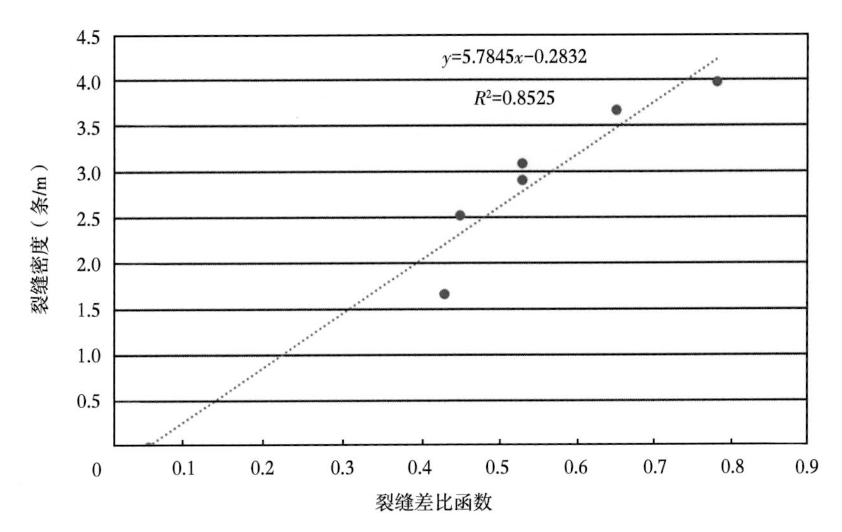

图 3-33 裂缝差比函数与 FMI 解释裂缝密度对应关系

$$P_f = \frac{\sum V_i}{V} = \sum \left(\frac{c_i W_i}{h}\right)$$

式中 p_f——裂缝孔隙度；

W_i——裂缝宽度；

c_i——裂缝长度系数；

h——岩石体积高度；

V_i——裂缝体积；

V——岩石总体积。

5）裂缝渗透率

裂缝渗透率的求取主要分为微观和宏观两种情况。

微观裂缝渗透率的计算一般采用 E. M. Cmexoba 等提出的薄片面积法，其公式为

$$K_f = c \times \frac{e^3 \times l}{S}$$

式中 e——微裂缝开度；

l——微裂缝长度；

S——薄片面积；

c——不同裂缝系统系数。

对于宏观裂缝，根据经典平板层流理论公式，影响裂缝渗透率的最主要因素为它的开度和间距（或密度），具体计算公式为

$$K_{fm} = K_m + \frac{e_1^3}{12D_1}\cos A_1 + \cdots + \frac{e_n^3}{12D_n}\cos A_n$$

$$K_f = -\frac{e^3 \rho_w g}{12\mu_w}$$

式中 K_{fm}——总渗透率；

K_m——基质渗透率；

K_f——裂缝渗透率；

e——裂缝开度；

D——裂缝间距；

A——流体压力梯度轴与裂缝面的夹角；

ρ_w——水的密度；

μ_w——水的黏度；

g——重力加速度。

上两式可以进一步简化为仅与裂缝开度有关的函数：

$$K_{fm}=\frac{e^2}{12}$$

$$K_f=\phi_f g K_{fm}$$

式中 K_{fm}——总渗透率；

K_f——裂缝渗透率；

e——裂缝开度；

ϕ_f——裂缝孔隙度。

赵良孝于 1999 年根据裂缝产状和组合，将裂缝渗透率解释模型分为 3 种情况。

第一种为单组系裂缝模型，计算公式为

$$K_f=8.5\times10^{-4}e^2\phi_f$$

第二种为多组系高角度裂缝模型，计算公式为

$$K_f=4.24\times10^{-4}e^2\phi_f$$

第三种网状裂缝模型，计算公式为

$$K_f=5.66\times10^{-4}e^2\phi_f$$

式中 K_f——裂缝渗透率；

e——裂缝开度；

ϕ_f——裂缝孔隙度。

对于研究区佳木河组裂缝来说，裂缝类型以高角度构造缝为主，分布相对较为规则，同组构造裂缝一般具有较好的等距性，这些特征与平行板模型相似，可以利用上述简化公式进行裂缝渗透率的计算。

6）参数计算结果

结合岩心、测井资料对研究区佳木河组火山岩的裂缝参数特征进行了总结，发现佳木河组储层第一期、第二期和第三期裂缝发育密度分别为 0.05~3.60 条/m、0.04~3.70 条/m 和 0.02~6.90 条/m，其中第三期裂缝相对发育。测井解释第一期、第二期和第三期的平均裂缝厚度分别为 15.3m、18.0m 和 26.5m，其中第三期火山岩裂缝发育厚度较大。佳木河组第三期火山岩储层裂缝宽度主要分布在 0.01~0.19mm 之间，裂缝密度分布在 0.02

~6.93 条/m（表 3-6），高导缝裂缝倾角普遍大于 45°（图 3-34），以斜交缝和高角度缝为主，裂缝走向以近东西向为主。裂缝渗透率在 5~1200mD 之间，平均值为 56mD，与之前岩心物性分析较为一致，说明计算结果较为可靠。

7）裂缝与生产动态关系

对有成像资料的 7 口井试油层段裂缝发育程度与生产动态关系进行了研究（图 3-35，表 3-7）。统计发现：（1）日产油当量、采油强度和每米采油指数均与裂缝密度呈正相关关系；（2）裂缝发育的熔岩和火山碎屑岩均可成为优质储层，说明在天然裂缝发育较好的层段，火山岩岩性与试油关系不明显；（3）天然裂缝不发育的层段几乎没有工业油流。因此如何准确预测裂缝发育的有利区成为开发方案部署的关键问题。

表 3-6 佳木河组第三期部分井位裂缝参数解释结果

井号	分布	裂缝密度（条/m）	裂缝长度（m）	裂缝宽度（mm）	裂缝孔隙度（%）	裂缝渗透率（mD）
J213	范围	2.22~4.54	0.55~3.18	0.02~0.05	0.01~0.13	30~120
	平均	3.02	1.71	0.04	0.07	50
J201	范围	0.20~4.67	0.43~4.47	0.005~0.100	0.01~0.03	5~350
	平均	1.87	2.26	0.06	0.01	70
JL2004	范围	0.14~6.93	0.12~4.47	0.02~0.20	0.01~0.41	30~1200
	平均	2.36	1.48	0.09	0.15	85
JL2010	范围	0.89~1.62	0.84~1.68	0.007~0.020	0.008~0.025	15~30
	平均	1.47	1.47	0.01	0.02	22
J215	范围	0.02~5.09	0.49~2.59	0.04~0.19	0.018~0.227	35~850
	平均	2.3	1.51	0.08	0.13	75

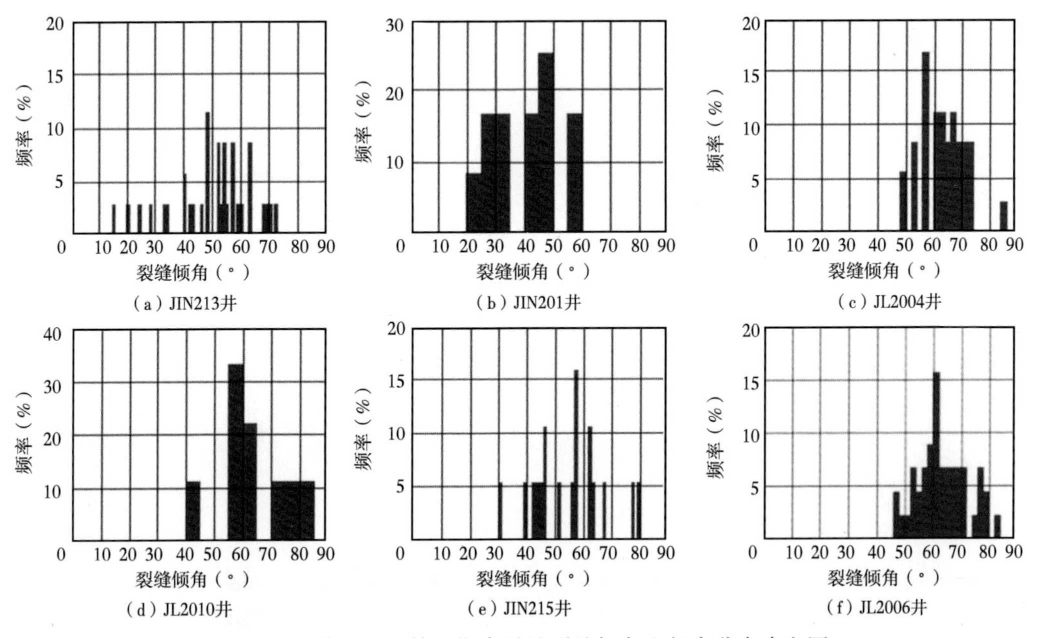

图 3-34 佳木河组第三期高导缝裂缝倾角和频率分布直方图

表 3-7　佳木河组裂缝发育程度与试油关系

裂缝发育程度	岩 性	裂缝密度（条/m）	产油量（t/d）	产水量（t/d）	采油强度［t/(d · m)］	每米采油指数［t/(d · m · MPa)］
良好	熔结角砾岩、熔岩、火山角砾岩	2.97	23.64	7.73	2.63	0.26
不发育	火山角砾岩、熔岩	0	0.09	2.92	0.02	0

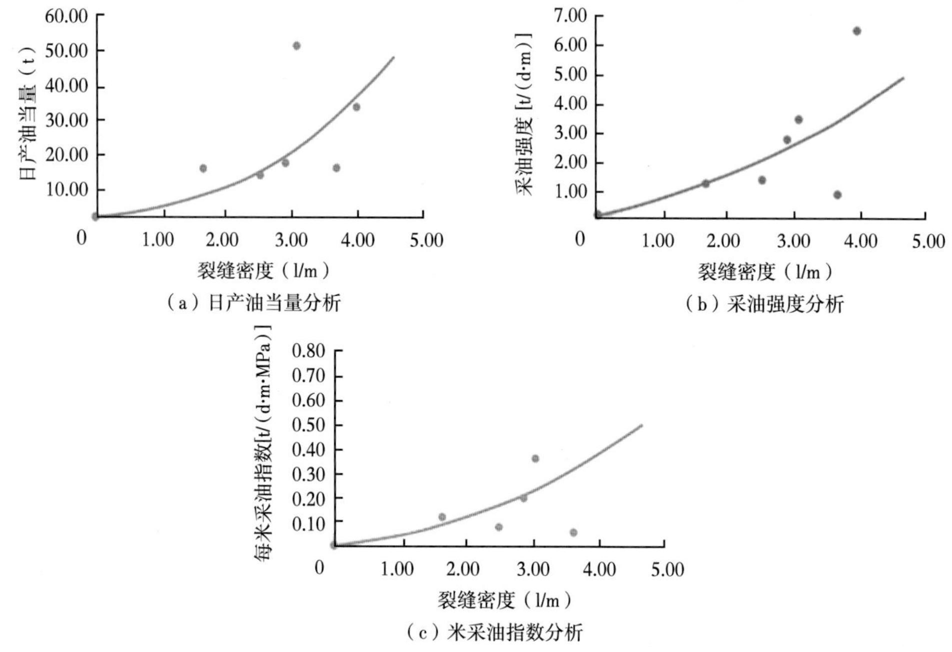

图 3-35　生产动态与裂缝发育程度关系

二、裂缝预测

大尺度裂缝往往与地质构造运动有关，而且，裂缝会造成地层介质的方位各向异性及各种地震属性的规律变化，这些都为利用地震数据预测裂缝提供了依据。裂缝性油气藏表征需要解决两个问题：裂缝的方向和裂缝的发育程度或密度。

运用地震数据进行裂缝预测，是预测裂缝空间分布最重要方法之一：（1）对于断裂带、断层等规模尺度较大的宏观裂缝带主要采取叠后地震资料分析方法，包括构造曲率分析、相干体分析、频谱分解等方法；（2）而对于小尺度的裂缝发育带，由于叠后地震资料信息量比较小，缺乏偏移距信息和方位角信息，需要运用叠前地震资料，通过各向异性反演技术进行预测。

1. 叠前方位各向异性

1）实验原理

岩石中因存在岩性、结构、构造等空间变化，所以属于各向异性体。而各向同性面是指各向异性体中的某一个沿所有方向的弹性性质都相同的平面，且垂直该面各点的轴向相互平行。将具有各向同性面的弹性介质定义为横向各向同性介质，简称 TI 介质（Transverse Isotropy）。如图 3-36 所示：当 TI 介质的对称轴与 Z 轴重合，称为 VTI 介质（Vertical Transverse Isotropy），如水平岩层中的周期性薄互层沉积；当 TI 介质的对称轴与 X 轴或 Y 轴重合时，称为 HTI 介质（Horizontal Transverse Isotropy），如构造应力产生的垂直裂缝系统，在纵向上是各向同性，横向上是各向异性。

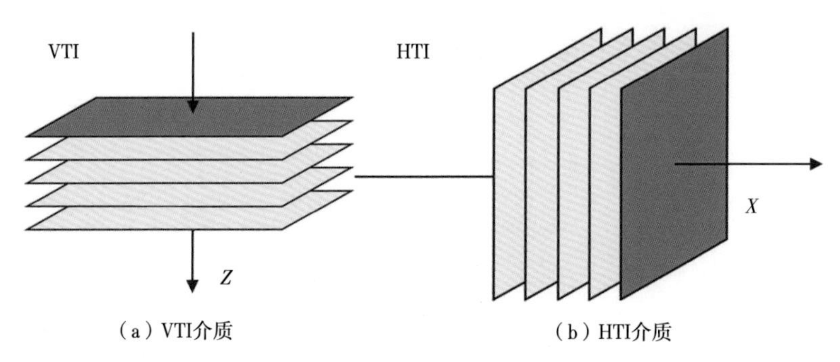

（a）VTI介质　　（b）HTI介质

图 3-36　横向各向同性介质示意图

由于裂缝分布的复杂性，如果仅利用井点信息获取的裂缝分布特征，来进行井间裂缝方向和发育程度的预测，往往预测效果不佳。裂缝在空间上的存在，会引起地震波在不同方向上传播速度的差异，从而呈现出明显的方位各向异性。因此，可以利用地震信息的方位各向异性来预测裂缝空间分布。具体来说，方位各向异性就是地震的波动力学属性随着方位角的改变而发生的变化，常称为 AVAZ。AVAZ 这种变化包含两层含义：首先要考虑振幅、频率、衰减等属性随着方位角的变化，即 AVAZ（Amplitude Versus Azimuth）；然后要考虑 AVO 响应，但这里考虑的 AVO 响应不是简单地分析振幅随着偏移距变化，而是观察 AVO 响应随方位角的变化，也就是 AVAZ（AVO Versus Azimuth）。

根据物理学基本原理，分析波阻抗、频率和衰减等动力学属性随地震波和裂缝夹角的变化情况（表 3-8），依据属性值的大小差异来拟合椭圆，并对得到的椭圆进行分析。

Malliok 和 Craft 等研究认为，裂缝密度越大，由波阻抗拟合出的方位椭圆的扁率越扁，其长轴方向代表裂缝走向，从而实现对裂缝密度和方向的预测。

表 3-8　地震波动力学属性及裂缝预测对比

	波阻抗值	频率值	衰减梯度值
地震波平行于裂缝传播	最大	最大	最小
地震波成角度穿过裂缝	随角度增加而减小	角度增加而减小	角度增加而增大
地震波垂直于裂缝传播	最小	最小	最大
裂缝走向	最大值即椭圆长轴方向	最大值即椭圆长轴方向	最小值即椭圆短轴方向
裂缝法向	最小值即椭圆短轴方向	最小值即椭圆短轴方向	最大值即椭圆长轴方向
裂缝密度	长短轴之比	短轴之比	短轴之比

图 3-37 为不同方位角 CDP 道集的振幅响应，可以看到在含气裂缝发育段：同一方位角的振幅随偏移距的增加而增加；而不同偏移距的振幅变化曲线差别明显。

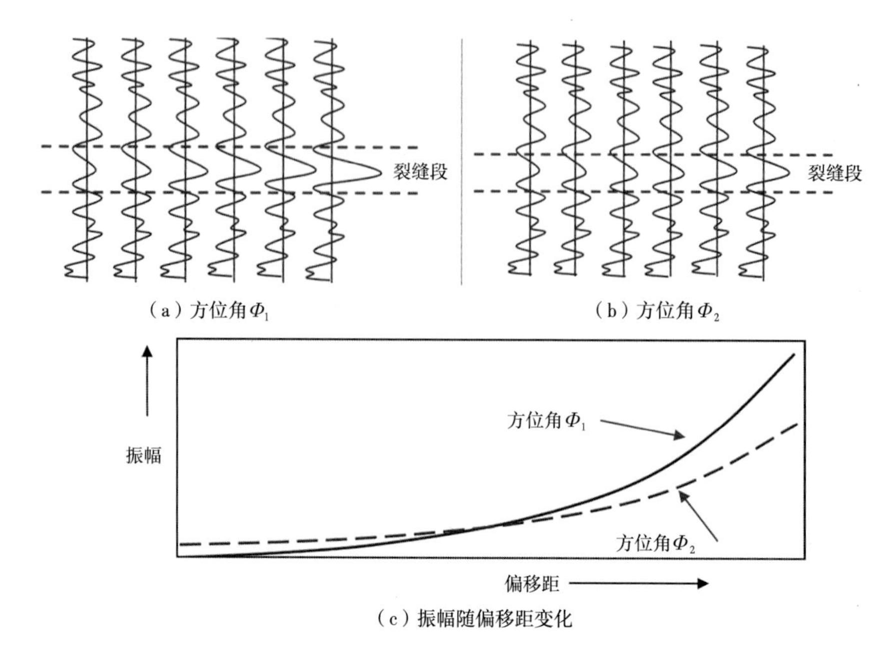

图 3-37 振幅随偏移距变化梯度对裂缝的响应

2）数据处理

叠前三维地震资料在用于裂缝预测时需要经过去噪、振幅恢复、反褶积、动静校正等保幅处理过程。在此基础上，进行方位角各向异性计算，预测裂缝发育的有利区带。叠前方位角各向异性裂缝检测主要步骤包括了方位角划分、不同方位角数据体的叠加偏移处理、不同属性的各向异性计算和优选等，其中最为关键的步骤是方位角的划分。

针对新疆佳木河组深层火山岩埋深大、信号弱的特点，方位角划分采取了以下技术手段提高裂缝预测精度：

（1）由于近偏移距数据主要来自不能反映裂缝各向异性的垂直入射地震波，同时，远偏移距数据虽然能较好地反映深层地震波信息，但过多的远偏移距数据会造成覆盖次数的严重不均，为此对偏移距进行了截断处理，只采用了 200~3000m 的偏移距数据（图 3-38）。

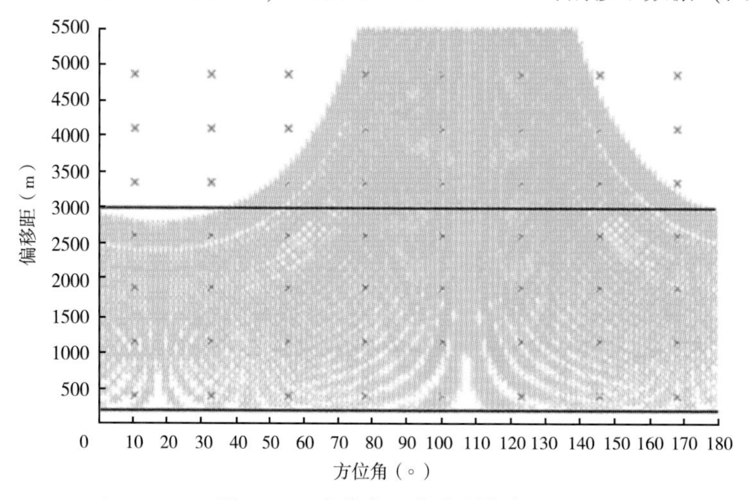

图 3-38 方位角—偏移距分布

（2）由于偏移距—方位角数据体不完全均匀，为了保证每个方位叠加数据体的覆盖次数相对平均，进而避免后续的属性各向异性分析结果偏向某一覆盖次数高的方向，采用了不等方位角的划分方案（表3-9）。

表3-9　叠前地震数据方位角划分

方位角范围（°）	0~70	65~100	100~128	128~180
平均覆盖次数	44.88	43.11	47.82	45.64

（3）由于研究区目的层佳木河组火山岩埋深在4000m左右，为了提高数据的信噪比，采取了50m×50m超面元叠加方法。运用常规速度分析得到的速度场对不同方位角数据体进行叠加偏移处理，处理结果如图3-39所示，可以看到各角道集叠加剖面上目的层段存在明显各向异性，可以用于裂缝各向异性椭圆计算预测裂缝。

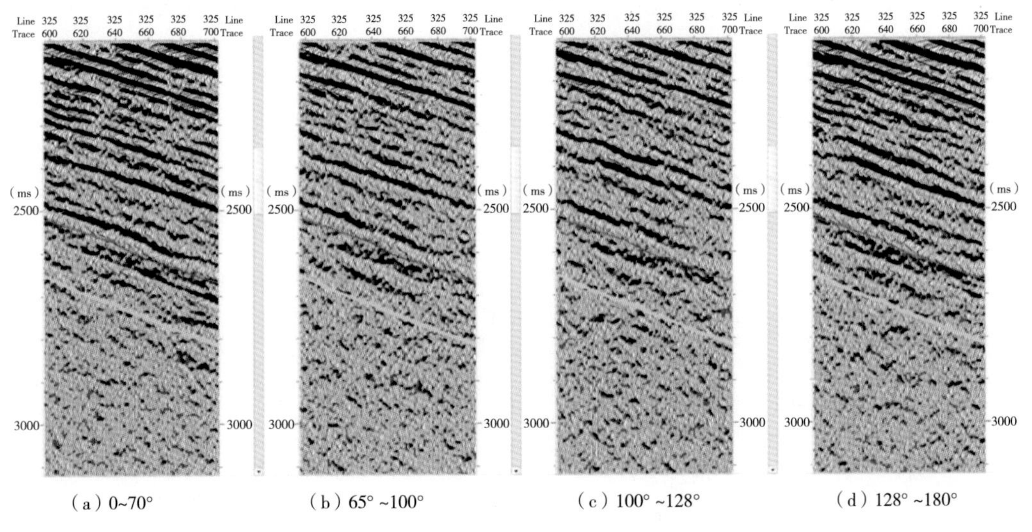

（a）0~70°　（b）65°~100°　（c）100°~128°　（d）128°~180°

图3-39　不同方位角叠加偏移剖面

图3-40是不同属性在同一方位角（65°~100°）时的处理剖面，可以看出构造形态正常，分辨率和信噪比都基本达到裂缝检测要求。

3）属性优选

在此基础上，进行了属性各向异性椭圆计算，共计算了近10种地震属性并对其预测精度进行了对比（图3-41）。图中曲线代表FMI解释的裂缝密度，红色属性代表地震预测裂缝发育有利区，蓝色属性代表裂缝相对不发育区，结果发现衰减起始频率的预测效果最好。其原理在于地震波的吸收衰减现象，它由岩石内部的固有黏弹性引起，包括岩石孔隙内液体的相对流动、岩石颗粒之间和裂缝表面的内摩擦损耗、局部饱和效应和几何漫射等。影响吸收衰减信息的因素包括岩石性质、岩石孔隙度和孔隙内流体成分。当岩层中发育裂缝时，裂缝对地震波的高频成分有很大的衰减作用。

将衰减起始频率计算的裂缝强度和方位与FMI解释裂缝密度和方位进行对比，图3-42（a）为预测单井裂缝强度与FMI解释裂缝密度对比，图3-42（b）为预测的JIN208断

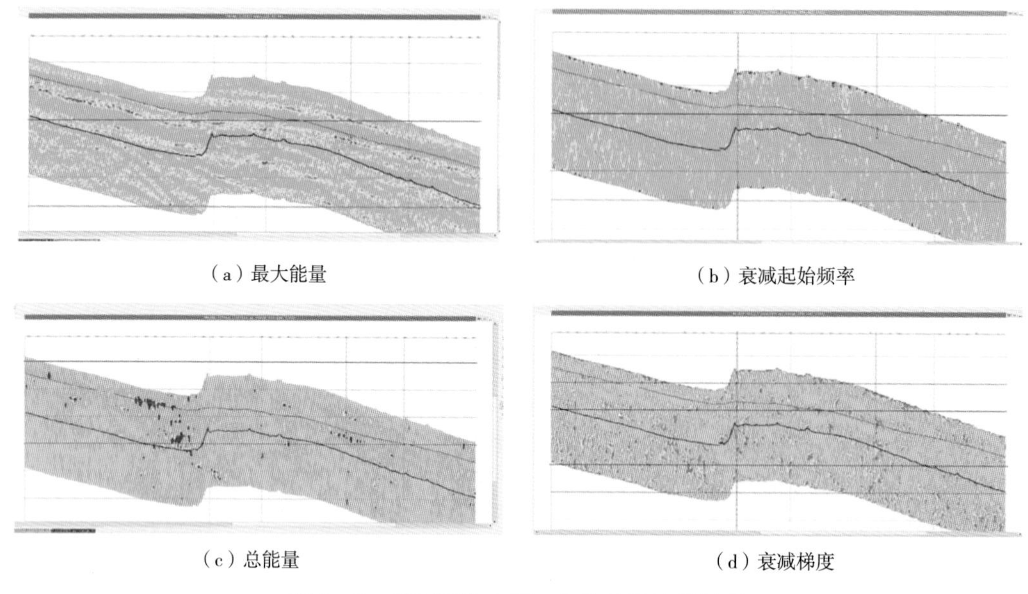

（a）最大能量　（b）衰减起始频率

（c）总能量　（d）衰减梯度

图 3-40　不同属性在同一方位时的处理剖面

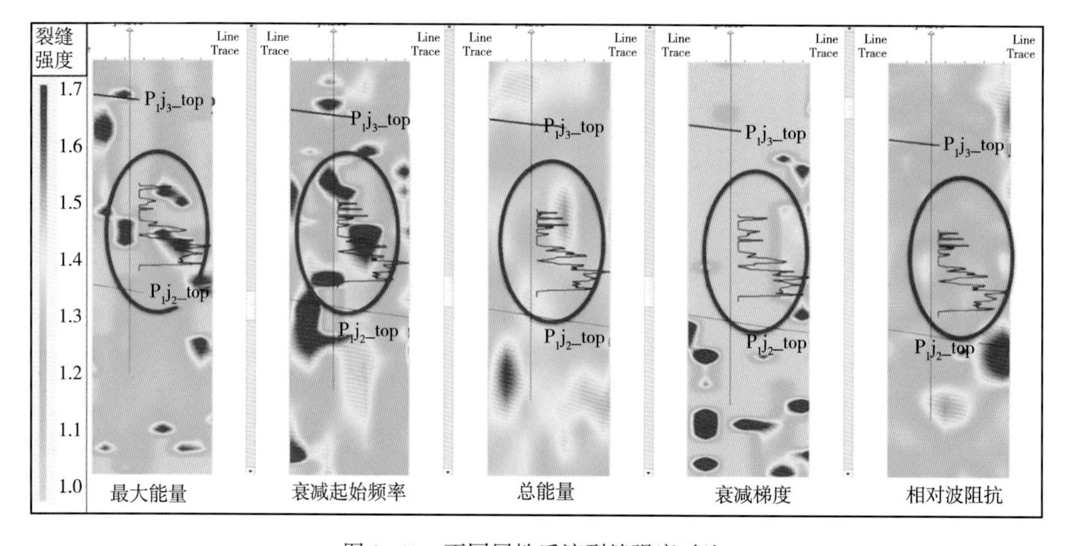

图 3-41　不同属性反演裂缝强度对比

块佳木河组第三期裂缝方位分布，可以看到 KE102 井、JL2010 井和 JIN208 井佳木河组的裂缝走向与方框内 FMI 解释的裂缝走向方向一致。经统计，本次运用叠前方位角各向异性法预测的裂缝强度和方位与 FMI 解释结果的单井符合率达 65%，由于受深层地震资料品质限制等影响，该精度较为合理，并且预测结果具有三维空间分布的优势，可以用于下一步裂缝模型的构建。

4）预测结果

通过叠前方位角各向异性预测的裂缝三维数据体实质上只是一种地震属性反演体，它与真实的裂缝密度和方位之间还存在一定的差异，因此需要对该数据体进行校正。采用以

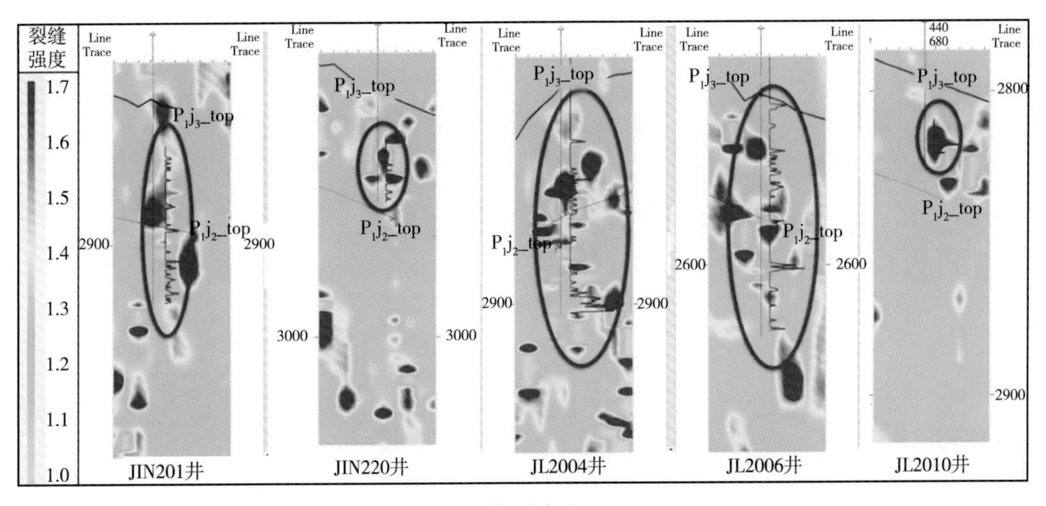

（a）裂缝强度对比

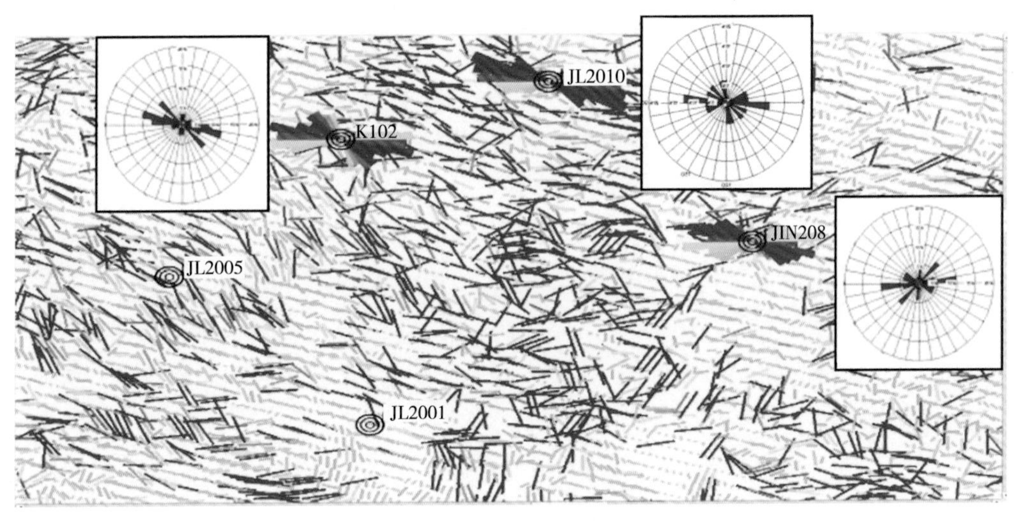

（b）裂缝方位对比

图 3-42 衰减起始频率反演裂缝强度和方位与 FMI 解释结果对比

井上 FMI 成像测井解释的裂缝密度曲线（FVDC）和方位作为基准，叠前方位角各向异性预测的裂缝数据体作为趋势约束的应变量，进行协同克里金插值，得到校正后的裂缝密度体和裂缝方位体（图 3-43）。

图 3-44 为校正后的裂缝密度数据体与 FVDC 曲线的相关性分析，可以看到二者单位数量级一致，且具有较好的正相关性，相关系数达 0.6。

在此基础上，得到了研究区佳木河组裂缝分布三维数据体。结合前期相干体和曲率分析结果，对全区不同期次的裂缝预测效果进行综合对比分析（图 3-45）：(1) 受中拐凸起东斜坡带东部潜山带整体抬升影响，全区佳木河组裂缝较为发育；(2) 研究区属于北高南低、北陡南缓的构造格局，北部地区构造主曲率相对较大，导致其裂缝较南部更为发育；(3) JIN208 断块及其以南地区处于构造枢纽位置，曲率最大且裂缝最为发育；(4) 距离佳木河组顶部风化不整合面越远的层位裂缝强度越弱，说明风化淋滤作用对该区火山岩裂

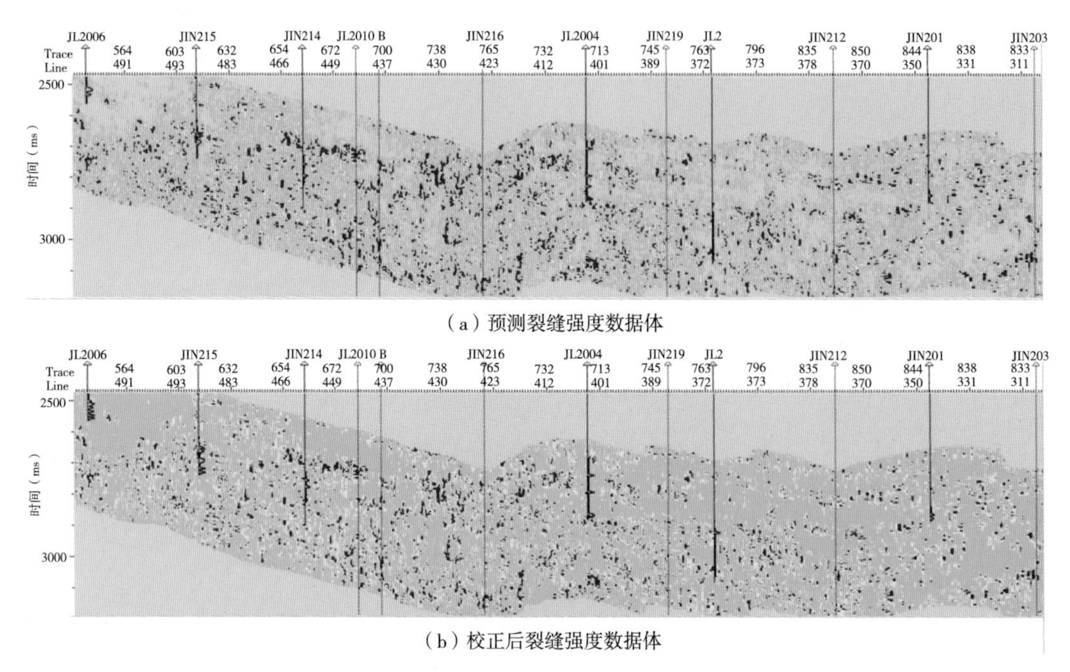

（a）预测裂缝强度数据体

（b）校正后裂缝强度数据体

图 3-43 裂缝数据体的校正

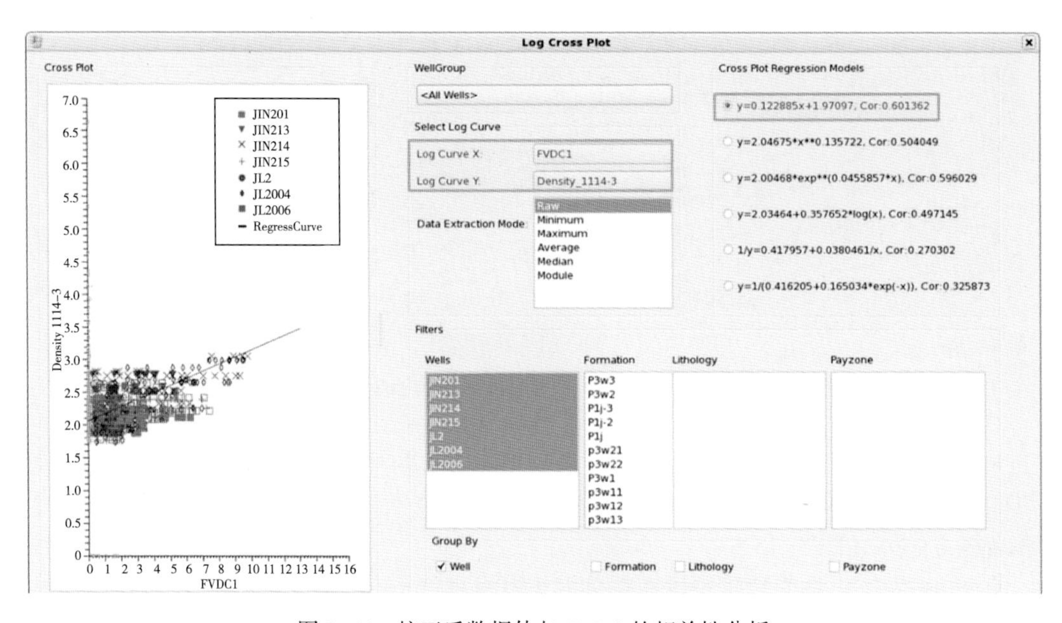

图 3-44 校正后数据体与 FVDC 的相关性分析

缝的形成有亦有贡献。

2. 构造应力场分析

构造运动使岩体产生裂缝，这些构造缝不仅将独立存在的原生孔隙互相连通，还增大了火山岩的储集空间，改善了火山岩储层的储集物性。因此，构造缝的预测是火山岩裂缝预测中的一项重要内容。

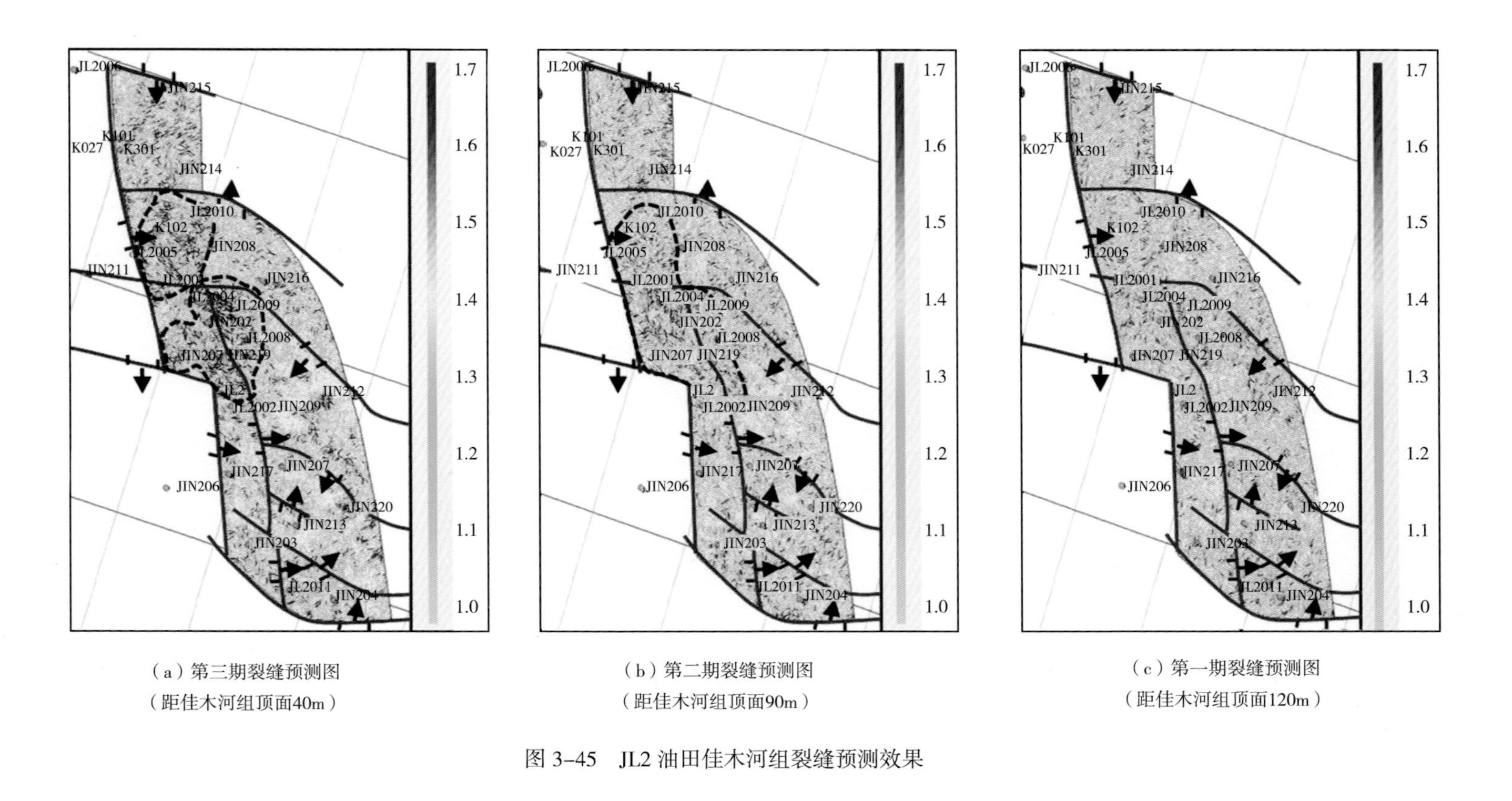

（a）第三期裂缝预测图
（距佳木河组顶面40m）

（b）第二期裂缝预测图
（距佳木河组顶面90m）

（c）第一期裂缝预测图
（距佳木河组顶面120m）

图 3-45　JL2 油田佳木河组裂缝预测效果

构造正反演裂缝预测是一种地质成因法。在假设地层为变形前后体积和面积不变的理想模型前提下，首先通过对地层的构造发育历史进行反演，得出可靠的三维地质模型；然后再根据正演来计算每期构造运动对地层产生的应变量。以此应变量为主控因素，对裂缝发育的相对富集带及主要发育方向进行预测。

松辽盆地东部地区火山岩储层裂缝预测采用该方法（吴满等，2010）。应用非运动学算法，以主断裂上下盘作为 2 个地块，进行主断裂关闭与开启的反演恢复与正演模拟，预测松辽盆地东部地区火山岩储层裂缝的密度、方位与开启性此三项特征参数，预测营城组顶面裂缝的分布（图 3-46）。对比分析上述三个参数发现，密度参数特征表现为总体上数值较大、平面上呈不均一状分布，裂缝按走向方位可分为 3 组：近东西向、近南北向、北东向和北西向；开启性参数表现为数值普遍大于 0.5，在 0.5 与 0.999 两点附近呈双峰态分布。开启性参数预测结果与已知井的吻合程度在 85%以上，这表明该参数对预测火山岩有效储层最为直接有效。

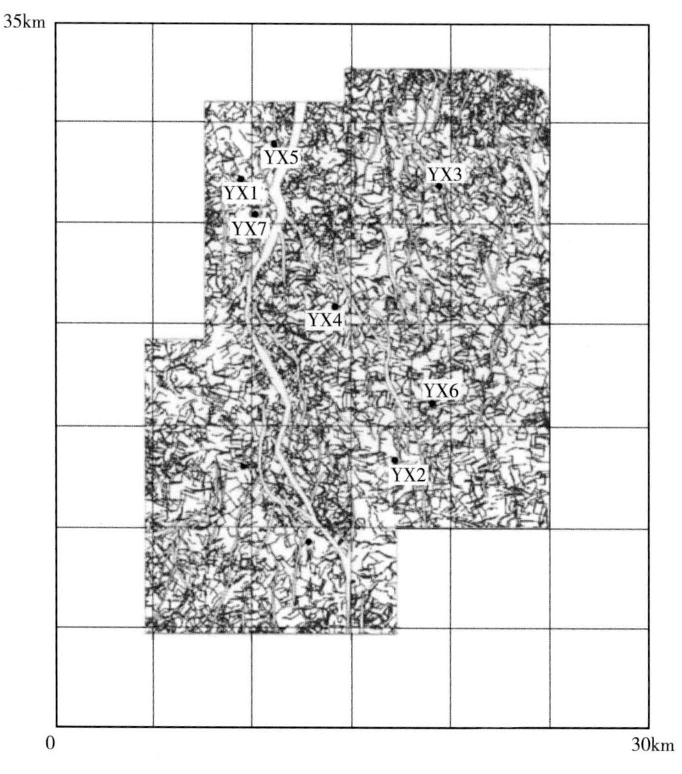

图 3-46　营城组顶面预测裂缝分布（据吴满等，2010）

由于构造应力场分析方法是基于构造应力场理论对裂缝进行预测，因此，该方法仅能预测构造成因大尺度裂缝的分布。

3. 叠后多属性分析

目前，可以从地震数据体中提取振幅类、瞬时类、频谱类等近百种属性，国内外的学者对地震属性有不同的分类，与裂缝发育相关性较好的地震属性有相干、倾角、方位角、曲率、蚂蚁体、弧长、瞬时频率、均方根振幅、反射强度、道微分、吸收衰减等。

利用多种叠后地震属性，对车排子地区火山岩进行了裂缝预测，包括相干、曲率、方差和蚂蚁体（图 3-47 至图 3-50）。

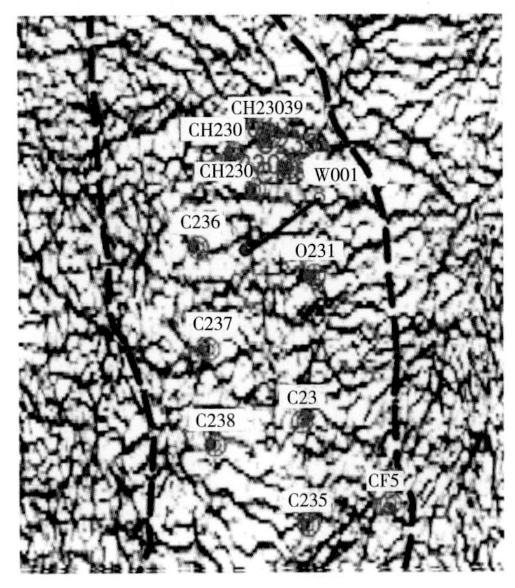

图 3-47　蚂蚁追踪预测裂缝

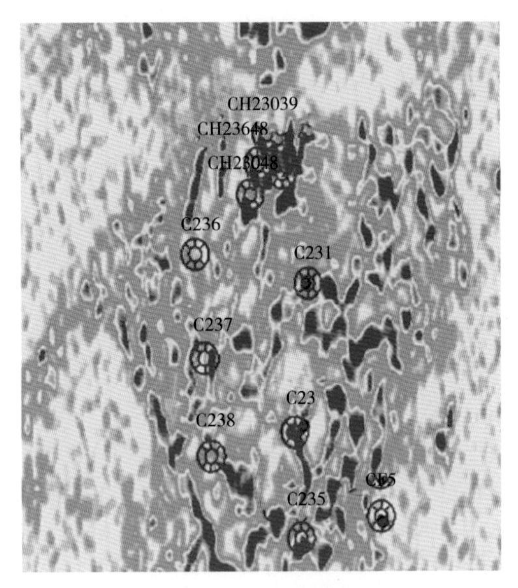

图 3-48　方差预测裂缝

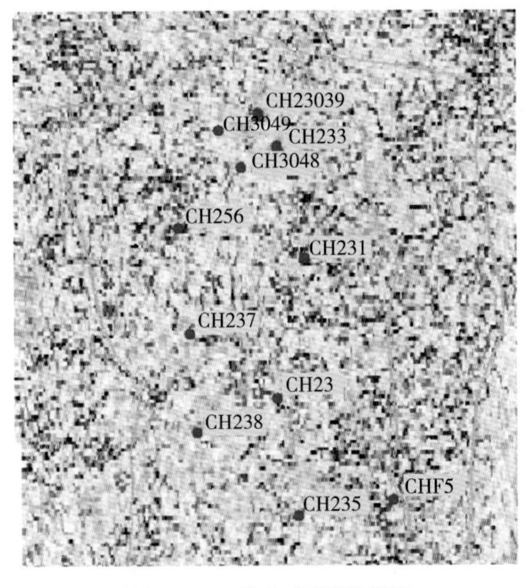

图 3-49　体曲率预测裂缝

图 3-50　相干属性预测裂缝

蚂蚁体属性是基于蚂蚁算法的蚂蚁追踪技术，能自动分析、识别断裂系统，其原理是在地震数据体中散播大量“蚂蚁”，当“蚂蚁”发现满足预设条件的断裂痕迹时，将追踪断裂痕迹并留下信息素，并利用信息素吸引其他相似“蚂蚁”跟进，直到完成断裂的识别，而其他不满足条件的断裂痕迹将不会被识别。利用蚂蚁追踪技术进行裂缝系统解释，将获得一个低噪音、具有清晰断痕迹的蚂蚁体（汪勇等，2014）。

曲率是反映某一线、面弯曲程度的数学参数，定义为曲线上某点的角度与弧长变化率之比。地震曲率属性对应地震反射体的弯曲程度，对于包括地层褶皱、弯曲、断裂、裂缝等构造特征反应敏感。最大正曲率和最小负曲率是在诸多曲率属性之中对裂缝识别最有价值的两种。三维体曲率属性则主要通过计算地震数据体中任意点及其周边道和采样点的视倾角值后获得空间方位信息，再拟合出趋势面方程，从而得到该点的曲率属性。通过体曲率按照所解释的层位、深度或时间可得到所需的切片信息，由此可以获得相对准确的地质构造信息，进行精细地质解释。

相干体分析是20世纪90年代发展起来的地震资料处理方法，是指根据反映相邻地震道波形相似性的数据体，按照“去同存异”的原则提取变异信息，进行地质解释。

相干体的计算主要根据地震数据体的道数、倾角和时窗，用以下公式计算：

$$R(t,\ \varphi_{\max}) = \frac{\sum_{L=t-N/2}^{L=t+N/2} T_{\mathrm{L}} T'_{\mathrm{L}+\varphi}}{\sum_{L=t-N/2}^{L=t+N/2} T_{\mathrm{L}}^{2} T'^{2}_{\mathrm{L}+\varphi_{\max}}}$$

式中 R——相干系数；

T'、T——地震道数据对；

t——时间；

φ——倾角。

相干时窗一般由地震剖面上反射波视周期 t 决定，通常取 $t/2\sim3t/2$。参与计算的相干道数越多，平均效应越大，多道相干体主要用于识别大断裂，少道相干体主要用于识别小断层及裂缝带。被断层面切开的小范围内相邻地震道间存在相关性的突变，低相关值的断层轮廓可以通过对一系列时间切片重复计算每个网格点上的相关值得到。相干数据体对断层的分辨率要远高于常规振幅数据体。

利用相干体进行裂缝分析时，需注意适用条件：当裂缝与断层发育程度密切时，可利用相干体预测的断层分布大致圈定裂缝发育有利区；但当裂缝主要受岩性、岩相控制时，需要寻找有利的岩相带，进行间接预测。

三、应用实例

1. 裂缝类型

JL2井区火山岩储层裂缝按成因可划分成岩缝、构造缝及溶蚀缝三类（表3-10），其中成岩缝又可进一步划分为冷凝收缩缝、角砾粒间缝、层间缝和溶蚀缝；按裂缝倾角大小，可划分为水平缝、低角度缝、高角度缝和垂直缝；综合岩心、薄片及FMI成像资料分析，该区佳木河组火山岩储层主要发育高角度构造缝（图3-52）。

表3-10 JL2井区 P_1j 火山岩裂缝分类表

分类依据	裂缝类型		佳木河组发育情况
成因	成岩缝	冷凝收缩缝	局部发育，面孔率0.01%~0.2%之间
		角砾粒间缝	局部发育
		层间缝	局部发育
	溶蚀缝		较发育，分布不均匀
	构造缝		全区发育，是本区主要裂缝类型

续表

分类依据	裂缝类型	佳木河组发育情况
产状	水平缝（倾角≤15°）	局部发育
	低角度缝（15°<倾角≤45°）	局部发育
	高角度缝（45°<倾角≤75°）	全区发育，是本区主要裂缝类型
	垂直缝（75°<倾角≤90°）	较发育

2. 裂缝产状

通过JL2井区岩心、FMI测井资料分析，佳木河组第三期火山岩储层裂缝宽度主要分布在0.01~0.19mm之间，即以小—微缝为主，中缝、大缝较少；裂缝密度在0.02~6.93条/m之间；裂缝倾角普遍大于45°，以高角度缝为主（表3-11），裂缝走向以近东西向为主（图3-51）。

表3-11 佳木河组第三期火山岩储层裂缝参数成像测井解释结果

井号	分布	裂缝密度（条/m）	裂缝长度（m）	裂缝宽度（mm）	裂缝孔隙度（%）	裂缝倾角（°）
J213	范围	2.22~4.54	0.55~3.18	0.02~0.05	0.01~0.13	20~70
	平均	3.02	1.71	0.04	0.07	56（峰值）
J201	范围	0.2~4.67	0.43~4.47	0.01~0.1	0.01~0.03	20~60
	平均	1.87	2.26	0.06	0.01	45（峰值）
JL2004	范围	0.14~6.93	0.12~4.47	0.02~0.2	0.01~0.41	50~90
	平均	2.36	1.48	0.09	0.15	65（峰值）
JL2010	范围	0.89~1.62	0.84~1.68	0.01~0.02	0.008~0.025	40~85
	平均	1.47	1.47	0.01	0.02	65（峰值）
J215	范围	0.02~5.09	0.49~2.59	0.04~0.19	0.018~0.227	30~80
	平均	2.3	1.51	0.09	0.13	58（峰值）

3. 裂缝分布

纵向上，JL2井区佳木河组火山岩第一期、第二期和第三期裂缝发育密度分别为0.05~3.6条/m、0.04~3.7条/m和0.02~6.9条/m，其中佳木河组第三期裂缝相对发育，测井解释佳木河组第一期、佳木河组第二期和佳木河组第三期裂缝厚度平均值分别为15.3m、18.0m和26.5m，其中佳木河组第三期火山岩裂缝发育厚度较大（表3-12）。

根据地震资料叠前反演预测裂缝，总体上，主力油层佳木河组第三期，火山岩裂缝沿断裂发育程度好，以J207井—J219井—JL2008井一线以北的区域裂缝较发育，其中在J208井、J214井断块裂缝最发育，以南裂缝发育程度相对较弱，但局部的J220井、J201井附近裂缝较发育（图3-52）。

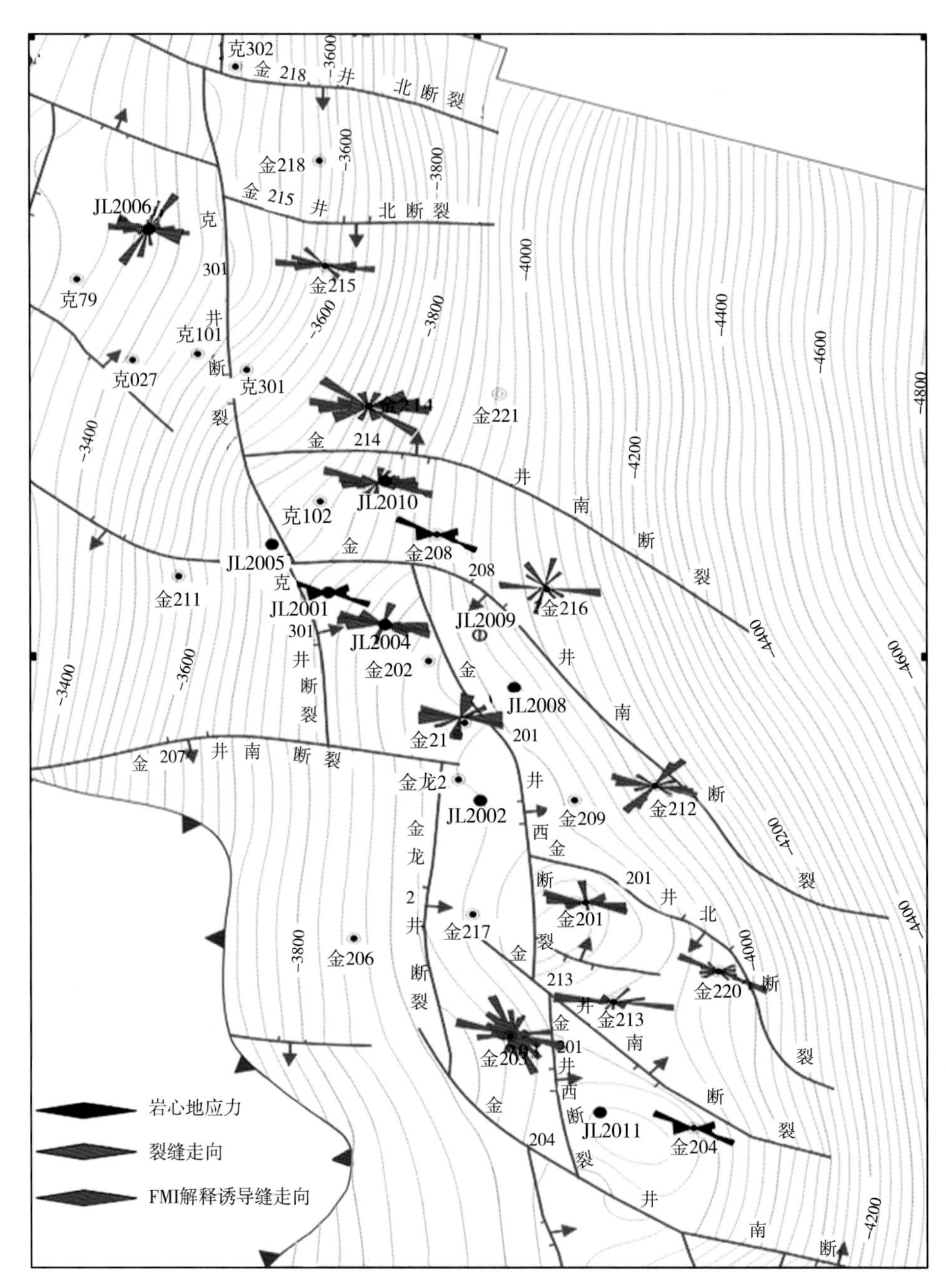

图 3-51 佳木河组火山岩裂缝走向

表 3-12 佳木河组各期次裂缝发育特征统计表

期次	岩性	裂缝密度（条/m）	平均裂缝厚度（m）
佳木河组第三期	熔结角砾岩、安山岩、玄武岩、火山角砾岩	0. 02~6. 9	26. 5
佳木河组第二期	流纹岩、熔结角砾岩、英安岩	0. 05~3. 6	18. 0
佳木河组第一期	英安岩、熔结角砾岩、安山岩、火山角砾岩	0. 04~3. 7	15. 3

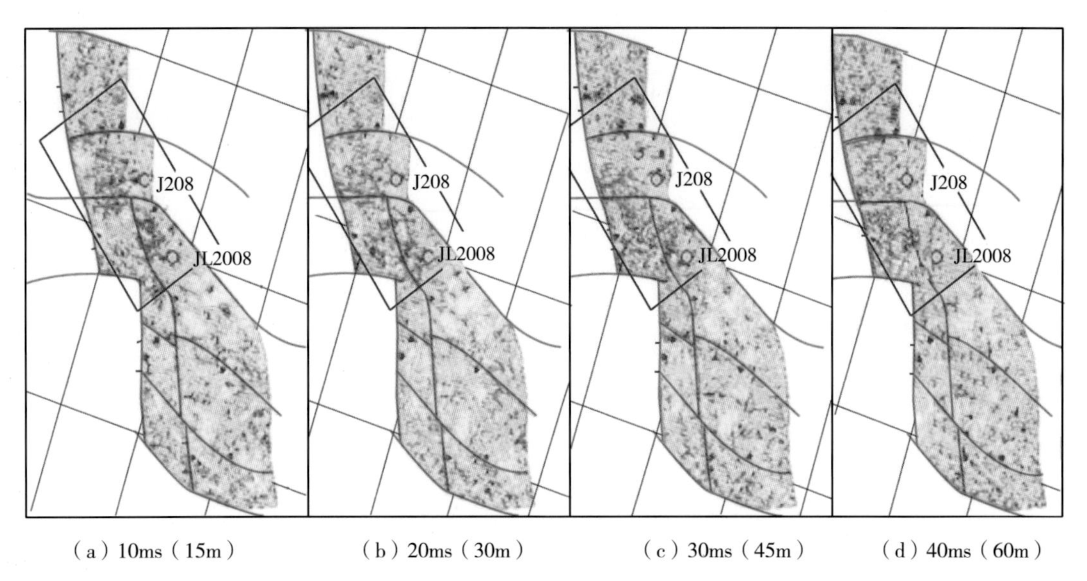

（a）10ms（15m）　（b）20ms（30m）　（c）30ms（45m）　（d）40ms（60m）

图 3-52 JL2 佳木河组裂缝叠前地震预测平面图

第三节 火山岩储集空间类型及成因

火山岩储集空间的形成受多种因素影响和控制。火山岩本身具有原生的微裂隙及各种原生孔隙，在漫长的地质演变过程中，可能会经历多次构造运动的改造及长时期的风化淋滤作用和溶蚀作用，导致火山岩形成孔、洞、缝等各种储集空间。火山岩储层多为裂缝、孔隙双重介质的储层，从微观到宏观都表现出严重的非均质性，孔、洞、缝交织在一起，储层性能具有较大的差异性和突变型。裂缝通常是渗流的重要通道，基质孔隙是主要的储集空间。

一、储集空间类型及特征

火山岩储集空间类型多样，前人对火山岩储层的储集空间分类方案有很多种，因研究目标和程度的不同，分类的侧重点也有一定的差异。

赵澄林等把火山岩储集空间类型划分为孔隙和裂缝；任作伟等把储集空间划分为原生和次生两种；刘为付（2005）等进一步将火山岩储集空间详细划分为孔隙和裂缝两大类、十五个小类。

2008 年，王璞珺针对火山岩储层储集空间的具体特点，将火山岩储集空间进行了更为细致的划分，首先根据成因，将储集空间划为原生孔隙、次生孔隙和裂缝；然后依据结构特征，进一步划分为 13 个小类（表 3-13）。

表 3-13 火山岩储集空间类型及其特征（据王璞珺等，2008）

成因类型	孔隙类型	成因	特征	分布
原生孔隙	原生气孔	含有大量气液包裹体的火山物质喷出地表时在流动单元的上部遗留下来的后期未充填物质的气孔	气孔的形态有圆形、椭圆形、线状及不规则形态，大小不等，分布均匀；部分为不连通的独立孔	流纹岩、玄武岩中多见
	石泡空腔孔	含有大量气液包裹体的火山物质喷出地表时，在流动单元的上部遗留下来的大气孔；其中充填的热液物质冷凝收缩沿孔壁产生的缝隙	比一般气孔大，直径在 4～6cm，以圆形、椭圆形为主，分布密度大；主要为冷凝收缩沿孔壁产生的缝隙，连通性好	流纹岩中多见
	杏仁体内孔	矿物充填气孔未充填满形成的杏仁体内矿物之间的孔隙	其形态多为长形、多边形或围边棱角状不规则形状；主要为晶间孔，连通性较好	流纹岩中多见
	颗粒/晶粒间孔隙	火山碎屑颗粒间经成岩压实和重结晶作用后残余的孔隙	形态不规则，通常沿碎屑边缘分布，主要为晶间孔和残余的孔隙，连通性较好	火山碎屑岩中多见
	基质收缩裂隙	岩浆喷发时，由于基质近于等体积条件下的快速冷却形成	晶面不规则状，局部呈环带状，主要为晶内裂缝孔和基质收缩裂缝，连通性好	见于各种火山熔岩
	矿物炸裂纹和解理缝隙	碎斑/聚斑结构矿物斑晶间爆裂和裂缝	晶面不规则状或似解理状，主要为基质收缩裂缝，连通性好	各种含斑晶的火山岩
次生孔隙	晶内溶蚀孔	斑状火成岩中，斑晶被溶蚀产生的孔隙	其孔隙形态不规则，如完全溶蚀矿物，则保留原晶体假象；主要为晶内孔，连通性较好	流纹岩、安山岩、玄武岩中常见
	基质内溶蚀孔	基质中的玻璃质脱玻化或微晶长石被溶蚀	细小的筛孔状，主要为溶蚀孔，具有一定的相互连通性	流纹岩中沿流纹构造发育
	断层角砾岩中角砾间孔	构造裂隙充填的断层角砾之间以点接触为主	随断层角砾不规则状，主要为粒间孔，连通性好，配位数高	火山通道相带中常见
裂缝	原生收缩缝隙	岩浆喷发时快速冷却，基质内部应力差异导致不均一收缩	柱状节理、板状节理、球状节理，主要为节理裂缝孔和基质收缩孔，连通性好，是很好的油气运移通道	流纹岩、珍珠岩、安山岩、玄武岩中常见
	构造裂缝	火山岩成岩后受构造应力作用产生的裂缝	有的早期裂缝已被充填，晚期未被充填，有横向、纵向、也有交错的，有的横切连通气孔和基质溶蚀孔等；主要为构造节理裂缝孔，连通性好，是很好的油气运移通道	流纹岩、安山岩中常见
	充填残余构造缝隙	构造裂隙被后期热液不完全充填	不规则形状的构造节理裂缝孔，连通性好	火山岩构造带
	充填—溶蚀构造缝隙	被充填的构造缝隙，后经溶蚀重新开启成为有效储集空间	保留原裂隙形态，溶蚀构造缝隙，连通性较好	流纹岩、安山岩、玄武岩中常见

综合王璞珺等学者的火山岩储集空间划分方案，在对新疆 JL2 井区岩心的宏观观察和常规薄片、铸体薄片等室内镜下观察的基础上，将其储集空间主要分为原生孔隙、次生孔隙和裂缝三类（表 3-14）。其中原生孔隙主要为气孔、杏仁体内孔、晶内孔和基质内孔，气孔、杏仁体内孔主要发育在熔岩流顶部的熔结角砾岩、火山角砾岩及熔岩类，占样品总孔隙的 37%，是本区的主要孔隙类型；晶内孔常见于火山碎屑熔岩中杏仁体内沸石晶内孔，分布较少；次生孔隙有溶蚀孔和晶间微孔，其中溶蚀孔主要为杏仁体内溶孔，占样品总孔隙的 42%，是本区佳木河组主要孔隙类型。结合该地区火山岩储层，总结分析了各类火山岩储层空间的特征与成因。

表 3-14 JL2 井区二叠系佳木河组火山岩储集空间类型与成因

储集空间类型		成 因
裂缝	构造缝	构造应力作用
	溶蚀缝	风化淋滤溶蚀
	冷凝收缩隙	冷缩差异运动
次生孔	晶间微孔	受黏土矿化、重结晶作用及溶蚀作用形成的微小孔隙
	溶蚀孔	受热液作用，溶蚀溶解形成的孔隙
原生孔	气孔	气体膨胀冷缩
	杏仁体内孔	矿物充填气孔未充填满形成的杏仁体内剩余孔隙
	晶间孔、基质孔	火山碎屑颗粒间经成岩压实作用形成的剩余孔隙

1. 原生孔隙

主要形成于岩浆结晶冷凝固结成岩阶段，对于火山碎屑而言，除了形成于火山岩屑的冷凝作用外，还形成于火山碎屑的堆积压固阶段。主要孔隙类型有原生气孔、斑晶、微晶或玻晶晶内孔、杏仁体内孔。

1）气孔

气孔指岩浆内的挥发组分在冷凝、固结过程集中之后再逸散出去而留下的空间，气孔的形状有圆形、椭圆形、葫芦形及不规则形态，大小不均一，数量也不同。气孔是火山岩极为重要的储集空间［图 3-55（a）、（b）、（d）］。JL2 井区内熔结角砾岩、火山角砾岩及熔岩类皆有发育，占到样品总孔隙的 37%（图 3-54）。此类气孔大多被浊沸石、绿泥石等充填或半充填。

2）杏仁体内孔

杏仁体内孔为次生矿物充填气孔后留下的剩余气孔或充填物晶间空间，杏仁体内的残余孔与气孔一样，是火山熔岩类储层的重要储集空间［图 3-55（c）］。充填物为绿泥石矿物，各类沸石如浊沸石和片沸石等矿物，少量的硅质、方解石和沥青充填物。熔岩类杏仁体多为浊沸石，其次绿泥石、方解石。此类孔隙是 JL2 井区熔结角砾岩、火山角砾岩及熔岩类的主要孔隙类型之一（图 3-53）。

3）晶内孔、基质孔

晶内孔、基质孔包括斑晶、基质和杏仁内沸石充填物晶内孔（图 3-55d）。在岩浆冷凝过程中或冷凝期后，由于矿物结晶、析出，在晶体间产生的孔隙为晶间孔。斑晶、基质晶体间的孔隙一般呈微孔形式存在，对储层性质的贡献较小（图 3-54），常见的是杏仁体内沸石晶内孔。

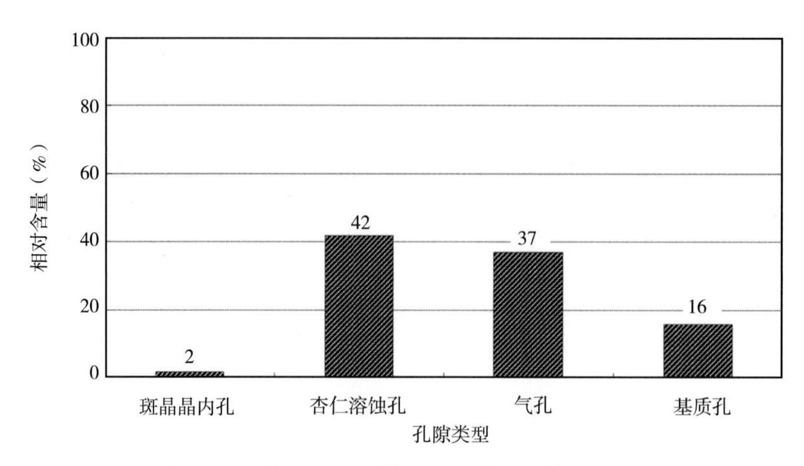

图 3-53　JL2 井区二叠系佳木河组火山岩储层孔隙类型

2. 次生孔隙

JL2 井区次生孔隙主要为杏仁体内溶孔（图 3-54），其次是斑晶和基质（微晶或玻璃质）溶孔，而火山碎屑岩的粒间溶孔少见。

1）杏仁体溶蚀孔

在各种火山熔岩的气孔中，充填的玻璃质、方解石、绿泥石、沸石和硅质物，后经地表水淋滤或地下水溶蚀，其杏仁体内的充填物质被溶蚀后而形成溶蚀孔隙。

2）基质间溶孔

具有微晶或玻璃质结构的火山岩，其基质中的微晶和玻璃质溶解所产生的次生孔隙和细小的孔洞，被称为基质间溶孔。

3）基质内溶孔

基质内溶孔泛指熔岩基质部分、火山碎屑岩中粗碎屑间的细粒碎屑及火山碎屑间熔岩质部分的易溶组分被溶蚀形成的孔隙。

溶蚀孔隙往往与各类裂隙伴生，即沿裂隙带发育，而远离裂隙逐渐减弱甚至消失；溶蚀孔隙往往发育于沉火山碎屑岩之下的杏仁状熔岩，远离沉火山碎屑岩，溶蚀孔隙发育减弱。

3. 裂缝

裂缝是火山岩储层重要的储集空间和流体渗流通道。对于裂缝分类，前人已经提出多种分类方式，如根据裂缝角度大小分为高角度和低角度裂缝、根据应力成因分为张裂缝和剪裂缝等。

1）构造缝

JL2 井区裂缝类型主要为构造缝（图 3-55）。该区的构造缝主要以高角度缝、网状缝及斜交缝为主，岩心观察，其倾角多以大于 60°的高角度直辟缝为主，裂缝长约几厘米至几十厘米不等，在各种火山岩岩性中均有发育，但相对而言，熔岩类和火山角砾岩类的裂缝较为发育。流纹岩、安山岩等熔岩裂缝常以高角度、网状缝出现，英安岩多发育斜交缝。岩心观察，高角度构造裂缝往往被绿泥石、沸石类、硅质及方解石充填，少量半充填；低角度构造缝或网状构缝多以半充填为主，有时伴随有溶蚀作用，成为油气运移的通

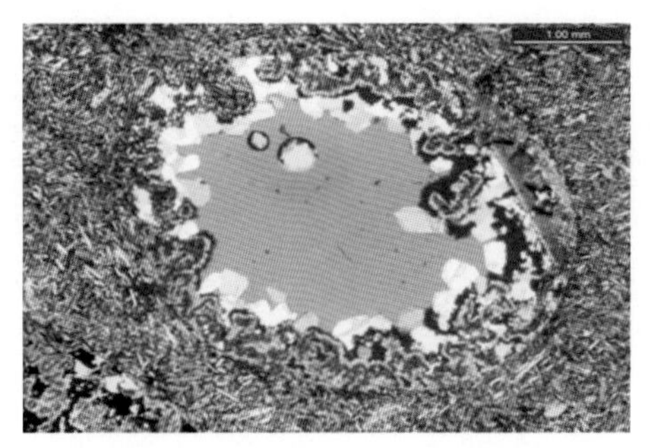

（a）J201井，4166.22m，P_1j，熔结角砾岩
绿泥石、硅质充填气孔
孔隙度:11.8%，渗透率:4.5mD，×12.5

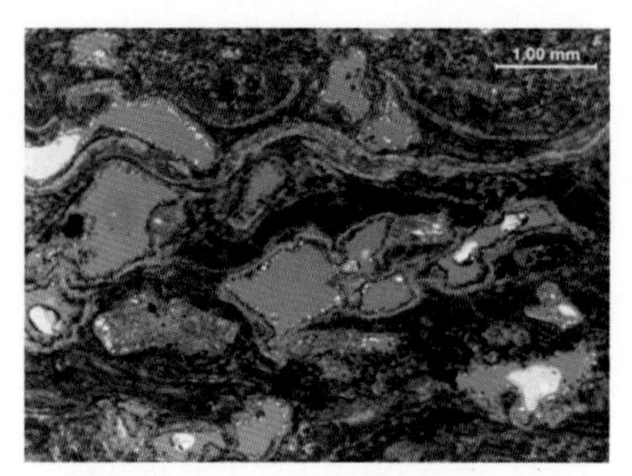

（b）J204井，4329.8m，气孔状熔结角砾岩，见气孔和长石斑晶

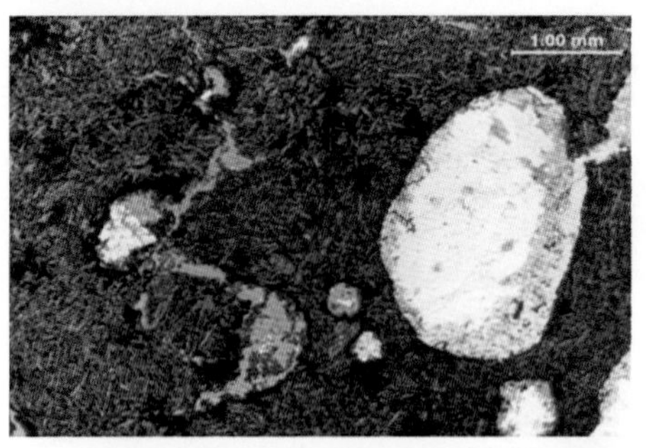

（c）J201井，4165.52m，火山角砾岩，冷凝收缩缝发育且连通气孔，见方解石沿浊沸石杏仁边缘交代

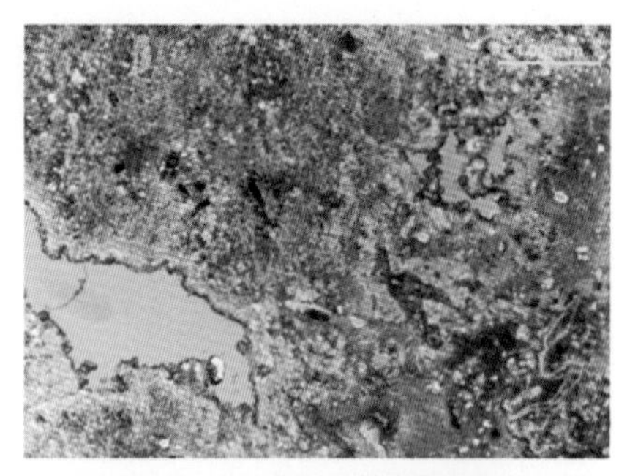

（d）J208井，4240.06m，熔结角砾岩，长石斑晶和玻基蚀变强烈，见气孔和基质溶孔

（e）J214井，4124.55m，熔结角砾岩，微裂缝

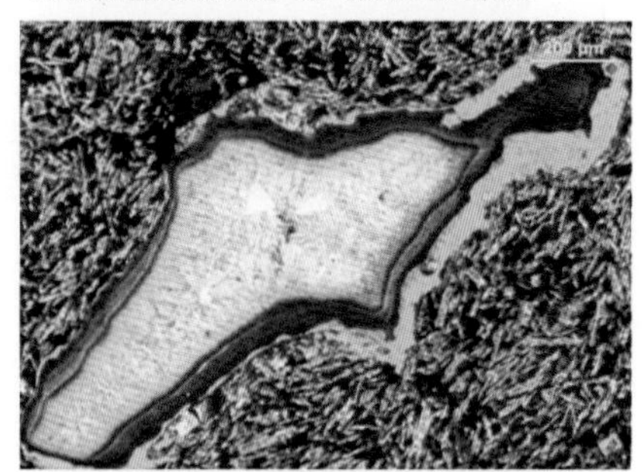

（f）J201井，4133.05m，熔结角砾岩
绿泥石杏仁边缘收缩孔

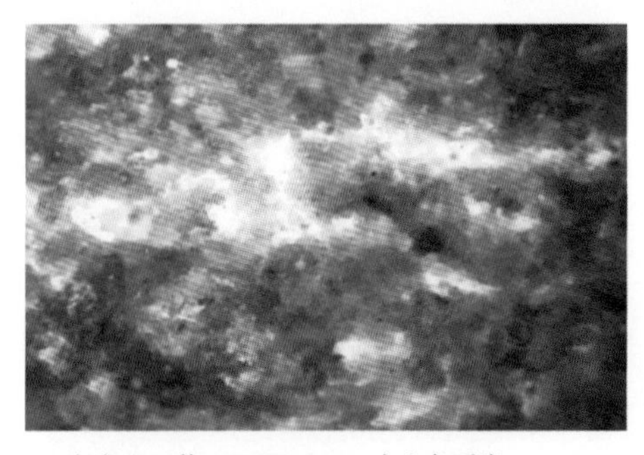

（g）J213井，42093.36m，火山角砾岩
岩石局部具荧光显示，×10

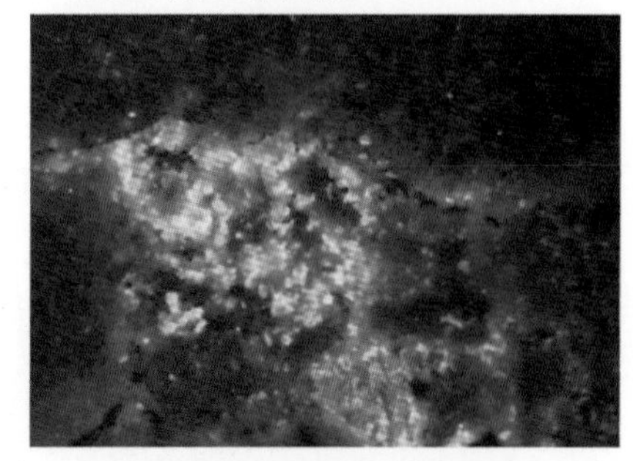

（h）J214井，424.0m，熔结角砾岩，
岩石局部具荧光显示，×10

图 3-54 JL2 井区二叠系佳木河火山岩典型原生孔、缝典型显微照片

道或有效的裂隙型储集空间。构造裂缝的发育程度与构造应力大小、离断裂的远近有关。靠近断裂带附近，由于构造应力较强，裂缝发育规模大、裂缝延伸距离远；而远离断裂带，裂缝发育规模小，裂缝延伸的距离小。

2）溶蚀缝

主要包括早期形成的一些原生缝，如流纹岩沿流动纹层形成的一些充填缝，构造充填缝在火山岩成岩后期发生溶蚀所形成的溶蚀缝。沿流动纹层发育的溶蚀缝在 J213 井下部取心的灰白色流纹岩中较发育（图 3-55），这类裂缝多沿流动纹层的层理面分布，大多呈低角度缝，延伸长度几厘米至几十厘米不等（图 3-55）。JL 井区除构造缝较为发育外，次要裂缝则主要是溶蚀缝和冷凝收缩缝。

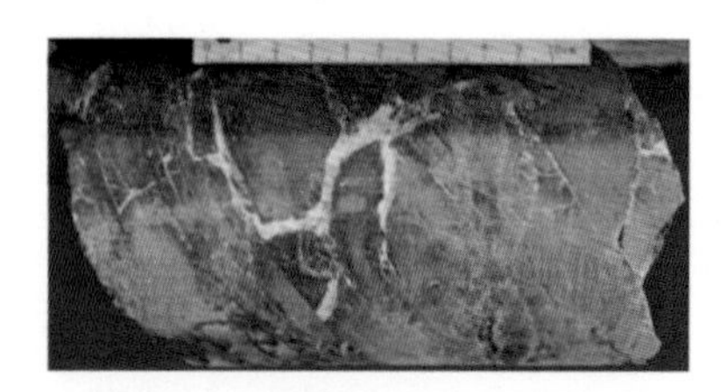

（a）J214井，4102.27~4102.41m，灰色熔结角岩 发育宽1~5mm，钙质充填、半充填缝

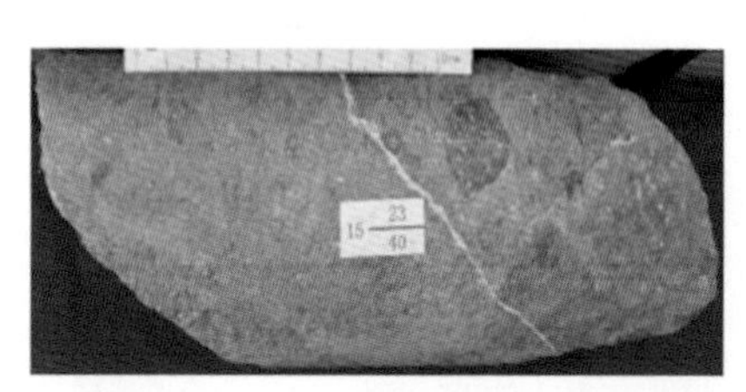

（b）J214井，4113.51~4113.70m，棕色熔结角砾岩，钙质充填裂缝

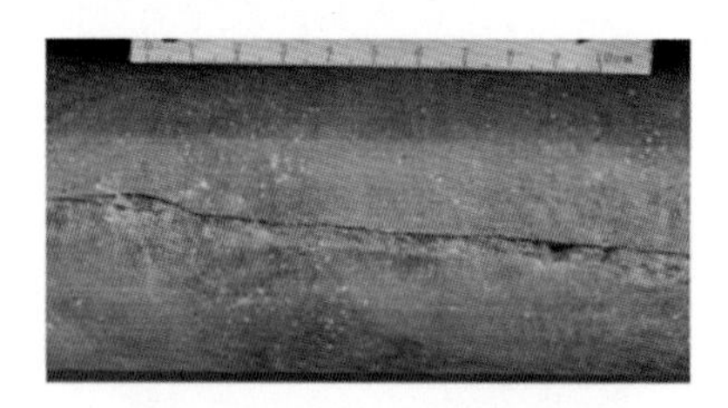

（c）J214井，4110.35~4110.47m，深灰色熔结角砾岩，半充填直劈缝

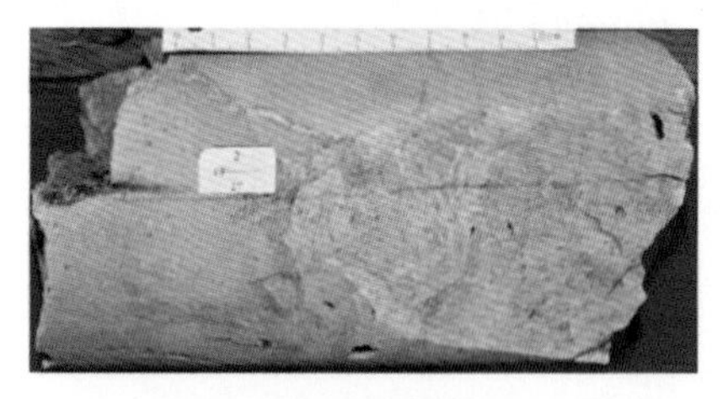

（d）J213井，4284.48~4284.62m，灰白色流纹岩，纹层发育裂缝、气孔

（e）J213井，4218.15~4218.85m，灰色英安岩，高角度裂缝、低角度缝、岩石破碎

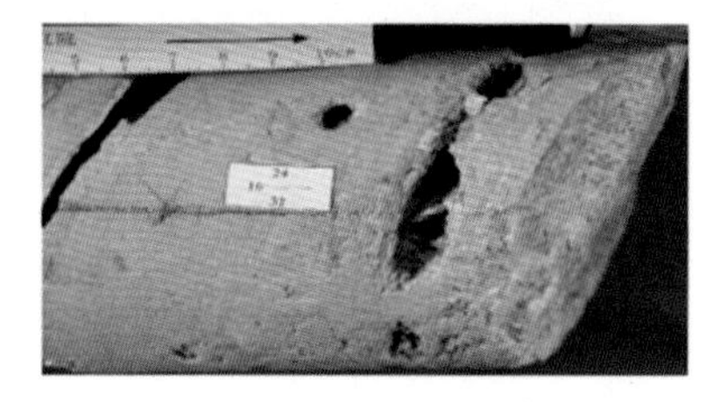

（f）J213井，4272.72~4272.90m，灰白色流纹岩，溶蚀裂缝

（g）J213井，4253.59~4253.74m，灰白色流纹岩，溶蚀裂缝

图 3-55　JL2 井区二叠系佳木河火山岩岩心裂缝类型

3）收缩孔缝、矿物解理

斑晶、火山玻璃质、杏仁体内的充填物（主要为绿泥石或绿泥石/蒙皂石混层）及熔浆在冷凝、结晶过程中收缩产生的孔隙或微缝（图 3-55），另外在火山碎屑岩中，由于粒间大量充填的火山尘或其他杂基收缩也可形成收缩缝，并构成火山碎屑岩的主要储集空间。此类孔隙在 JL2 井区火山岩相对优质储层中也较发育，且发育普遍，对岩性的选择性不高，但平均面孔率整体不高，一般在 0.01%~0.2%之间。

二、储层孔隙结构

储层的孔隙结构是指储集岩孔隙、喉道大小、分布及相互配置关系。对火山岩储层来说，反映孔隙结构最有效的手段是压汞分析，主要包括孔隙、喉道的大小、形态及孔隙组合。主要的指标有排驱压力、均值、中值压力、进汞饱和度、退汞效率、分选系数、歪度等。以 JL2 井区佳木河组火山岩为例，介绍火山岩储层孔隙结构特征。

1. 孔喉大小与分布

根据压汞资料分析（表 3-15），JL2 井区佳木河组火山岩储层以微细—细喉道为主，最大孔喉半径 0.3~4.7μm，平均值为 1.85μm；平均毛细管半径 0.1~2.9μm，平均值为 0.81μm；排驱压力 0.3~2.8 MPa，平均值为 1.141MPa；中值压力 4.1~17.9MPa，平均值为 10.6MPa；总体上，佳木河组储火山岩储层具有排驱压力较高、中值半径较小、分选中等—差、孔隙结构较差的特征。

表 3-15　JL2 井区 P_1j 火山岩压汞参数曲线表

井名	岩性	孔隙度（%）	渗透率（mD）	中值压力（MPa）	中值半径（μm）	排驱压力（MPa）	最大孔喉半径（μm）	退汞效率（%）	孔喉体积比（%）	平均毛细管半径（μm）	非饱和孔隙体积（%）	样品数（个）
J201	熔结角砾岩	13.1	5.0	7.3	0.1	0.3	3.0	34.2	2.4	0.8	32.7	8
J204	熔结角砾岩	8.8	1.7	9.9	0.0	0.4	2.0	28.3	2.6	0.5	45.0	4
	流纹岩	12.1	0.1	4.1	0.1	0.3	4.0	24.5	3.4	1.1	31.8	5
J208	熔结角砾岩	10.2	0.7	15.0	0.1	1.4	0.7	12.6	7.3	0.2	37.6	3
J213	流纹岩/熔结角砾岩	7.4	0.4	6.0	0.2	0.3	4.7	33.9	3.2	1.3	35.9	23
J214	熔结角砾岩/火山角砾岩	8.5	0.3	7.2	0.0	2.4	0.3	17.3	5.5	0.1	52.5	34
JL2001	角砾熔岩	7.1	0.5			1.8	0.4	12.7	7.0	0.1	71.2	5
JL2004	熔结角砾岩	10.2	8.4	17.9	0.0	0.6	1.3	18.7	4.5	0.3	49.3	3
K301	熔结角砾岩	13.3	0.1	17.3	4.4	2.8	0.3	17.7	5.7	2.9	45.9	4

2. 毛细管压力曲线特征

根据 JL2 井区二叠系火山岩储层压汞曲线，孔喉结构可分为 3 类：

（1）Ⅰ类：双峰正偏态细孔喉型：孔喉分布呈双峰且孔喉以细喉为主，孔喉半径 0.5~1μm，排驱压力小于 0.5MPa。主要分布于火山爆发相中的熔结角砾岩和火山角砾岩，渗透率大于 0. 5mD。

（2） Ⅱ类：单峰正偏态或微负偏态细—微孔喉型：孔喉分布呈单峰且偏微孔喉，孔喉半径一般在 0. 1~0. 5μm 之间，排驱压力小于 3MPa。此类储层主要分布于火山爆发相和喷溢相的火山角砾岩，渗透率在 0. 1~0. 5mD 之间。

（3） Ⅲ类：单峰负偏态微孔—极细微孔喉型：孔喉半径一般小于 0. 1μm，此类储层主要为喷溢相安山岩、玄武岩及火山沉积相，渗透性小于 0. 1mD。

第四章　火山岩有效储层特征及分类评价

火山岩有效储层发育受多方面因素的影响，包括岩性、岩相、储集空间和物性等。火山岩岩性复杂，非均质性强，有效储层识别及预测评价难度大。本章针对火山岩有效储层定量分类评价的难点，综合多尺度信息，系统总结了火山岩储层类型与特征，开展了有效储层定量分类评价方法的研究。

第一节　火山岩储层类型

火山岩储层按照储集空间类型的不同，可划分为孔隙型、裂缝孔隙型和裂缝型三类。

一、孔隙型火山岩储层

孔隙型火山岩储层其储集空间以孔隙为主。孔隙型储层既发育于中基性熔岩，又发育于酸性火山碎屑岩中。国内在滨南西部安山玄武岩油气藏、高青油田孔店组 1 期、2 期的气孔玄武岩油气藏、准噶尔盆地西北缘夏 72 井区流纹质熔结角砾凝灰岩油气藏等发育有孔隙型储层。

这类油气藏多半发育于火山溢流相中，中心式喷发和裂隙式喷发的火山岩均可发育，有效储层空间类型主要为岩浆岩形成初期岩浆中的挥发气体向上溢出、熔岩冷凝留下的原生气孔，分布于各期火山岩顶部。后期充填作用是储层发育重要的控制因素，高青油田孔店组气孔玄武岩主要为方解石充填，夏 72 井区熔结角砾凝灰岩主要为硅质充填，靠近火山口的火山岩气孔发育程度好，孔隙性较好；远离火山口的火山岩孔隙性差，但是构造运动强烈的地方，气孔充填程度高。

二、裂缝—孔隙型火山岩储层

裂缝—孔隙型储层在火山岩中较为发育，在这类储层中各种孔隙作为主要储集空间，孔隙之间主要由裂缝沟通，也有部分喉道连通，形成孔隙储、裂缝渗的储渗配置关系。这类储层一般发育在气孔流纹岩、凝灰岩和火山角砾岩中。

我国风化壳溶蚀型储层主要为裂缝—孔隙型，地表的熔岩（尤其是基性熔岩）受风化带表生作用的影响，易发生破碎、溶蚀等作用，形成裂缝、溶孔等储集空间。如准噶尔盆地西北缘石炭系火山岩储层、三塘湖盆地马朗坳陷、渤海湾盆地均有发育这类储层。

准噶尔盆地西北缘古 16 井区火山岩储层是由裂缝和基质孔隙组成的多重介质的储层，主要类型有低孔—裂缝型和孔隙—裂缝型两种，储层模式有裂缝直接连通的裂缝型、裂缝间接连通的孔隙—裂缝型。孔、洞、缝储层纵向分布于从顶部不整合面向下的 75 ~ 250m 井段内，不整合面下侧附近储层质量最好。火山岩储层裂缝非常发育，根据成像测井解释资料的统计，裂缝发育段厚度占整个火山岩厚度的 53%，超过一半以上；实际观察表明，裂缝发育段厚度比例大于53%。通过对测井资料的处理及综合分析，发现火山岩储层在纵向上主要分布在火山岩的中部（不整合面230m以内）。准噶尔盆地西北缘一区石炭系火山岩储层研究孔隙类型繁多，且多为与裂缝有关的次生孔隙。发育程度也不一样，尤以晶间溶孔和溶孔最为发育。孔隙组合有砾缘缝—晶间孔—砾间溶孔—晶间溶孔、微缝—晶间孔—晶间溶孔—溶孔、裂缝—晶间溶孔—交代残余孔—晶间孔、气孔—晶间孔—交代残余孔—裂缝，晶间溶孔和溶孔为该区火山岩最好的储集空间。

三、裂缝型火山岩储层

裂缝型火山岩储层的储集空间以裂缝为主，具有很好的渗透性，若形成油藏常表现为储量高、产量高的特点。按裂缝的成因又可进一步分为构造裂缝型、风化裂缝型和混合裂缝型。

在我国邵18玄武岩油藏为构造裂缝型储层，高14玄武岩油藏为风化裂缝型储层，商741辉绿岩油藏为混合裂缝型储层。闵桥火山岩不同岩性地层产生裂缝的概率差异较大，自碎、淬碎玄武岩产生裂缝的概率大于致密玄武岩，致密玄武岩大于气孔、杏仁状玄武岩。裂缝分布的位置分别是：自碎玄武岩出现在岩流单元的顶面，淬碎玄武岩形成于熔岩进入水体的部分，气孔、杏仁状玄武岩形成于岩流单元的顶面和底面，致密玄武岩形成于厚度较大的岩流单元内部。因此，岩流单元厚度较小的地区较易产生裂缝。断鼻圈闭的高点所在地区位于断层的上升盘，岩流单元厚度较小，在其他条件相同的情况下容易发育裂缝。

在黄骅凹陷也有裂缝型储层，该储层岩石类型以浅成侵入相的辉绿岩及其接触变质体为主（邵维志等，2006）。辉绿岩结晶粗，岩石致密，其岩石基质孔隙度低，岩心资料分析孔隙度小于7%，渗透率小于0.1mD（此处$1mD=9.87\times10^{-4}\mu m^2$），基本无储集能力，其储集空间主要为宏观构造缝，在与泥岩相接触的边部有时出现气孔。在应力比较集中的断裂带或构造顶部，宏观裂缝发育，有可能形成裂缝型储层，具有低孔隙度、高渗透率、高产能的明显特征。蚀变带在形成期间由于原岩受炽热岩浆的烘烤，在高温状态下，可能更易受上覆岩层的重压而使压实程度加剧，密度增大，孔隙度降低，故原岩（砂岩或泥岩）变质后物性相应变差。但其脆性增大而易出现裂缝，形成以裂缝为主的储集空间。在溢流相熔岩中部的贫气孔高电阻率致密熔岩中也发育有裂缝，但一般为低孔隙度、低渗透率的致密干层，无储集能力和渗流能力。

第二节　火山岩有效储层及其特征

火山岩有效储层定义为现有工艺技术和经济效益条件下能够采出具有工业价值产液量的储层，有效储层研究的关键是物性下限的确定。火山岩岩性复杂，储集空间类型与孔隙结构多样，这些都决定了火山岩有效储层的强非均质性特征。本节对火山岩岩性、物性特征，微观孔隙结构特征和储层非均质特征进行了总结分析，并总结了有效储层下限的确定方法和影响因素，为火山岩的定量分类评价提供依据。

一、有效储层的定义及内涵

从一般意义来说，有效储层就是指具备储集与渗流可动流体（以烃类流体为主）能力，在现阶段工艺技术及经济条件下具有工业开采价值的储层。储层物性差，没有产液能力或者低于干层标准的储层，则为无效储层。有效储层特征及其分类评价研究直接关系到油气勘探与开发决策（何辉等，2018）。据准噶尔盆地西北缘二叠系佳木河组火山岩研究，JL2井区火山岩油藏不同类型（基性→中性→酸性）火山岩均有发育，其储层特征存在较大差异。根据岩心含油性显示及试油情况，具备储集能力及工业产出标准的有效储层岩性主要为安山质（熔结）角砾岩及安山岩等。

表4-1 JL2井区佳木河组试油结果

井号	日产油量（t）	日产气量（m^3）	日产水量（m^3）	试油结论	射孔层段主要岩性
J215	20.61	5260	10.25	油水同层	火山角砾岩
J215	0.18		3.40	含油水层	火山角砾岩
J301	10.60	41184		气层	安山质熔结角砾岩
J214			2.47	含油层	火山角砾岩
JL2010	15.34	1760		油层	安山质熔结角砾岩
J208	18.38	2760		油层	火山角砾岩
J219	32.54	4430		油层	安山质熔结角砾岩
JL2002	24.17	5150	15.81	油水同层	安山质熔结角砾岩
JL2008	55.47	30610		油层	安山质火山角砾熔岩
J209	10.50	1240		油层	安山质熔结角砾岩
J209			14.30	水层	火山角砾岩
J212	14.47	1000	11.19	油水同层	安山质熔结角砾岩
J201	17.93	78319		气层	玄武质角砾熔岩
J213	18.47	3200		油层	安山质熔结角砾岩
J204			37.73	水层	火山角砾岩
JL2011	33.90	8090	6.00	油层	火山角砾岩
KE102	10.06	7858		油层	安山岩

二、有效储层研究现状

杨通佑（1990）在研究有效出储层时提出了可采用容积法来计算油气储量，需要确定储集层的孔隙度、渗透率和含水饱和度等物性参数。油气层是否具备经济开采价值的产液能力，要求储层的物性必须达到一定数值，也就是有效厚度的下限值。

有效储层物性下限值是储层评价和储量评估的基础，直接关系到油气勘探、开发决策。如果下限值定得过高，就会把本来可以开采的油气资源遗漏于地下；而下限值定得过低，则可能导致在当前技术条件下油气藏开采困难，达不到预期产能。只有在合理且客观地确定有效储层物性下限值的基础之上，才能获取对油气藏客观而实际的认识和评价。

实际研究中，需要通过试油和试气验证，证实有工业油气流存在的油气层，或者与研究区已试油气（或投产）层具有较好可比性的储层才能算作有效储层。

国内外对于有效储层物性下限值的确定，主要采用试油（气）资料、岩心资料和测井解释资料相结合，通过储层参数交会分析和经验统计的方法求取，常用方法主要包括分布函数曲线法、测试法、经验统计法、含油产状法、试油法（或孔隙度—渗透率交会法）、束缚水饱和度法和最小孔喉半径法，每种方法都有一定的适用范围，在实际应用中应采用多种方法进行验证，并结合储层自身特征确定适用的下限值。此外，近年来开始出现运用实验室特殊分析实验方法和产能模拟资料来确定储层物性下限值，目前还处于实验和矿场应用验证阶段。

三、有效储层特征

1. 储层岩性与物性特征

火山岩因岩浆性质和火山作用方式等方面的差异，在不同岩相和火山机构相带呈现多种岩石类型。火山岩在特定的环境与条件下，各类岩性均有成为有效储层的可能性，从而造成储层较强的非均质性及有效储层分布的复杂性。在国内不同地区、不同时代储层的渗透率和孔隙度变化很大。

二连盆地阿北安山岩油藏位于马尼特凹陷东部，整合地层夹于沉积岩之间，火山岩储层岩性以安山岩为主。储集空间类型有气孔、粒间溶孔和砾间溶孔。不同岩性的物性特征不同，气孔—杏仁状安山岩的孔隙度最高，岩流自碎屑安山岩的渗透率最高。表 4-2 是该地区火山岩岩性、物性关系表（表 4-2）。

表 4-2　二连盆地阿北井岩性和物性关系表（据方少仙等，1998）

物性	岩性			
	含生物屑安山质角砾岩	岩流自碎安山岩	气孔—杏仁安山岩	致密块状安山岩
孔隙度（%）	17.5	20.6	23.1	12.1
渗透率（mD）	1.2	62.2	1.6	37.4

准噶尔盆地西北缘 JL2 井区火山岩类型涵盖基性岩至酸性岩多种岩性，依据岩心观察与薄片鉴定结果，可按岩性结构分出三大类，即火山熔岩类、火山碎屑熔岩类及火山碎屑岩类。进一步按成分可细分出 10 种岩性，熔岩类识别出具熔岩结构的玄武岩（杏仁玄武岩）、安山岩（玄武安山岩）、英安岩、流纹岩、气孔流纹岩、球粒流纹岩等；碎屑熔岩类主要识别出具熔结结构的玄武质熔结角砾岩、安山质熔结角砾（熔）岩等；火山碎屑岩类主要识别出具火山碎屑结构的安山质集块岩（角砾岩）及熔结凝灰结构的英安质凝灰岩、流纹质晶屑凝灰岩等；此外，还发育少量火山沉积岩，主要为凝灰质砂砾岩和凝灰质泥岩。

根据岩心含油性显示及试油情况，具备储集能力及工业产出标准的有效储层岩性主要为安山质（熔结）角砾岩、安山质（玄武质）角砾熔岩及安山岩等（表 4-3），其次为火山角砾岩。此外，统计佳木河组 140 块火山岩样品孔隙度分析数据，佳木河组火山岩有效储层的孔隙度主要分布区间在 8%~15%之间，平均值为 11.19%。统计 127 块火山岩样品渗透率分析数据，有效储层渗透率主要分布区间在 0.01~1.28mD 之间，平均值为 0.196mD。从表 4-4 可以看出，中性—基性火山碎屑熔岩（玄武质或安山质熔结角砾岩或角砾熔岩）孔隙度和渗透率相对较好，均值较高，火山碎屑岩类（火山角砾岩）次之，而熔岩类孔隙度和渗透率相对较差。总体上佳木河组火山岩有效储层表现为中—低孔隙度、低—特低渗透率特征。

表 4-3 JL2 井区佳木河组试油结果

井号	日产油量(t)	日产气量(m^3)	日产水量(m^3)	试油结论	射孔层段主要岩性
J215	20.61	5260	10.25	油水同层	火山角砾岩
J215	0.18		3.40	含油水层	火山角砾岩
J301	10.60	41184		气层	安山质熔结角砾岩
J214			2.47	含油水层	火山角砾岩
JL2010	15.34	1760		油层	安山质熔结角砾岩
J208	18.38	2760		油层	火山角砾岩
J219	32.54	4430		油层	安山质熔结角砾岩
JL2002	24.17	5150	15.81	油水同层	安山质熔结角砾岩
JL2008	55.47	30610		油层	安山质火山角砾熔岩
J209	10.50	1240		油层	安山质熔结角砾岩
J209			14.30	水层	火山角砾岩
J212	14.47	1000	11.19	油水同层	安山质熔结角砾岩
J201	17.93	78319		气层	玄武质角砾熔岩
J213	18.47	3200		油层	安山质熔结角砾岩
J204			37.73	水层	火山角砾岩
JL2011	33.90	8090	6.00	油层	火山角砾岩
KE102	10.06	7858		油层	安山岩

表 4-4 佳木河组有效储层不同岩性孔隙度与空气渗透率统计表(岩心样品)

物性	岩性($\frac{最小值\sim最大值}{平均值}$)						平均
	安山岩	流纹岩	英安岩	安山质熔结角砾岩/角砾熔岩	玄武质熔结角砾岩/角砾熔岩	火山角砾岩	
孔隙度(%)	$\frac{3.2\sim11.6}{7.1}$	$\frac{6.4\sim13.9}{10.6}$	$\frac{3.2\sim9.4}{5.6}$	$\frac{2.3\sim22.3}{11.9}$	$\frac{8.9\sim20}{13.8}$	$\frac{6\sim14.5}{9.1}$	10.55
渗透率(mD)	$\frac{0.01\sim79.6}{0.08}$	$\frac{0.01\sim22.6}{0.06}$	$\frac{0.01\sim29.5}{0.08}$	$\frac{0.01\sim79.6}{0.27}$	$\frac{0.03\sim460}{3.1}$	$\frac{0.01\sim425}{0.8}$	0.26

2. 储集空间类型与孔隙结构特征

1)储集空间类型

新疆 JL2 井区佳木河组火山岩储层表现出双重介质特征。依据岩心描述及薄片观察,火山岩储层储集空间类型包括原生孔隙、次生孔隙和裂缝三类。其中原生孔隙主要为气孔、杏仁体内孔、晶间孔和砾间孔,气孔、杏仁体内孔主要发育在熔岩流顶部的熔结角砾

（熔）岩、火山角砾岩及玄武岩、安山岩内，占样品总孔隙的37%，晶间孔常见于角砾熔岩中杏仁体内沸石，分布较少；次生孔隙有溶蚀孔和晶间微孔，其中溶蚀孔主要为杏仁体内溶孔，占样品总孔隙的42%。总体来看，气孔与杏仁溶蚀孔是研究区佳木河组火山岩储层主要孔隙类型。

其次，依据已钻井岩心及FMI成像测井解释结果，佳木河组裂缝按成因分类主要为构造缝，且主要发育裂缝倾角大于45°的高角度裂缝，其次是溶蚀缝和冷凝收缩缝。受构造应力控制形成的高角度构造裂缝是控制研究区有效储层分布的重要影响因素，可沟通孔隙作为油气运移的主要通道。同时，裂缝发育强度也严格受控于岩性，JL2井区佳木河组裂缝主要发育在第三期次，岩性以熔结角砾岩、安山岩为主，裂缝密度0.5~3.8条/m，裂缝宽度0.0028~0.11cm，以中等缝宽为主，裂缝发育平均厚度达到26.5m，为储层纵向与平面的有效连通提供了有利条件，扩展了有效储层及部分潜力储层的有效性（表4-5）。通过试油验证，第三期油层产量普遍较高，日产油量10.06~55.47t，平均可达20.4t。第二期与第一期储层岩性以流纹岩、英安岩为主，埋藏较深，相对致密，构造应力作用减弱，裂缝相对欠发育，对储层连通性贡献较小，试油证实以干层为主，抽汲不出或产水，基本为无效储层。因此裂缝发育特征参数可以作为评价储层有效性的标准之一。

表4-5　JL2井区佳木河组火山岩储层裂缝发育特征

期次	岩性	裂缝密度（条/m）	裂缝宽度（cm）	平均裂缝厚度（m）
第三期	熔结角砾岩、安山岩、英安岩、火山角砾岩	0.5~3.8	0.0028~0.1123	26.5
第二期	熔结凝灰岩、流纹岩、英安岩	0.8~3.6	0.0021~0.0649	18.0
第一期	熔结角砾岩、英安岩、流纹岩	0.4~3.7	0.0021~0.0253	15.3

2）孔隙结构特征

孔隙度和渗透率是评价储层储集空间大小及其所含流体流动性状的参数。要进一步分析储集岩石的孔隙结构特征，还要研究孔隙连通性、孔隙喉道及其分布特征，即需要研究孔隙结构参数。它们可分为反映孔喉大小、孔喉分选程度、孔喉连通性及控制流体运动特征三类，表4-6是描述孔隙结构的参数类型及其含义。

表4-6　孔隙结构定量参数类型（据孙黎娟等，2004；王璞珺等，2008；于兴河，2009整理）

类别	名称	代号	单位	含义
反映孔喉半径	最大孔喉半径	R_d	μm	孔喉半径越大，渗透性和连通性越好，孔隙和喉吼道配置越好，流体进入孔隙和产出相对越容易
	平均孔喉半径	R_p	μm	
	孔喉半径均值	R_m	μm	
	孔喉半径中值	R_{50}	μm	
反映孔喉分选特征	分选系数	S_p	常数	反映了孔隙喉道分布的集中程度。S_p越小，孔喉大小愈均一，则其分选性越好
	相对分选系数	D	常数	反映孔喉分布的参数，相对分选系数越小，孔隙喉道分布越均匀
	均质系数	α	常数	介于0~1之间，α越大，孔喉分布越均匀

续表

类别	名称	代号	单位	含义
反映孔喉分选特征	歪度	S_{kp}	常数	度量孔隙喉道大小分布的对称性
	孔喉分布峰数	N	常数	孔喉频率曲线中峰的个数，据此可分为单峰型、双峰型和多峰型
	孔喉分布峰值	X	%	占孔喉体积百分比最高的孔喉半径处的体积百分数
	孔喉分布峰位	R_v	μm	孔喉分布峰值对应的孔喉半径
反映孔喉连通性及控制流动运动特征	最大进汞饱和度	S_{max}	%	S_{max}越大，孔隙结构度越好，储层有效孔隙所占比例越大
	排驱压力	p_d	MPa	岩石渗透性好，孔隙半径大，排驱压力低，表明岩石物性好
	汞饱和度中值压力	p_{50}	MPa	p_{50}越小，反映岩石渗滤性能越好
	退汞效率	W_e	%	反映非湿润相毛细管效应的采收率
	结构系数	ϕ	常数	表示流体在孔隙中渗滤的迂回程度
	特征结构参数	l/D	常数	既反映分选系数，又反映孔喉连通程度：特征结构参数越大，表示孔隙的相对分选越好，孔隙大小差异越小

在对新疆 JL2 井区佳木河组火山岩研究时，选取压汞资料对储层微观孔隙结构特征进行分析，JL2 井区佳木河组火山岩储层以微细—细喉道为主，最大孔喉半径为 0.3～4.7μm，平均值为 1.85μm，排驱压力为 0.3～2.8MPa，平均值为 1.141MPa，中值压力 4.1～17.9MPa，平均值为 10.6MPa。总体上，佳木河组火山岩储层具有排驱压力较高、中值半径较小、分选中等—差、孔隙结构相对较差的特征。

根据 JL2 井区二叠系火山岩储层不同类型火山岩毛细管压力曲线特征，可进一步分出 3 种孔隙结构类型，有效储层主要分布在 A 类、B 类单峰粗态型、偏粗态型及双峰偏粗态型的细孔喉型火山岩中，岩性主要为安山质或玄武质熔结角砾岩、角砾熔岩；而具有单峰偏细态极细孔喉型特征的火山岩试油结果多为干层，岩性主要为熔结凝灰岩及沉凝灰岩等（图 4-1），具体分类如下：

（1）A 类：单峰粗态、双峰偏粗态—细孔喉型，孔喉分布呈单峰或双峰，且孔喉以细喉为主，双峰态特征表明裂缝相对发育。平均孔喉半径 0.5～1μm，排驱压力小于 0.5MPa。主要岩性为火山爆发相中的安山质或玄武质熔结角砾岩、角砾熔岩及玄武安山质火山角砾岩，渗透率大于 0.5mD，这部分孔喉对应的储层试油结果证实为有效储层。

（2）B 类：单峰偏粗态或微偏细态—细微孔喉型，孔喉分布呈单峰且偏微孔喉，平均孔喉半径一般为 0.1～0.5μm，排驱压力小于 3MPa。此类储层岩性主要为火山爆发相和喷溢相的安山质或英安质凝灰角砾岩、流纹岩等，渗透率在 0.1～0.5mD 之间，此类型既存在有效储层，又有潜力储层。

（3）C 类：单峰偏细态—微孔—极细微孔喉型，平均孔喉半径一般小于 0.1μm，主要为爆发相的流纹质或安山质熔结凝灰岩及火山沉积相的沉火山碎屑岩，渗透率小于 0.03mD。毛细管压力曲线总体偏向右上方，显示歪度较细，以微—极细微孔喉为主，表明岩石结构相对致密，基质孔隙欠发育，此类岩性储层多为无效储层。

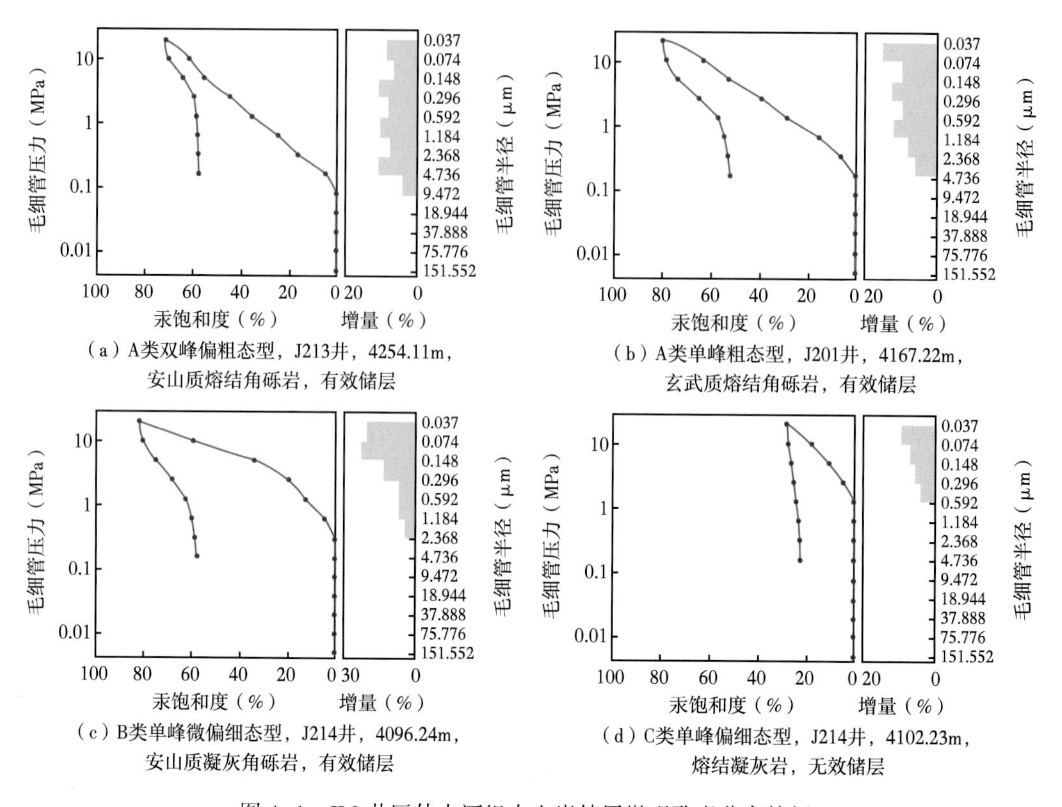

（a）A类双峰偏粗态型，J213井，4254.11m，安山质熔结角砾岩，有效储层

（b）A类单峰粗态型，J201井，4167.22m，玄武质熔结角砾岩，有效储层

（c）B类单峰微偏细态型，J214井，4096.24m，安山质凝灰角砾岩，有效储层

（d）C类单峰偏细态型，J214井，4102.23m，熔结凝灰岩，无效储层

图 4-1　JL2 井区佳木河组火山岩储层微观孔喉分布特征

3. 火山岩储层非均质性特征

1）储层非均质性的概念

储层非均质性是指油气储层在形成过程中由于受沉积环境、成岩作用和构造作用的影响，在空间分布及内部各种属性上都存在不均匀的变化，具体表现在储层岩性、物性、含油（气）性及孔隙结构等内部属性特征和储层空间分布等方面的不均一性。非均质性普遍存在于碎屑岩储层、碳酸盐岩储层和火山岩储层等油气储层之中。但火山岩储层的形成有其特殊、复杂的一面，其非均质性主要包括层内非均质性和平面非均质性。

层内非均质性是指储层内部垂向上物性的变化，包括物性的韵律性，各种非均质参数的统计，储层段的分布、夹层、裂缝等。火山岩是由于上涌的岩浆快速顺势流动、堆积、冷凝的而形成的，具有储层厚度变化大但纵向上物性的变化不明显的特点，受到形成时的火山喷发强度、地理位置等因素的影响，纵向上的物性变化的韵律性有时很明显、有时不明显。

平面非均质性主要反映储层平面上厚度、孔隙度、渗透率的变化规律。平面上，火山岩厚度和物性变化幅度均很大。火山岩一般从火山口或活动断裂向低势区漫延分布，由于岩浆流动时的黏滞性和地势的高低起伏，从火山喷发口向外，物理条件变化大、构造应力逐渐减小，因此，一般在火山口附近的储层物性好，孔隙和裂缝均较发育。离火山口越远，储层的厚度和物性均逐渐较差。

从以上可看出，储层非均质性受到多种因素影响，所以明确其影响因素、表现方式和非均质程度对于定量描述储层特征及其空间变化规律、决定储层品质和油气藏开发效率起着关键作用。

火山岩储层的有效孔隙度和空气渗透率普遍较低，受孔缝发育程度影响变化大，当孔隙和裂缝发育时，孔隙度和渗透率相应增大，尤其是渗透率变化幅度最大，其最小值与最大值相差可达5个数量级（10^5）。因此，火山岩储层非均质性重点体现在渗透率的差异上。

2）火山岩储层非均质性的影响因素

油气储层非均质性是沉积、成岩和构造等因素综合作用的结果（于兴河，2009）。火山岩从喷出地表到成为油气储层，其间经历了固结成岩、风化淋滤、抬升剥蚀和埋藏改造等地质过程，并在此过程中经受了一系列复杂的成岩改造作用。对于火山岩储层而言，影响其非均质性的主要因素包括火山作用、成岩作用和构造作用，体现在不同岩性的岩石结构和构造、储集空间和孔隙结构、储集体形态、规模及展布特征等方面的差异性（表4-7）。

火山喷发方式（爆发、喷溢和侵出）、喷发类型和堆积方式（陆上、水下）等因素决定了火山岩的结构、构造、储集空间及其受到次生改造的影响程度。火山岩的成岩作用不同于碎屑岩和沉积岩，其成岩过程相对简单，持续的时间也较短，成岩作用对火山岩储层既有改善作用又有破坏作用，如溶解作用增加了溶蚀孔隙，蚀变作用使岩石骨架由致密变为疏松从而更容易被进一步改造，压实作用和充填作用使原生孔隙消失从而导致储层物性变差。构造作用主要影响火山岩裂缝的形成和演化，构造作用总体上对储层起改善作用，构造裂缝不仅可以连通孔隙，还增加储层连通性和渗透性，同时其自身也可以作为储集空间。

表4-7 火山岩储层非均质性影响因素（据黄玉龙，2007）

作用类型	主要因素	作用机理和表现方式
火山作用	岩浆性质、喷发方式和喷发类型、喷发和堆积环境、原始地形	决定岩石类型、结构和构造，成岩固结方式，火山岩体形态和规模，原生储集空间类型、组合方式及空间分布
成岩作用	压实、溶解、重结晶、蚀变、充填	增大或减小原生储集空间，形成次生孔隙，改善基质渗透性
构造作用	断层和节理、抬升剥蚀	改变储层的渗透性和孔缝连通性，连通或封闭储层

3）火山岩储层非均质性分类

火山岩储集空间包含孔隙—裂缝双重介质，火山岩储层具有宏观孔隙、基质微孔和裂缝所组成的三元结构特点。这些储集空间受到各种原生因素和次生因素的长期共同作用造成火山岩储层具有很强的非均质性。参照储层地质学中的分类方法，可将火山岩储层非均质性划分为宏观非均质性和微观非均质性，具体含义和研究内容见表4-8。

表4-8 火山岩储层非均质性分类（据黄玉龙，2007）

储层非均质性	类型	含义	研究内容
宏观非均质性	层内非均质性	单个冷却单元内部差异	冷却单元划分，基质孔隙度和渗透率差异程度
	层间非均质性	纵向上旋回、期次或冷却单元之间的差异性	旋回、期次和冷却单元，隔挡层，垂向连通性
	平面非均质性	火山机构或火山岩体平面上的差异	火山机构或火山岩体的形态、规模，孔隙度和渗透率在不同火山机构相带的差异

续表

储层非均质性	类型	含义	研究内容
微观非均质性	结构非均质性	成岩矿物的结晶程度，晶体粒度、形态和自形程度，以及矿物间或矿物与玻璃质之间的关系	结构、构造与储集空间的相关性
	构造非均质性	矿物集介体之间或矿物集介体与岩石其他组成部分之间的排列方式、充填方式及其表现形式	
	孔隙非均质性	孔隙类型、大小和孔隙结构的差异	结构、构造与储集空间的相关性
	充填非均质性	充填作用影响程度的差异	充填矿物类型、充填期次、充填程度
	溶蚀非均质性	斑晶或晶屑、基质和充填矿物受到溶解作用的差异	溶蚀孔类型、发育部位和发育程度

4. 有效储层物性下限

有效储层物性下限指形成有效储层所应具备的最低物性下限值，通常用孔隙度、渗透率和含水饱和度的某个确定值来度量，也就是用（有效）孔隙度、渗透率和含水饱和度的下限。而由于含油（气）饱和度通常难与试油（气）产量建立量化统计关系，因此一般情况下，主要用孔隙度和渗透率反映有效储层的物性下限。物性下限往往有统计学特征和不确定性及多种因素有关。

1）有效储层物性下限的确定方法

关于储层物性下限，可根据研究目的和生产实际可以将其划分为绝对下限、产出下限和工业下限 3 个不同级别（杨通佑，1990）：

（1）绝对下限：是指在客观地质条件下，位于绝对下限值以上的岩石才能够储集流体，所含流体不一定能够流动，下限值以下的岩石不含流体。绝对下限值相当于干层的物性上限值。

（2）产出下限：在目前的钻采工艺技术条件下，下限以上的储层中存在可动流体，但在开采经济性上不一定能够达到工业价值标准。产出下限相当于勘探阶段所确定的潜力储层物性下限值。

（3）工业下限（或标准界限）：在目前的钻采工艺技术和社会经济效益条件下，能够产出具有工业价值产液量的储层物性界限值。它不仅是一个地质—物理界限，还是一个技术—经济界限。工业下限即为开发阶段所要求的有效储层物性下限值。

国内外对于有效储层下限的确定方法主要包含岩心物性分析结果、储层参数交会分析与经验统计法、试油与生产测试法、含油产状法、最小孔喉半径法等。由于目前尚无确切的定量方法，物性下限值往往带有统计学的特征，具有一定的不确定性（张春等，2010）。在实际应用中，往往需要通过多种方法对比确定最终较为合理的物性下限值。通过对国内外各个油田的分析，总结分析有效储层物性下限确定的方法、适用范围等（表 4-9）。

表 4-9 有效储层物性下限值的确定方法（据黄玉龙，2007，有修改）

方法	分析步骤	适用范围	所需条件
分布函数曲线	在同一坐标系内分别绘制有效储层与无效储层的孔隙度和渗透率频率分布曲线，两条曲线的交点所对应的数值为有效储层物性下限值	依赖测井解释资料，相对于试油试气结果存在一定误差	测井综合解释的油、气、水、干层等，测井解释物性（或实测值）
束缚水饱和度法	建立束缚水饱和度与孔隙度之间函数关系，利用回归拟介的方法建立孔隙度与束缚水饱和度的函数关系方程，取束缚水饱和度为80%时所对应的孔隙度值作为有效储层的孔隙度下限值	对渗透率下限值的求取效果不佳，原因在于渗透率受孔隙结构、孔隙类型、流体性质等多方面因素的影响	束缚水饱和度实测资料、孔隙度和渗透率实测资料
测试法	根据每米采液指数与孔隙度、渗透率的统计关系曲线，其外推每米采液指数为0时的临界点所对应的物性作为下限值，即曲线与孔隙度、渗透率坐标轴的交点值	能够全面反映储层产能能力的主控因素（地层压力、温度、原油性质、孔隙结构等），适用于原油性质变化不大、单层试油资料多的油田	试油试气资料（日产液量、地层压力、流动压力），孔隙度和渗透率实测资料
试油法	根据测试井段产液量确定有效储层和无效储层，在同一坐标系内将有效储层与无效储层的孔隙度和渗透率进行交会，两者界限处即为有效储层物性下限值	适用于单层试油（气）资料和物性测试资料较多的地区，受样本点数量影响大，有效储层与无效储层存在交叉	试油试气资料（日产液量）、孔隙度和渗透率实测资料
经验统计法	以岩心分析孔隙度和渗透率资料为基础，以低孔渗段累计储渗能力丢失占累计值的5%左右为界限；对中低渗透油田通常采用全油田平均渗透率的5%作为渗透率下限值（对于对储层要求相对更低的气层而言，需再乘以10%）	适用于原油性质变化不大、渗透性较好、孔渗相关性好、储层类型相对单一的地区	孔隙度和渗透率实测资料
含油产状法	根据取心井试油结果与岩心含油级别、物性建立关系，确定含油产状的出油下限值	人为因素影响大，不适用于轻质原油油层和气层	岩心资料、试油结果，孔隙度和渗透率实测资料
钻井液侵入法（渗透率—含水饱和度交会法）	渗透率与原始含油饱和度具有一致关系时，利用水基钻井液取心测定的含水饱和度与渗透率建立交会图，曲线拐点为钻井液侵入与未侵入的界限，对应于渗透率下限值	人为因素影响大，拐点确定可能存在较大误差	含水饱和度实测资料、孔隙度和渗透率实测资料
最小有效孔喉半径法	建立孔喉中值与孔隙度和渗透率交会图，最小有效孔喉半径对应值即为物性下限值	最小有效孔喉半径求取难度大，且具有不确定性	最小孔喉半径（利用Hobson公式或Wall公式求取）、孔隙度和渗透率实测资料
孔隙度—渗透率交会法	作孔隙度—渗透率交会图，根据趋势线变化的分段性，确定渗透率开始显著增大的拐点，对应值即为储层物性下限值	拐点确定困难，人为因素影响大	孔隙度和渗透率实测资料
甩尾法	以低孔渗储层段累计储渗能力丢失较合理时对应的物性值作为物性下限	适用于中—低渗—孔隙型、裂缝—孔隙型储层	需大量的岩心分析资料，其中包括差油气层的物性参数

2）有效储层物性下限值的影响因素

有效储层物性下限值受很多因素的影响，成藏时期的有效储层物性下限值一般与储层特征、原油性质、地层温度、地层压力等因素有关，开采时期的有效储层物性下限值除上述因素之外还与采油工艺和现代开发技术水平等有关（杨佑通，1990；操应长等，2009）。

（1）储层自身特性。

储层自身特性是影响有效储层物性下限值的内在因素，主要包括岩性、岩相、储集空间、孔隙结构和成岩改造作用等。

不同岩性和岩相形成的火山岩储层具有不同的储集空间类型、组合方式和孔隙结构等，如喷溢相熔岩类以原生孔、收缩缝、自碎缝为主，而爆发相火山碎屑岩类则以粒间孔、溶蚀孔、收缩缝为主。

不同成岩方式使火山岩储层经历不同的成岩改造作用，如熔岩类的储层主要经历冷凝固结成岩作用，受埋藏压实作用的影响小。火山碎屑岩和沉火山碎屑岩受固结压实作用大，其储集物性随埋藏深度的增加而降低。熔结火山碎屑岩则压实作用和冷凝固结作用两者兼有，受埋藏深度的作用也介于两者之间。

不同的岩性具有不同的矿物组合，不同的矿物受成岩作用改造的程度也不同。中基性岩所含有的暗色铁镁矿物（橄榄石、辉石和磁铁矿等）和中基性斜长石在成岩改造过程中易发生蚀变，蚀变形成的次生矿物会充填于孔缝中，从而导致储层物性降低。通过岩心和显微镜下观察，玄武岩的孔隙大多为半充填—全充填，且充填矿物类型有硅质、钙质、黏土类型等，而流纹岩的孔隙充填程度低，以未充填—局部充填的有效孔隙为主，充填矿物类型单一（硅质或钙质居多）。

因此，研究火山岩有效储层，需要按不同岩性进行分析，确定各类岩性储层的基本地质特征和影响储层物性的关键因素，明确有效储层和无效储层的本质差异。

（2）流体性质、地层温度和压力、埋藏深度。

通过统计国外 60 多个油田物性下限值与原油性质发现，油层物性下限与原油性质具有一定相关性，通常原油性质越好，物性下限值越低。天然气分子与石油相比要小得多（有效直径相差 1 个数量级），因而对储层的要求也相应较低。

储层的物性下限值还受到埋藏深度的影响，主要表现为两个方面：第一地层作用于孔隙流体的压力随着埋藏深度增加而增加，但流体能进出的孔喉半径会逐渐减小，因此造成储层物性下限值也相应变小；第二，埋藏历史过程对油层物性下限也有一定的影响。通常，形成越早的储层经历更长时间的成岩改造，岩石变得致密，孔喉变小，导致更低的油层物性下限值。对于不同油藏来说，原油性质分布受埋藏深度的影响。总体上，埋藏变深，原油性质变好，但此规律不适用于同一油藏和次生油藏（郭睿，2004）。

（3）采油工艺、开发技术水平和经济效益。

有效储层是随开发进程而变化的动态概念，会根据产业需求、工艺技术和研究目的等不同而发生变化。有效储层物性下限值随采油工艺和开发技术水平的提高而降低，即原来不产工业气的储气层，经过有效的人工改造后，可以成为工业性的产气层。

此外，工业油气流产能标准的不同也直接影响了有效储层下限值的确定，如，在国家天然气储量规范中产气层在埋藏深度 3000~4000m 时工业气流产能下限为 $1.0\times10^4m^3$，埋藏深度大于 4000m 时工业气流产能下限为 $2.0\times10^4m^3/d$（黄玉龙，2007）。

3）有效储层物性下限值的确定

有效储层物性下限是储层研究与评价的重点，也是划分有效储层的关键。结合新疆JL2井区火山岩储层特征与实际测试资料，选用储层参数交会分析法及试油法两种方法，对比确定有效储层物性下限标准值。

应用储层参数交会法分析，含油性较好的样品普遍集中在孔隙度大于7.5%、渗透率大于0.02mD的区间范围内。结合压汞分析数据所得J函数分布图，确定有效储层孔隙度下限7.98%，渗透率下限为0.03mD（图4-2）。

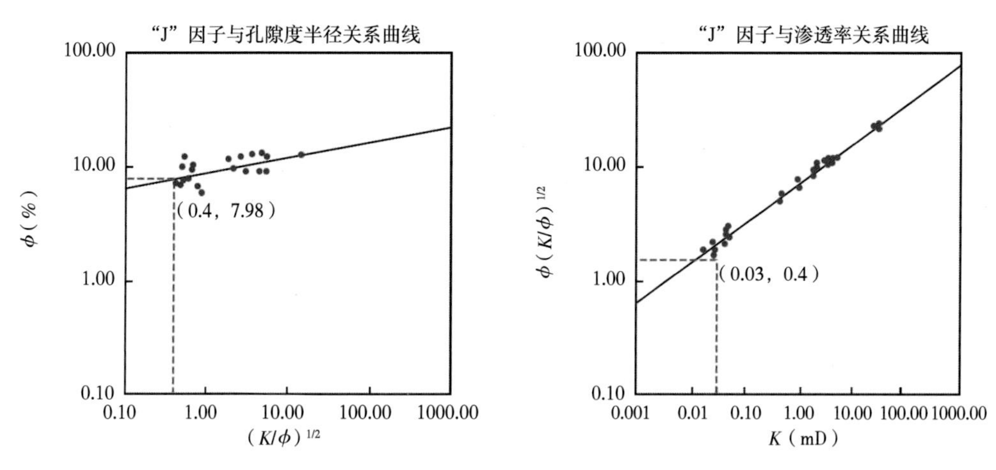

图4-2　JL2井区佳木河组火山岩储层J函数图

试油法是根据现有技术经济条件下试油结果确定有效储层物性下限值标准，通常确定的物性下限相对偏高，属于工业下限。分析佳木河组试油结果，确定有效储层电阻率大于16Ω·m，有效孔隙度下限为8%，渗透率下限为0.5mD（图4-3）。结合孔隙结构分类渗

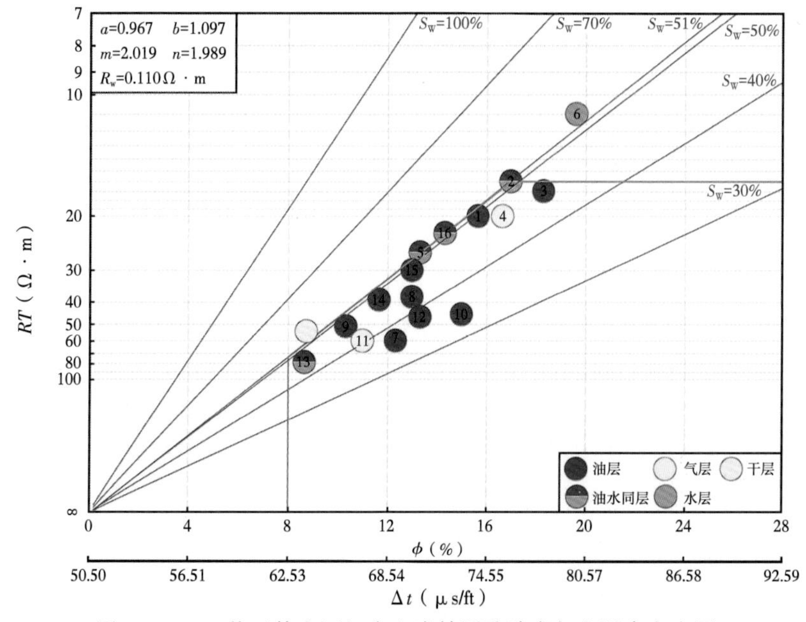

图4-3　JL2井区佳木河组火山岩储层孔隙度与电阻率交会图

透率界限值（C 类 $K<0.03$mD），最终确定 JL2 井区佳木河组火山岩有效储层绝对物性下限为孔隙度不小于 8%，渗透率不小于 0.03mD。低于此物性界限的火山岩不具备形成有效储层的物性条件。

第三节　火山岩储层定量分类与评价

储层研究过程中，为了明确储层特征、控制因素和分布规律，需要对储层类别进行划分和对比分析。认识了火山岩有效储层特征及其物性下限值，下一步如何对储层分类与定量评价成为储量分类计算与油藏高效开发部署的关键所在。储层评价是依据各种参数和综合各种技术对储层进行分析，提出对储层储集性能的评价。然而，储层评价参数很多，不同的学者有不同的选择，划分的结果也就不同。

邵维志等（2006）在对黄骅凹陷火山岩油藏评价时，依据岩相和岩性测井响应特征分析，将火山岩储层划分为以辉绿岩及其接触变质体为储集体的裂缝型、玄武岩、安山岩、流纹岩为储集体的宏观裂缝—气孔型、以火山角砾岩和火山熔岩风化带为储集体的微裂缝—孔隙型三类进行评价。林潼（2007）在松辽盆地火山岩储层特征研究中，根据火山岩岩性及其测井响应特征、各岩类储集空间类型及其发育程度与连通情况、孔隙结构与物性特征，结合火山岩相类型，将研究区火山岩储层分为一类储层、二类储层、三类储层、四类储层。郑建东（2007）在岩性识别、流体识别和储层参数解释的基础上，以常规测井、核磁共振测井和测试资料为基础，通过大量静态资料、动态资料的分析研究，根据储层物性、含气性的差异将研究区储层分为好、中、差三类，建立了研究区火山岩储层测井分类定量评价标准。吴艳辉等（2011）则利用测井，结合岩性、岩相定性分析和聚类—判别定量分类识别火山储层流体，在此基础上，分析了各类储层流动单元与火山岩储集空间的配置关系，将储层划分为孔隙—裂缝型、孔隙型或裂缝型及孔隙型，用于储层质量评价及分布预测。樊政军等（2008）在研究碳酸盐岩双重孔隙介质时，按照岩心标定成像测井资料、成像测井资料标定常规测井资料的思路，建立岩心、成像测井与常规测井之间的桥式对比关系。结合成像、常规测井响应特征，把储层分为裂缝型、裂缝—孔隙型、孔洞型、洞穴型四类。以成像测井、阵列声波测井对孔、缝、洞的指示为基础，综合利用归一化后的成像裂缝参数和阵列声波裂缝、渗透性参数构造了储层类型指示参数，用于指示储层分类，这种方法可以作为基质孔隙和裂缝双重孔隙结构火山岩储层评价参考。贾春明等（2009）在研究准噶尔盆地车排子凸起火山岩储层时，综合利用岩心观测、岩石薄片、物性分析、测井等资料，综合分析了准噶尔盆地车排子地区石炭系火山岩储层岩石学特征及储集性能，在此基础上依据孔隙度、渗透率大小及储集空间类型将火山岩储层按储集性能由好到差划分Ⅰ类、Ⅱ类、Ⅲ类、Ⅳ类、Ⅴ类。高兴军等（2014）在研究长岭气田营城组火山岩储层时，以试气产能为基础，综合应用 FMI 成像测井、核磁测井和常规测井解释成果，建立了研究区的火山岩气藏储层分类评价标准，将该区火山岩分为 4 种类型，其中Ⅰ类、Ⅱ类、Ⅲ类为储层，Ⅳ类为非储层，产能依次变差。

一、火山岩储层分类评价方法与标准

1. 火山岩储层分类评价参数

火山岩储层质量受很多因素的影响，包括构造、火山喷发特征、火山岩岩性和岩相及

成岩作用等。因此储层评价需采用多项参数，从多个方面进行综合评价。储层评价参数的选择是火山岩储层评价的关键。通常能反映储层影响因素的参数为：有效孔隙度、总渗透率、含油饱和度、储层厚度、非均质性渗透率变异参数等。

目前火山岩储层评价使用较多的参数是有效孔隙度和有效渗透率。

（1）有效孔隙度：指那些互相连通的，在一般压力条件下，可以允许流体在其中流动的孔隙体积之和与岩样总体积的比值，以百分数表示，其表达式为：$\phi = V_p / V_b \times 100\%$。依据《火山岩储集层描述方法》（SY-T 5830—1993）将火山岩有效孔隙度划分为五级（表4-8）。

（2）有效渗透率：多相流体在多孔介质中渗流时，其中某一项流体的渗透率叫该项流体的有效渗透率。岩石的渗透性说明了流体在岩石中的流动能力，对于储层来说主要反映油气被采出的难易程度。当单相流体通过孔隙介质呈层状流动时，服从达西直线渗滤定律：单位时间内通过岩石截面积的液体流量与压力和截面积的大小成正比，而与液体通过岩石的长度以及液体的黏度成反比。即 $Q = KA\Delta p / \mu L$ 可得出绝对渗透率公式为 $K = Q\mu L / A\Delta p$。依据《火山岩储集层描述方法》（SY-T 5830—1993）将火山岩储层渗透率划为5级（表4-10）。

表4-10 火山岩储层孔隙度渗透率划分标准

储层分类	孔隙度 ϕ（%）	渗透率 K（mD）
Ⅰ	$\phi \geq 15$	$K \geq 10$
Ⅱ	$10 \leq \phi < 15$	$5 \leq K < 10$
Ⅲ	$5 \leq \phi < 10$	$1 \leq K < 5$
Ⅳ	$3 \leq \phi < 5$	$0.1 \leq K < 1$
Ⅴ	$\phi < 3$	$K < 0.1$

2. 火山岩储层分类评价方法

前人提出了许多储层分类评价的方法，如基于划分聚类算法的聚类与判别分析法、BP神经网络法、灰色关联法、模糊综合评判法等，这些方法多借助数学原理编制出系统软件。

1）BP神经网络

神经网络又叫并行分布式处理，是模拟生物神经系统，由一些神经元及其大规模并行连接而成的网络。构成神经网络的基本三要素是处理单元（神经元）、网格结构和学习算法。神经元是神经网络的基本成分，它通常是一个多输入单输出的非线性单元。网络结构是指神经元之间的连接方式，不同连接方式构成了不同的网络结构模型。网络结构模型有多种，如误差反向连接传播网络，自组织映射网络等。BP网络是一种层状结构的前馈神经网络，它由一个输入层、一个输出层和在输入层与输出层之间的一个或若干个隐含层组成。常用的连接方式是每个神经元只与它相邻层内的神经元连接，同一层的神经元之间不连接，信息只沿输入层向输出层方向传递（范存辉等，2012）。

具体地说，假设有一L层的多层感知器网络，两个相邻层的节点通过连接权来连接，其变量或参数意义如下：

L 为不包括输入层的网络层数；N_t 为第1层神经元（节点）数目；xi（t）为第 t 个模式输入矢量 x（t）的第 i 个分量；$x_i^{(l)}$（t）为第1层中的第 l 个神经元节点对于第 t 个模式输入时的输出；$y_i^{(l)}$（t）为第1层中的第 l 个神经元节点对于第 t 个模式输入时所接收到上一层的输入总和；$w_{ij}^{(l)}$（t）为第1层中的第 l 个神经元节点对于第 t 个模式输入时的

第 j 个连接权矢量；$w_i^{(l)}$ (t)；$d_i^{(l)}$ (t) 为第 i 层中的第 i 个神经元节点对于第 t 个模式输入时的期望输出；$\theta_i^{(l)}$ (t) 为第 1 层中的第 i 个神经元节点对于第 t 个模式输入时的偏置；$\varepsilon_i^{(l)}$ (t) 为第 l 层中的第 I 个神经元节点对于第 t 个模式输入时的误差信号。

$$x_o^l(t) = 1,\ 1 \leqslant i \leqslant N \tag{4-1}$$

在学习过程中，将偏置 $\theta_i^{(1)}$ (t) 作为权值来处理，从而有

$$\begin{cases} x_o^l(T) = 1.1 \leqslant i \leqslant N,\ 0 \leqslant l \leqslant L-1 \\ w_{io}^{l+1}(t) = \theta_i^{(l+1)}(t) \end{cases} \tag{4-2}$$

第 1 层中的第 i 个神经元节点所接收到上一层输入的总和为

$$y_i^{(l)}(t) = \sum_{j=1}^{N_{l-i}} w_{ij}^{(l)}(t)x_j^{l-1}(t) + \theta_i^{(l)}(t) = \sum_{j=1}^{N_{l-1}} w_{ij}^{(l)}(t)x_i^{l-1} = x^{(l-1)}T(t)w_i^{(l)}(t)$$

$$1 \leqslant l \leqslant L,\ 1 \leqslant i \leqslant N_l \tag{4-3}$$

式中：

$$w_i^{(l)}(t) = [w_{io}^{(l)}(t),\ w_{il}^{(l)}(t),\ \cdots,\ w_{iN_{l-1}}^{l}(t)]^T \tag{4-4}$$

$$x^{(l-1)}(t) = [x_o^{(l-1)}(t),\ x_1^{(l-1)}(t),\ \cdots,\ x_{N_{1-1}}^{l-1}(t)]^T \tag{4-5}$$

第 1 层中的第 i 个神经元节点输出为

$$x_i^{(l)}(t) = f[y_i^{(l)}(t)] = \frac{1}{1+\exp[-\sigma y_{l_i}(t)]},\ 1 \leqslant l \leqslant L,\ 1 \leqslant i \leqslant N_l \tag{4-6}$$

其中，f 为神经元节点的传输函数，这里是极限值在 0~1 间的 sigmoid 函数；σ 为斜率参数。

传统的 BP 学习算法是一种随机梯度最小均方算法，每次迭代的梯度值受样本中噪声干扰的影响较大，所以有必要使用批处理方法将多个样本的梯度进行平均计算以得到梯度的估值。但是，在训练模式样本数 M 很大的情况下，这种方法势必增加每次迭代的计算量，并且这种平均作用将会忽略训练样本个体的差异性，降低学习的灵敏度。因此，通常的做法是将所有 M 个训练模式样本分成若干个子块分别进行平均学习，当误差收敛到一预定数值，再以此刻权值为初值，转入下一子块进行学习，在所有的子块被训练完后，若最后的误差达到预定的精度，学习即告完毕；否则，将转入下一个循环继续学习，直到满足终止误差精度要求。此外，对于多层感知机中隐层单元个数的确定通常都是凭经验来选取，其盲目性较大。若隐节点选取过少，学习过程不可能收敛；若隐节点选取过多，则神经网络的性能会变得脆弱，学习过程长时间不能收敛，而且还会由于过拟合，造成网络的容错能力及性能下降。

网络经过学习以后，连接权被固定下来，对于新的输入数据，网络经过向前传播便可得到输出结果。

在多参数拟合数据时，对属性参数低值区域的误差估计会出现不稳定，导致低值区域数据拟合误差增大，判别精度降低。

2）*灰色关联法*

灰色系统理论中的关联分析是根据因素之间发展态势的相似程度或相异程度来衡量因素之间的关联程度，能够定量地比较或描述系统之间或系统因素之间在发展过程中的相对变化

情况。灰色关联分析法在油气储层评价中有着广泛的应用。在实例应用中，包括选定母序列和子序列，然后计算关联系数、关联度及权系数，最后确定综合评价因子（刘吉余等，2005）。

（1）评价指标的选取。

为得到准确的综合评价结果，要合理选取评价指标并确定权重大小。关于储层评价参数很多，在实际评价中选取反应储层质量的参数。

（2）单相指标定量化。

采用极大值标准化法，即以单项参数除以同类参数的极大值，使每项评价分数成为归一在 0~1 之间的无量纲、标准化的数据。

根据评价参数意义的不同，可以根据不同情况进行标准化。如对于正相关指标，即其值愈大，反映储层质量愈好，如孔隙度（ϕ）、渗透率（K）、有机碳含量（TOC）、在生油窗内有机质成熟度（R_o）、压力系数（p）、烃源岩有效厚度（T_h）、储层有效厚度（T_r）等，用单个参数除以本指标最大值；对于负相关指标，即其值愈大，反映储层质量愈差，如原油密度（ρ_o），用本参数的极大值减去单项参数之差再除以最大值，使其具有可比性；对于中值指标，即其值愈靠近中值区间，反映储层质量愈好，如埋藏深度（D），求取单个参数数据与中间值差值的绝对值，再用最大绝对值与各项指标的差值除以最大绝对值。

（3）评价矩阵序列。

能够定量地反映被评判事物性质的指标按顺序排列，称为关联分析的母序列，记为

$$\{X_t^{(0)}(0)\},\ t=1,\ 2,\ \cdots,\ n \tag{4-7}$$

从一定程度上影响被评判事物性质的其他因素数据的有序排列称为子序列，记为

$$\{X_t^{(0)}(i)\},\ i=1,\ 2,\ \cdots,\ m;\ t=1,\ 2,\ \cdots,\ n \tag{4-8}$$

母序列和子序列，构成如下原始数据矩阵：

$$\boldsymbol{X}^{(0)}=\begin{bmatrix} X_1^{(0)}(0) & X_1^{(0)}(1) & \cdots & X_1^{(0)}(m) \\ X_2^{(0)}(0) & X_2^{(0)}(1) & \cdots & X_2^{(0)}(m) \\ \vdots & \vdots & \vdots & \vdots \\ X_n^{(0)}(0) & X_n^{(0)}(1) & \cdots & X_n^{(0)}(m) \end{bmatrix} \tag{4-9}$$

（4）单相指标权重求取。

在评价指标标准化和给出母序列和子序列之后，通过下式计算母序列与各子序列的灰色关联系数：

$$\varepsilon_{i,\ 0}=\frac{\Delta_{\min}+\rho\Delta_{\max}}{\Delta_t(i,\ 0)+\rho\Delta_{\max}},\ i=1,\ 2,\ \cdots,\ 9 \tag{4-10}$$

其中，$\Delta_t(i,\ 0)=|X_t^{(1)}(i)-X_t^{(1)}(0)|$；$\Delta_{\max}=\max_t\max_i|X_t^{(1)}(i)-X_t^{(1)}(0)|$；$\Delta_{\min}=\min_t\min_i|X_t^{(1)}(i)-X_t^{(1)}(0)|$；$i$ 为除主因素之外的评价指标；

则母序列与各子序列的灰色关联度为

$$r_{i,\ 0}=\frac{1}{n}\sum_{t=1}^{n}\xi_{i,\ 0} \tag{4-11}$$

将所得的各项评价参数的灰色关联度值归一化处理，归一化的结果就是各评价指标在储层质量评价中的权系数，则各评价指标权系数为

$$W_i = r_{i,0} / \sum_{i=1}^{m} r_{i,0} \tag{4-12}$$

由此可以计算出子序列各参数与母序列的灰色关联度和权重系数。

与传统的多因素分析方法（相关聚类、回归等）近似，计算过程中无量纲化处理方法（初值化、均值化、标准化等）的明显缺陷是不具有数据保序性且计算公式对各样本参数采用权重平权处理，影响了原有参数数列的稳定性及权重排序，随机性较高。

3）聚类分析

聚类分析的基本思想是：假定研究对象存在不同的相似性（亲密程度），根据观测样本找出并计算一些能够度量样品间相似程度的统计量，按相似性统计量的大小，将相似程度大的聚合到一类，关系疏远的聚合到另一类，直到把所有的样品聚合完毕，形成一个由小到大的分类系统，最后将分类系统用谱系图直观地表示出来。

（1）基本原理。

相似性统计量是用来衡量样品之间或变量之间的相似程度的指标。最常用的相似性统计量有：距离系数和相似系数。设有 n 个样品，每个样品观测了 p 项指标，以 x_{ij} 表示经过数据变换的第 i 个样品的第 j 项指标值，形成如下数据矩阵：

$$\boldsymbol{X} = \begin{Bmatrix} x_{11} & x_{11} & \cdots & x_{1p} \\ x_{21} & x_{11} & \cdots & x_{2p} \\ \vdots & \vdots & \vdots & \vdots \\ x_{n1} & x_{11} & \cdots & x_{np} \end{Bmatrix} \tag{4-13}$$

距离系数：把 n 个样品看成 p 维空间的 n 个样品点，则样品间的亲疏程度可用它们的距离来衡量。第 i 个样品与第 j 个样品间的欧式距离为

$$d_{ij}^{s} = \left[\sum_{k=1}^{p} (x_{ik} - x_{jk})^2 \right]^{\frac{1}{2}} \tag{4-14}$$

d_{ij}^{s}越小，表示两样品的相似程度越大，反之则相似程度小。这样可以得到距离系数矩阵 $\boldsymbol{D}^s$，据此对样品、变量进行聚类分析。

$$\boldsymbol{D}^S = \begin{Bmatrix} d_{11}^s & d_{12}^s & \cdots & d_{1n}^s \\ d_{21}^s & d_{22}^s & \cdots & d_{2n}^s \\ \vdots & \vdots & \vdots & \vdots \\ d_{n1}^s & d_{n2}^s & \cdots & d_{nn}^s \end{Bmatrix} \tag{4-15}$$

相似系数：把样品看成 P 维空间的向量，第 i 个样品与第 j 个样品间的夹角的余弦 $\cos Q_{ij}^{s}$称为此两样品的相似系数：

$$\cos Q_{ij}^{s} = \frac{\left(\sum_{k=1}^{p} x_{ik} x_{ik} \right)}{\sqrt{\sum_{k=1}^{p} x_{ik}^2 \sum_{k=1}^{p} x_{jk}^2}} \tag{4-16}$$

$\cos Q_{ij}^{s}$的取值范围为［-1，1］，其值越接近 1，说明两样品相似程度越高。把所有样品间的相似系数都计算出来得到样品的相似系数矩阵 $\boldsymbol{Q}^{s}$，据此可对样品、变量进行聚类分析。

$$\boldsymbol{Q}^{s}=\begin{bmatrix}\cos Q_{11}^{s} & \cos Q_{12}^{s} & \cdots & \cos Q_{1n}^{s}\\ \cos Q_{21}^{s} & \cos Q_{22}^{s} & \cdots & \cos Q_{2n}^{s}\\ \vdots & \vdots & \vdots & \vdots\\ \cos Q_{n1}^{s} & \cos Q_{n2}^{s} & \cdots & \cos Q_{nn}^{s}\end{bmatrix} \tag{4-17}$$

（2）聚类的步骤。

相似性统计量准备好以后，可据它对样品（变量）进行相似性聚类，最后形成谱系图。聚合归类时一般应遵循以下原则：

①数据转换。原始数据的量纲或量级可能不一致，需要对原始数据进行转换，以免突出某些数量级大的指标的作用；

②若选出的 1 对样品在已经分好的组中都未出现过，则把它们形成 1 个新组；

③若选出的 1 对样品中，有 1 个出现在已经分好的组里，则把另 1 个也加入该组；

④若选出的 1 对样品，分别出现在已经分好的 2 组中，则把这 2 个组连接在一起；

⑤若选出的 1 对样品都出现在同 1 个组中，则不需再分组。

按照上述原则反复进行，直到将所有样品（变量）都聚合完毕为止。

聚类分析方法是数据挖掘中的一种有效的非监督机器学习算法，其算法分类包括层次聚类、分割聚类、密度型聚类及网格型聚类等，其中分割聚类算法中的 K-means 聚类为常用的快速聚类划分算法，在给出先验认识分类数 K 的前提下，可快速处理密集数据集，其中心点算法改进了离散型与连续型数值属性的混合聚类，对于庞杂的地质数据聚类划分效果较好，且该方法受奇异值、相似测度和不合适的聚类变量的影响较小，对于不合适的初始分类可以进行反复调整。

4）判别分析

主要是在聚类分析基础上，拟合聚类参数特征值的判别函数关系式，具体包括距离判别、贝叶斯判别、逐步判别与典型判别 4 种应用较广泛的分类方法（唐俊等，2012）。

（1）判别分析前提假设。

①预测变量服从正态分布。

②预测变量之间没有显著的相关性。

③预测变量的均值和方差不相关。

④预测变量应是连续变量，因变量（类别和组别）是离散变量。

⑤2 个预测变量之间的相关性在不同类中是一样的。

（2）判别分析的步骤。

假设有 n 个样品，p 个变量。

①计算每个变量的均值和方差，进行数据标准化。

$$\overline{x_{l}}=\frac{1}{n}\Big(\sum_{k=1}^{N}x_{ik}\Big) \tag{4-18}$$

$$S_{ij} = \frac{1}{n}\sum_{k=1}^{n}(x_{ik} - \overline{x_i})(x_{jk} - \overline{x_j}) \tag{4-19}$$

$$x'_{ij} = \frac{x_{ij} - \overline{x_i}}{\sqrt{S_{ij}}},\ (i,\ j = 1,\ 2,\ \cdots,\ p) \tag{4-20}$$

②求自相关系数矩阵 $\boldsymbol{R}=(r_{ij})_{P \cdot P}$，其中：

$$r_{ij} = \sqrt{s_{ij}s_{ii}s_{jj}}(i,\ j = 1,\ 2,\ \cdots,\ p) \tag{4-21}$$

③求 $\boldsymbol{R}$ 的特征值 $\lambda_1 \geqslant \lambda_2 \geqslant \cdots \geqslant \lambda_p$ 及对应的特征向量 U_1，U_2，…，U_p，其中：

$$U_i = (U_{1i},\ U_{2i},\ \cdots,\ U_{pi}),\ (i = 1,\ 2,\ \cdots,\ p) \tag{4-22}$$

④计算 $b_{ij} = \mu_{ij}\sqrt{\lambda_j}$，$(i,\ j = 1,\ 2,\ \cdots,\ p)$。

⑤计算加权系数 $a_j = \frac{1}{p}\sum_{i=1}^{p} b_{ij}^2$，$(i,\ j = 1,\ 2,\ \cdots,\ p)$。

⑥令 $\boldsymbol{B}=(b_{ij})_{pp}$，$\alpha=(a_1,\ a_2,\ \cdots,\ a_p)$，计算 $\boldsymbol{B}(\boldsymbol{B}^T\boldsymbol{B})^{-1}\alpha$。

⑦计算综合判别函数 $y=x^TB(B^TB)^{-1}\alpha$，x^T 为标准变量。

⑧检验聚类分析的结果。

距离判别法简单实用但对于每个研究总体的先验概率缺乏考虑，错判概率较高影响分类精度。贝叶斯判别在距离判别的基础上进一步考虑了判别总体的先验概率及错判损失，判别效果相对理想，但其缺陷是总体分布须符合正态分布且协方差矩阵不等无法检验正确性。逐步判别法每一步均需要检验，将判别分类能力最强的变量引入判别函数，如果判别变量个数太多，会影响估计的精度，且对迭代运算量要求较高。典型判别法以多总体的 Fisher 判别法应用较为广泛，其判别思想是根据方差分析的思想建立一种能较好区分各个总体的线性判别法，不需要数据集必须服从正态分布，集中寻找一个最能反映数据分组间差异的投影方向，实质是寻找线性判别函数 $Y(x)=c_1x_1+c_2x_2+\cdots+c_nx_n$，在聚类分析得出 K 个总体对应中心向量 μ_1，…，μ_k，应用线性判别函数满足同一数据分组内方差最小，不同类数据组间方差最大，即“类内紧凑、类间分离”原则，该判别方法简化了判别计算迭代过程，可对未知数据集形成最佳定量分类。

5）模糊数学

模糊数学是研究和处理模糊体系规律性的理论和方法，它把普通集合论中仅取 0 或 1 两个值的特定函数，推广到［0，1］区间取得隶属函数，把绝对属于或不属于扩张为更加灵活的渐变关系，因而便于把中介过渡的模糊概念用数学方法进行处理。

利用模糊数学综合评价火山岩储层，首先要建立因素集、评价集、权重集三个要素集。为了使各项因素在评价中都发挥作用，必须建立因素集与评价集之间的关系，因此，定义从因素集到评价集的模糊映射为储层综合评价的变换矩阵：

$$\boldsymbol{R} = (r_{ij})n \times n = \begin{bmatrix} r_{11} & r_{12} & \cdots & r_{1m} \\ r_{21} & r_{22} & \cdots & r_{2m} \\ \vdots & \vdots & \vdots & \vdots \\ r_{n1} & r_{n2} & \cdots & r_{nm} \end{bmatrix} \tag{4-23}$$

由各项因素在储层综合评价中的作用组成的权重集矩阵与储层综合评价的变换矩阵，经模糊变换合成后，得到储层综合评价矩阵：

$$\boldsymbol{B}=\boldsymbol{A}\cdot\boldsymbol{R}=(b_1,\ b_2,\ \cdots,\ b_i)$$

式中　$\boldsymbol{B}$——评价等级上的等级模糊子集；

$\boldsymbol{A}$——由各因素所占比重组成的集合；

b_i——第 i 个评价等级对储层综合评价所得等级模糊子集的隶属度。

评价时，依据最大隶属原则，选择最大的隶属度所对应的第 i 个评价等级作为储层综合评价的结果。应用模糊数学对储层综合评价的关键是构造隶属函数和确定权重。

龙湾筒凹陷侏罗系发育一套火山岩储层，储层岩性为安山岩和火山碎屑岩，储集空间主要为裂缝和孔隙，在对该储层进行综合评价时，选取了与火山岩油气藏产能最密切的3个参数：储能丰度、渗透率和孔喉半径中值，建立起储层综合评价标准，利用模糊数学原理采用降半梯形法，构造了储能丰度、渗透率、孔喉半径中值3个评价指标对3个储层评价等级的隶属函数，选择出了合适的模糊合成因子，从而对龙湾筒凹陷侏罗系九佛堂组火山岩储层进行了综合评价。

3. 火山岩储层现有分类评价标准

火山岩储层研究过程中，关于火山岩储层分类评价标准有以下几种标准（表4-11）：

（1）中国石油天然气总公司油气田开发专业委员会（1994）基于克拉玛依油田、辽河油田和胜利油田等一系列火山岩油藏储层特征建立的储层分类评价标准，选用有效渗透率、比采油指数、有效厚度、基质有效孔隙度、基质空气渗透率和平均孔喉半径等参数，划分出Ⅰ类储层、Ⅱ类储层和Ⅲ类储层。

（2）徐正顺（2008）针对徐家围子断陷徐深气田提出开发阶段储层分类评价标准，选用地质指标（孔隙度、渗透率、平均孔喉半径和岩石密度）、产能动态指标（采气指数、稳定产能和井控储量），同时结合了测井有效厚度分类标准（孔隙度、岩石密度和含气饱和度）和地震分类标准（岩石密度和声阻抗值），划分出Ⅰ类储层、Ⅱ类储层和Ⅲ类储层（包括Ⅲ_1和Ⅲ_2两个亚类）。

（3）兰朝利等（2008）在徐正顺等（2006）分类基础上，舍弃了有效厚度和采气指数参数，增加了岩性、岩相、储集空间和产状等定性描述参数，提出针对徐家围子断陷兴城地区营城组火山岩气藏储层的分类评价标准，对Ⅲ类储层物性下限值进行了调整。

（4）王璞珺等（2008）提出的勘探阶段火山岩储层评价试用标准。

表4-11　火山岩储层基性物性分级和储层分类评价标准（据黄玉龙，2007，有改动）

分类标准	《油气储层评价方法》（ST-T 6285—2011）	徐正顺等，2008	兰朝利等，2008	王璞珺和冯志强，2008
孔隙度分级界限（%）	高孔隙度≥15 较高孔隙度 10~15 中孔隙度 5~10 低孔隙度 3~5 特低孔隙度≤3	高孔隙度>10 中孔隙度 5~10 低孔隙度<5	高孔隙度 >10 中孔隙度 5~10 低孔隙度 3~5	高孔隙度>6 中孔隙度 3~6 低孔隙度<3

续表

分类标准	《油气储层评价方法》（ST-T 6285 -2011）	徐正顺等，2008	兰朝利等，2008	王璞珺和冯志强，2008
渗透率分级界限（mD）	高渗透率≥10 较高渗透率 5~10 中渗透率 1~5 低渗透率 0.1~1 特低渗透率≤0.1	高渗透率 >5 较高渗透率 1~5 中渗透率 0.1~1 低渗透率<0.1	高渗透率>5 中渗透率 1~5 低渗透率 0.01~1	高渗透率>1 中渗透率 0.1~1 低渗透率<0.1
储层分类评价标准	Ⅰ类：较高孔隙度—较高渗透及以上 Ⅱ类：中孔隙度—中渗透 Ⅲ类：低孔隙度—低渗透及以下	Ⅰ类：高孔隙度—高渗透 Ⅱ类：中孔隙度—较高渗透 Ⅲ1 类：低孔隙度—中渗透 Ⅲ2 类：低孔隙度—低渗透	Ⅰ类：高孔隙度—高渗透 Ⅱ类：中孔隙度—中渗透 Ⅲ类：低孔隙度—低渗透	Ⅰ类：高孔隙度—高渗透 Ⅱ类：高孔隙度—中渗透 中孔隙度—高渗透 Ⅲ类：高孔隙度—低渗透 低孔隙度—高渗透 中孔隙度—中渗透 Ⅳ类：中孔隙度—低渗透 低孔隙度—中渗透 低孔隙度—低渗透

二、火山岩有效储层定量分类评价

结合准噶尔盆地佳木河组火山岩研究，通过调研对比后认为采用分割聚类与典型判别分析方法相结合的定量分类算法可保证数据有序性及稳定性，从而对储层进行快速的分类评价。

1. 分类方法与标准的选择

佳木河组非均质性较强的火山岩储层已具备较多的岩心分析化验与动态数据，对其有效储层特征也有了一定先验分类认识（孔隙结构分类），对数据集聚类抽样时可事先给出先验分类簇数 K（如分好、中、差 3 类），弥补数据集对分类簇数初值不定的敏感运算缺陷。

首先考虑不同火山岩岩性间差异性、不同岩性类型储层的储集能力，其次考虑产出能力，综合选择分类变量指标，建立火山岩油藏有效储层分类评价标准（表 4-12）。其中针对不同岩性的火山岩储层，选用 FZI 流动层指数能很好地反映储层孔隙结构特征、岩石渗流能力及不同岩性火山岩储层质量，可作为有效储层分类的有利参数，计算公式由 Kozeny-carman 方程变形后得出：

$$RQI = 0.0314\sqrt{K/\phi} \tag{4-24}$$

$$\phi_z = \frac{\phi}{1 - \phi} \tag{4-25}$$

$$FZI = \frac{QRI}{\Phi_z} \tag{4-26}$$

则：

$$\lg ROI = \lg FZI + \lg \Phi_z$$

式中 RQI——油藏品质指数；

Φ_z——孔隙体积与颗粒体积之比；

FZI——流动层指数；

K——渗透率，mD；

ϕ——孔隙度，%。

表 4-12 JL2 井区佳木河组火山岩油藏有效储层分类标准

类型	孔隙度 ϕ（%）	渗透率 K（mD）	密度（g/cm^3）	平均孔喉半径 R_p（μm）	排驱压力 P_d（MPa）	裂缝密度 n（条/m）	有效厚度（m）	流动层指数 FZI	比采油指数 J_{os} [m^3/(MPa·d·m)]	岩性	岩相	储集空间类型	聚类样本
Ⅰ	5.6~19.3（11.3）	6.2~182（127.3）	2.05~2.5（2.36）	0.5~4	0.28	1.5~6.2（3）	4~18（8）	2.64~29.16（11.55）	0.098~0.963（0.43）	安山质熔结角砾岩/角砾熔岩、气孔安山岩	溢流相（上部亚相）	裂缝—孔隙型	6
Ⅱ	1.3~22.3（10.1）	0.1~62.4（3.6）	2.14~2.6（2.37）	0.25~0.5	0.29~1.39	1~1.5（1.2）	3~20（10）	0.5~24.12（1.43）	0.098~0.392（0.153）	杏仁玄武岩、安山岩、流纹岩、安山质火山角砾岩、角砾凝灰岩	溢流相（下部亚相）、爆发相	孔隙型	201
Ⅲ	2.1~16（7.9）	0.1~33.7（3.1）	2.36~2.74（2.46）	<0.25	>1.39	<1	2~18（6）	0.09~13.34（0.99）	0.001~0.097（0.026）	凝灰岩、英安岩、英安质安山岩、细晶流纹岩	爆发相（热碎屑流亚相）、溢流相（中部亚相，致密）	微裂缝—致密型	43

注：表中数据为最小值~最大值（平均值）。

Ⅰ类有效储层以安山质熔结角砾岩为主，储层质量、渗流能力极好，试油比采油指数也较高；Ⅱ类有效储层以杏仁玄武岩、安山岩及火山角砾岩为主，储层物性次之，*FZI* 值相对变小，比采油指数与Ⅰ类相差不大；Ⅲ类有效储层以凝灰岩、流纹岩为主，储层物性变差，但压裂后仍具有一定的渗流与产出能力，介于潜力有效与有效储层之间；低于Ⅲ类分类标准的为无效储层，压裂投产基本不出或抽汲仅出水，且液量也较低。

2. 分类评价

在上述已知聚类分析所得分类标准及结果的基础上，将聚类分析中可定量计算的分类参数，如有效孔隙度、基质渗透率、密度、单井裂缝密度、*FZI*、比采油指数等引入分类判别变量，应用线性 Fisher 判别方法建立分类判别函数（表 4-13），进行快速迭代回判分析，组判别函数计算值与聚类组质心数值方差函数值最小值最接近或判别函数计算值最大值作为其判别归类属性（图 4-4）。

参与聚类与判别分析的 250 个样本中，错判 5 个，正判率达到 98%，可见所得分类判别函数结果相对可靠，对非取心井根据测井解释求取相应分类参数，代入分类判别函数进行有效储层分类识别（图 4-5），为油田开发部署提供有力的指导（图 4-6，平面图为第三期次，距佳木河组顶面 40m）。

截至 2014 年底，优先部署的 J208 井区域内共完钻 6 口直井，于 2014 年 12 月初投产 1 口开发控制井，投产初期日产油 24. 4t，含水率 22%，生产 24 天，平均单井日产油 10. 3t，日产液量与日产油量较为平稳。

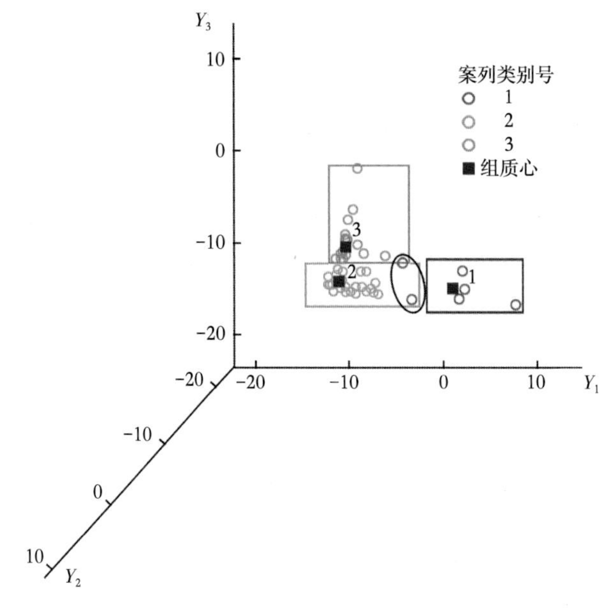

图 4-4 典型判别函数分类

表 4-13 佳木河组火山岩油藏有效储层分类判别函数（Fisher）

分类	Fisher 线性判别函数
Ⅰ	$Y_1=14.997\phi+0.982K+0.125FZI+0.156n+0.5J_{os}+650.892\rho-917.453$
Ⅱ	$Y_2=15.668\phi+0.431K+2.76FZI+0.088n+0.15J_{os}+655.948\rho-854.879$
Ⅲ	$Y_3=15.514\phi+0.403K+2.889FZI+0.004n+0.03J_{os}+654.992\rho-864.273$

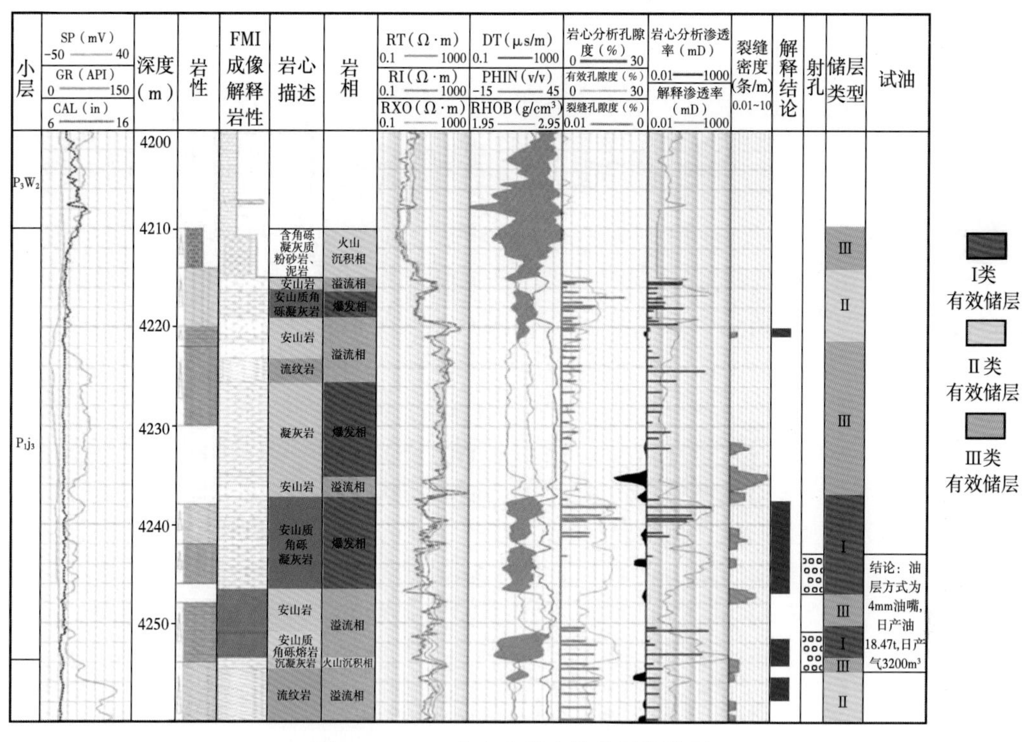

图 4-5 J213 井火山岩有效储层分类图

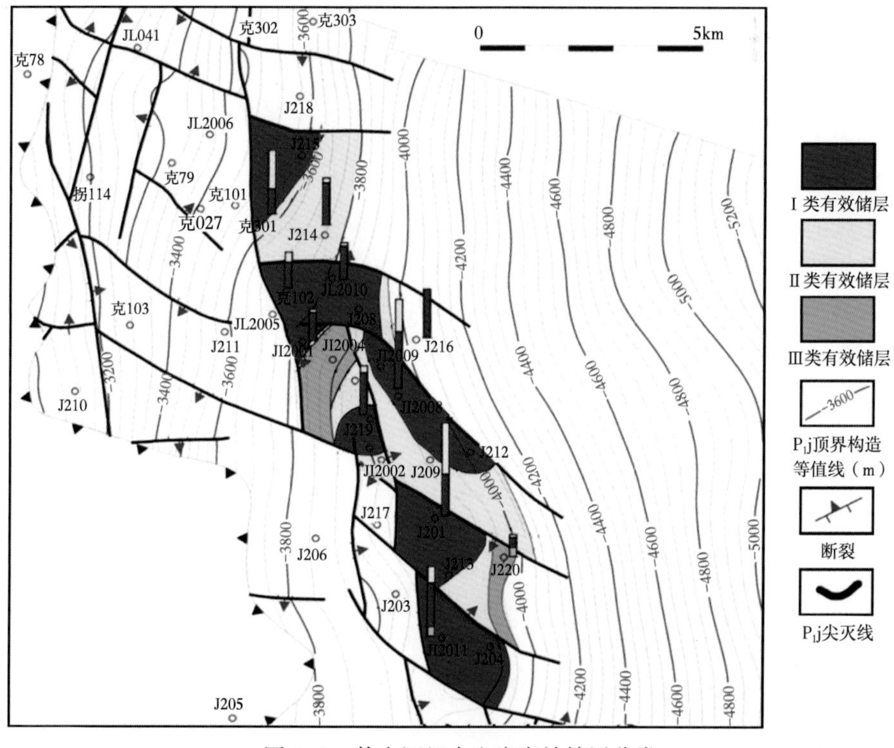

图 4-6 佳木河组火山岩有效储层分类

第五章　裂缝—孔隙型火山岩油藏地质建模研究

随着油气田勘探开发研究从定性到定量的逐步发展，三维地质建模成为储层定量研究的重要技术手段。地质建模属于地震、地质、数学与计算机等多学科综合的技术，主要包括两大方面，一为计算机图形显示，属于计算机图形学的范畴，如储层格架、岩相和属性参数展布的三维图形显示；二为井间储层参数的预测，即用已有信息预测储层参数的三维分布，这就要求有相应的建模方法。目前地质建模分为确定性建模和随机建模。

确定性建模方法主要有地震学方法、沉积学方法及地质统计学克里金方法。其中，地震学方法主要应用地震资料，利用地震属性参数，如波阻抗、振幅、层速度等与储层岩性和孔隙度的相关性进行横向储层预测，继而建立储层岩性和物性的三维分布模型。储层沉积学方法主要是在高分辨率等时地层对比及沉积模式基础上，通过井间砂体对比建立储层结构模型。地质统计学克里金方法则以变差函数为工具进行井间插值而建立储层参数分布模型。

随机模拟方法是在法国的 Matheron 教授所创立的地质统计学理论基础上发展起来的预测空间变量分布的数学方法。20 世纪 50 年代初，南非矿业工程师克里格提出了金属的分布并非纯随机，而是在空间上具有相关性，与样品的尺寸及其在矿体中的位置有密切关系。20 世纪 60 年代，Matheron 教授将克里格的经验与方法上升为理论，形成了研究区域化变量分布的基础地质统计学理论。20 世纪 70 年代，美国斯坦福大学应用地球科学系 Journel 教授在 1974 年发表的论文中，开始讨论随机模拟在矿业中的应用，在该文章中他称随机模拟为条件模拟。随后，Journel 教授在其 1978 年出版的专著《矿业地质统计学》第七章“矿床的模拟”中进一步对地质统计学理论进行了系统地阐述，并对随机模拟做了详细的讨论。到 20 世纪 80 年代，地质统计学中的克里金估值技术在理论和应用上得到了前所未有的蓬勃发展，并由此逐步发展形成应用极为广泛的系统的随机模拟理论。目前，随机模拟的方法有高斯模拟、指示模拟、序贯模拟、布尔模拟、退火模拟、分形模拟等(张慧涛，2011)。

由于火山岩岩性较为复杂，且内部结构划分比较困难，所以火山岩建模尚处于起步阶段，目前采用的还是常规的建模方法。

第一节　裂缝建模方法与研究现状

裂缝建模一直是储层地质建模的一个难点，它除了要考虑常规储层建模中的基质系统模型构建之外，还要考虑裂缝系统。裂缝建模旨在表征储层基质与裂缝的几何形态、物性参数在三维空间的分布，核心问题是构建裂缝网络系统。目前常用的裂缝建模方法大致有基于空间剖分的裂缝建模、离散裂缝网络建模、基于变差函数的裂缝建模、基于多点地质统计学的裂缝建模、基于分形特征迭代的裂缝建模、等效连续模型法等。

一、等效连续模型法

等效连续模型即双孔隙模型，是实际模拟中最常用的裂缝系统中的流体模型，其基本原理是分离裂缝网络和基质中的流体，通过传递函数来模拟这两种介质间的交换。通过这种方法，分配到模型中各个网格的等效连续属性反映了裂缝和基质的综合影响。这种方法通过典型的双孔隙度概念模型，从全局的尺度来对储层进行理想化的公式表述。在该模型中，绝大多数的流体储集在基质中，通过裂缝来实现大规模的流动。基质和裂缝间的流动通过传导函数来表示。双孔隙度模拟方法是一种近似的处理，但是它在计算量上要比 DFN 经济得多。

这个概念最早是由 Barenblatt 和 Zheltov 于 1960 年共同提出，最初的模型是一套针对裂缝和基质中微可压缩单相流的完整方程式，它们中的流体传递是在伪稳态流状态下。Warren 和 Root 于 1963 年随后提出了一种针对裂缝系统的实用模型，他们考虑了一种理想的状态，用一组相同的长方体来代表被裂缝分开的基质块体（方糖模型）（图 5-1）。该模型是一个有许多应用的框架，并且有一系列的针对传递函数评估的后续研究，同时还提到了一个新的参数：形状因子（shape-factor），该参数取决于基质块体的形状和流通机理。Kazemi 于 1976 年将 Warren 和 Root 的双孔隙模型延伸到两相流的范畴，能够解释相对流体迁移率，重力效应，渗吸作用以及地层性质的变化。Thomas 于 1983 年发展了一种三维的，三相流模型来模拟裂缝系统中油、气、水的变化。

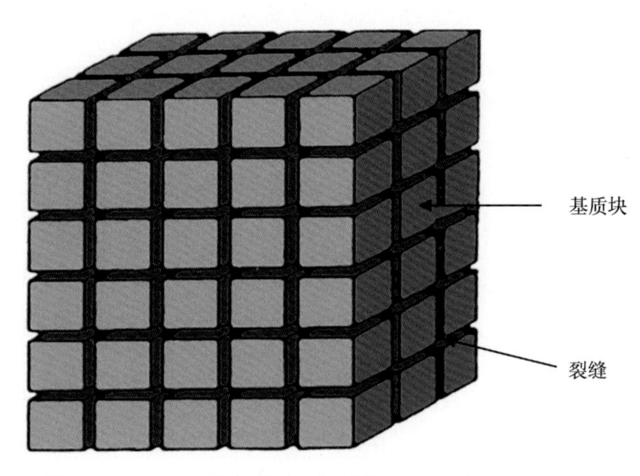

图 5-1 双重介质方糖模型（据 Warren 和 Root，1963）

之后，Blaskovich，Hill 和 Thomas 先后（分别于 1983 年、1985 年）提出了双孔/双渗模型，该模型加入了基质—基质的连通性，基质块体不再是独立的，这对整体的流体流动有贡献。该模型比双孔隙模型具有更广的适用性，双孔隙模型受到储层裂缝连通性的严格限制，而双孔/双渗模型能够模拟多种类型的裂缝系统，包括裂缝较少发育到裂缝高度发育的各种情况。因为这种模型描述了基质—基质间的连通关系，所以由相分异产生的基质块体间的流动也可以模拟。Gilman 和 Kazemi 于 1988 年提出了一种双孔/双渗模型的修订方法，该方法采用更精细的网格，同时仅在垂向上考虑重力引起的基质连通。

近年来，Donato 和 Blunt 于 2004 年提出了一种结合流线模拟技术的双孔隙模型。这种方法用流线技术来模拟裂缝中的流体传递中，同时通过传递函数来模拟流线和基质间的流体交换。相对于一般的流线技术表述毛细管作用的困难，这种流线模拟可以用传递函数来很好地模拟毛细管压力效应。

二、离散裂缝网络法

离散裂缝网络（Discrete Fracture Network，DFN）模型既可以是确定性的，又可以是随机的，主要采用许多具有一定长度、方向和面积的离散面元来表征裂缝的分布，并通过裂缝的几何形态及其传导性预测流体流动。

DFN 自 20 世纪 70 年代产生以来，一直被许多的有限元和有限差分结构方面的学者所研究。Baca 于 1984 年采用有限元的方法提出了一种针对裂缝地层中热量和溶质运移的单相流体二维模型；Juanes 于 2002 年提出了一种针对裂缝孔隙介质二维和三维单相流的普适性有限元方程；同年，Sarda 运用有线差分方法，提出了一种针对离散裂缝网络的系统程序，它通过控制反映裂缝单元和它们相对位置的节点来实现，结合裂缝和基质的局部网格加密（LGR）技术，这种方法在处理大范围内储层裂缝分布和连通性问题时更加的灵活；Matthai 于 2005 年提出了控制体积的有限元（CVFE）方法，并由此实现了一组基于三维非结构化网格的裂缝性储层两相流数值模拟；Vitel 于 2007 年提出了“管网”（pipe network）方法来构建精细或粗化的裂缝模型。运用管网技术，离散裂缝网络和角点网格可以共同离散，双管齐下。管网的节点不只代表了离散裂缝或基质块体，同时基质—基质、裂缝—裂缝、基质—裂缝的连通性也通过“管道”表述；这种方法的优势是基质系统不需要使用非结构化网格进行网格化处理。

最初，DFN 模型受限于如何能准确描述裂缝性储层及计算每一条裂缝的运算量问题。目前，随着裂缝表征技术的提高和相应软件的完善，可以实现真实的裂缝网格，该方法代表了一种针对精细地质模型的直接模拟方法。但是，针对油田尺度的流体模型，DFN 模型所需要的计算量仍然很大，特别是当流动机理复杂，各种流动方案必须考虑的时候。

三、基于空间剖分的裂缝建模

假设岩石中单个裂缝为平面多边形，所有裂缝多边形延伸后的平面便可将岩石剖分成多个岩块，即进行空间剖分。裂缝建模时，若空间剖分合理，则这些平面上的某些多边形即为裂缝。基于空间剖分的裂缝建模方法便是这种建模思路的一种实现，常用模型包括正交模型、马赛克镶嵌模型和 Veneziano 模型等。

1. 正交模型

正交模型是针对岩石裂缝系统进行几何模拟的一种建模方法，其早期应用于水文地质等领域。正交模型在实际运用中多为三维模型，开始应用时，正交模型是没有边界的，也就是说将岩石的裂缝转化为如图 5-2（a）所示的 3 个方向的无限正交面。正交面之间的距离可通过随机模拟获得。

澳大利亚塔斯马尼亚的棋盘石裂缝研究中（Robinson 等，1998），其野外露头良好，如图 5-2（b）、（c）所示，可通过野外露头测量统计不同方向的裂缝间距，在此基础上通过随机模式获得其正交裂缝模型。该方法适用范围有一定的局限性，适用于正交的高角度裂缝系统建模，而且需要裂缝的规模范围足够大。该方法的优点是简单易行，但实际裂缝系统并非都如此规整，图 5-2（d）~（f）为正交裂缝网络中的加利福尼亚州的碳酸盐岩露头剖面。之后，正交模型进行了改进，成为有边界正交模型。将正交面中［图 5-2（a）］剖分出的小网格进行编号，然后依据一定的规则选择某些小网格或小网格的一部分作为裂缝。

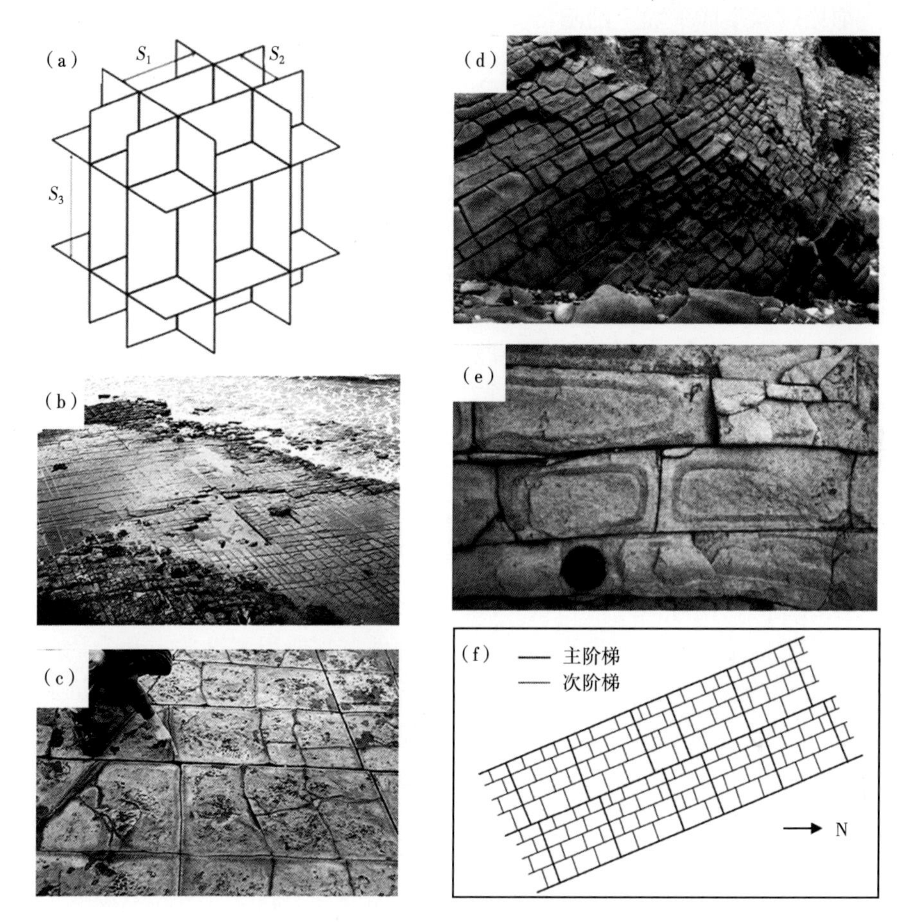

图 5-2 正交模型及与其相似露头剖面

（a）无边界正交模型；（b）、（c）塔斯马尼亚较规整的棋盘石（正交裂缝）（据 Robinson 等，1998）；（d）、（e）、（f）加利福尼亚州圣巴巴拉市碳酸盐岩露头剖面（据 Bai 等，2002）

2. 马赛克镶嵌模型

马赛克模型分为两种，一种是二维马赛克镶嵌模型，先在平面上生成一系列散点，然后通过相邻两点的中垂线将平面分割成彼此镶嵌的凸多边形“马赛克”，当给予每个多边形一定高度后便可形成三维马赛克镶嵌模型，裂缝就是多边形柱状体的相邻面，这种方法比较适用于模拟柱状节理。

另一种是三维马赛克，三维马赛克的形成首先在空间中生成一系列散点，通过相邻两点的中垂面将三维空间剖分维彼此镶嵌的凸多面体“马赛克”，这样岩石被切割成断块或基岩岩块，按照一定的规则在这些凸多面体中选一些面作为裂缝，由此形成的裂缝网络即为所得的裂缝模型。大部分野外露头及岩心的裂缝更适合采用三维马赛克模型。在利用这种方法建立裂缝模型时，生成平面和空间中的散点十分关键，因为它直接决定了模型是否可用。

3. Veneziano 模型

1978 年，Veneziano 提出了 Veneziano 模型，也叫泊松平面模型（Poissonflat model），其建立过程所示，可分为三步：（1）泊松面过程，在空间中生成随机平面；（2）泊松线过程，通过泊松过程生成平面上的随机直线，将平面分割成多边形集；（3）依概率选取多边形作为裂缝面裂缝密度决定了 Veneziano 模型生成、主应力走向及研究区的整体裂缝密度决定了步骤（1），前面提及的正交模型、马赛克镶嵌模型均可视为 Veneziano 模型的一种特例。

随着建模技术的发展，以下学者陆续对该模型做了完善和改进：Dershowitz 等将该模型的后两步进行了改进，提出了 Dershowitz 模型。Einstein、Ivanova 等则在 Veneziano 模型的基础上通过将多边形进行旋转及筛选等操作将 Veneziano 模型转换为离散裂缝网络模型。Ivanova 等也尝试对步骤（2）进行改进，使用 Voronoi 图法将平面进行剖分，提高了生成符合条件的裂缝多边形的效率。Mosser 等也对该模型进行了研究，认为直接利用泊松线过程建立的裂缝模型过度估计了裂缝的连通性，并且针对此问题提出了 STIT 方法。STIT 方法在泊松线过程的基础上，对其剖分出的网格进行进一步剖分，Mosser 等认为该方法可以缓解过度估计裂缝连通性的问题。

四、基于变差函数的裂缝建模

基于变差函数的建模方法相对比较成熟，如序贯指示模拟、序贯高斯模拟等。这些方法已经得到了广泛的应用，目前主流的地质建模软件也都使用了这些方法。因为变差函数是基于两点进行统计的，不适用于表征复杂对象的几何形态，但是并不能够因此就给基于变差函数的建模方法“画上句号”。基于变差函数的裂缝建模方法有严谨的数学理论作基础，输入参数相对简单、运算速度快，现已经积累了丰富的应用经验。

基于变差函数的建模方法主要应用在沉积相、储层物性等建模中广泛应用（吴胜和，2010）。很少应用在裂缝建模中，而且国外研究较多，国内则相对少。变差函数可以表征空间中不同位置裂缝的相关性（Dowd 等，2007；Xu 等，2006），因此不少研究人员也尝试将其应用于裂缝建模。目前，大部分工作是在 Baecher 模型的框架内展开的，也就是利用变差函数模拟裂缝密度或确定裂缝位置，即代替点过程确定裂缝位置。Dowd 等（2017）、Xu（2006）等利用截断高斯指示模拟和截断多高斯场截断模拟对裂缝位置进行了模拟，并结合示性过程进行裂缝建模，模拟结果表明如果裂缝系统相对简单，则截断高斯指示模拟更加适用，如果是对复杂裂缝系统中裂缝位置进行模拟，截断多高斯场截断模拟则更好。

基于变差函数建立裂缝模型，需明确以下三点：

（1）确定小平面中心。这种不直接模拟裂缝，而是首先生成尺度较小的小平面，然后再把这些小平面连接成最终裂缝面。之后，在确定裂缝中心时，先将储层进行网格化，利用序贯高斯模拟（SGS）模拟每个网格的裂缝密度，结合裂缝密度通过随机过程在各网格中确定是否有小平面中心；若有，则确定其中心位置。

（2）确定小平面走向和方位角。将走向和倾角划分为多个区域，并进行指示变换，通过普通克里金计算某个小平面中心位置处，随后再根据该区域内裂缝的走向和方位的分布函数随机生成裂缝走向和方位。运用普通克里金插值计算时，引入了主成分分析以便减少计算量。

（3）将小平面连接形成裂缝面。首先判断两个小平面是否连接，判断方法有两种，一种是通过两个小平面的走向差、倾向差和小平面中心距离判断是否连接，第二种是通过投影后的走向差和中心距离来判断两个小平面是否连接。随后将孤立的小平面转换成圆盘，作为孤立裂缝，将相互连接的小平面连接成裂缝面，可以直接将小平面中心连接成不规则三角形格网（TIN），也可以根据小平面的走向、倾角的均值计算裂缝面，并用小平面的包络作为裂缝面的边界，最终生成裂缝模型。

五、基于分形特征迭代的裂缝建模

基于分形特征迭代（Qiao，2005，2014）的裂缝建模的常用方法有迭代函数系统、L-Sysytem、谢尔宾斯基三角形等。

迭代函数系统（IFS）将待生成的图像被看作是由许多与整体相似的（自相似）或者是经过一定变换后与整体相似的（自仿射）小块拼贴而成。而裂缝网络也具有自相似性或自放射性，所以也可用 IFS 进行裂缝网络模拟。Acuna 等（1991，1995）利用 IFS 对二维、三维裂缝系统进行建模，如图 5-3（a）、（b）所示，该方法首先对初始点群进行一系列迭

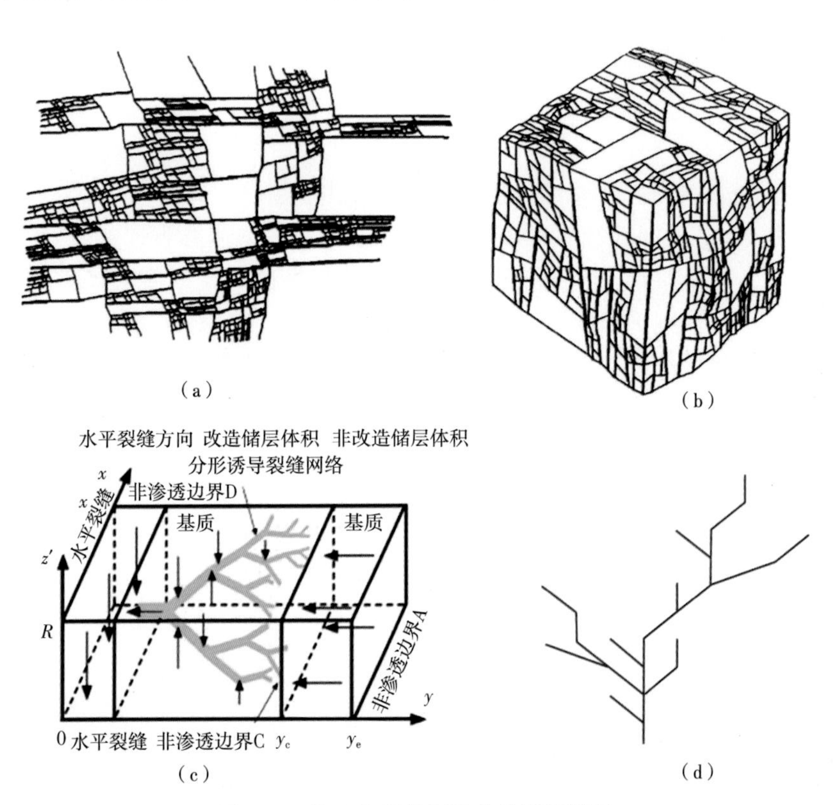

图 5-3 基于分形特征迭代的裂缝模型

（a）二维 IFS 模型（Fan 等，2017）；（b）三维 IFS 模型（Fan 等，2017）；（c）三维分形诱导裂缝网络示意图（Acuna 等，1995）；（d）二维 L-Sysytem 模型（据 zhou 等，2016）

代数值变换，随后每次迭代中，应用该系统中的函数对点群进行转换、映射、旋转、收缩、扭曲。当图像中的点群符合分形目标时便终止迭代，此时即可获得最终裂缝分布图像。也有学者将 IFS 应用于油气藏天然裂缝网络建模，方法实施包括三部分：（1）裂缝网络的迭代生成，根据生成模型的分形维数 Df 与实际地层裂缝参数空间 Dr 的分形维数的差异决定迭代发生器的选择和迭代的终止；（2）裂缝网络中流体流动的有限元模拟；（3）通过与试井资料的匹配关系，利用模拟退火算法优化 IFS 参数，进而优化天然裂缝网络的几何结。

L-Sysytem 是描述植物生长的数学模型，其基本思想可解释为理想化的树木生长过程：从一条树枝（种子）开始，发出新的芽枝，而发过芽枝的枝干又全部发新芽枝，直至最后长出叶子。该过程与裂缝生长过程较为相近，故可尝试应用于裂缝建模。根据 L-Sysytem 的基本思想，先建立二维树的数学模型：从树干开始，然后沿着树干逐渐扩展到连接的树枝，再以递归的方式进行同样的过程，该过程持续到最终分枝。Zhou 等（2016，2017）结合微地震数据、生产数据对非常规储层中的裂缝系统利用 L-Sysytem 进行模拟，该方法将微地震数据解释为与之匹配的分形网络，进而解释复杂裂缝网络的分叉及多尺度特征。注水诱导裂缝的形成过程近似“从树干逐渐扩展到连接的树枝”，因此也有学者尝试将其应用于注水诱导缝的模拟。Fan 等（2017）基于分形特征对分形诱导裂缝网络进行模拟，并结合数值模拟进行了验证。

六、存在的问题

通过对裂缝性储层表征和建模国内外研究现状的分析，认为裂缝建模研究尚需要改进和加强。

（1）加强野外露头研究，总结天然裂缝发育模式。尽管已有众多学者对裂缝的野外分布规律做了大量的研究，但多是一些定性和半定量的工作，能够表征裂缝发育的系统的、全面的量化参数还没有得出。今后的露头研究可从岩性、岩层厚度、风化作用、成岩作用、断裂褶皱作用及区域构造作用等方面探讨各种因素如何控制裂缝发育，结合裂缝地层学理论，寻找定量化的规律，为裂缝建模中各类参数设置提供依据。

（2）加强微观裂缝研究，完善微观渗流理论。既要从宏观的露头中寻找裂缝的发育规律，也要从微观的角度研究裂缝，利用数字岩心技术，在孔隙级别上研究多重介质的渗流机理，为从微观角度提高油气采收率打下基础。张开的微裂缝已被越来越多的研究证实存在于泥页岩等非常规储层中，但证明其存在的小尺度的张开裂缝也被怀疑是在岩样卸载的情况下产生的，这两种矛盾的观点表明了微裂缝研究的不成熟，其在储层中所扮演的角色并未被系统有效地研究过。

（3）加强地球物理新技术新方法的研究，与岩石物理方法相结合，从本质上提高裂缝表征和预测的精度。目前，成像测井结合叠前方位角各向异性分析技术依然是裂缝表征和预测最为可靠的方法，放射性测井、横波测井及多分量转换波预测技术由于资料难于获取、缺乏相应软件等原因还未能大规模运用。同时，应将测井、地震和岩石物理相结合，利用岩石物理模型、岩石三轴实验、纵横波地球物理资料综合研究岩石的抗压性和抗张性，分析各类力学参数对裂缝发育程度的反映，以指导裂缝预测和评价。

（4）加强动态资料在裂缝研究中的运用，深化动态裂缝对油气开发的影响。天然裂缝发育特征对油藏开发中井位部署、试井及开发方案的制订来说至关重要，反过来，裂缝的存在是造成裂缝性油藏开发过程中含水率上升、水淹水窜、油井见水不均、采收率低的主要原因。利用动态开发资料可对裂缝发育情况进行评价，还可对裂缝预测结果进行有效验证。同时，动态裂缝的存在对油藏开发有利有弊，对于动态裂缝的研究需从定性分析转换到定量评价阶段，定量分析其对油藏开发和剩余油分布，应大力加强动态裂缝数值模拟器的研发及应用。

（5）深化网格处理技术，改进传导率函数，完善裂缝模型。工业上采用的等效连续模型是基于角点网格算法，通过对应的 *I*、*J*、*K* 序数进行关联管理，在空间上角点可发生形变，用以表达复杂的地质结构。其局限是基于基质内的压力和饱和度恒定不变的理想状态，能够模拟天然裂缝系统中大尺度的流体流动，但忽略了局部基质区域的空间变化。而基于非结构化网格的离散裂缝网络模型（图 5-4），利用达西定律准确地模拟了裂缝系统和基质系统的流动，但是由于网格数量巨大耗时长，一般只用于精细地质模型的模拟中。在未来的裂缝性储层建模研究中，如何能够将两种裂缝模型的优势互补，加强非结构化网格优化处理及传导函数的空间变化模拟势在必行。

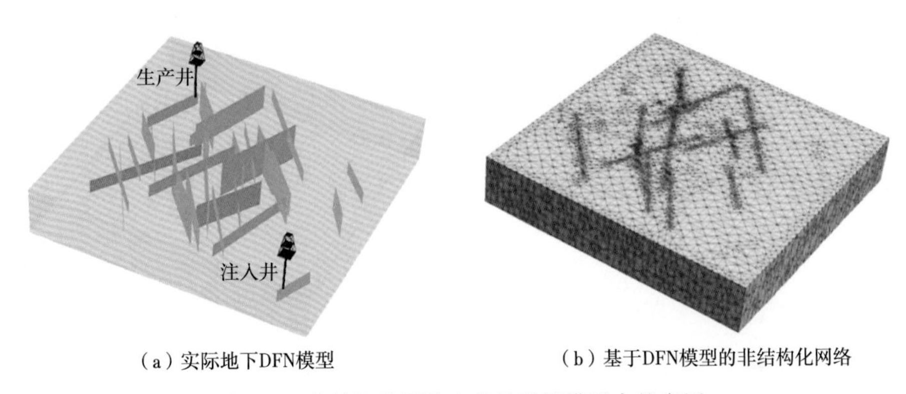

（a）实际地下DFN模型　　（b）基于DFN模型的非结构化网络

图 5-4　非结构化网格在离散裂缝模型中的应用

第二节　火山岩双重介质储层建模

地质建模作为一种油气藏储层描述与表征的基本技术手段，其核心内容是井间的储层参数模拟与预测，火山岩储层建模是一个世界性难题，其受构造作用、古地形、古气候、火山喷发条件、岩浆演化及后期的成岩作用、后生作用等影响，火山岩内幕结构复杂多样，其储层表现为孔隙、裂缝双重介质特征，非均质性强，且火山岩体内的储集空间不仅取决于岩性、火山岩相特征，还取决于火山岩内的气孔、溶孔和裂缝的发育情况及火山喷发后的风化淋滤作用，因此如何在地质模型中准确把握火山岩体的形态及储层物性的空间分布，是建模工作的最大难点。

一、常规储层建模方法

储层建模的方法目前来说主要有两种，即确定性建模和随机性建模，每一种建模方法又包含了不同的技术手段与方法。随着建模技术的不断应用，一些学者逐渐探索出新的建模方法，如多点地质统计随机模拟方法、相控建模方法等。

1. 确定性建模

确定性建模指的是根据已知确定性资料的控制点（井点）对井间未知区给出确定性的预测结果，也就是从具有确定性的控制点出发，推测井点之间确定的、唯一的、真实的储层参数。目前常用的确定性建模的储层预测方法主要有4种（胡向阳等，2001）。

1）*储层沉积学方法*

储层沉积学方法是在确定的沉积模式基础上，依靠所得到的高分辨率等时地震资料，在井间进行砂体的对比并且进一步建立储层模型（汤军，2006）。过程中要应用层序地层学知识识别关键层面，为地质模型提供大的框架，进一步结合所得到的岩心和测井资料，对比测井曲线的相似性和差异性等来完成储层模型的建立。此方法对综合知识要求较高，不适用于火山岩建模。

2）*克里金插值法*

克里金插值法指的是运用变差函数对井间未知区域进行属性（如孔隙度、渗透率等）的插值，进而建立起地质模型。相对于传统的数理统计的插值方法，克里金插值法具有明显的优势。传统的插值方法并没有考虑地质规律影响的地质属性在时空上的联系性，仅考虑了未知点与井控制点之间的距离。而克里金插值法则运用了变差函数对未知点做出最优无偏的估计（宋海渤和黄旭日，2008），更能客观反映地质规律，估值精度相对较高。总体来说，克里金插值法是一种实用有效的快速插值算法，但也有其局限性。在某些复杂的地质情况下，限于资料有效性，基于变差函数的克里金插值法很难求取准确的数据，难以拟合符合情况的理论变差函数曲线，算出的数值就不可靠。其次，克里金插值法可以保证局部估计最优，但无法保证整体数据最优，井点之外的无井控制区域误差较大。用克里金插值法开展储层建模，首先应分析地质情况及资料有效性，评价克里金插值法的适用性，尽量减小克里金插值方法井间插值的误差。

3）*储层地震学方法*

储层地震方法指的是利用地震解释资料对储层的几何形状和特征进行研究的方法。该方法主要是对井间未知区域利用地震反射特征进行横向对比研究。参考的地震数据包括层速度、波阻抗、同相轴的连续性等。目前，储层地震学方法主要包含三维地震技术和井间地震技术两种主流方法。

随着三维地震技术的发展，地震技术由只应用于构造解释向储层描述发展，使应用三维地震资料进行高分辨率储层参数反演成为可能，并逐渐形成开发地震这一新的技术。

由于三维地震平面上搜覆盖率很高，而且横向采集密度大的优点，正好弥补井网太稀、控制点不足的缺陷，开发地震成为油藏描述中必不可少的技术。近年来发展很快，新的采集、处理、解释反演技术不断出现，如千分量到多分量地震、四维地震、井间地震等。目前，利用地震属性（如振幅等）和反演得出的地层属性（如声波时差、声阻抗等）与岩心（或测井）孔隙度建立关系，反演孔隙度，再用孔隙度推算渗透度，这一方法已在普遍应用。把地震三维数据体，转换成储层属性三维数据体，直接实现了三维建模。

三维地震资料最大的缺点是垂向分辨率低，分辨率一般为10～20m。常规的三维地震很难分辨至单砂体的规模，仅为砂层组规模，其预测的储层参数（如孔隙度、流体饱和度）的稍度较低，仅相当于砂层组级别的平均值。

目前，三维地震方法主要应用在勘探阶段及早期评价阶段的储层建模，用于确定地层层序格架、构造圈闭、断层特征、砂体的宏观格架和储层参数的宏观展布。

此外，随着井间地震技术的发展，其分辨率与探测距离能更好地衔接地面地震资料解释与钻井、测井资料的多尺度信息耦合，满足地球物理学家和地质学家的关键技术需求。井间地震由于采用井下震源和多道接收排列，因而比地面地震具有更多的优点：

（1）震源和检波器均在井中，这样就避免了近地及风化层对地震波能量的衰减，从而可提高信噪比。

（2）由于采用高频震源，而且井间传感器离目标非常近，这样有利于提高地震资料的分辨率。

（3）利用地震波的初至，实现纵波和横波的井间地震层析成像，从而可准确建立速度场，大幅提高井间储层参数的解释精度。

4）*露头原型模型建模方法*

露头原型模型建模方法指的是在充分参考野外露头建立的储层模式的基础上，结合大量的高精度地震资料来完成对未知区域的地质模型建立，是一种相对可靠的建模方法，目前已有学者对火山岩储层建模时采用此种方法。

2. 随机建模

随机建模指的是运用随机函数，结合所得到的地质信息，通过随机模拟的方法得到多个可选的地质储层模型，每个模型都是对原始数据的某种反映，并且都能反映参数数据的微妙变化，模型之间的差异也可以更好地反映出受限于资料不完备的不确定性。

随机建模可以按其模拟单元分为两种（Deutsch 等，1998）：以目标为模拟单元，以像元为模拟单元。此外还有其他的分类方式：根据数据分布类型分为高斯模拟和非高斯模拟，根据参与模拟的变量数目分为单变量模拟和多变量模拟，依据模拟结果是否忠实于原始数据分为条件模拟和非条件模拟等。

1）*序贯高斯模拟方法*

序贯高斯模拟方法指的是依据随机路径依次求取各点的累计条件分布函数，并从中提取模拟数据的一种储层地质建模方法。该方法具有很突出的优点，即将每一次所得到的数据参与到了下一次的计算，从而得到较好的模拟度，且该方法相对快捷。这种模拟方法比较适合于裂缝方面的模拟。

2）*序贯指示模拟方法*

序贯指示模拟方法指的是依据不同的门限值将数据进行编码，编码为 0 和 1，然后依靠变差函数来指示变量，以得到克里格估计值。该方法虽然可以给出未知区域的变量概率分布的估计值，但是其计算速度要比序贯高斯模拟方法慢一些。大量的实践应用发现序贯指示模拟比较适合做渗透率的相关模拟计算。

3）*截断高斯模拟方法*

截断高斯模拟方法是在利用上述指示模拟方法建立一个高斯随机场的基础上，对高斯值进行截断来获取变量的模拟结果。三维连续变量分布式通过高斯域模型来建立，连续变量首先转换成高斯分布，然后应用某一连续高斯模拟方法建立三维连续变量的分布。在高斯域建立的过程中，可应用地质趋势使三维连续变量的分布更能体现地质规律。该方法简单方便，能够较好地应用于具有离散特征的储层模拟。

由于离散物体的分布取决于一系列门槛值对连续变量的截断，因此，模拟现实中的相分布将是排序的。这一方法适合于相带呈排序分布的沉积相模拟。

3. 新发展的建模技术

1）多点地质统计随机模拟方法

由于传统的两点法具有很大的缺陷，遗失了很多地质信息，所以一些学者提出了多点地质统计的模拟方法。该方法包括迭代的和非迭代的方法。目前，该方法所包含的算法主要有 2 种，即 Snesim 算法和 Simpat 算法。多点地质统计学反映地质数据的空间结构性用的是 Trainingimage，而不是简单的变差函数（尹艳树和吴胜和，2006），并且该种方法以像元为模拟单元，计算速度快，所以具有很大的优势。

2）相控模拟方法

相控模拟方法指的是建立一个沉积微相的模型并以此为限制条件进行物性参数的模拟，进一步确定储层模式的一种建模方法。在建模的过程中，会综合运用随机性建模和确定性建模的算法来确定数据。将研究区域划分为不同的网格，然后在每一个网格里计算网格节点的分布特征（胡望水等，2010）。此方法参考了沉积相的知识，因而先存的地质沉积模式的影响很大，故更贴近真实情况。

3）其他方法

我国众多学者根据所在研究区的地质特征总结了一些全新的建模方法。宋新民等（2010）通过基于“体控”的储层分类预测研究，揭示了火山岩储层的空间展布。运用体控构造建模和震控属性建模方法，建立了火山岩双重介质储层的构造、骨架、基质与裂缝物性参数模型。李长山等（2000）选取了松辽盆地徐家围子地区火山岩发育的营城组，以火山岩岩相分析为基础，以基于相分析的神经网络技术为手段，通过多种参数的选取和计算，尝试性地建立了该区火山岩储层地质模型。潘雪峰等（2014）在马朗凹陷牛东地区卡拉岗组火山岩储层研究中，综合测井与地震资料，建立该地区的构造模型、岩相模型和含油饱和度模型，应用蚂蚁体示踪法建立了裂缝分布模型。邓西里等（2015）在研究新疆 JL2 油田裂缝型火山岩油藏地质建模方法，运用“分级建模+等效处理”的思路，建立了反映断层裂缝系统特征的构造模型和反映双重介质渗流特征的等效连续参数模型。

二、火山岩储层基质建模

1. 构造建模

构造模型反映了储层的空间格架，是三维地质模型的基础，对模型的最终结果起着重要的控制作用。构造模型包括断层模型和层面模型。

1）井震结构构造建模

在构造建模中可以地震解释的层位和断层文件为基础来搭建，通过地质分层校正，保证构造模型与实际油藏特征吻合。在 XQ103 井区火山岩油藏构造建模中，将地质模型纵向网格划分为 0.5~1.0m，总层数 650 层。

该构造模型充分展示了 XQ103 井区石炭系火山岩油藏的整体构造形态、断裂展布及各个岩体之间的厚度关系等（图 5-5）。经过钻井分层数据校正的小层顶面构造，充分展示了各小层顶面的微幅构造形态与特征。构造模型为岩性建模和物性建模提供了三维框架，模型精度足可以保证综合地质研究的要求。

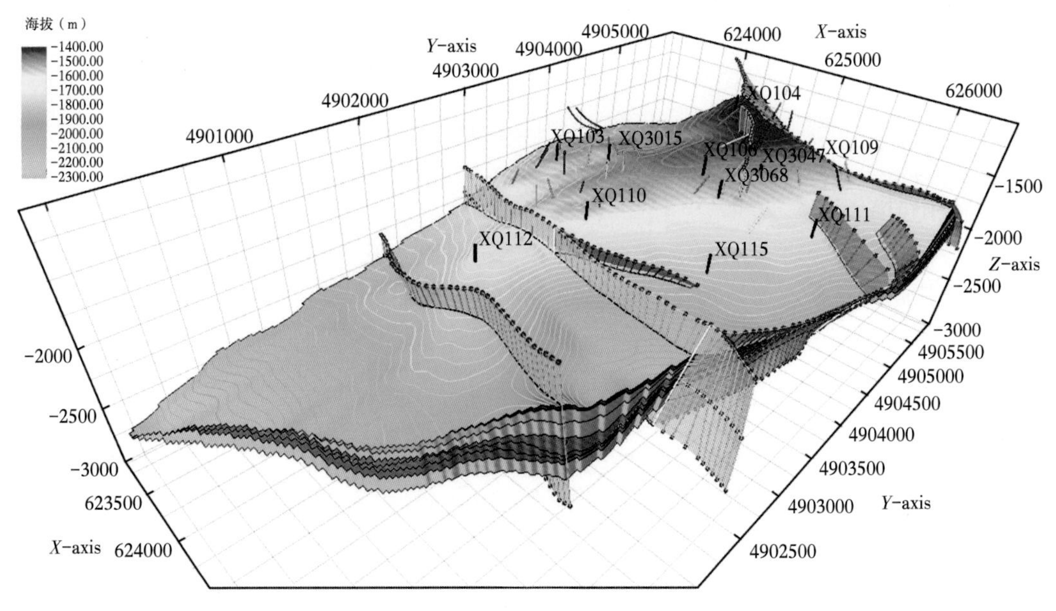

图 5-5 XQ103 井区石炭系油藏构造模型

2）体控构造建模

利用体控技术建立构造模型也是一种有效的建模方式，可以直接、有效地控制火山岩体的构造形态及其相互叠置关系。

DX18 区块火山岩体由 4 个不同时期喷发的岩体组成，由于时间上和空间上的差异，4 个火山岩岩体呈丘状分布，岩体之间存在纵向上、垂向上及侧向上等多种叠置关系，导致火山岩结构极其复杂。因此在地质模型中有效地描述火山岩岩体的空间形态和相互关系是十分关键的步骤。

在 DX18 区块，火山岩岩体顶（底）界面在地震资料上有比较清楚的显示，且可直接被追踪、解释，再通过时深转换可以得到各个岩体的顶面、底面（图 5-6）。钻井资

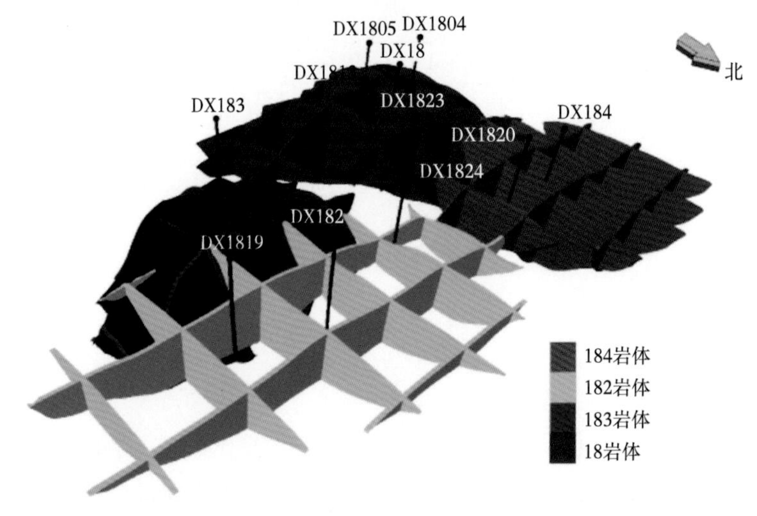

图 5-6 DX18 区块火山岩体三维形态栅状图

料显示火山岩岩体内部成层性差，岩性在横向和纵向上变化都较大，内部无法进一步细分层组。针对这种地层特征，采用了体控构造建模的方法，即将每个火山岩岩体作为一个独立的岩性体，利用地震解释获得的火山岩岩体的顶面、底面，直接在地质模型内建立岩性体的顶面、底面，内部不再细分。内部的储层分布特征由三维地震的属性参数加以控制。

2. 岩相建模

火山岩相建模还处于初级阶段，目前还没有成熟的方法和模式可以遵循。

1）序贯指示模拟方法岩相建模

从随机模拟方法的适用性研究认为，相建模可以采用序贯指示模拟方法进行研究，序贯指示模拟的最大优点是可以模拟复杂各向异性的地质现象及连续分布的极值。

在构造模型的基础上，在岩相模式的指导下，应用井资料（单井相剖面或参数）进行井间三维预测（模拟或插值），从而建立火山岩岩相的三维模型（图5-7）。为了反映出不同岩性在空间的分布，建模中以目标区火山岩的9种岩性为模拟对象。

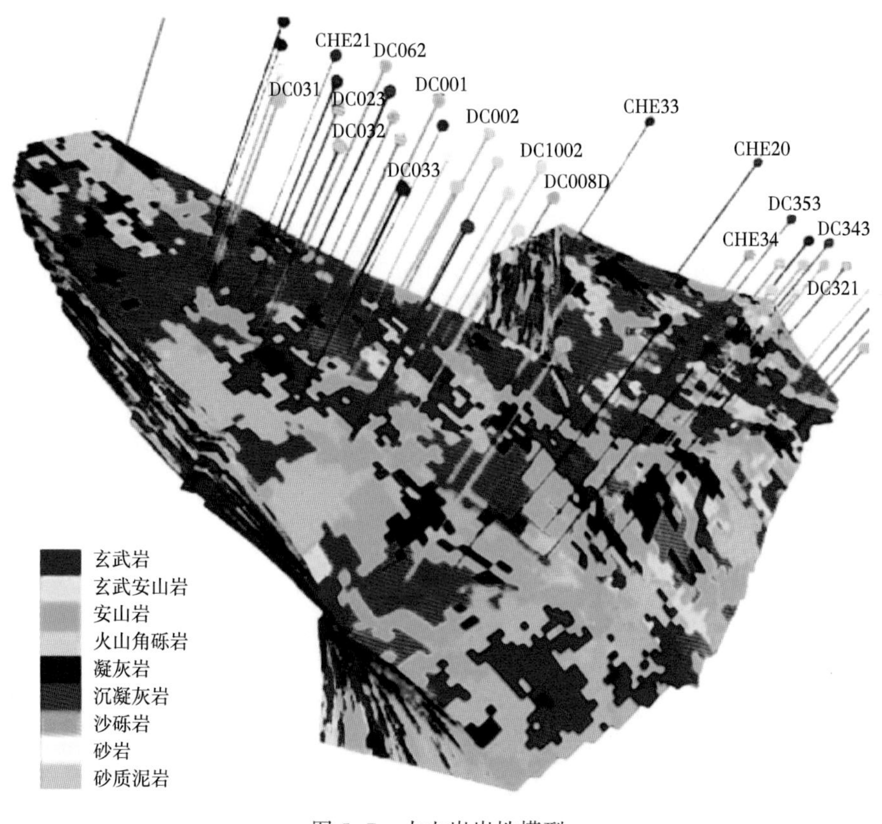

图5-7　火山岩岩性模型

2）序贯指示结合协同克里金岩相建模

基于岩性识别的约束数据（软数据），在Petrel软件中采用基于象元的序贯指示模拟方法和协同克里金方法建立了火山岩三维岩相模型，为火山岩储层合理的勘探与开发奠定基础（图5-8）。

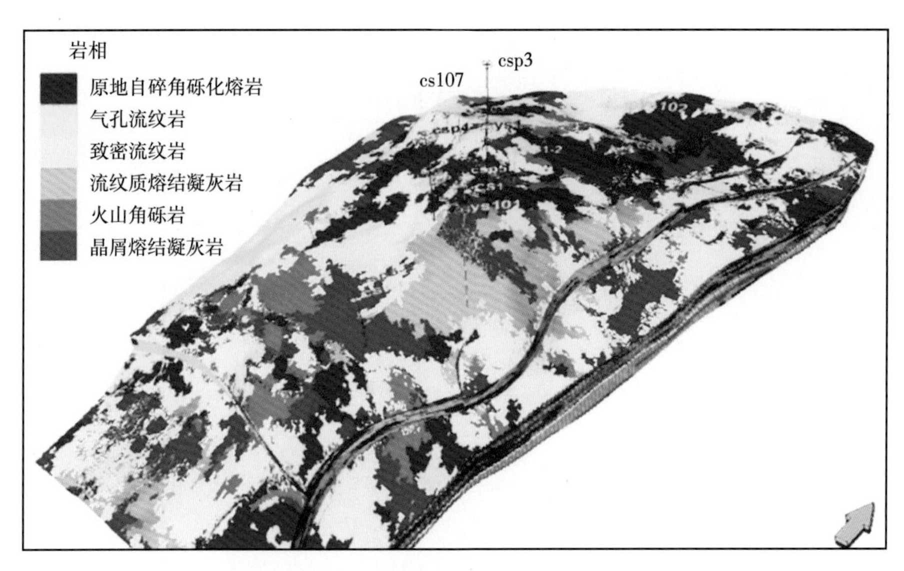

图 5-8　火山岩岩相模型（据陈克勇，2010）

3. 基质属性建模

1）相控属性建模

相模型揭示了储层大范围的非均质性，对于不同的火山岩相，其物性差异是很大的。为了深入刻画储层的非均质性，可以在相模型的基础上，采用“相控属性”的建模方法，即在建立的相模型的基础上，根据不同火山岩相的储层参数定量分布规律，分相进行随机模拟。

属性模型的建立首先对各种属性的测井解释成果数据进行分析，测井解释成果数据是建立属性模型的基础。精细解析各种属性测井数据的密度函数特征，深入揭示储层各属性的非均质性与数据分布特征，进而控制各属性模型，做到详细、精确地刻画储层的属性特征。

在确定属性数据结构的基础上，建模中为了增加井间预测的精度，尽量减少模型的随机性及误差，在建模过程中可加入各种地震数据进行约束。对于控制性地震数据的优选，可通过剖面观察和相关性图来确定。

在建立储层三维属性模型之前，需要首先完成变差函数分析。变差函数反映了变量空间相关性随距离变化的规律，在建模过程中通过对变差函数中主要参数的掌握，可以明显增加地质认识对模型的控制程度。

图 5-9 为 JL 地区佳木河组火山岩孔隙度模型。其模型是以测井解释成果为基础，根据对测井数据分析成果（主要指测井数据分享的概率密度函数特征值），结合地震反演数据分析结果，采用震控、相控双重井间控制，结合变差函数分析，应用序贯高斯随机建模方法，建立了研究层段三维属性随机模型。这样不仅保证了所建模型能充分吻合测井资料的成果数据，还使所建模型密切结合了地震、岩相的分析成果，使模型精度更高。

2）震控属性建模

震控属性模拟是利用地震属性对模型的属性插值计算进行控制，保障了模拟计算的合

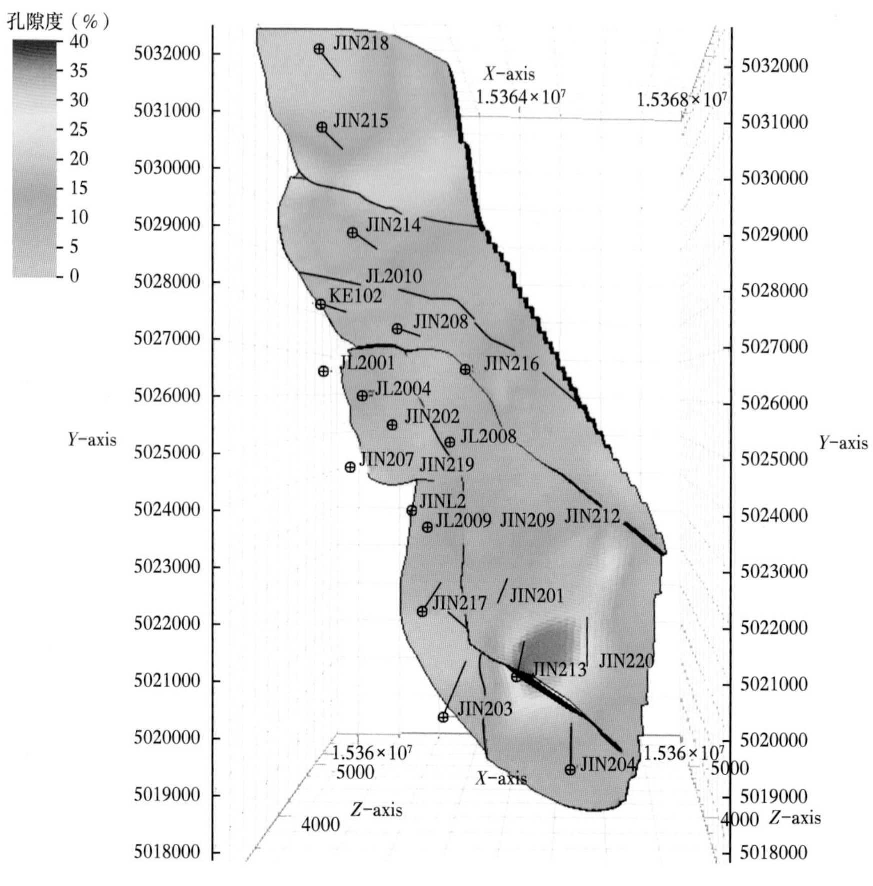

图 5-9　佳木河组火山岩孔隙度模型

理性。

对三维地震数据体进行相对波阻抗体、相干体、地层倾角体、地层倾角偏差体、瞬时带宽等特殊处理，将各属性体的过井地震道与测井曲线进行对比（宋新民等，2010）。

通过对比分析可知基质孔隙度与相对波阻抗之间具有良好的相关性；裂缝孔隙度与相干体、地层倾角体、地层倾角偏差体具一定的相关性，但相关性不好［图 5-10（a）］。采用神经网络技术，综合相干体、地层倾角体、地层倾角偏差体 3 个属性体模拟计算了裂缝分布数据体，该数据体与测井裂缝孔隙度有较好的相关性［图 5-10（b）］。

以测井解释参数作为第一变量，将地震特殊处理成果数据体作为第二变量，采用协克里金方法，进行属性模型的插值运算建立了火山岩双重介质储层构造、骨架、基质与裂缝物性参数模型，图 5-11 为火山岩岩体基质孔隙度模型。

3）基于测井曲线属性建模

采用测井曲线生成法进行属性建模，利用井筒岩石密度曲线数据建立密度模型。由于火山岩与围岩的区分十分复杂，单一测井属性不能对储层分布进行很好的描述，所以在研究中可采用多种属性进行研究，如徐岩等（2009）对昌德气田研究中采用岩石密度和伽马曲线这两种对火山岩储层较敏感参数进行建模。

在建模过程中，首先将密度曲线粗化后，进行变差函数分析，正确的变异函数估计要

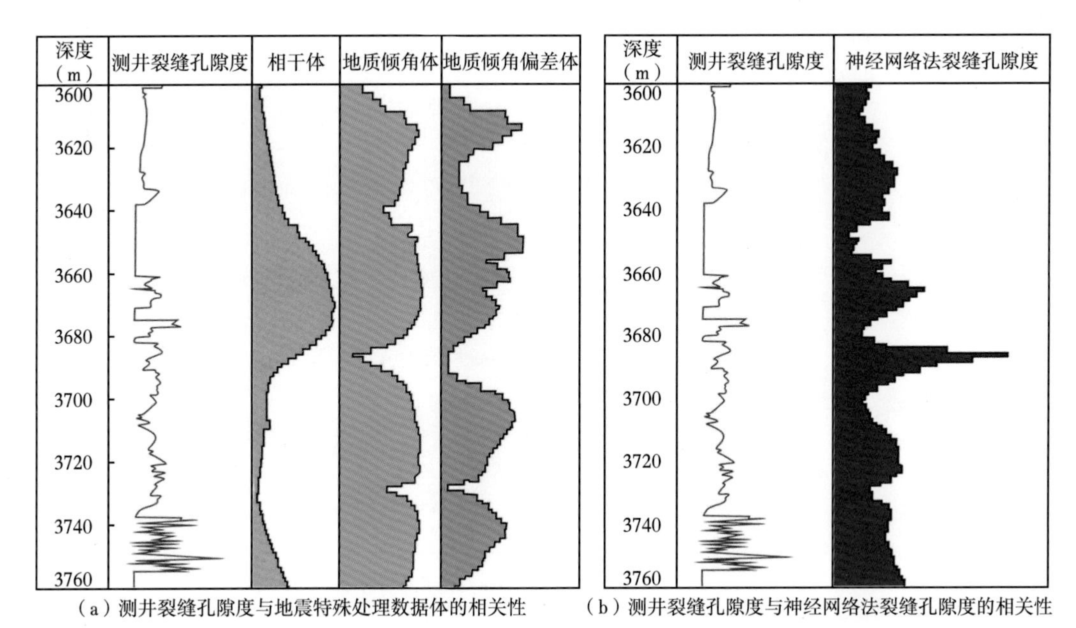

（a）测井裂缝孔隙度与地震特殊处理数据体的相关性　（b）测井裂缝孔隙度与神经网络法裂缝孔隙度的相关性

图 5-10　测井裂缝孔隙度与不同处理方法得到结果的相关性对比（据宋新民等，2010）

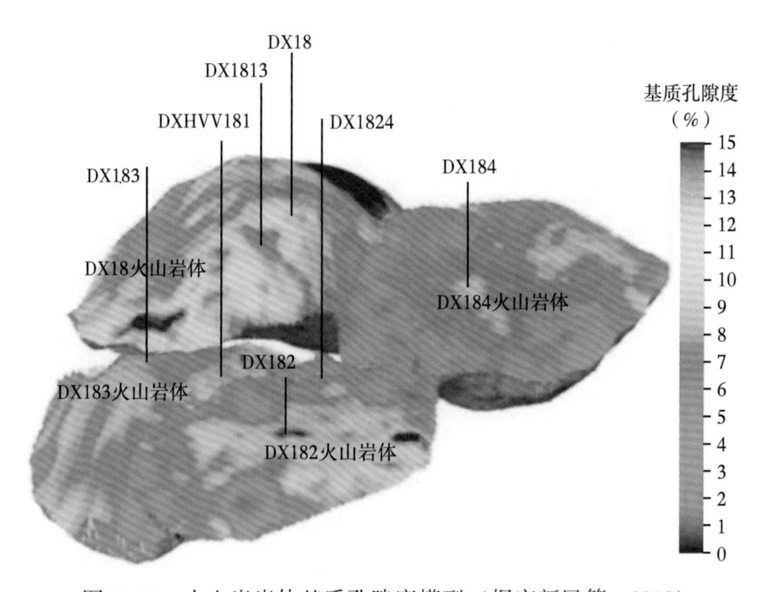

图 5-11　火山岩岩体基质孔隙度模型（据宋新民等，2010）

求对采样方式、均值变化或样品承载大小及变异函数对方位变化的敏感性做出全面的评价。接下来用密度反演体作为协变量，进行多次随机实现（徐岩和杨双玲，2009）。

4）井震和相控结合属性建模

在相控的基础上采用井震结合进行火山岩储层建模。建模时一级变量为岩相模型，二级变量为高分辨率波阻抗体，分别在纵向上和横向上加以约束（二级约束），采用协模拟方法插值，也就是用井数据作“硬”数据，用反演波阻抗属性作“软”数据约束模拟孔隙度，建立合理的孔隙度模型，图 5-12 是佳木河组火山岩储层三维孔隙度模型。

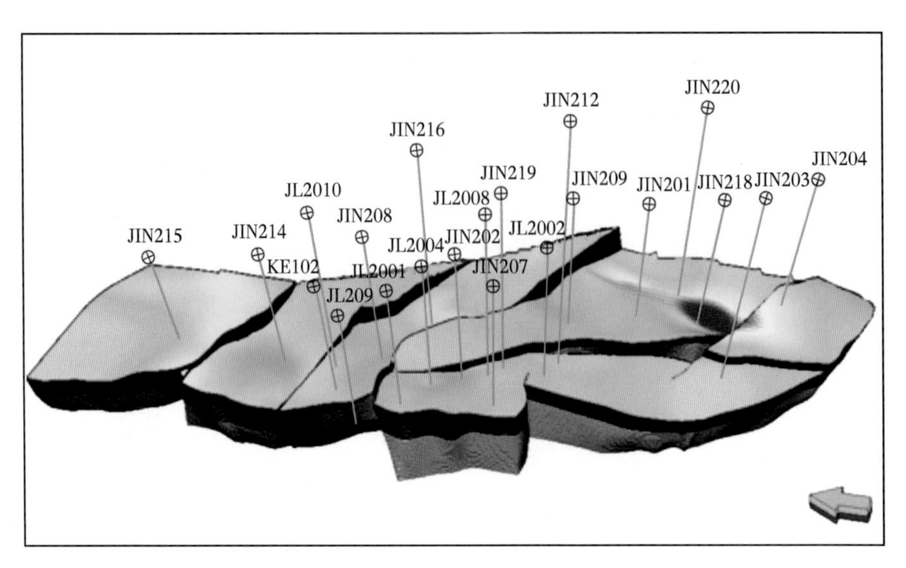

图 5-12　佳木河组火山岩储层三维孔隙度模型

三、裂缝建模

1. 裂缝等效连续模型建模

裂缝等效连续建模理论部分在前文已经进行过讲述，本部分以 JL2 区佳木河组火山岩裂缝为例进行等效连续建模说明。

首先选取 JL2 油田 JIN208 断块，运用法国石油研究院的 FracaFlow 裂缝建模软件，建立相对简单的等效连续模型并分析其效果。

JIN208 断块位于研究区的中部，南北两边则以近东西向的调节断层为界，西部则受到克 301 主干断裂控制，区内共有 4 口开发评价井。根据火山岩裂缝发育情况与至主断裂距离之间的关系，以测井解释的裂缝密度为基础，建立了反映该断块断层—裂缝系统的构造模型（图 5-13）。

传统的储层参数模型由于只有基质孔隙作为单一储集空间，喉道作为单一运移通道，所以参数模型的建立相对简单。而裂缝性储层中，裂缝与基质孔隙之间的关系复杂，Nelson 将其简化为 4 种：（1）Ⅰ类储层，裂缝提供主要的储集空间和渗流通道；（2）Ⅱ类储层，裂缝提供主要的渗流通道，基质提供主要的储集空间；（3）Ⅲ类储层，基质渗透率相对较高，裂缝起进一步增加渗流能力的作用；（4）Ⅳ类储层，裂缝被矿物充填，对孔隙度和渗透率没有贡献，这种情况下，裂缝对储层产生了严重的非均质性，在相对小的岩层内形成了流体隔挡层。

JIN208 断块内储层岩性包括火山碎屑岩和熔岩类。主要目的层段佳木河组第三期火山岩由于距离佳木河组顶部风化壳较近，属于风化壳水解带和裂缝发育带，次生孔隙及裂缝相对发育，加上原生熔岩气孔的影响，认为该区佳木河组裂缝型火山岩储层属于为第 II 类和第 III 类裂缝型储层。针对这一特点，可采用等效连续模型来代表裂缝系统，基质和裂缝间的流通通过传导率来表达，分配到模型中各个网格的等效连续属性反映了裂缝和基质的综合影响（Ⅱ类和Ⅲ类裂缝型储层）。

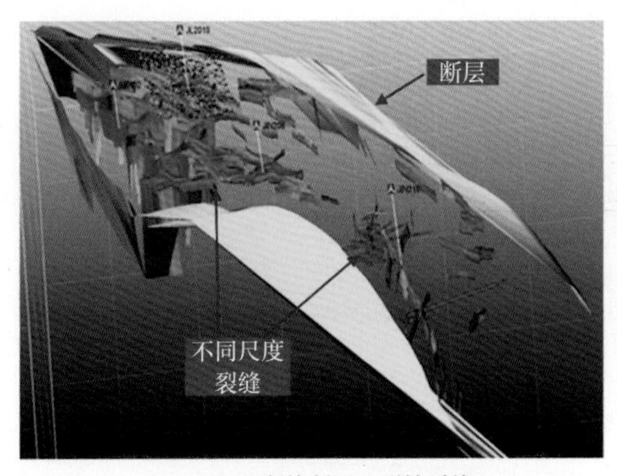

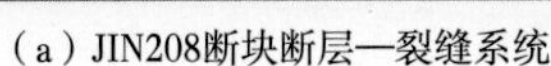
（a）JIN208断块断层—裂缝系统

（b）JIN2010井附近裂缝分布

图 5-13 JIN208 断块的构造模型

在等效模型中，假设基质被裂缝均匀切割为方块状，且基质与裂缝间的流动达到拟稳态，基质与裂缝之间传导率计算公式为

$$T_{\mathrm{mf}} = V(f_1 K_{\mathrm{m1}} + f_2 K_{\mathrm{m2}} + f_3 K_{\mathrm{m3}}) \tag{5-1}$$

式中 K_{m1}，K_{m2}，K_{m3}——基质渗透率的主值；

V——网格体积；

其中，f_1、f_2、f_3 为常系数，可通过裂缝间距计算，公式为

$$\begin{cases} f_1 = \pi^2/L_x^2 \\ f_2 = \pi^2/L_y^2 \\ f_3 = \pi^2/L_z^2 \end{cases} \tag{5-2}$$

式中 L_x，L_y，L_z——裂缝在 x、y、z 方向的平均间距。

T_{mf}与形状因子 σ 的关系为

$$T_{\mathrm{mf}} = V(\sigma \cdot K_{\mathrm{m}}) \tag{5-3}$$

其中，K_{m} 通常取基质渗透率的最大主值，定义为基质与裂缝间的传导率系数，与网格体积无关。

图 5-14 为运用该方法建立的 JIN208 断块的等效连续参数模型，可以看出：在该模型中绝大多数的流体储集在基质中，通过裂缝来进行大规模地流动。x 方向等效渗透率范围 0~1300mD，平均值为 35mD；y 方向等效渗透率范围 0~700mD，平均值为 15mD；z 方向等效渗透率范围 0~3000mD，平均值为 65mD。由于研究区裂缝类型以高角度缝为主，垂向渗透率值相对较大，同时受到最大水平主应力的影响，水平流动方向以为近东西向流动为主，这与动态认识基本一致，可以指导水力压裂措施和下一步注水开发方案的实施。

2. 离散型裂缝网络模型建模

目前，常规的三维地质建模网格类型多为角点网格。角点网格虽然在断层处理、复杂地层接触关系等方面的处理已较为完善，但其网格区域内所有的内部点都具有相同的毗邻单元，因此适用范围较窄，只适用于形状规则的图形。而非结构网格相对于结构化网格可

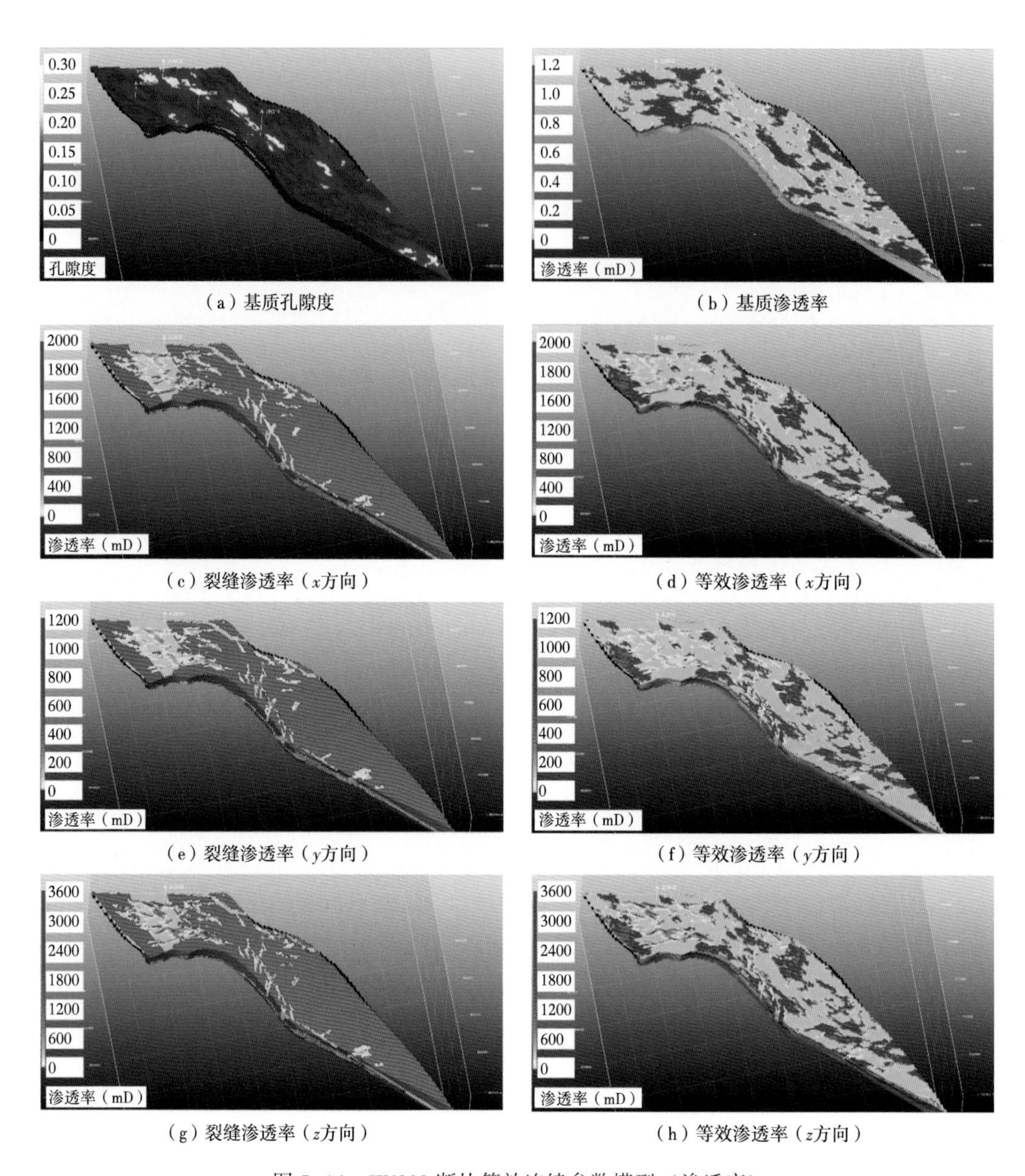

（a）基质孔隙度　（b）基质渗透率

（c）裂缝渗透率（x方向）　（d）等效渗透率（x方向）

（e）裂缝渗透率（y方向）　（f）等效渗透率（y方向）

（g）裂缝渗透率（z方向）　（h）等效渗透率（z方向）

图 5-14　JIN208 断块等效连续参数模型（渗透率）

以解决任意形状、任意连通区域的网格剖分，它包括二维的平面三角形、平面四边形、任意曲面三角形、四边形网格生成技术、和三维的任意几何形状实体的四面体网格和六面体网格生成技术。图 5-15 为两种网格在描述同一裂缝时的对比效果，可以看到在同样网格个数的条件下，非结构化网格剖分在保留裂缝的真实形态方面要大大优于结构化网格。

首先将前期经过 FMI 解释裂缝参数校正后的叠前方位角各向异性预测三维裂缝数据体（包括密度体和方位体）转换到地质网格中，生成了基于角点网格的裂缝片（图 5-16），每个网格中一个裂缝元，裂缝元的颜色代表裂缝强度，裂缝元的方向代表了裂缝的方位。

在此基础上，将裂缝元进行重构连接。重构是主要遵循相似相邻原则，即将裂缝强度

（a）原始裂缝形态

（b）角点网格处理
（500 nodes）

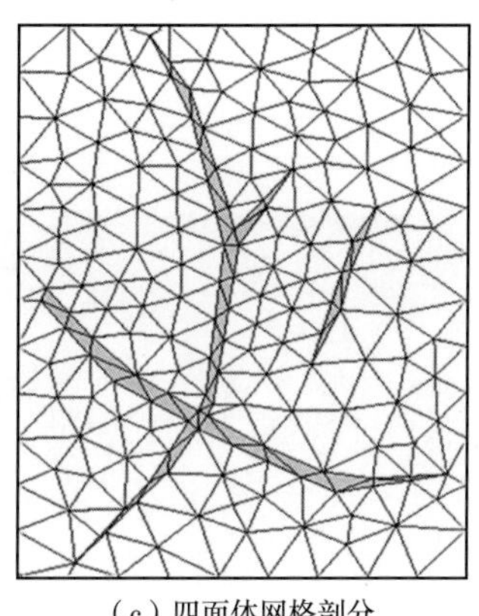

（c）四面体网格剖分
（500 nodes）

图 5-15　不同类型网格处理裂缝效果对比（恒泰艾普公司提供）

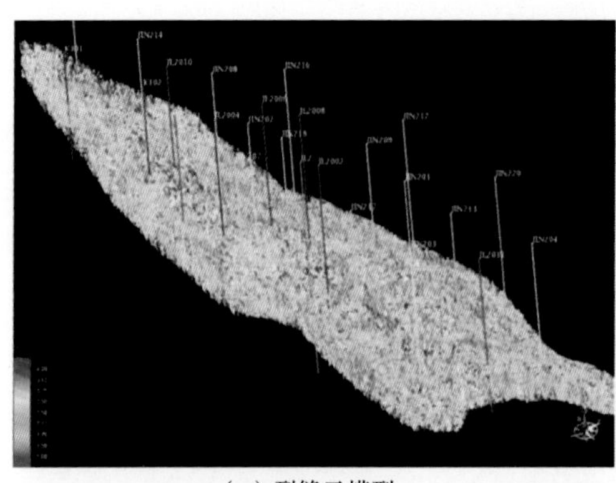

（a）裂缝元模型

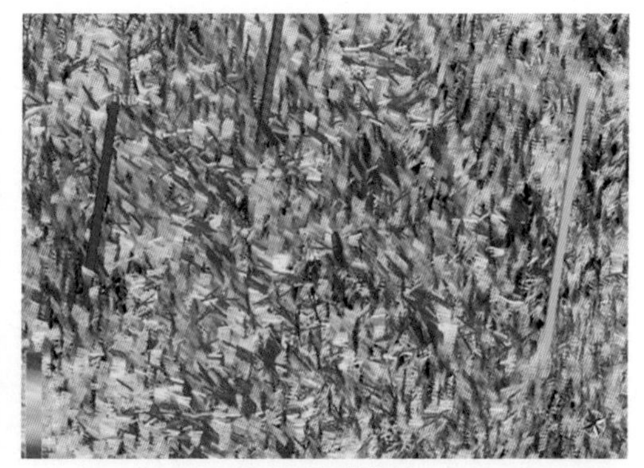

（b）局部放大图

图 5-16　JL2 油田佳木河组火山岩裂缝元模型

和方位相近的，位置上相邻的裂缝片进行连接，最终生成了基于地震预测的离散裂缝网络模型（图 5-17）。

以裂缝模型作为严格的几何约束条件，在整个模型空间内进行四面体网格剖分（四面

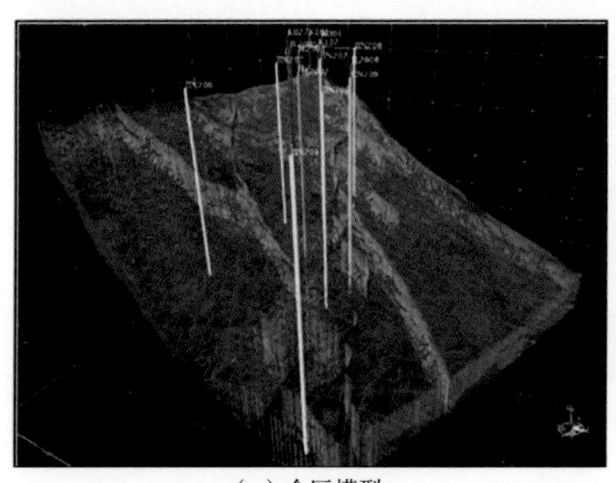

（a）全区模型

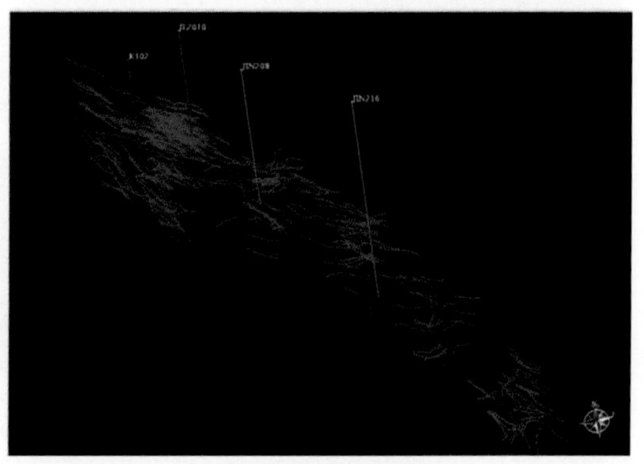

（b）JIN208断块模型

图 5-17　JL2 油田佳木河火山岩离散裂缝网络模型

体不穿过断层）。为了避免多条裂缝相交导致的复杂流体交换，在四面体剖分时对参数进行了优化（图 5-18），即在两条裂缝相交时将相交部分保留为一个独立网格，这样就避免了多条裂缝网格在同一点接触，保证了牛顿迭代方法的收敛性。

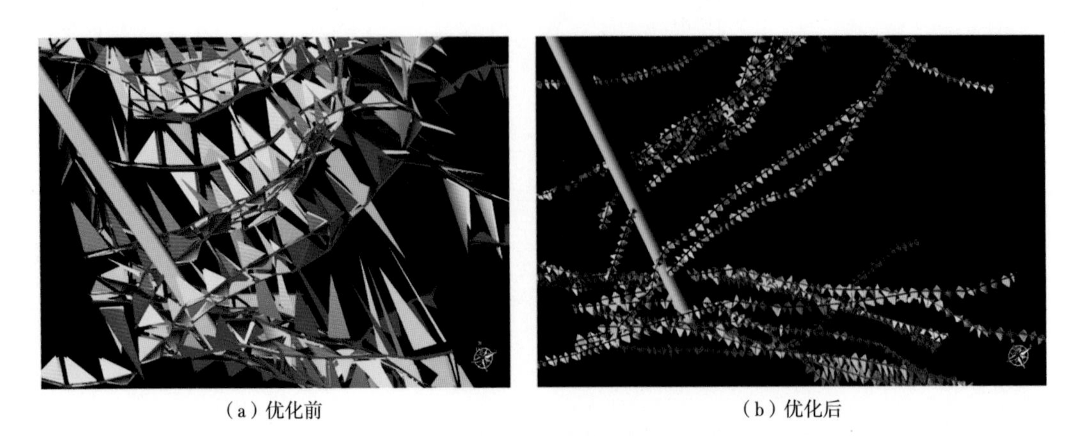

（a）优化前　　　　（b）优化后

图 5-18　四面体剖分优化效果

经四面体剖分后，角点网格的基质属性映射到四面体网格中（图 5-19），通过更为复杂的传导率函数计算（包括裂缝—裂缝、裂缝—基质、基质—基质）并构建连通性列表，在后续非结构化数值模拟器中进行精细模拟。

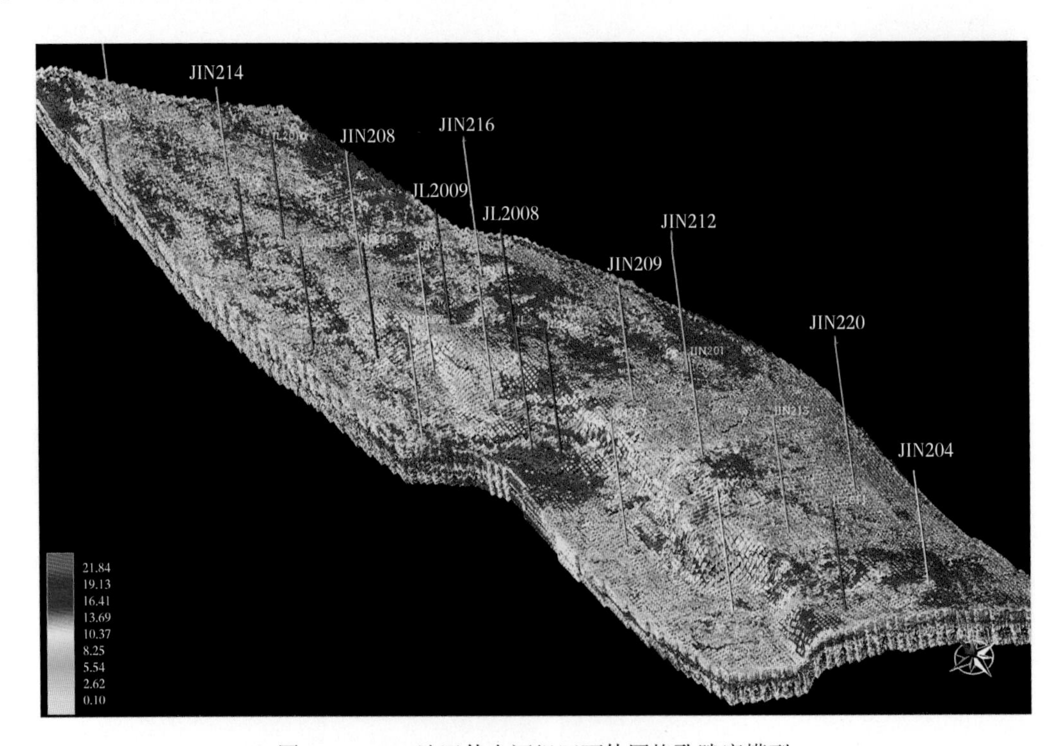

图 5-19　JL2 油田佳木河组四面体网格孔隙度模型

3. 基于露头的火山岩裂缝建模

前面讲述的等效连续型网络建模和离散型网络建模建立的模型虽然模拟效果较好，但终究是基于随机模拟及地震预测方法建立的裂缝模型，存在一定程度的误差。这种误差受到地球物理资料品质影响，在某些情况下可能还会放大。

露头资料由于出露地表，在观察上具有得天独厚的优势，通过露头表征裂缝可以将表征误差降到最低，也就是说利用露头资料建立的裂缝模型精度要远高于地下模型。以北京西山沿河城地区一典型裂缝型火山岩露头剖面为例建立了离散裂缝网络模型，并运用非结构化网格剖分对流体在其中的流动规律进行了精细模拟。

1）露头裂缝参数表征

该剖面位于北京西山沿河城南部 S211 省道中段东侧，剖面中部坐标为 N40°03.6′，E115°42.9′，全长约 80m，由北向南露头高度逐渐降低，岩性主要为紫红色安山岩。

根据该剖面裂缝发育情况，将其由北向南分为 L_1、L_2、L_3 三个部分进行表征（图 5-20），

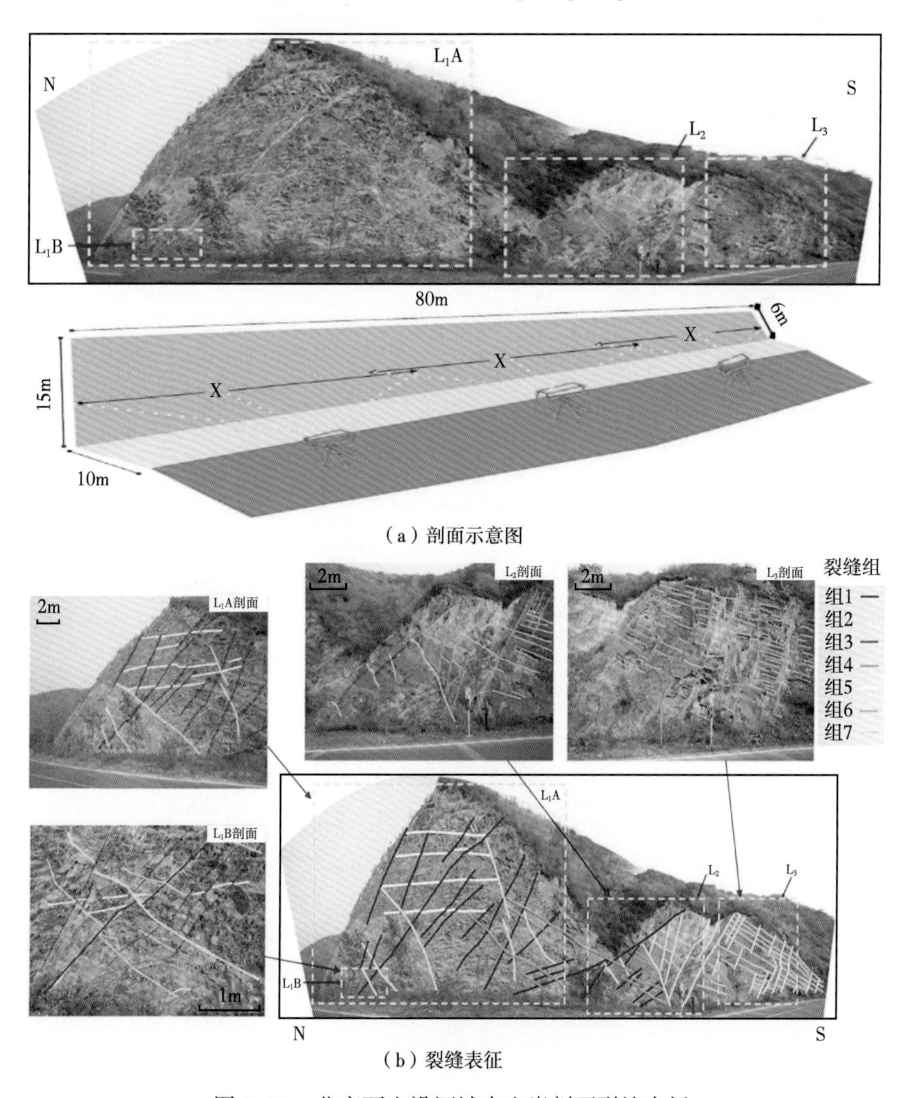

图 5-20　北京西山沿河城火山岩剖面裂缝表征

其中 L_1 剖面主要发育一组规模较大的共轭缝和一组近水平的裂缝，L_2 剖面主要发育一组规模相对较小的共轭缝，L_3 剖面则主要发育一组高角度裂缝和一组低角度裂缝。

根据裂缝之间的切割、限制及被石英充填关系，将该剖面中裂缝高度大于 2m 的裂缝（构造缝）分为 7 个组系 5 个序次：（1）组 1（红色）与组 2（黄色）裂缝为共轭关系，主要分布在大剖面的北部，规模较大，可切穿岩体部分裂缝，有石英充填现象，形成时间在组 3 或组 4 之后；（2）组 3（紫色）与组 4（绿色）裂缝也为共轭关系，主要分布在大剖面的中部，规模相对较小，有石英充填现象，形成时间最早；（3）组 5（白色）裂缝主要分布在大剖面北部，规模较小，被组 1 和组 2 裂缝限制，形成时间较晚，无石英充填；（4）组 6（蓝色）裂缝主要分布在剖面南部，属于高角度开启缝，规模相对较大，可切穿岩体，形成时间较晚；（5）组 7（粉色）裂缝主要分布在大剖面南部，规模小、数量多，多为近水平的开启缝，被组 6 限制，形成时间最晚。

对每组裂缝进行参数表征（表 5-1），包括裂缝走向、倾角、密度、间距等，将表征结果进行施密特图投影（图 5-21），发现各组系裂缝之间裂缝产状差别较为明显，说明该剖面经历了多期次的构造活动，裂缝分布规律复杂。

表 5-1　不同组系裂缝参数表征统计

组系	走向	倾角（°）	面密度（m/m^2）	间距（m）	序次	充填物
组 1	北西—南东	65°	2.35	4.2	Ⅱ	石英脉体
组 2	北东—南西	60°	1.85	5.6	Ⅱ	石英脉体
组 3	北西—南东	32°	2.91	1.1	Ⅰ	石英脉体
组 4	北东—南西	30°	3.23	1	Ⅰ	石英脉体
组 5	北—南	10°	2.47	4.8	Ⅲ	无
组 6	北西—南东	85°	3.86	1.2	Ⅴ	无
组 7	北东—南西	30°	5.67	0.5	Ⅳ	无

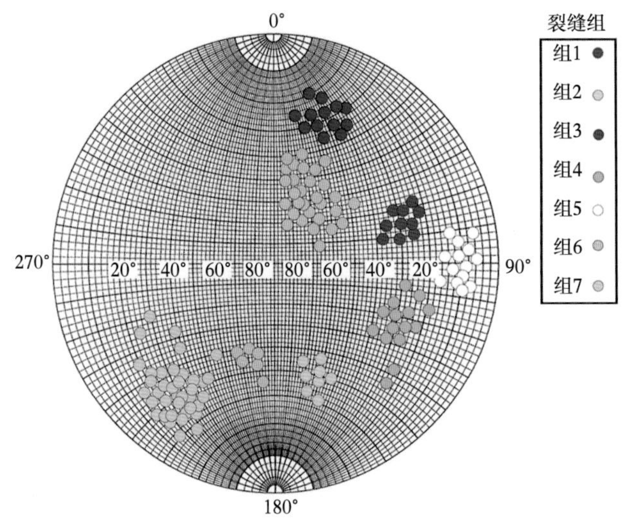

图 5-21　裂缝分布施密特图投影

同时，对不同组系裂缝的裂缝—高度关系进行拟合研究（图 5-22），发现规模较大的裂缝密度相对较低，规模较小的裂缝分布相对更为广泛，不同组系裂缝之间可在图中进行区分，也说明了裂缝组系划分及表征结果较为合理。

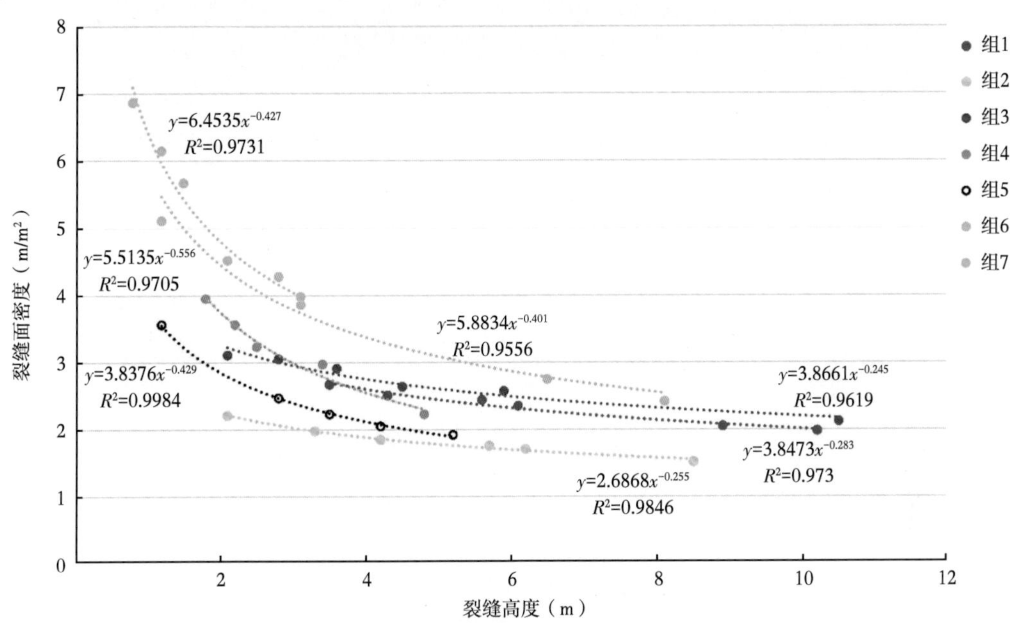

图 5-22　不同组系裂缝密度与裂缝高度关系

2）离散裂缝网络模型的建立

将露头表征的结果进行数值化处理（图 5-23），得到基于实际露头的 DFN 模型，该模型最大的优点在于确保了火山岩中裂缝在三维空间的真实分布。

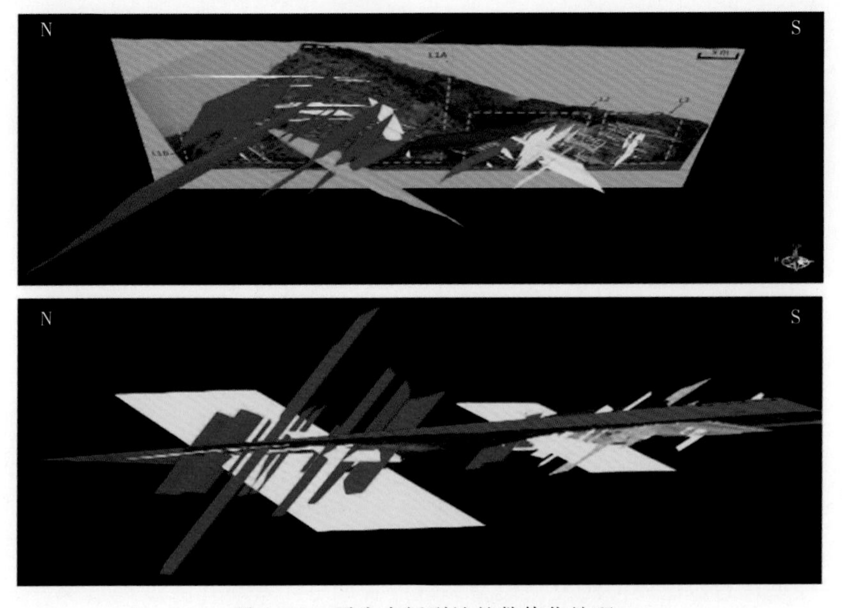

图 5-23　露头表征裂缝的数值化处理

在此基础上，利用露头的离散裂缝片作为约束，利用经典 Delaunay 四面体剖分算法进行网格剖分，最终得到了基于四面体网格的露头 DFN 模型（图 5-24）。

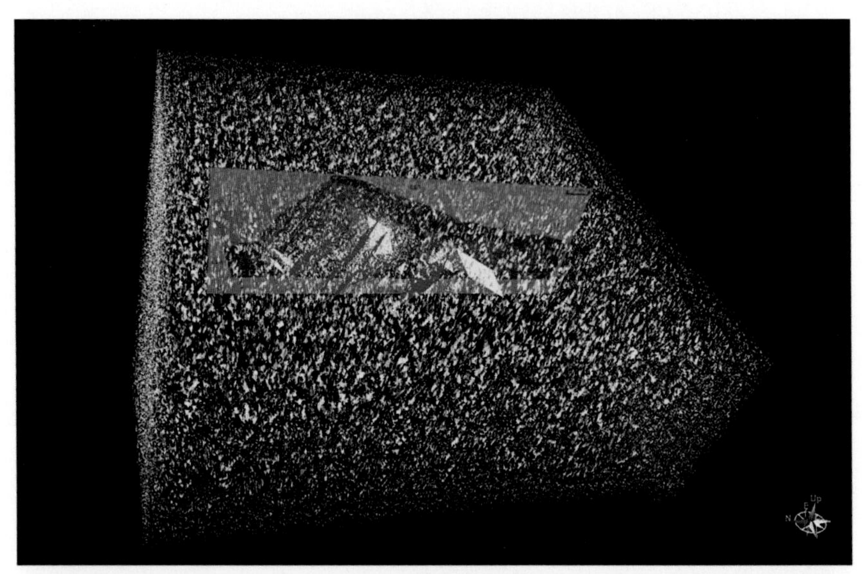

（a）整体剖分效果

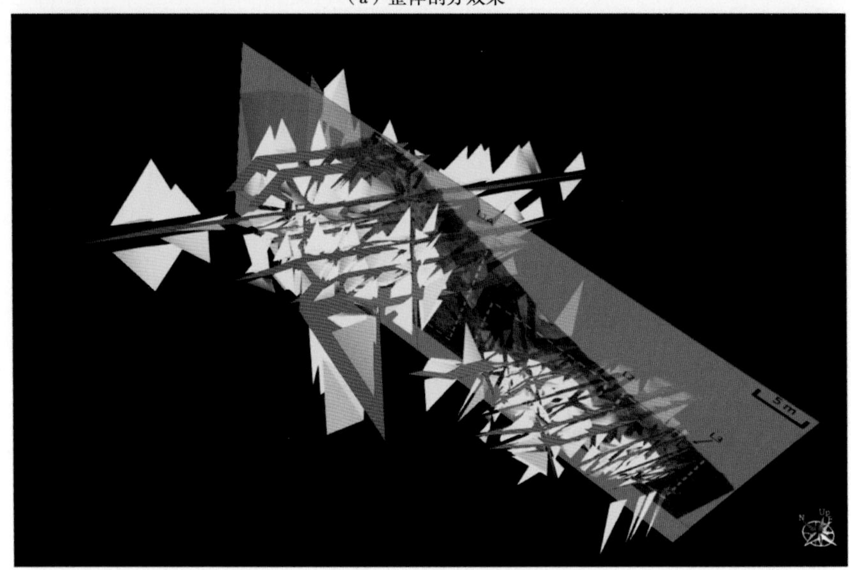

（b）高角度裂缝两侧的四面体网格

图 5-24　基于四面体网格的露头 DFN 模型

3）基于非结构化网格裂缝建模

由于所建立的火山岩离散裂缝网络模型是基于实际露头，同时采用非结构化网格处理技术，这样最大限度地保留了裂缝的真实形态，相当于精确地刻画出了流体的流动通道，对于研究裂缝火山岩油藏注水开发中含水率的变化、早期水淹、注水失效等问题具有明显优势。

利用该模型进行数值模拟研究，模型参数设置如下：基质孔隙度通过统计露头中安山岩的面孔率大约在 5%；基质渗透率和裂缝渗透率参考 JL2 油田佳木河组安山岩的岩心物性分析结果设置为 0.1mD 和 1000mD；油水的 PVT 参数及相对渗透率数据参考 JL2 油田佳木河组数模参数给值。

在该模型中，部署了一口水井和两口采油井，水井位于剖面中段底部位置，油井 1 位于剖面北段的顶部位置，油井 2 位于剖面南段的顶部位置，按照水井日注入量 10m^3、油井井底压力 15bar 进行模拟，模拟了 200 天内模型的注水开发情况（图 5-25）。

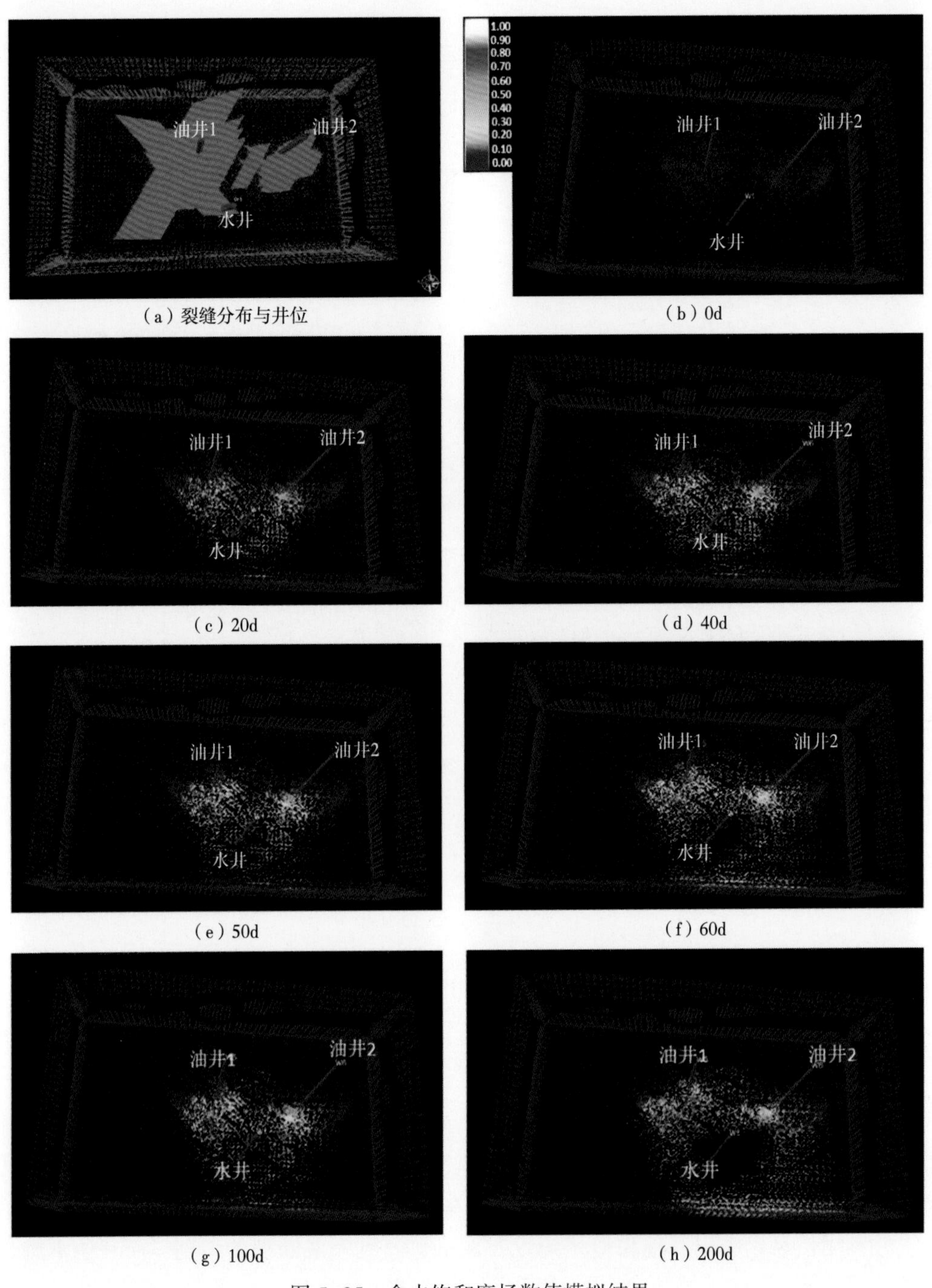

（a）裂缝分布与井位 （b）0d
（c）20d （d）40d
（e）50d （f）60d
（g）100d （h）200d

图 5-25 含水饱和度场数值模拟结果

通过两口采油井的含水饱和度变化曲线（图5-26）可以看出：油井1由于与注水井通过裂缝直接连通，见水效果很快，形成了早期水淹现象，在200天内含水饱和度就达到了90%；而油井2由于与注水井一部分通过基质连通，所以其含水率上升较慢，见水效果更接近基质系统。同时，研究发现若将基质渗透率参数从0.1mD改为0.5mD，两口油井的见水时间都大幅提前，说明了基质渗透率对裂缝性火山岩油藏注水开发的影响不能忽略不计。

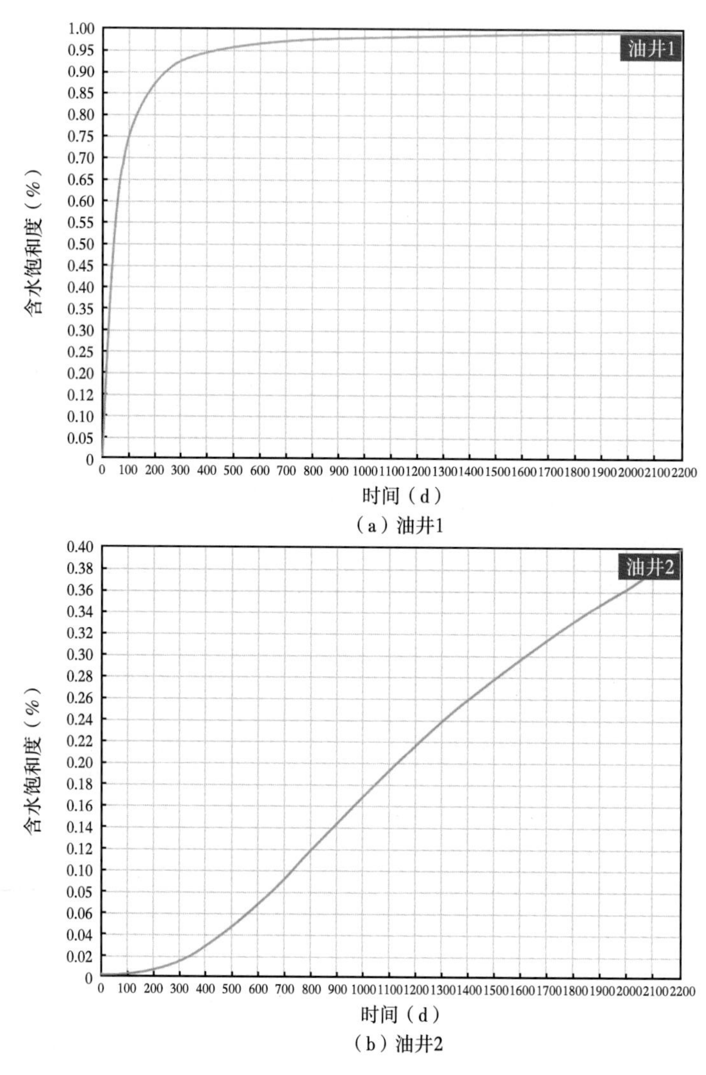

图5-26 采油井含水饱和度变化曲线

4. 蚂蚁体示踪法裂缝建模

基于蚂蚁算法的蚂蚁追踪技术能自动分析、识别断裂系统，其原理是在地震数据体中散播大量“蚂蚁”，当“蚂蚁”发现满足预设条件的断裂痕迹时将追踪断裂痕迹并留下信息素，并利用信息素吸引其他相似“蚂蚁”跟进，直到完成断裂的识别，而其他不满足条件的断裂痕迹将不会被识别。利用蚂蚁追踪技术对裂缝系统进行解释，将获得一个低噪音、具有清晰断痕迹的蚂蚁属性体（图 5-27）。

车排子地区卡拉岗组裂缝及其发育，各种方向的裂缝相互切割交织成网。对构造等大中型尺度的裂缝，在断层识别的基础上，采用蚂蚁追踪方法来识别由大中型尺度裂缝组成的断裂带。

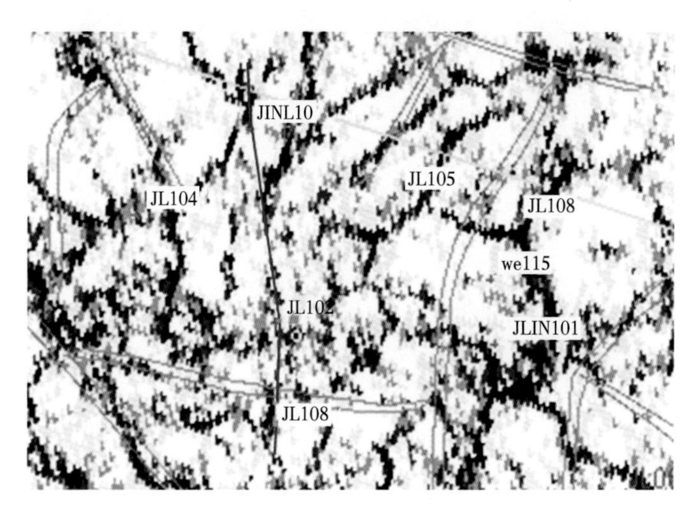

图 5-27 利用蚂蚁追踪技术识别裂缝

5. 基于 BP 神经网络的多属性裂缝建模

地震属性是进行储层预测的一种方法，单一地震属性并不能较好地表征储层，一般是结合多种类型的属性进行预测，而神经网络是众多算法中最典型的一种。

经过几十年的发展，目前已经形成了上百种人工神经网络，它们结构性能各不相同，但无论差异如何，它们都是由大量简单的节点广泛连接而成的。BP（Back-Propagation-Network，多层前馈式误差反向传播）神经网络是目前为止最著名的多层网络学习算法，它由输入层、输出层、一个或多个隐蔽层组成。

BP 网络中每个节点只与邻层节点相连接，同一层间的节点不相连，只要隐层节点数足够 BP 网络中每个节点只与邻层节点相连接，同一层间的节点不相连，只要隐层节点数足够多，就具有逼近任意复杂的非线性映射的能力。BP 神经网络的学习过程，由信息的正向传播和误差的反向传播两个过程组成。输入层各神经元负责输入信息，并传递给中间层各神经元；中间层是内部信息处理层，可以设计为单隐层或者多隐层结构；最后一个隐层传递到输出层各神经元的信息，经进一步处理后，完成一次学习的正向传播处理过程，由输出层输出处理结果。当实际输出与期望输出不符时，误反向传播，误差通过输出层，按误差梯度下降的方式修正各层权值，向隐层、输入层逐层反传。周而复始的信息正向传播和误差反向传播过程，是各层权值不断调整的过程，也是神经网络学习训练的过程，此过程一直进行到网络输出的误差减少到可以接受的程度，或者达到预先设定的学习次数为止。

汪勇等（2014）哈山西石炭系火山岩研究中利用多种地震属性和 BP 神经网络得出的裂缝密度平面图（图 5-28）。

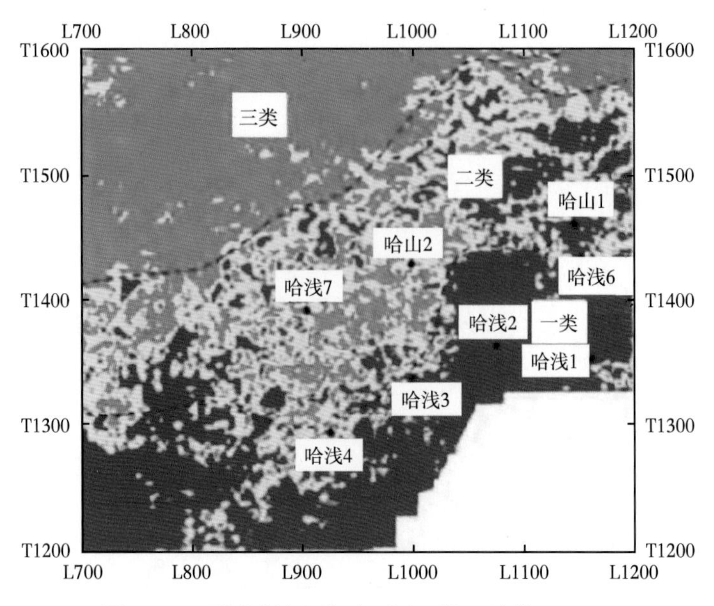

图 5-28　预测裂缝密度平面图（据汪勇等，2014）

6. 相控裂缝建模

裂缝建模可在岩相建模的基础上，根据不同岩相的储层参数定量分布规律，分相进行井间插值或随机模拟，建立储层参数分布模型。

图 5-29 为准噶尔盆地车排子油田火山岩裂缝建模结果。在火山岩岩相研究的基础上，以相控建模的方法约束建立了裂缝孔隙度、密度和三维定量模型（刘瑞兰等，2008）。相控建模指导约束了裂缝密度的三维空间展布，与实际钻井资料吻合度更高，也更符合地下地质认识。

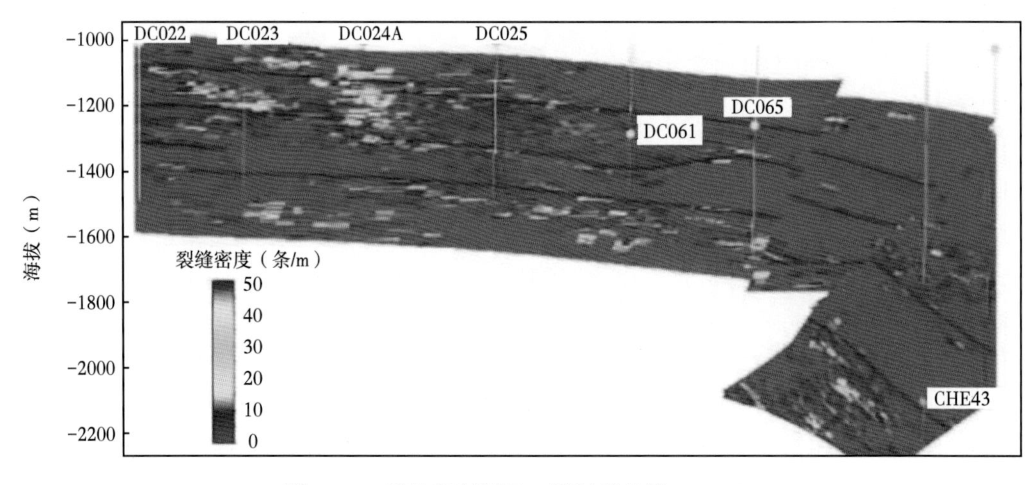

图 5-29　裂缝密度剖面（据刘瑞兰等，2008）

第六章　裂缝—孔隙型火山岩油藏高效开发

火山岩油藏开发目前尚无成熟的开发理论与技术可借鉴。针对复杂的地质条件、特殊的开发特征，在缺乏开发基础理论指导和可借鉴开发技术的情况下，从火山岩油藏储层特征地质及有效开发理论入手，以此研究适合火山岩油藏特点的开发方式、井网井距的优化、井位优选技术、提高单井产量和开发优化技术等，认识火山岩油藏开发规律与开发模式，从而指导火山岩油藏规模有效开发。

第一节　火山岩油藏开采特征

由于火山岩油气藏储集空间、渗流方式和岩石力学特性不同于碳酸盐岩油藏和砂岩油藏，因而其开发特征与常规油藏有明显的不同。综合国内外多个火山岩油藏的开发资料，归纳起来总结火山岩油藏在开发生产过程中一般表现如下特征。

一、产量变化特征

1. 产量变化特征

1）油井初期产量高，采油速度大

油井产能的高低直接反映地下油层储渗能力的优劣和地层能量的大小。它是油藏开采中有重要价值的油藏地质、储层渗流、注采动态等方面的基本特征。

油井投产初期的生产情况是对油藏在接近原始状态下的开发生产特点的反映，有助于研究油藏动态规律、探索油藏地质特征。对于裂缝发育的火山岩类的特殊油藏来说，油井初期生产情况更为重要，因为它是在油层裂缝接近原始条件下的生产动态表现，当油井生产一段时间后，由于压力下降导致油藏裂缝闭合，其生产动态将出现很大变化。

目前，有多种方法用来统计油井初产，第一种可以取油井投产初期几天的计量日产油量；第二种可以取油井投产初期第一个月的平均日产油量；第三种选取油井投产初期 3 个月左右有代表性的日产油量。较均质的油藏如果其生产比较稳定，上述 3 种方法所选取的日产油量数值差别不大，可选取任意一种进行统计。但对于裂缝型油藏来说，其初产的选取就有一定差异。伍友佳（2001）研究新疆火山岩油藏开发认为裂缝型油藏油井初产量的选取，以选择初期 3 个月左右有代表性的数值为佳；选初期第一月的平均值为次；初选期几天的计量值最差。因为裂缝型油藏的油井初产量受多种因素的影响，伍友佳（2001）提出以下几点：

（1）裂缝发育、钻完井伤害不大的井，初产量较高但产量下降很快；

（2）裂缝发育、但钻完井伤害严重的井，初产量很低甚至不出，需要压裂或酸化才能释放其产能，但压裂或酸化投产的井则常呈现初期几天产量极高但产量下降极快的特点；

(3) 裂缝发育差的井则初产量低，产量相对较稳定；

(4) 此外，一些井由于钻井、完井和投产作业的原因常导致初期几天或初期一两个月产出相当数量的作业水，这也会严重影响其初期日产油量。

火山岩油藏油井投产初期，原油产量主要来自裂缝系统，裂缝越发育，规模越大，裂缝发育段厚度越大，油井的生产能力越强，因而油井产量高、采油速度大。

2) 油井产量递减快，油藏无稳产期

火山岩油藏的采油速度，在油井投产结束、产油达到峰值以后，日产油水平即进入快速递减阶段，从未出现产量稳定的局面。油藏的整个开发过程只能划分出投产、递减、低产三个开发阶段，无法划分出注水开发油藏一般具有的高稳产阶段。产量递减大，油藏无稳产期，这可能是裂缝型火山岩油藏最为突出的开采特征。

火山岩油藏在高产之后，产量递减极快，从未出现产量稳定的情况（表 6-1），体现了双重介质油藏特征。这种递减规律主要取决于双重介质油藏的渗流机理。

以下是新疆火山岩油藏初期产量递减情况：

八区佳木河组，五口生产情况最好的井初期递减率在 65.4%~89.4%之间，平均值为 73.0%。

六中石炭系，五口生产情况最好的井初期递减率在 42%~87.9%之间，平均值为 62.2%。

403 石炭系，五口生产情况最好的井初期递减率在 41.1%~93.9%之间，平均值为 75.4%。

九古 3 石炭系，五口生产情况最好的井初期递减率在 16.4%~53.1%之间，平均值为 40.5%。

七中佳木河组，五口生产情况最好的井初期递减率在 17.2%~40.6%之间，平均值为 22.7%。

一区石炭系，九口生产情况最好的井初期递减率在 20.7%~36.0%之间，平均值为 26.8%。

可以看出，各火山岩油藏初期产量递减率均很大，折算年递减率达到 22.7%~75.4%。

3) 油井受火山岩储层平面非均质性影响，产量差异大

火山岩油藏在平面上存在很强的非均质性，岩性、岩相复杂且变化大，裂缝和孔洞发育情况和分布规律差别很大，导致平面上油井产能的变化异常复杂。

火山岩油藏油井初产差别大，同一火山岩油藏，其高产井和低产井的初产量差别很大，例如；库拉凹陷摩拉特汉喷发岩油藏 48%的井初期产油量为 1~30t/d，35%的井初期产油值 30~100t/d，阿塞拜疆穆拉德汉雷喷发岩油藏东部地区油井初期产油量为 0~700t/d，最高值和最低值之间相差上百倍；表 6-1 是新疆各火山岩油藏油井初产量情况，可以看出，油井初产量高者可以达到 100t/d，低者甚至不足 1t。

平面上油井产能的变化主要有以下特征：

生产井产能高低与构造位置关系不大，主要受控于火山内幕结构及火山岩有效储层分布，同时与裂缝发育程度关系密切，高产井一般位于裂缝发育带上。

美国爱迪生油田构造裂缝比较发育，断裂带附近井的平均产量超过了 150t/d，距断裂带越远（由北向南），生产井产量越低。格鲁吉亚的萨姆戈里—帕塔尔祖里油田南翼较陡，

其裂缝、孔洞较发育，渗透性较好，故产油量也最高。穆拉德汉雷油藏的产量较高、较稳的油井均位于油田的一些裂缝系统发育走向为东南—东北的构造上。此外，也有一些油田构造高部位井产量很低或近于干井。例如，美国堪萨斯中央隆起带由于自寒武纪以来一直未经受强烈的构造运动，主要为缓慢升降运动，所以，节理很不发育，分布亦不规则，致使该隆起带石英岩油藏构造高部位多为干井或近于干井，奥思油田 4 号井虽钻在石英岩构造高部位，但日产油仅 4t，远低于其他井产量。

表 6-1 新疆各火山岩油藏油井初产分类统计表（据伍友佳，2001）

油藏名称	统计井数	高产井（≥30t/d）		中产井（10~30t/d）		低产井（<10t/d）		高低差别倍数
		井数（%）	日产油（t）	井数（%）	日产油（t）	井数（%）	日产油（t）	
七中佳木河组	35	10/28	30~108	9/26	10~24	16/46	3~9	36
九古 3 石炭系	13	3/23	31~108	6/46	11~20	4/31	2~7	54
六中石炭系	12	3/25	30~63	7/58	10~25	2/17	1~7	63
八 P_1j	36	4/11	31~39	16/45	11~29	16/44	0.5~9	78
403 石炭系	12			9/75	12~26	3/25	6~8	
一区石炭系	245	5/2	36~49	106/43	10~29	134/55	0.6~9.9	80
检 188 石炭系	27	7/26	31~86	11~41	12~29	9/33	1~9	86

据分析，一般生产井主要产量来自垂直裂缝或高角度裂缝，但这类裂缝较少，裂缝间的距离也较大，一般为几十米到几百米。这就使得火山岩储层的储集空间具有间断性，渗流通道具有突变性，从而造成原始产量无规律性分布。克拉玛依一区石炭系玄武岩油藏和萨姆戈里—帕塔尔祖里等油藏都有这类特点。穆拉德汉雷油藏西部高产井（3 口）均位于断裂带上，而这些井周围同样存在着 4 口低产井；东部高产井有 5 口井（日产油 30~500t），但也有约 20 口井低产或不出油，如发现 3 号井原始产量仅为 14t/d。

4）*油井产能与压力异常系数有较好的关系*

在异常高压油藏，油井产能与压力系数之间成较好的关系。压力异常系数越高，产能亦越高（图 6-1）。

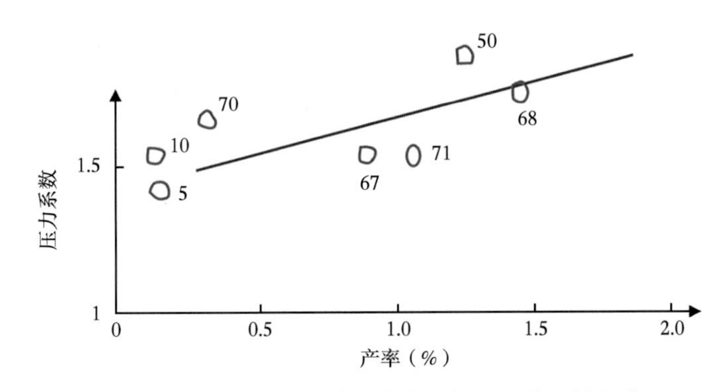

图 6-1 产率与压力异常系数关系曲线（据牛宝荣和潘红芳，2008）

产能的另一大特点是油井累计产能差别大。

国内胜利王庄油田，高产井的日产油量可达上千吨，如郑 46 井日产油 2703t，累计产油达 35×10^4t，但周围的井的产能不高，郑 416 井累计产油量仅为 0.6×10^4t。

表6-2为新疆火山岩油藏累计产油量统计表，累计产油高者已达（5~18）$\times 10^4$t，低者仅为几百吨至几千吨，累计产油量差别很大，显示火山岩油藏强非均质性的特点。

表6-2 累计产油量最高井与最低井的差别统计表（据伍友佳，2001）

油藏名称	累计产油最高井的井号	累计产油量（10^4t）	累计产油最低井的井号	累计产油量（10^4t）	平均井累计产油量（10^4t）	最高产量与最低产量相差倍数	最高产量与平均产量相差倍数
七中佳木河组	7501井	16.35	7508井	0.56	4.22	29	3.9
九古3石炭系	古10井	8.31	9914井	0.49	2.08	17	4.0
六中石炭系	6506井	5.35	6522井	0.15	1.78	36	3.0
八佳木河组	82030井	3.23	多口井	<0.1	0.93	30	3.5
403石炭系	9604井	0.96	9606井	0.17	0.52	5.6	1.9
一区石炭系	1964井	7.66	多口井	<0.2	1.26	40	6.1
检188石炭系	9574井	15.69	多口井	<0.3	2.72	51	5.8

2. 产量递减规律

油田开发的产量递减规律有双曲线递减、指数递减和调和递减3种类型，分别可用以下3个公式来表示：

双曲递减：
$$q_i = q_i(1+nD_i t)^{\frac{1}{n}} \tag{6-1}$$

指数递减：
$$q_i = q_i e^{-D_i t} \tag{6-2}$$

调和递减：
$$q_i = q_i(1-D_i t)^{-1} \tag{6-3}$$

火山岩油藏递减表现为指数递减。产量变化可以用（6-2）来表达，这是火山岩油藏开发所具有的共性。

火山岩油藏产量递减率可用以下公式表示：

$$D = -\frac{\mathrm{d}q}{q\mathrm{d}t} = Kq^n \tag{6-4}$$

式中 D——产量递减率，%；

q——产量，t；

n——递减指数（$0 \leqslant n \leqslant 1$）；

K——比例常数。

式（6-4）中的负号表示随开发实际的增长产量是下降的。

3. 产量递减的主控因素分析

产量递减的影响因素有很多方面，包括储层岩性、物性变化、裂缝发育程度、油藏驱动能量、流体分布等、采油速度、采出程度、射孔厚度、射孔底界距油水界面的距离等。

分析火山岩油藏产量递减率大的原因，归纳有以下几点：

（1）裂缝渗流流速快、流量大，但流体补给慢：

裂缝—孔隙型火山岩油藏生产初期主要由裂缝供油，其渗透能力强、产量高。当油井生产一段时间后，裂缝系统中的原油减少，导致产量递减；与此同时，由于裂缝系统的压力降低，在基质和裂缝之间形成压差，基质系统开始向裂缝系统供油，但由于基质的渗透能力低，供油速度减慢，弥补了裂缝供油的递减，因而总体上油井产量递减很快；

（2）初期为弹性驱动，原始压力高，能量消耗快，火山岩油藏大多采用压裂投产，也会加快弹性能量的释放；

（3）初产量高，降压比较快，降压开采导致裂缝闭合、油层渗透率下降，导致产能下降快、递减大。

随着地层压力的下降，岩石骨架上覆压力增加，岩石发生不可逆弹性、塑性形变、裂缝宽度变小甚至闭合，油层渗透率随之降低，油井采指数下降，产能降低，导致产量递减。

二、综合含水率特征

火山岩油藏的无水采油期一般长短不一，但是见水后，含水率上升快。辽河盆地黄沙坨火山岩于1999年投入开发，在2000年见水，见水后该油井含水率迅速上升到75%。ND火山岩油藏以天然能量开发为主，见水井所见水主要是底水。从ND区块投产井含水上升情况来看，区块从基本不含水上升到含水率40%只用了6个月的时间，见水后含水上升速度快。

开发方式的选择对含水率的变化也有影响，克拉玛依油田一区石炭系注水开发时，油井含水上升速度很快，中—高含水开发阶段含水上升率平均值为10%。对衰竭式开发油田，开发过程中含水率较低，且一直比较稳定。在新疆克拉玛依油田九区16井区石炭系选择衰竭式开发，单井初期平均含水率为10%，含水率较低，且含水率没有出现明显的增幅。

裂缝性火山岩油藏的储层非均质性极强，其含水率变化特征受多方面因素的影响。一是与油水界面距离，在距离油水界面很近或位于油水界面上的井，没有无水采油期或无水采油期很短，含水率上升速度差异较大。

如黄沙坨油田的小22-16-24井，射开层位与油水界面较近（为45m），受底水影响，见水后仅3个月，含水率达到98%，而被迫关井（曹海丽，2003）。穆拉德汉雷油藏东部56井，于1977年4月24日投产，初期产油96t/d、产水60m^3/d，含水率38%，同年10月油井含水率达88%，产油量降至31t/d，1978年12月产油8t/d、产水150m^3/d，含水率95%，1979年1月油井含水率100%，阿北油田阿2井、23井短期试采很快见水，初期产油24.6~3.6t/d，生产10~60天，含水率上升速率达57%~74%，产油量降至1~8t/d，含水上升速率达40%以上，月递减率达50%以上，后被迫关井。日本藤川气田构造东侧的SK-6井，也是开采初期即出水，但初中期含水上升速度相对较慢，表现水体能量相对较低。此外，对于底水油藏，生产井段距油水界面越近，无水采油期越短，含水程度和总水油比就越高。

如果油气藏具有较强的边（底）水能量，当油井位置在构造中—低部位，这种部署方式的油井一旦见水，含水率急剧上升，油藏采油速度降低。格鲁吉亚的萨姆戈里—帕塔尔祖里凝灰岩油藏西北20号井投产时无水，开采20个月后产量急剧下降，因而转抽，由于对该油藏相对较强水体能量认识较少，7个月后油井即完全水淹。阿塞拜疆穆拉德汉雷安山岩及玄武岩油藏东部中心地带58井无水采油期近两年半，但由于油藏具有较强的边（底）水能量，油藏中部油井见水后仅2个月，含水率上升至30%，不到三年含水率达到98%。

三、增产措施及效果

根据火山岩油藏储层增产改造的资料看，目前应用的增产措施包括压裂、酸化、堵水、补射孔、注水、注气吞吐等，而对于采用注水开发的井增注的措施主要是调剖、酸化、分注。

通过这些增产措施可以改善井底周围地层渗流能力；调整注采井产液、吸水剖面；提高注入水体积波及系数；控制油井含水上升，减缓产量递减的效果。从目前各火山岩的使用效果看，各个方法都有不同程度的效果。

1. 压裂措施及效果

火山岩储层一般埋藏深度大，物性也较差，自然产能低，需要通过增产改造才能获得理想的商业储量和开采价值。压裂是目前火山岩增产改造的有效手段。

三塘湖盆地ND地区采用压裂增产措施，平均自喷返排率达到了36.3%，压裂有效率达85.7%，单井增油18.1%，取得了良好的效果（姚锋盛等，2013）。大庆油田火山岩自2002年以来也进行了大量的压裂施工，压裂施工的成功率有了很大提高，压裂成功率由之前的36%提高到93%，为松辽盆地火山岩油气探明储量提供了强有力的支撑。黄沙坨油田部分井初期没有产能，通过压裂后，抽油生产，日产油6.6t，生产11个月后日产油5.1t，累计产油0.1044×10^4t。油井经压裂改造后，产能均有所改善。

新疆JL2井区佳木河组（P_1j）试油获工业油流13井13层，其中8井8层采取了压裂改造。压裂前日产油0~3.21t，压裂后日产油10.06~55.47t，日增油量10.06~53.40t（表6-3），压裂效果明显。压力恢复试井解释成果显示（表6-4）：2口未压裂井表皮系数均大于0，油井完善程度差；压裂井表皮系数均小于0，压裂改善倍数2.56~28.30，平均值为12.80，压裂措施有效改善了油井完善程度。

2. 酸化措施及效果

酸化技术是油气层改造常用的技术之一，它是通过酸液溶蚀岩石孔隙和裂缝中的堵塞物或基岩本身的某些矿物成分，从而改善岩石内部孔道的连通性，解除地层的伤害和堵塞，提高油气井的生产能力。

在国内常见的酸化技术主要使用在砂岩储层和碳酸盐岩储层中，火山岩相对较少。新疆克拉玛依油田对裂缝型火山岩油藏进行酸化技术研究，对多种酸的配方进行研究和对比分析，改进和完善了水平井分段酸化作业；辽河油田用三元复合酸替换常规酸化，取得明显的增产；黄花坳陷枣北地区火山岩油藏应用土酸酸化增产，产量增加4倍左右，效果良好。新疆石炭系火山岩油藏实施以增产为目的的酸化，统计结果发现，酸化效果不佳，措施有效率仅为67.5%，增加采收率0.082%；阂桥油田一半以上的油井在投产前都进行了酸化，总的来看效果较好，这与裂缝和孔洞中碳酸盐岩岩脉发育有关。由于大部分井酸化前与酸化后的试油方式不同，指标可对比性差，但酸化后油井投产后产量均较高，一般在20t以上。对具有较大压降的油藏而言，钻井、投产较晚的井酸化效果相对差一些。如闵15-18断块的闵18-9井、闵18-6井、闵18-4井增产幅度在10t以下。

表 6-3 JL2 井区佳木河组油藏压裂前后试油效果对比表

井号	射孔井段（m）	射孔厚度（m）	压裂液总量（m^3）	加砂量（m^3）	加砂比（%）	加砂强度（m^3/m）	压裂前生产情况					压裂后生产情况					日产油量变化（t）	日产液量变化（t）
							油嘴（mm）	日产量				油嘴（mm）	日产量					
								油（t）	气（m^3）	水（m^3）	含水率（%）		油（t）	气（m^3）	水（m^3）	含水率（%）		
J215	3880.0~3866.0	12.0	232.4	23.0	19.90	1.92	抽汲	3.21				3	20.61	5260	10.25	33.21	17.40	27.65
K102	4081.0~4050.0	16.0	198.4	26.0	24.88	1.63	射后不出					3	10.06	7858			10.06	10.06
JL2001	4152.0~4142.0	8.5	371.5	43.0	18.86	5.06	射后不出					2	12.22	1900			12.22	12.22
J219	4250.0~4245.0	5.0	145.0	7.7	13.40	1.54	射后不出					3	32.54	4430			32.54	32.54
JL2002	4286.0~4275.0	8.0	261.1	25.0	15.87	3.13	无油嘴	1.04				3.5	24.17	5150	15.81	39.54	23.13	38.94
JL2008	4252.0~4242.0	10.0	205.6	3.3	5.89	0.33	无油嘴	2.07				4	55.47	30610			53.40	53.40
J212	4371.0~4364.0	7.0	117.0	8.0	19.50	1.14	抽汲	0.60		3.61	85.68	3	14.47		11.19	43.61	13.87	21.45
J204	4227.0~4205.5	13.5	229.9	17.5	17.06	1.30	射后不出					3	16.72	3320	18.11	52.00	16.72	34.83
平均					16.92	2.00							23.38				22.42	28.89

表 6-4　JL2 井区佳木河组油藏试井解释成果表

井号	井段（m）	油藏模型	表皮系数	裂缝半长（m）	裂缝导流能力（mD·m）	地层系数（mD·m）	改善倍数	效果评价
K102	4081.0~4073.0 4058.0~4050.0	复合	-3.9	8.25（R_a）	2.56	1.555	2.56	压裂有效
JL2002	4212.0~4216.0 4231.5~4235.5	复合	-5.8	66.80	908.00	32.100	28.30	
JL2008	4242.0~4252.0	双孔拟稳态	-5.9	98.30	390.00	25.100	15.50	
J209	4334.0~4338.0 4345.0~4350.0	多区复合	-4.3	14.20	41.00	8.780	4.70	
J204	4205.5~4214.0 4222.0~4227.0	均质+定压	-5.8	67.30	320.00	24.800	12.90	
平　均			-5.1				12.80	
J208	4206.0~4214.0 4233.0~4242.0	双孔拟稳态	3.9			17.500		未压裂
J209	4237.5~4244.5 4253.0~4258.0	复合	70			40.300		

火山岩储层物性较差，自然产能较低，在钻井和完井过程中的储层伤害相对较为严重，因此，需要采用针对性较强的酸化增产措施，才能起到高效开发的目的。

3. 补孔措施及效果

火山岩油藏补孔措施多是基于投产不出再换层补孔。

在新疆火山岩油藏有很多油井为增产而进行过补孔，但是效果很差，实施 124 井次，有效仅 87 次，增加采收率仅 0.061%。

与砂砾岩补孔增产上千、万吨的效果相比，火山岩油藏补孔措施相差太多，这与火山岩油藏本身的储层特征有关。因此，火山岩油藏补孔层位应选择储层裂缝发育、受火山岩相控制连通性较好的有效储层，从而提高火山岩油藏补孔成功率，进而达到增产的效果。

4. 注气吞吐及效果

ND 火山岩油藏为了盆地构造带上，属于断鼻构造—岩性油藏，为中低温、异常低压系统，渗透率低，储层非均质性强，单井产量差异大。投产之后，产量递减快。针对火山岩水平井产量递减快的现状，开展了注水（气）方式来补充地层能量。

注气吞吐选井原则：(1) 剩余油富集的地区钻遇率高，采出程度低，即优选投产初期产量不小于 10t/d 且见油返排率低，有一定稳产时间，预测累计产量在 3000t 以上，进入低产（产油 3t/d 以下）时累计产油量 2000t 以上的井；(2) 选择油层倾角较大的油井，有利于开采垂直渗透力较好的顶部剩余油采出；(3) 储层亲水，有利于油水置换。

NDP35 井于 2015 年 12 月 1 日至 12 月 23 日开展注氮气吞吐试验，累计注入氮气量 $128\times10^4m^3$。2016 年 1 月 5 日至 1 月 17 日放喷，累计出液 106.7m^3，1 月 24 日转抽完井，日增油 11.6t，吞吐效果明显，目前已累计增油 400t。截至 2016 年 12 月，火山岩开展注水吞吐 2 井次，重复压裂 1 井次，氮气吞吐 2 口井（1 口井正在实施中），平均单井日增油 7.6t，已累计增油 1672t（潘有军等，2016）。

第二节 裂缝—孔隙型火山岩油藏开发方式优选

火山岩油藏目前主要采用衰竭式开发和注水开发两种方式。国外火山岩油藏的多采用衰竭式开发，注水开发极少。在国内，很多火山岩油藏选择注水开发，但整体开发效果不明显。

一、火山岩油藏注水开发现状

国内外大多数火山岩油藏天然能量不足，且产量、压力下降快，需要补充地层能量。我国火山岩油藏大多选择注水补充能量。截至 2006 在已发现的和投入开发的 21 个火山岩油藏中，有 15 个采用注水开发，比例达 71.4%。表 6-5 是各火山岩油藏的注水简况。

不同火山岩油藏其地质背景不同，注水情况也因此有差异。通过对中国注水开发的火山岩油藏统计分析可知：(1) 国内火山岩油藏注水开发试验一般为早期注水；(2) 注水方式以面积注水为主，其次是边外注水；(3) 单井日注水量一般较低，多数仅 30~60m³，甚至更低；(4) 受火山岩储层条件影响，存在欠注情况。

表 6-5 国内火山岩油藏注水情况统计（据孙建平等，2005）

项目	一区石炭系	七中佳木河组	内蒙古阿北	辽河齐家
开发时间	1986	1985	1989	1983
投注时间	1987	1987—1992	1990	1987
注水年数	18	18	15	11
注水井数	74	9	17	8
注水方式	面积	面积	边外加面积	面积
单井日注量	一般 20~30m³，少数 40~50m³	一般 40~60m³，少数 10~80m³	一般 30m³，少数 20~50m³	一般 40~60m³，少数 20~90m³
欠注情况	个别井欠注	4 口井欠注	个别井	1 口井

1. 注水开发的依据

通过对部分注水开发的火山岩油藏的研究发现，这些油藏选择注水的原因有以下两点：

(1) 依靠原始能量的采收率低，必须补充能量进行开发；

(2) 油藏岩石具一定的亲水性，利于注水驱油。

2. 注水开发特征

火山岩油藏裂缝发育，注水后，注入水很容易沿裂缝窜进，使沿裂缝方向上的采油井遭到水淹，油藏含水上升快，在很短的时间内就进入高含水阶段。这是裂缝—孔隙型油藏注水开发的普遍特征。

1) 注入水沿裂缝流窜，油井易水淹，含水上升快

大港油田枣 35 区块火山岩油藏发育裂缝孔隙双重介质，注水开发后，注入水沿渗透层特别是裂缝窜流，油水井之间形成水流通道，注入水无效循环，油井水淹严重。枣 35

区块于1997年6月开始注水，该油藏注水后的第6个月（1997年11月）开始见水，初期含水率达19%；1998年4月的含水率达49.4%，进入中含水阶段；2000年4月的含水率达81.4%，进入高含水阶段，具有裂缝型油藏的暴性水淹特征（孙建平等，2005）。克拉玛依一区石炭系火山岩油藏含水上升也很快，平均含水上升率达10%，裂缝发育地区水窜严重（陈如鹤等，2001）。

2）注水井注入压力低、吸水能力强

对裂缝发育的火山岩，其渗透率大、导流能力强，因而吸水能力强、注入压力低。一般情况下，裂缝越发育、规模越大，其吸水能力越强，注入压力越低；反之，裂缝不发育，其吸水能力差，注入压力往往很高。

枣35区块火山岩油藏有9口注水井（表6-6），井口压力小于0.5MPa的井有5口，平均注水量176m³/d。这些井凭借其水柱自重即可灌入地层，基本上属于自吸水，说明裂缝和孔隙极为发育。井口注入压力为1~2MPa的井有2口，平均注水量106m³/d，这些井在很低的井口压力和水柱自重即可进入地层，说明裂缝和孔隙也比较发育。其余两口井的井口注入压力很高，说明裂缝不发育或者井底伤害堵塞所致。

这些井的吸水能力强，平均吸水强度6.57m³/(d·m)，其中吸水强度大于10m³/(d·m)的有1口井，占11.1%；吸水强度介于5~10m³/（d·m）的井有3口，占33.3%；吸水强度介于2~5m³/（d·m）的井有5口，占55.6%。根据两口井的注水指示曲线确定的启动压力和吸水指数为：军23-25井的平均启动压力为9.85MPa，平均吸水指数为60.3m³/(d·MPa)，平均比吸水指数为1.66m³/(d·MPa·m)；军21-23井的平均启动压力为10.6MPa，平均吸水指数为28.5m³/(d·MPa)，平均比吸水指数为0.94m³/(d·MPa·m)。

表6-6　枣35块注水井注入压力数据表（据袁士义等，2004）

井号	有效厚度（m）	井口压力（MPa）	注水量（m³/d）	吸水强度[m³/(d·m)]
军21-19	9.1	0	18	19.89
军23-25	36.3	0	213	5.87
枣78	55.3	0	146	2.67
军23-19	23.5	0.15	102	4.34
军25-27	27.3	0.5	238	8.72
枣35	33.4	1	105	3.14
军21-23	30.4	2.1	107	3.52
军24-22	52.8	12.6	153	2.9
军21-27	24	15	194	8.08

3. 注水开发效果评价指标

油田注水开发的好坏直接关系到油田或开发层系的开发效果和经济效益，一般可以用存水率、水驱指数、体积波及系数和水驱采收率等指标来评价，存水率高、水驱指数高、体积波及系数大、水驱采收率高，则注水利用率高，注水开发效果好；反之，则注水利用率低，注水开发效果差。

1）存水率

存水率为油藏地下存水量与累计注水量之比。

大港油田枣35区块截至2003年4月，累计注水量$95.78\times10^4m^3$，累计产水量$69.24\times10^4m^3$，地下存水量$26.54\times10^4m^3$，存水率27.7%，有74.7%的注入水被采出，注水利用率极低。从1997年5月注水开发到2003年4月已累计产油21.36×10^4t，因此，注入$1\times10^4m^3$水只采出了0.22×10^4t的油，大量的注入水沿着裂缝窜流到采油井区被采出，进行着无效循环。

2）水驱指数

水驱指数是指油藏的存水量与累计产油量地下体积之比。

截至2003年4月，大港油田枣35区块累计注水$95.78\times10^4m^3$，累计产水量达$69.24\times10^4m^3$，采出程度为4.06%，水驱指数为0.55，水驱效果相对较差。

3）体积波及系数

体积波及系数是指天然或人工注入水波及的那部分油藏体积与整个油藏含油体积之比。一般认为，水驱体积波及系数是反映水驱开发油藏的水淹程度、注采系统完善程度及开发调整效果的一个综合性指标，其值反映了水驱采收率的高低。

因水驱采出程度等于水驱油效率与水驱体积波及系数之积。截至2004年，枣4区块的采出程度为4.06%，驱油效率15.2%，则波及系数为26.70%。

4）水驱采收率

水驱采收率是指水驱开发结束后累计产油量占地质储量的比值。

大港油田枣35区块已采出原油41.19×10^4t，采出程度仅为4.06%，地下剩余油为972.8×10^4t；甲型、乙型和丙型水驱特征曲线计算表明，水驱采收率为5.23%～5.89%，则水驱可采储量为（52.97～59.67）$\times10^4t$，剩余水驱可采储量为（11.78～18.48）$\times10^4t$,，若按2002年的采油速度（0.2%）继续开采，则储采比为5.9～9.2，稳产难度相当大；同时大量的剩余储量得不到动用，这说明注水开采方式不适用于裂缝型稠油油藏，应针对该油藏特点研究与之相适应的开采方式，以充分动用地下剩余油资源。

大港油田枣35区块火山岩油藏对这四个指标进行计算分析，对注水开发效果进行评价。首先用存水率与采收率、采出程度建立关系，并绘制存水率图版，根据实际动态数据，得出其存水率标准曲线表达式，做出标准曲线，得出存水率小，水驱采收率低，整体开发效果差。

4. 注水开发效果

总体来看，火山岩油藏注水开发效果比较有限，油藏的采收率一般分布在12%～14%，最好时可达16%～18%，差的则低到8%～10%。根据研究，内蒙古阿北注水效果明显，其注水采收率也只有5%左右。

二、火山岩油藏衰竭式开发现状

中国新疆准噶尔盆地现已发现火山岩油藏46个（截至2015年），已开发27个，动用石油地质储量6923t，除克拉玛依油田一区石炭系注水开发外，大部分采用衰竭式开采。新疆准噶尔盆地火山岩油藏不仅数量多（占全国70%），而且开发时间长（30余年）。

1. 开发方式

表6-7统计了六中区、七中区、九区及一区等石炭系火山岩油藏开采效果，在5个注水开发区块中，七中区的原油采收率较高，可达到19.3%，一区、六中区、三4区等区块

的原油采收率13.7%~19.3%，平均值为15.7%；在石西、车47井区等4个采用衰竭式开发的区块中，原油采收率10.0%~16.9%，平均值为13.7%。

表6-7　部分已开发火山岩油藏采收率综合统计表

开采方式	井区	层位	地质储量(10^4t)	有效厚度(m)	渗透率(mD)	孔隙度(%)	含油饱和度(%)	采收率(%)	可采储量(10^4t)
注水开发	一区	C	2928	29.4	20.5	9.6	60	15.4	452.0
	检188	C	670	31.2	0.1	9.1	65	14.5	96.9
	六中区	C	208	29.7	39.6	8.5	59	15.7	32.7
	三4区	C	218	51.8	26.4	3.0	60	13.7	29.8
	七中区	C	1049	48.8	49.0	10.0	60	19.3	202.5
	平均							15.7	
天然能量	石西	C	3838	23.1	0.44	12.0	52	10.0	383.4
	车47	P_1j	109	21.2	0.1	10.0	55	14.0	15.3
	百31	P_1j	739	42	0.1	11.0	51	13.9	102.8
	四2区J129	C	103	56.8	0.1	0.5	90	16.9	17.4
	平均							13.7	

对比衰竭式开发方式，由于火山岩油藏储层裂缝发育，注采关系对应复杂，同时难于形成对基质系统的有效驱替，导致注水开采效果不明显。因此新疆JL2井区佳木河组火山岩油藏开发研究中选择利用天然能量开采。

2. 天然能量采收率

1）弹性采收率

根据弹性驱动物质平衡方程式，当地层压力下降到饱和压力时油藏弹性采收率（E_R）的计算公式为

$$E_R = \frac{B_{oi} \cdot C_t \cdot (p_i - p_b)}{B_{ob}} \tag{6-5}$$

式中　B_{oi}——原始地层压力下的原油体积系数，无因次；

B_{ob}——饱和压力条件下的原油体积系数，无因次；

C_t——综合压缩系数，1/MPa；

p_i——地层压力，MPa；

p_b——饱和压力，MPa。

代入参数，计算得到各断块佳木河组油藏弹性采收率为0~4%（表6-8）。

表6-8　JL2井区佳木河组油藏弹性采收率计算表

断块	C_o(10^{-4}/MPa)	C_w(10^{-4}/MPa)	S_{wi}(%)	p_i(MPa)	p_b(MPa)	E_R(%)
金214	18.670	4.20	0.418	49.73	49.73	0
金208	13.587	4.27	0.448	49.94	29.33	3.8

续表

断块	C_o (10^{-4}/MPa)	C_w (10^{-4}/MPa)	S_{wi} (%)	p_i (MPa)	p_b (MPa)	E_R (%)
金 202	13.587	4.25	0.449	51.55	29.78	4.0
金 212	19.090	4.27	0.425	52.14	52.14	0
金 201	18.670	4.27	0.426	52.55	52.55	0
金 204	14.494	4.26	0.411	50.76	47.15	0.7

2）溶解气驱采收率

溶解气驱采收率收到油藏饱和程度的影响，一般饱和程度在 80%以上的高饱和油藏，其溶解气驱易于实现，饱和程度在 60%～80%的油藏则需降压开采到中期甚至后期才会出现溶解气驱；而饱和程度在 50%以下的低饱和油藏，溶解气驱始终难以实现。

JL2 井区佳木河组油藏多为饱和程度较高的未饱和油藏或带气顶的饱和油藏，油藏开发后很快进入溶解气驱能量驱油阶段，分别采用经验公式法和物质平衡法对 JL2 井区佳木河组油藏溶解气驱采收率进行计算。

（1）经验公式法。

溶解气驱采收率计算经验公式为

$$E_R = 0.2126\left(\frac{\phi(1-S_{wi})}{B_{ob}}\right)0.1611 \times \left(\frac{K}{\mu_{ob}}\right)0.0979 \times (S_{wi})0.3722 \times \left(\frac{p_b}{p_a}\right)0.1741 \tag{6-6}$$

式中 ϕ——有效孔隙度；

S_{wi}——束缚水饱和度；

B_{ob}——饱和压力下原油体积系数，无因次；

K——油层渗透率，D；

μ_{ob}——饱和压力下原油黏度，mPa·s；

p_b——饱和压力，MPa；

p_a——废弃压力，MPa。

油藏废弃压力取原始地层压力的 20%，渗透率取全区平均值，结合佳木河组油藏参数，计算出溶解气驱采收率为 6.2%～7.9%（表 6-9）。

表 6-9 JL2 井区佳木河组油藏溶解气驱采收率计算表

断块	ϕ	S_{wi}	K (mD)	μ_{ob} (mPa·s)	p_b (MPa)	p_a (MPa)	E_R (%)
金 214	0.127	0.418	0.691	0.290	49.73	9.95	7.8
金 208	0.112	0.448	0.560	0.360	29.33	9.99	6.2
金 202	0.128	0.449	0.691	0.335	29.78	10.31	7.5
金 212	0.136	0.425	0.560	0.330	52.14	10.43	6.7
金 201	0.135	0.426	0.691	0.290	52.55	10.51	7.9
金 204	0.134	0.411	0.691	0.380	47.15	10.15	7.8

（2）物质平衡法。

物质平衡法溶解气驱采收率计算式为

$$E_R = \frac{(R_{si} - R_s)B_g - (B_{oi} - B_o)}{B_o + (R_p - R_s)B_g} \tag{6-7}$$

式中 R_{si}——原始溶解气油比，无因次；

R_s——溶解气油比，无因次；

B_{oi}——原始原油体积系数，无因次；

B_o——原油体积系数，无因次；

R_p——累计生产气油比，无因次；

B_g——气体体积系数，无因次。

根据 JL2 井区佳木河组油藏试油试采资料统计，金 208 井断块初期累计生产气油比为 142.3～764.7m^3/m^3，平均值为 267.6m^3/m^3；金 212 井断块初期累计生产气油比为 146.7～465.6m^3/m^3，平均值为 442.2 m^3/m^3（表 6-10）。根据生产情况结合 PVT 资料，预测金 208 井断块、金 212 井断块溶解气驱开采阶段累积生产气油比分别为 500～1000m^3/m^3、800～1300m^3/m^3，其溶解气驱采收率分别为 5.2%～9.7%、10.7%～16.4%（表 6-11）。

表 6-10 JL2 井区佳木河组油藏累计生产气油比统计表

断块	井号	累计产油量（m^3）	累计产气量（10^4m^3）	气油比（m^3/m^3）
金 208	克 102	119.5	9.1	764.7
	金 208	474.2	6.7	142.3
	小计	593.7	15.9	267.6
金 212	金 209	136.8	2.0	146.7
	JL2008	1710.7	79.7	465.6
	小计	1847.5	81.7	442.2

表 6-11 JL2 井区佳木河组油藏溶解气驱采收率计算表

断块	地层压力（MPa）	饱和压力（MPa）	废弃压力（MPa）	原始溶解气油比（m^3/m^3）	累计生产气油比（m^3/m^3）	溶解气驱采收率（%）
金 208	49.94	29.33	9.99	118	500～1000	5.2～9.7
金 212	52.14	52.14	10.43	302	800～1300	10.7～16.4

3）底水能量

2013 年 3 月，金 212 断块的金 209 井在佳木河组 4350～4334m 井段试油为水层，通过对该井水层进行试采来评价水体能量大小。系统试井结果表明当油嘴增大时，产水量降低（图 6-2）。通过弹性产率预测分析，随着试采时间增加，6 年内弹性产率由 485.95m^3/MPa 降至 48.3m^3/MPa，结合不同油藏的弹性产率可以看出金 212 井断块底水能量有限（表 6-12、表 6-13）。

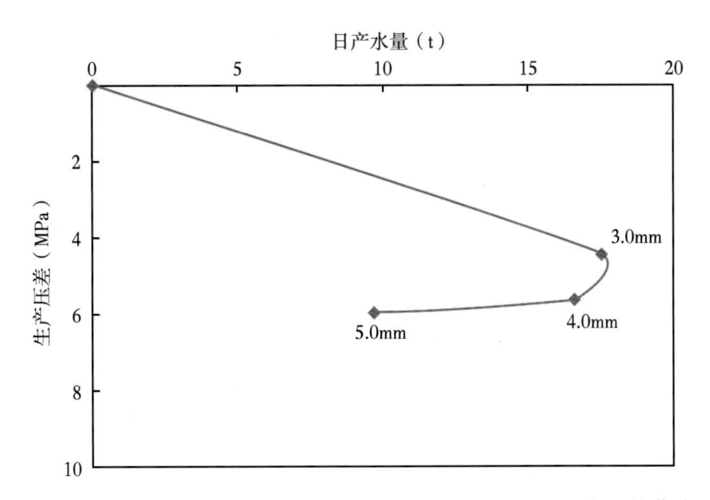

图 6-2　JL2 井区金 209 井佳木河组（4350~4334m）系统试井曲线

表 6-12　金 209 井 P_1j（井段 4350~4334m）井段弹性产率预测结果表

时间（a）	日产水量（m^3）	流压（MPa）	平均压力（MPa）	弹性产率（m^3/MPa）
1	9	30.3	42.89	485.95
2	8	25.4	37.1	234.26
3	7	21.3	31.2	138.78
4	6	18	26.6	95.02
5	5	15.5	22.7	67.96
6	4	13.8	19.4	48.3

表 6-13　不同油藏的弹性产率对比表

油藏	饱和程度（%）	弹性产率（m^3/MPa）
石西石炭系	50	22850
石南 4 三工河组油藏	46	2767
石南 4 头屯河组油藏	76	583

综上所述，佳木河组油藏底水能量有限，金 208 井断块、金 212 井断块佳木河组油藏主要以弹性驱和溶解气驱为主，采收率确定为 10.5%（表 6-14）。火山岩油藏采用衰竭式开发，无注水开发相关费用，整体采收率比较低，统计现有的火山岩衰竭式开采的采收率，平均在 10%左右（韩甲胜等，2015）。

表 6-14　JL2 井区佳木河组油藏采收率计算表

断块	采收率（溶解气+弹性）（%）					
	弹性	溶解气驱 1	溶解气驱 2	溶解气驱平均	弹性+溶解气平均	取值
金 208	3.8	6.2	5.2~9.7	6.8	10.6	10.5
金 212	0.0	6.7	10.7~16.4	10.2	10.2	10.5

三、火山岩油藏蒸汽吞吐开采现状

目前，火山岩油气藏成功开发的案例不是很多，主要是以注水开发和衰竭式开发为主，火山岩稠油油藏的开采研究相对较少。国内克拉玛依九区石炭系、大港油田枣35块火山岩油藏属于稠油油藏，对稠油油藏的开采除了上述两种方法，还使用过蒸汽吞吐进行开采。

1. 蒸汽吞吐开采的采油机理

稠油油藏的一个显著特点是原油在地层条件下黏度高、相对密度大、流动能力差，如克拉玛依油田四2区地层原油黏度大于200mPa·s。稠油油藏的天然驱动类型有溶解气驱、遍地水驱动、重力驱动及压实驱动等，但稠油油藏天然气含量少，溶解气驱不是主要类型。对具有边（底）水的稠油油藏，在稠油开发初期可以提供一定的能量，但由于稠油压力传递能力低，水驱能量作用一般不大，尤其是对高黏度稠油油藏。重力驱动对厚层块状稠油油藏是一种重要的驱动能量，若地层倾角较大，渗透率高，则其效果比较明显。对于厚层未固结砂稠油油藏，压实作用也可作为一种驱动力。

在高温条件下，稠油的黏度接近稀油，大幅增加了原油的流动性，增强了毛细管的渗析能力，基质中的原油通过毛细管力的渗吸作用不断进入裂缝。热力采油技术被广泛用于提高稠油油藏原油采收率，近年来也被用于开采水驱后的油藏。热力采油方法通常有注热水、蒸汽吞吐、蒸汽驱和火烧油层4种。注热水虽然也能把热量带到油层，但带入的热量很有限，从国内外的试验来看，注热水开采效果很差。蒸汽驱对油藏条件要求较高，如大港油田枣35块油藏极其复杂，不适合蒸汽驱。火烧油层技术提出初期对驱油机理认识不够，驱油方案设计不合理，造成试验失败，一直未得到广泛应用。目前，蒸汽吞吐仍是中国稠油油藏开采的主要方式，国内主要在枣35块火山岩油藏对蒸汽吞吐的适应性进行了研究，在克拉玛依九区石炭系火山岩油藏进行了蒸汽吞吐的开发试验研究。

大港油田枣35块设计了两个方案：分别是地层压力下降到7MPa时进行水驱开采蒸汽吞吐开采，共进行6个周期吞吐。

为了从基质和裂缝两个方面说明开采机理，给出了基质和裂缝在蒸汽吞吐开采过程中剩余储量的变化曲线（图6-3）。由图6-3可见，注蒸汽的过程中，基质中的原油增加的同时裂缝中的原油在减少。产生这种现象的原因主要有两个，一是裂缝系统的压力高于基质系统，在驱动压力梯度的作用下，裂缝中的高温热水与在高温条件下黏度降到很低的原

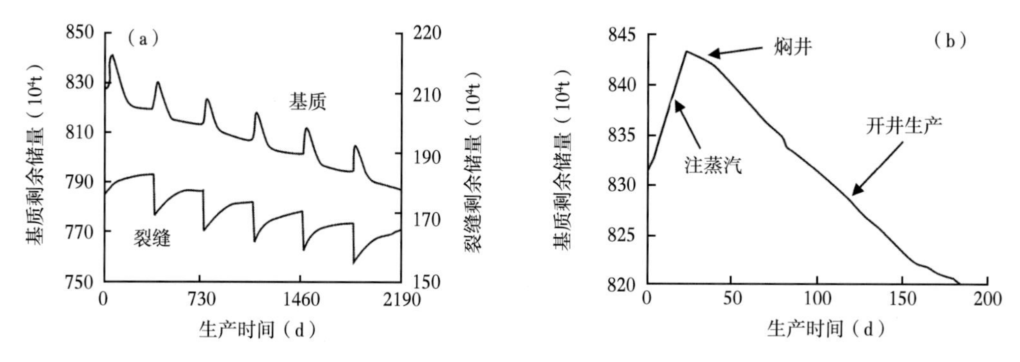

图6-3　枣35块蒸汽吞吐开采过程中剩余储量曲线（据王毅忠等，2004）

油都进入基质系统；二是毛细管力的渗吸作用也使高温热水从裂缝进入基质。然而，在焖井过程中，基质中的原油减少，裂缝中的原油增加，其原因是在毛细管力的渗吸作用下，高温水继续从裂缝进入基质，而基质岩块中的原油被驱替到裂缝系统。在开井生产过程中，裂缝系统中的原油和水被高速采出；此时裂缝系统的压力低于基质系统，基质系统中的原油在驱动压差和毛细管渗吸作用下被驱替到裂缝系统，并流到井底而采出。

蒸汽吞吐开采则同时动用了基质和裂缝中的储量（图 6-3）。因此对于大港油田枣 35 区块裂缝性稠油油藏，在衰竭式开采之后，可采用的接替开采方式为蒸汽吞吐。

九区石炭系火山岩油藏则是设计了 3 种开采方案进行对比（表 6-15）。

表 6-15　九区石炭系油藏开发试验方案设计表（据张新国，2003）

方案编号	开采方式	方案描述
D1	冷采	采用冷采开发方式，单井初期定产液量生产，产液量为 $20m^3/d$
D2	蒸汽吞吐	采用蒸汽吞吐开发方式，各周期单井注汽强度为 $80m^3/m$，保持不变
D3	蒸汽吞吐	采用蒸汽吞吐开发方式，第一周期注汽强度为 $80m^3/m$，之后每周期单井注汽强度按 10%递增

2. 蒸汽吞吐开发效果预测

枣 35 区块火山岩油藏采用上述方案一和方案二的开发效果如图 6-4 所示，从图中可知，蒸汽吞吐开采的采出程度明显高于水驱开采的采出程度。含水率也大幅低于水驱开采的含水率。蒸汽吞吐开采效果明显好于水驱开采。

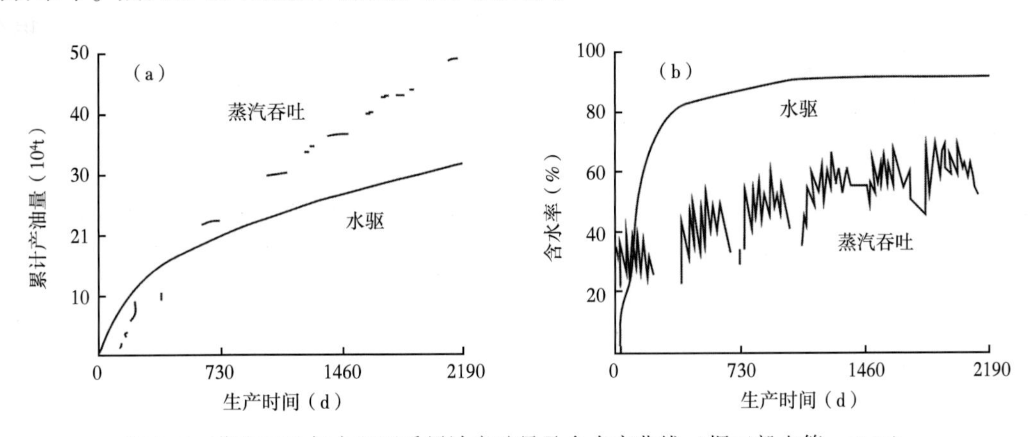

图 6-4　蒸汽吞吐与水驱开采累计产油量及含水率曲线（据王毅忠等，2004）

九区石炭系火山岩油藏开发方案效果，从冷采与蒸汽吞吐对比来看，试验区冷采具有一定产能，生产初期（2003 年）试验区产油量为 $40.63m^3/d$，到计算结束（2017 年）试验区产油量下降为 $25.30m^3/d$。冷采期间累计产油量为 $16.82\times10^4m^3$，原油采出程度为 10.44%。采用蒸汽吞吐开发方式可以有效地提高油藏开发效果。吞吐初期试验区产油量最高达 $113.26m^3/d$，吞吐初期年平均产油量为 $82.08m^3/d$；计算结束时吞吐周期的产油量峰值仍可达 $77.21m^3/d$。热采期间累计产油量为 $29.37\times10^4m^3$，原油采出程度为 18.22%。与同期冷采相比，热采累计增产油量为 $12.55\times10^4m^3$，原油采出程度增加 7.78%，热采累计增产幅度为 74.62%。因此，在试验区采用热采方式可以取得很好的开发效果。

从吞吐周期增加周期注入量的效果对比，与周期注汽量保持稳定相比，周期注汽量按10%递增率的开发方式，可以取得更好的开发效果。到计算结束时，累计产油量 $30.36\times10^4m^3$，原油采出程度为18.84%。

第三节　火山岩油藏合理开发井网及井网密度

开发井网是油气藏工程设计的重要内容之一。开发井网是指若干口开采井和注入井在构造上的排列方式或分布方式。井网部署是在一定的开发方式和开发层系下进行的，油田开发系统众多环节都与开发井网有关，同时井网部署与经济效益直接相关。

开发井网研究通常包括井网密度和井网形式两个方面。科学、合理、经济、有效的井网部署应以提供油气藏动用储量、采收率、采气速度、稳产年限和经济效益为目标，总原则是：(1) 井网能有效动用油气藏的储量；(2) 能获得尽可能高的采收率；(3) 能以最少的井数达到预定的开发规模；(4) 在多层组的油气藏中，应根据储层和流体的性质、压力的纵向分布、油气水关系和隔层条件，合理划分和组合层系，尽可能做到用最少的井网数开发最多的层系（郭建春等，2013）。

该原则也适用于火山岩油藏的开发。

一、井网基本形式

1. 排状井网

排状井网的所有油井都以直线并排的形式部署在油藏含油面积之上，适用于含油面积大、渗透性和油层连通性较好的油田（图6-5）。

2. 环状井网

环状井网是所有油井都以环状井排的形式部署到油藏含油面积之上，适用于含油面积大、渗透率和油层连通性都较好的油田（图6-6）。

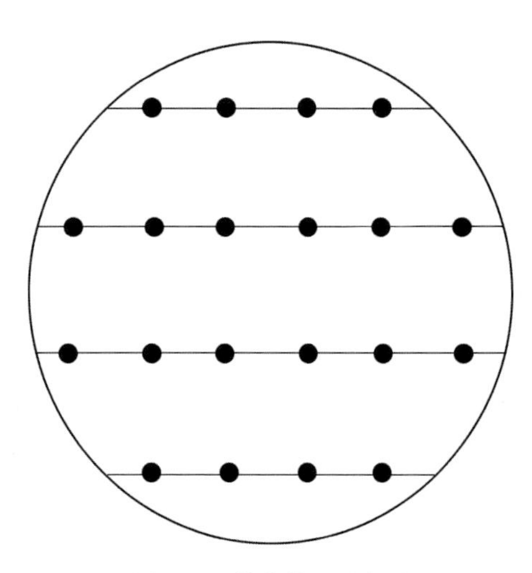

图6-5　排状井网示意图

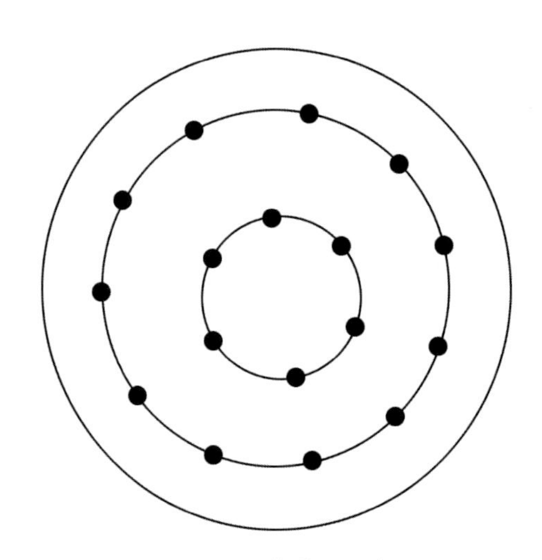

图6-6　环状井网示意图

3. 面积井网

面积井网是指将一定比例的注采井按照一定的几何排列方式部署到整个油藏含油面积上所形成的井网形式。按照油水井不同的排列方式将面积井网分为若干类型，主要有正方形井网和三角形井网。

正方形井网是指最小井网单元为正方形的井网形式，最小井网单元是由相邻油井构成的基本密度组成部分。正方形井网也可以视为排距与井距相等的一种排状井网（图 6-7）。

三角形井网是指最小井网单元为三角形的井网形式，也可以视为排距小于井距的交错形式的排状井网（图 6-8）。

面积井网适用于含油面积中等或较小、渗透率和油层连通性相对较差的油气藏。

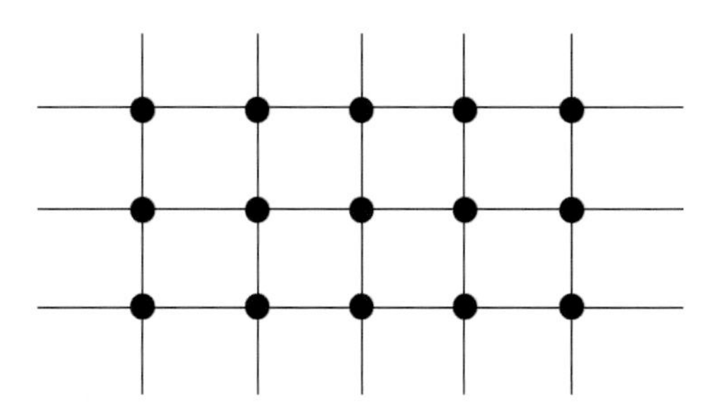

图 6-7 正方形井网示意图

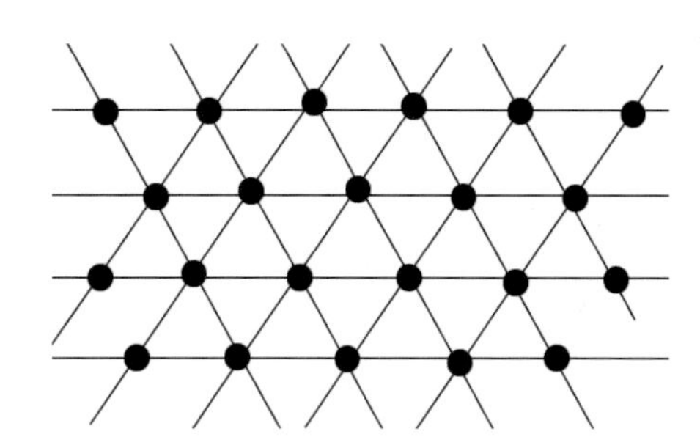

图 6-8 三角形井网示意图

二、油藏注水开发井网

目前，注水可以提高采收率，同时注水的成本相对低，油气藏补充能量通常选择注水开发。若干口注采井在油藏上的排列或分布方式称为注水开发井网或注采井网。注采井网的选择要以有利于提高驱油效率为目的。

1. 排列内部切割注水开发井网

对于大型油田，可以通过直线注水井排把整个含油面积切割成若干个小的区域，每一个区域称作一个切割区。每一个切割区可作为一个开发单元，进行单独设计和单独开发。视开发准备的情况，每一个切割区投入开发的时间可以不同。图 6-9 就是一种排列内部切割注水开发井网，它通过两个注水井排把油藏切割成了 3 个开发单元。

对于含油面积较大、构造完整、渗透性和油层连通性都较好的油田，采用排状注水易形成均匀驱替的水线，可提高驱替效率，但排状注水的缺点是内部采油井排不容易受效。

2. 环状内部切割注水开发井网

对于大型油田，也可以通过环状注水井排把整个含油面积切割成若干个小的环形区域，对每个切割区分别进行单独设计和单独开发。图 6-10 就是一种环状内部切割注采井网，它通过一个环状注水井排，把油藏切割成两个开发单元。

对于复杂油田，可以采用环状注水井排，把油气藏的复杂部分暂时封闭起来，先开发油气藏的简单部分，待条件成熟之后再开发油气藏的复杂部分。如气顶油藏，为了防止气窜，就可以首先布置一个环状注水井排，通过注水保持地层压力，暂时把气顶与油藏含油部分分开，这样就可以方便地开采油藏含油部分的原油。

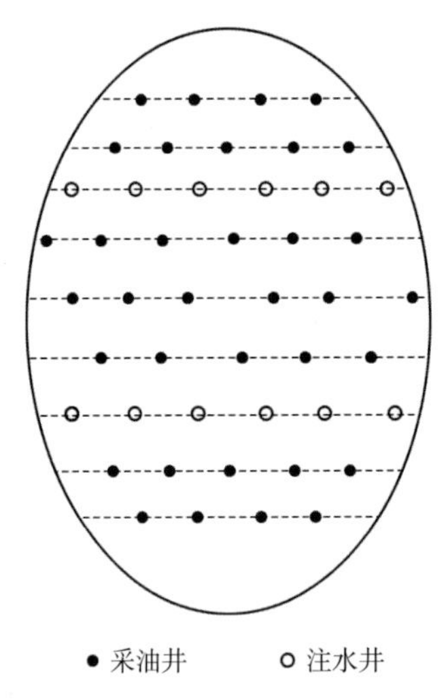

图 6-9　排状内部切割注水开发井网

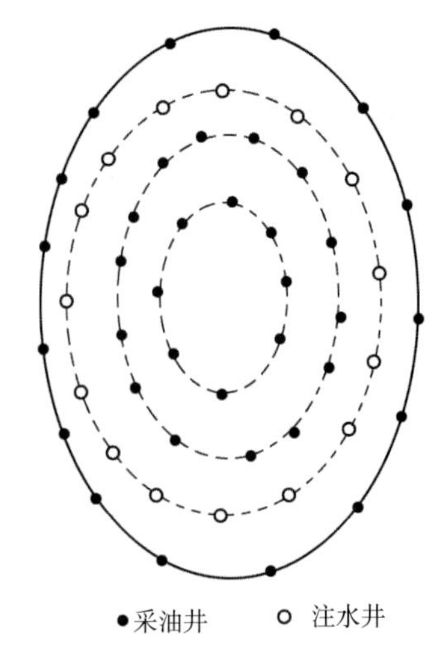

图 6-10　环状内部切割注水开发井网

3. 边缘注水开发井网

如果一个油藏的注水井排都打在油藏的含油边界上，这样的井网称作边缘注水开发井网，边缘注水开发井网一般适用于含油面积中等或较小的油藏（图 6-11）。

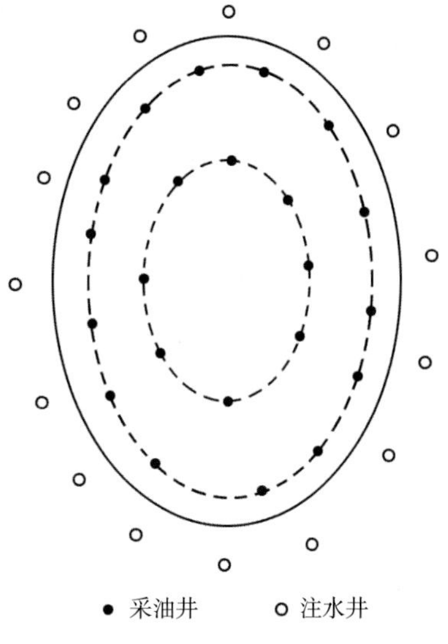

图 6-11　边缘注水开发井网

4. 面积注水开发井网

面积开发井网就是把注水井和生产井按一定的几何形状和井网密度均匀地布置在整个开发区上。习惯上以一口生产井为中心的“n 点法”来命名。面积注水井网可以把油层划分成若干个以生产井为中心的注采单元，在每一个单元中，如果生产井周围有“$n-1$”口注水井，则称这种注水方式为“正 n 点法”面积注水方式。如果以注水井为中心划分单元，每一口注水井周围有“$n-1$”口生产井，则称这种注水方式为“反 n 点法”注水方式。面积注水开发井网指的是把油层分割成许多更小的开发单元，使一口注水井影响几口采油井，而每一口采油井从几个方向受不同注水井的影响。根据采油井和注水井之间的相互位置及构成井网形状的不同，面积注水井网可分为直线排状、交错排状、正四点法、歪四点法、五点法、七点法、正九点法和反九点法等类型（图 6-12）。

还有一种强化的面积注水是点状注水，是指在油藏内部仅部署零星注水井的开发方式。

面积注水井网和点状注水井网的适用条件是平面非均质性很强的油藏、油藏局部产能低的区域、面积小的油田、不具备面积和切割注水开发的小型油藏，其优点是针对性强、可操作性强，便于调整。

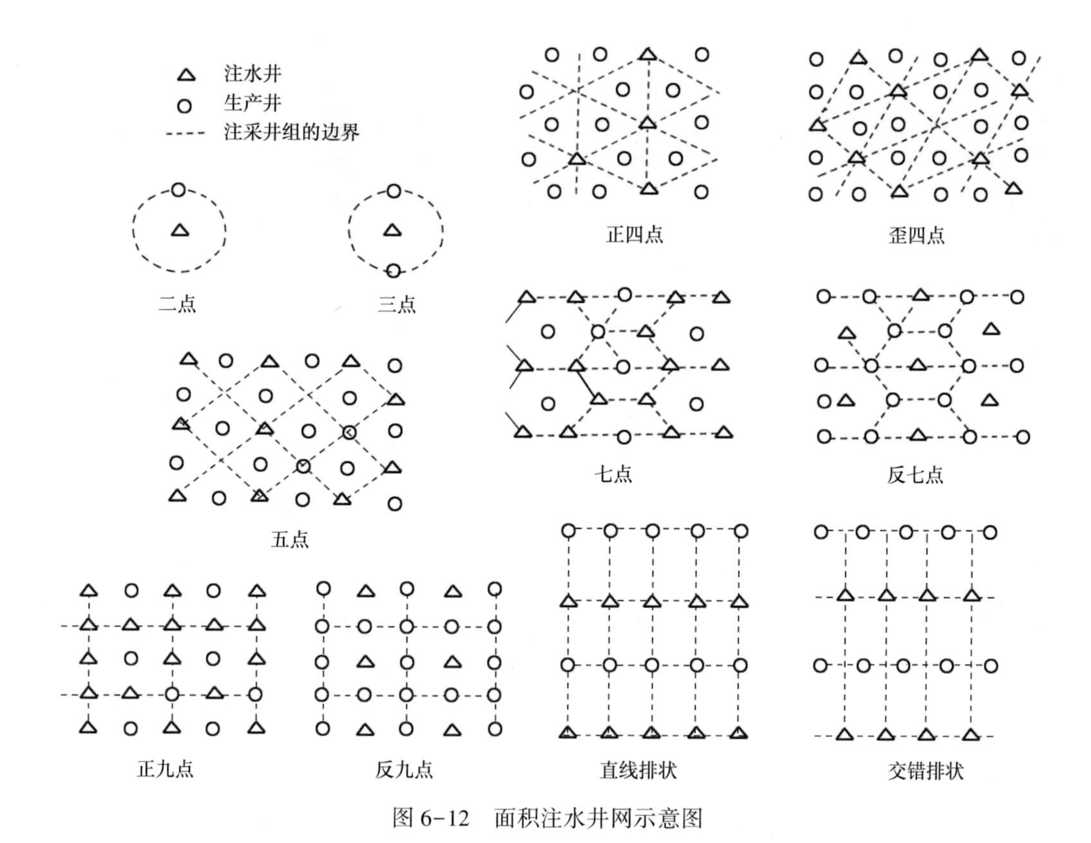

图 6-12 面积注水井网示意图

5. 火山岩油藏注水开发井网样式

对于某个具体的火山岩油藏，其注采井网的样式的确定需根据其油藏地质条件确定，但是要确定有合理的油水井数比，保证注采平衡；确定注采井网要便于后期井网形式和井网加密的调整。火山岩油藏裂缝发育，其井网形式与裂缝系统的合理配置非常重要，对开采效果有显著的影响。因此，火山岩油藏井网的部署特别是井排方向与裂缝方向的优化配置，是其注水开发成功的关键。

新疆油田一区石炭系是国内注采井最多、最具规模的采用注水开发的火山岩油藏，新采用的是大面积四点井网，六区石炭系采用的也是四点井网，八区佳木河采用五点井网，七中东石炭系采用七点井网，在新疆地区，其他注水开发的火山岩油藏选用的则是四点井网、五点井网或七点井网。但采用面积井网，主要还是考虑准备后期层系井网调整上返常规砂砾岩油藏，火山岩油藏整体面积注采还是相对较少，且成功案例较少，有待深入研究。

三、井网密度研究

井网密度是油气开发的重要数据，它涉及油气田开发指标计算和经济效益的评价。对裂缝—孔隙型火山岩油藏来说，井网密度是影响其合理开发的主要因素，如果在布井时不考虑这一因素，就会在油气藏中造成普遍的井间干扰。如阿塞拜疆穆拉德汉雷火山岩油藏东部地区在五年内全部水淹，多数井关井。因此，确定这类油藏的井网密度时必须慎重。

1. 井网密度的概念

井网密度指油田开发井网中油水井的密集程度。对一个固定的井网来说，井网密度大小与井网系统（正方形或三角形等）和井距大小有关，井网密度有两种表示方法：

（1）平均一口井占有的开发面积（以 km^2/井表示），其计算方法是，对某一开发层系，按一定井网形式和井距钻井投产时的开发总面积除以总井数；

（2）用开发总井数除以开发总面积（以井/km^2 表示）。

随着井网密度的增大，油气最终采收率增加，开发气田的总投资也增加，而油气田开发总利润等于总资产减总投入。当利润最大时，就可得出合理的井网密度。通常实际的井网密度介于合理井网密度和经济极限井网密度之间。

油气田开发井数、井距、井网密度及单井控制地质储量之间是紧密相关的，确定了一个参数之后，就可以确定另外 3 个参数。

2. 选择井网密度的主控因素

油田开发的根本目的，一是获得最大的经济效益，二是最大限度地采出地下的油气资源，基于这两大目的，井网密度选择应考虑相关因素。

1）储层物性

特别是储层的渗透率，对于储层物性较好的油田，其渗透率也相对较好，单井产油能力高，泄油范围大，因此可以降低其井网密度。

2）油藏的非均质性

油藏的非均质性是指储层和流体的双重非均质性，非均质性越高，井网密度应越大，反之，则小。

3）开发方式

对于注水开发的油田，其井网密度小点；而靠天然能量开发的油田，其井网密度相对大。

4）油藏埋藏深度

从经济角度考虑，油田的钻井成本与埋深成正比关系，因此浅层油层的井网密度可大点，而深层油层的井网密度则小点。

5）采油速度

在单井产能一定的情况下，要达到较高的采油速度，则必须增加生产井，因此采油速度与井网密度也密切相关，在井网设计时也应考虑。

6）其他

油藏的裂缝发育程度和方向、层理等地质因素及所要求达到的油产量等。

3. 确定井网密度可采用的方法

同时满足获得最大的经济效益和最大限度采出地下的油气资源，这两个目的的开发井网密度就是最佳井网密度。火山岩油藏储渗机理非常复杂，应从地质开发角度及经济效益方面进行综合考虑，采用一切可能的研究方法，并借鉴国内外火山岩油藏开发经验来研究各火山岩油藏的合理井网密度。

穆拉德汉雷和萨姆戈里火山岩油田的开发实践表明，对于裂缝发育的地层，在井距 800~1000m 时，干扰最小或没有干扰；而对于裂缝发育差（含油饱和度也最小）的地层，井距为 350~500m 时，没有干扰或干扰很小。国内的火山岩（变质岩）油藏中，克拉玛依一区设计井距为 300m（四点法布井），实际井距 310~380m。阿北油田井距为 470~500m，哈南油田井距为 400m，滨 338 断块井距为 350m，王庄油田井距为 300m，这些油田均不同程度地存在井间干扰。又如阂桥火山岩油藏构造破碎，断块很多，含油面积、地质储量差异很大，以闵 15–18 断块为例，含油面积 2.3km^2，地质储量 245×10^4t，占全油田储量 42.1%。闵 15–18 断块表现为局部具有层状性质的块状油藏，火山岩岩体内有多套沉积夹层，Ef_2 与 Ef_1 之间的沉积夹层在西部闵 18 块较稳定，厚度为 1.1~8.4m，岩性为泥岩→石灰质泥岩→云灰岩；到东部闵 15 断块这套沉积夹层基本尖灭。火山岩岩体由东向西呈楔状体展布，东厚西薄，Ef_2 火山岩岩体向西逐渐变薄至闵 18–6 井处消失，底部火山岩岩体亦与之相同，向西消失。闵 15–18 断块实际井距在 250~550m 之间，其中闵 15 块井距在 300m 左右，闵 18 块井距在 450m 左右。与国内外同类油藏相比，该断块大部分井井距较小，为了研究其合理井距，选用了全隐式三维三相裂缝黑油模型物体，共设计了 500m、700m、900m、1500m 四种井距方案。为便于对比，全部采用枯竭式开采，油井枯竭产量定为 0.5t/d，停产流压为 0.5MPa，极限含水率为 98%，各方案因井距不同，井数也不相同，各井初始产量依据闵 15–18 块不同部位油井初始实际采油强度而定。射孔层位距油水界面 40m 以上。从数模评价结果来看，井距为 900m 的开发指标最好，按年采油速度 1% 作为稳产标准，稳产期可达 6 年。

综合以上实际案例，确定井网密度可采用的方法主要有以下几种：

（1）类比法：由于目前国内尚无成熟开发的火山岩油气藏，因而无可供借鉴的经验。日本的几个火山岩气藏，其储层在横向上变化大，井距设计值在 500~1000m。而国内的火山岩气藏在物性上整体要比日本差，储层横向变化也大，采用类比法确定井距需慎重考虑；

（2）数值模拟法：利于数值模拟法确定井距的方法，是建立在可靠的地质模型基础之上的，因此不适用于开发早期井距的确定；

（3）经济极限法：经济极限井网密度系指总产出等于总投入，即总利润为 0 时的井网密度。为了确定经济极限井网密度，首先必须确定气井的最小累计采出量。采用经济静态评价方法，气井最小累计采气量为总收入等于总投资时。利用单井最小累计采气量，对应不同的储量丰度，便可得到气井要求控制的最小面积和极限井网密度。

四、井网井距论证

1. 根据试井解释探测半径计算井距

新疆 JL2 区佳木河组火山岩油藏根据试井解释探测半径计算其井距。结合佳木河组油藏 5 井 5 层不稳定试井资料，试井解释探测半径为 125~380m，平均值为 227m，折算井距为 222~673m，平均值为 401m，确定 JL2 井区佳木河组油藏合理井距为 400m（表 6–16）。

表 6–16 JL2 井区佳木河组油藏复压测试资料计算井距表

井号	井段（m）	射开厚度（m）	措施方式	油藏模型	测试时间（h）	地层系数（mD·m）	探测半径（m）	裂缝半长（m）	探测半径折算井距（m）	井距取值（m）
J209	4258.0~4237.5	12.0		复合油藏	358	40.30	288		510	400
K102	4081.0~4050.0	16.0	压裂	复合油藏	703	1.56	125		222	
J208	4242.0~4206.0	17.0		双孔拟稳态	358	17.50	184		326	
JL2002	4286.0~4275.0	8.0	压裂	复合油藏	455	32.10	156	66.8	276	
J204	4227.0~4205.5	13.5	压裂	均质+定压	599	24.80	380	67.3	673	
平均							227	77.5	401	

2. 数值模拟方法

建立金208断块佳木河组油藏地质模型，粗化得到相应数值模拟模型，论证佳木河组油藏合理井距。研究设计方案5组，均采用水平井布井、衰竭式开发的方式，模拟参数及结果见表6-17及图6-13至图6-15。

表6-17　金208断块佳木河组油藏不同井距数值模拟开发指标统计表

水平井井距（m）	水平井数	累计产油量（10^4t）	采出程度（%）
300	13	74.18	10.22
350	11	75.31	10.38
400	10	76.90	10.60
450	9	76.55	10.55
500	8	74.10	10.21

数值模拟结果表明，井距小则部署总井数多，区块初始产量高，但产量递减也更快，衰竭式开采条件下不同井距方案的15年的累计产油量接近，综合考虑推荐采用400m井距，不仅初始产量较高，15年累计产油量也最高。

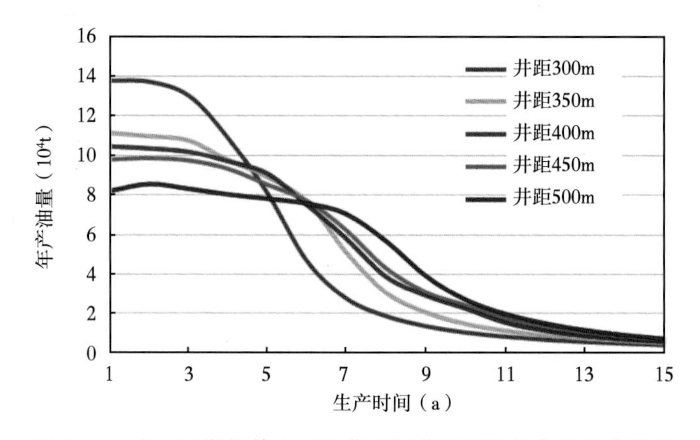

图6-13　金208断块佳木河油藏不同井距下的年产油量曲线图

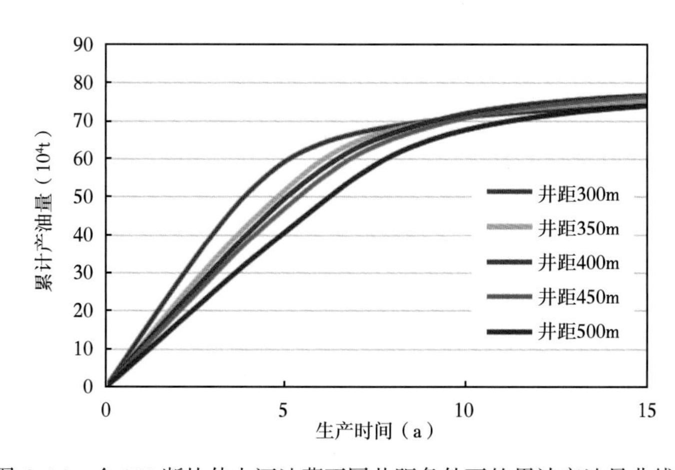

图6-14　金208断块佳木河油藏不同井距条件下的累计产油量曲线图

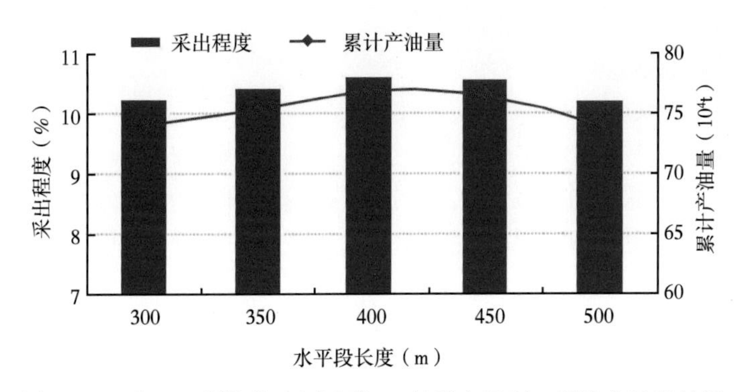

图 6-15 金 208 断块佳木河油藏 15 年采出程度、累计产油量结果

第四节 火山岩油藏水平井优化技术

水平井是通过提高油层钻遇率、扩大泄油面积来提高单井产量及提高油田开发效益的一项开发技术，然而火山岩油藏水平井开发的成功案例极少。

一、水平井开发可行性研究

火山岩油藏储层非均质性强，裂缝发育及有效储层平面变化较复杂，造成直井布井困难。近十年来，通过多个裂缝性油藏的有效开发，水平井开采技术得到了长足的发展，可以在提高钻井成功率的同时，因水平井较小的生产压差可以避免边（底）水迅速窜升。

1. 水平井开发的有利性

通过对各油田以往水平井开发的经验，在火山岩油藏部署水平井开发的有利性如下：

（1）火山岩裂缝发育，裂缝油藏中钻水平井可提高裂缝钻遇率，充分控制和利用裂缝的有效作用；

（2）火山岩油藏都不同程度存在边水、底水，由于裂缝比较发育，边（底）水容易发生水窜甚至水淹，而火山岩水平井较小的生产压差可以有效起到防砂及抑制底水的作用，延长油井的无水采油期，可以合理地利用油层的能量，提高油井产量和油藏采收率；

（3）增加泄油面积，可大幅提高单井产能；

（4）提高开发井高产成功率。

总结可知，水平井较直井在火山岩油藏中更有利。按照一般水平井适用油藏的筛选条件，根据新疆 JL2 井区佳木河组火山岩油藏的地质特点对水平井开发可行性进行了评价：

（1）JL2 井区佳木河组火山岩油藏顶面构造总体为一向东倾的单斜，构造平缓，易于控制水平段轨迹；

（2）当 β_h>100 时，水平井效果不理想。JL2 井区佳木河组油藏取值为 1.25，各断块 β_h 值为 13.9~38.6，适合钻水平井；

（3）JL2 井区佳木河组油藏试油出油层段主要集中在佳木河组第三期底部，佳木河组第三期底部油层横向分布稳定，连续性好，适合水平井开发；

（4）高角度裂缝发育，水平井可钻遇更多裂缝，提高单井产能和产能进尺比。

综合分析，JL2 井区佳木河组油藏适合水平井开发。

2. 水平井开发实践

1）国外水平井开发实践

国外水平井技术比较成熟，应用较广泛的主要是美国和加拿大。

在美国，水平井的最大作用是横穿多个裂缝，提高产能（占了水平井总数的 53%），其次是延迟水锥与气锥的出现（占总数的 33%）。美国的水平井和直井平均产能比为 3∶2，而钻井成本比为 2∶0。

在加拿大，水平井主要应用于稠油油藏，利用热采提高采收率。加拿大的水平井和直井平均产能比为 4∶1，而钻井成本比为 2∶20。

在国外，水平井的技术成功率高达 90%以上，而只有 50%~60%的水平井项目在经济性上是成功的。

2）国内水平井开发实践

国内利用水平井技术开发起步于“八五”期间，在“九五”期间得到快速发展。从国内水平井技术应用范围来看，国内水平井主要应用于稠油油藏，目的是热采，以提高稠油采收率，此类水平井占 35%；其次是断块油藏、低渗透油藏、薄互层油藏等，目的是扩大泄油面积，提高单井产能，此类水平井占 34%；三为底水油藏和气顶油藏，控制气水锥进，此类水平井占 14%；高含水期的剩余油挖潜，占 11%，最后为裂缝型油藏，目的是贯穿裂缝，提高单井产能，占 6%。

根据调查统计，在国内，水平井和直井初期产能比为 3~5 倍，平均为 4 倍左右；水平井和直井累计产油比为 0.5~6，平均为 1.7 倍。而钻井成本比为 1.5~6，平均为 2.8 倍。

在技术上，水平井成功率达到 90%以上，但根据水平井与直井的累计产油量比和投资比评估，只有 50%~60%的水平井在效益上是成功的，整体上与国外水平相当。

在克拉玛依油田应用水平井技术开发火山岩油藏，已取得较好的效果。在火山岩油藏开发中期，已经不具备加密井部署条件，而水平井与直井相比，水平井具有泄油面积大、产量高、抑制气锥水锥等特点。因此，可以通过整体部署、分批实施的方式，在油藏高部位部署水平井，利用水平井替代直井，可以提高采油速度、延长无水采油期。如准噶尔盆地石西油田在石炭系部署了 8 口水平井，其中 6 口井获得高产工业油流。截至 2000 年 10 月，正常生产的 6 口水平井，井数虽然仅占全区总井数的 14.8%，但产量占全区的 45.9%，累计产油量达 81.36×10^4t。徐深火山岩气藏在 2010 年 7 月底，完钻水平井 8 口，完成试气 5 口，全部获得工业气流，其中 2 口井取得重大突破，获较高的自然产能，1 口井压裂后获得高产；已投产的 1 口水平井，产量平稳，含水率低，开发效果良好。

二、水平井优化设计

水平井的优化设计可通过地震、地质、测井等多学科综合，应用精细地质建模技术，精细刻画构造和储层发育特征，最大限度地降低储层井间预测的不确定性，建立火山岩三维地质模型，为优化设计水平井轨迹和降低水平井设计风险鉴定基础。

1. 水平井井位筛选

（1）地质认识相对清楚。

（2）储层质量较好，周围直井产能较高。

（3）有一定的含油面积和储量基础。

（4）能与周围直井形成合理配置，有合理井位和井距部署的空间；

2. 水平井方向的确定

根据其他火山岩油藏开发结果看，火山岩储层的非均质性对油井的产能影响很大，特别是裂缝的发育程度是影响油井产能的主要因素，裂缝发育程度越好，其油井产能也较好，反之，则产能差。因此，为确保油井产能，先应确保水平井钻遇较多的有效储层，且能控制钻遇较多裂缝，因此水平井的方向最好是与裂缝走向方向垂直；或成一定角度，避免与裂缝的走向方向平行。

3. 水平井段长度的确定

水平井的水平段长度取决于油藏规模、有效储层厚度、裂缝发育特征、油层物性及油藏井控程度等。水平段长度决定水平井的产能，若水平段过长会使风险增大，对于特定油藏而言，从最大增产倍数出发，存在一个最优的水平段长度。考虑现有钻井和压裂等工艺技术水平，结合理论计算优化确定水平段长度。表 6-18 是石西油田石炭系 5 口水平井的水平段长度选择。

表 6-18 水平井参数及临界产量（据杨渔等，2001）

井号	水平段长度（m）	渗透率（mD）	临界产量（t/d）
SHW01	315.43	30	332.33
SHW04	318.00	20	266.37
SHW06	506.70	18	394.71
SHW08	197.00	32	265.18
SHW10	478.42	10	193.13
SHW15	317.80	15	86.07
SHW16	402.00	12	272.21
SHW18	502.50	10	220.11
平均值			234.77

4. 水平井段部署位置的确定

对裂缝—孔隙型火山岩油藏来说，为避免偏心距对产能的影响，原则上水平段应尽量设置在油层中部。但在具体设置时，水平段的设置首先要满足其纵向上应是裂缝和油层发育的部位；其次再考虑偏心距。

5. 水平井产能效果分析

1）采油强度计算

根据 JL2 井区佳木河组油藏试油试采资料，计算出各断块采油强度为 0.99~3.79t/（d·m）（表 6-19）。

表 6-19　JL2 井区佳木河组油藏采油强度计算表

断块	井号	射孔井段 (m)	射孔厚度 (m)	射孔段油层厚度 (m)	日产油量 (t)	采油强度 [t/(d·m)]
金 214	J215	3888.0~3866.0	12.0	12.0	20.61	1.72
	J214	4140.0~4130.0	10.0	10.0	16.80	1.68
	平均					1.70
金 208	J208	4242.0~4206.0	17.0	16.3	18.38	1.13
	JL2010	4189.0~4158.0	19.5	17.7	15.34	0.87
	平均					0.99
金 209	JL2008	4252.0~4242.0	10.0	9.4	55.47	5.90
	J209	4258.0~4237.5	12.0	11.3	10.50	0.93
	J212	4371.0~4364.0	7.0	7.0	14.47	2.07
	平均					2.25
金 201	J213	4255.0~4243.0	8.0	6.7	18.47	2.76
金 202	JL2001	4152.0~4142.0	8.5	5.7	12.22	2.14
	JL2002	4286.0~4275.0	8.0	6.2	24.17	3.90
	J219	4250.0~4245.0	5.0	5.0	32.54	6.51
	平均					3.79
金 204	J204	4227.0~4205.5	13.5	13.1	16.72	1.28

2）米采油指数计算

根据 JL2 井区佳木河组油藏试油试采资料，计算出各断块米采油指数为 0.254~0.581t/(d·MPa·m)（表 6-20）。

表 6-20　JL2 井区佳木河组油藏米采油指数计算表

断块	井号	射孔井段 (m)	射孔厚度 (m)	射孔段油层厚度 (m)	地层压力 (MPa)	井底流压 (MPa)	日产油量 (t)	米采油指数 [t/(d·MPa·m)]
金 214	J215	3888.0~3866.0	12.0	12	47.52	40.26	20.61	0.254
金 209	JL2008	4252.0~4242.0	10.0	9.4	51.69	45.93	55.47	1.078
	J212	4371.0~4364.0	7.0	7.0	53.19	46.18	14.47	0.313
	平均							0.581
金 202	JL2002	4286.0~4275.0	8.0	6.2	50.21	40.69	24.17	0.409
	JL2001	4152.0~4142.0	8.5	5.7	51.2	34.49	12.22	0.128
	J219	4250.0~4245.0	5.0	5	51.2	42.84	32.54	0.779
	平均							0.345
金 204	J204	4227.0~4205.5	13.5	13.1	50.94	46.83	16.72	0.311

3）稳产系数、打开程度及合理生产压差确定

（1）稳产系数。

JL2 井区佳木河组油藏试采井生产时间较短，因此其稳产系数参考相似油藏的资料。通过统计分析六区、七区、九区已开发油藏的生产资料，建立了初始产量与单井产能的关系曲线，通过回归建立的关系式如下：

$$q_o = 0.1430 q_{oi}^{1.3693} \tag{6-8}$$

式中　q_o——单井产能，t/d；

q_{oi}——初始产量，t/d。

（2）打开程度。

油层打开程度即射孔段射开油层厚度与油层厚度的比值，其关系式可表示为

$$油层打开程度 = \frac{射开油层厚度}{油层厚度}$$

根据 JL2 井区佳木河组油藏试油试采资料，计算出打开程度为 0.51（表 6-21）。

表 6-21　打开程度计算参数与结果表

断块	井号	射孔井段（m）	射孔厚度（m）	射孔段油层厚度（m）	油层厚度（m）	打开程度
金 214	J215	3888.0～3866.0	12.0	12.0	28.25	0.42
	J214	4140.0～4130.0	10.0	10.0	23.37	0.43
金 208	J208	4242.0～4206.0	17.0	16.3	23	0.71
金 201	JL2008	4252.0～4242.0	10.0	9.4	23.1	0.41
	J212	4371.0～4364.0	7.0	7.0	11.76	0.60
金 209	J213	4255.0～4243.0	8.0	6.7	14.3	0.47
金 202	JL2001	4152.0～4142.0	8.5	5.7	16.13	0.35
	JL2002	4286.0～4275.0	8.0	6.2	9.26	0.67
	J219	4250.0～4245.0	5.0	5.0	9.25	0.54
金 204	J204	4227.0～4205.5	13.5	13.1	20.3	0.65
平均						0.51

（3）合理生产压差。

根据 JL2 井区佳木河组油藏各断块饱和程度及系统试井资料，计算出合理生产压差，结果见表 6-22。

表 6-22　合理生产压差计算参数与结果表

断块	地层压力（MPa）	饱和压力（MPa）	地饱压差（MPa）	合理生产压差（MPa）			
				经验方法	系统试井方法	平均	取值
金 214	49.73	49.73	0.00	7.5		7.5	7.5
金 208	50.48	29.87	20.61	10.3		10.3	10.0
金 212	52.55	52.55	0.00	7.9	7.2	7.6	7.5
金 202	51.55	29.78	21.77	10.9	7.0	8.9	9.0
金 204	50.76	47.15	3.61	7.6		7.6	7.5

(4) 产能分析。

对已投入开发的九区和石西石炭系相似油藏水平井产量与邻近直井同期产量相比较，初期产量为直井的1.9~7.7倍，产能为直井的3.1~8.3倍（表6-23）。因此设计研究区佳木河组油藏水平井产能为直井的3.0倍。

表6-23　相似油藏天然能量开发水平井生产效果统计表

区块	井型	井数	生产情况（初期）			生产情况（一年）		
			日产液量(t)	日产油量(t)	含水率(%)	日产液量(t)	日产油量(t)	含水率(%)
六区石炭系	水平井	1	28.3	27.7	2.1	26.6	25.0	6.3
	直井	3	4.0	3.6	10.3	3.7	3.0	20.1
	水平井/直井		7.1	7.7		7.2	8.3	
九区石炭系	水平井	1	15.8	15.5	2.0	15.7	14.4	8.8
	直井	4	8.9	8.2	7.8	5.7	4.7	17.1
	水平井/直井		1.8	1.9		2.8	3.1	
石西石炭系	水平井	6	337.0	322.5	4.2	206	181.6	11.95
	直井	27	61.0	53.6	12.1	59.0	49.2	16.6
	水平井/直井		5.5	6.0		3.5	3.7	

(5) 产能确定。

结合上述确定的产能计算参数，根据产能计算公式，确定单井产能见表6-24。

表6-24　单井产能计算参数与结果表

断块	油层厚度(m)	生产压差(MPa)	采油强度[t/(d·m)]	米采油指数[t/(d·MPa·m)]	打开程度	初期产量(t/d)			计算单井产能(t/d)	设计直井产能(t/d)	设计水平井产能(t/d)
						采油强度法	米采油指数法	平均			
金214	23.8	7.5	1.70	0.237	0.51	22.0	23.0	22.5	10.1	10.0	30.0
金208	32.3	10.0	0.99	0.254	0.51	16.3	41.8	26.1	12.5	12.0	36.0
金212	14.6	7.5	2.25	0.581	0.51	16.8	30.4	22.6	10.2	10.0	
金201	14.6	7.5	2.92	0.586	0.51	23.1	32.6	27.9	13.6	13.5	40.5
金202	8.6	9.0	4.25	0.447	0.51	19.8	18.8	19.3	8.2	8.0	24.0
金204	23.8	7.5	1.28	0.311	0.51	16.5	29.6	23.1	10.5	10.5	31.5

第五节　开发方案部署及应用效果

以新疆 JL2 油田为例，该油田目的层主要含油层系为二叠系佳木河组和上乌尔禾组，上乌尔禾组逐层超覆沉积于二叠系佳木河组之上，其中佳木河组为火山岩，上乌尔禾组为砂砾岩，综合考虑上乌尔禾组砂砾岩油藏开发部署，对 JL2 油田佳木河组火山岩油藏开发方案部署和开发效果进行分析，整体部署，分步实施。

一、部署原则

部署试验区优选原则主要包括：（1）选择油层已落实、油层厚度大于 10m、试油和试采效果较好的中高储量丰度区部署；（2）为减小风险和提高开发效益，在 3 套层系均发育的中高储量丰度区，考虑接替上返；在仅发育一套或两套层系的区域或受区域水域影响，可考虑水平井单独部署开发，最大程度地动用储量。

二、各断块建产潜力评价

建产潜力评价方法主要包括五步，这里结合实际数据进行详细介绍。

（1）依据试油试采井生产数据，拟合确定累计产量与生产时间的关系式；图 6-16 为克 102 井累计产油量与累计生产时间的拟合结果。

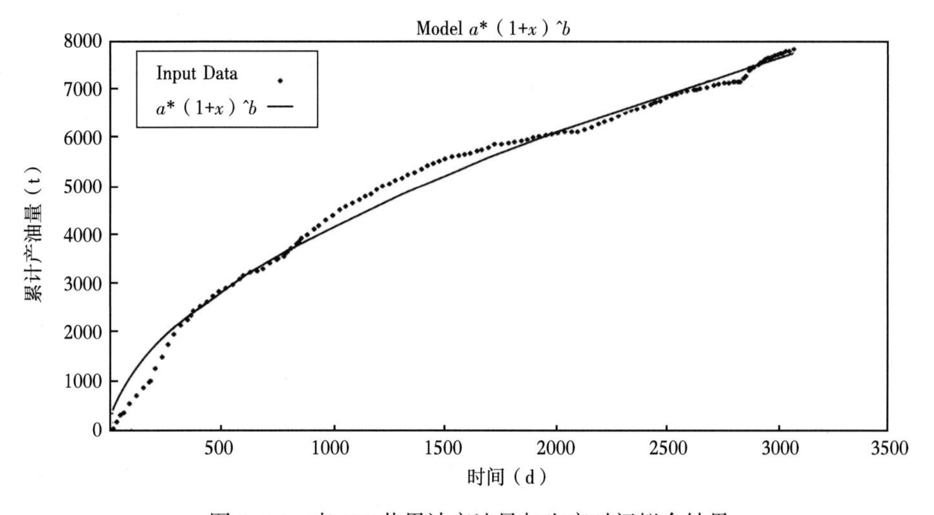

图 6-16　克 102 井累计产油量与生产时间拟合结果

通过多口井拟合结果分析，最终确定采用以下的模型确定单井累计产油量与累计生产时间的关系：

$$Q = a \times (1 + t)^{b} \tag{6-9}$$

式中　Q——累计产油量，t；

t——累计生产时间，d；

a、b——与储层特征相关的待定系数。

不同井的累计产量与生产时间拟合关系式的系数也不相同，结合试油试采资料，拟合确定 JL2 井区不同井不同油层的相关系数（表 6-25）。

表 6-25　JL2 井区试油试采井生产数据拟合统计表

井号	层位	系数 a	系数 b	井号	层位	系数 a	系数 b
JL2010	P_1j	16.09	0.91	J202	P_3w_1	137.44	0.51
JL2011	P_1j	56.75	0.79	JL2001	P_3w_2	39.94	0.65
J213	P_1j	11.20	1.03	JL2008	P_3w_2	2.07	1.04
J219	P_1j	58.56	0.68	JL2	P_3w_2	55.57	0.64
J208	P_1j	8.96	1.15	K102	P_3w_2	29.51	0.73
JL2008	P_1j	8.96	1.15	J207	P_3w_2	20.79	0.66
J214	P_3w_1	9.28	1.30	J208	P_3w_2	12.98	0.99
J207	$P_3w_1^1$	10.36	0.86	J209	P_3w_2	23.09	0.70
J208	$P_3w_1^2$	27.65	0.86	J212	P_3w_2	8.56	1.03
JL2002	P_3w_1	19.09	0.82	J217	P_3w_2	10.33	0.86

（2）分别依据火山岩储层分类标准，对 JL2 井区各井点油层进行分类，确定各井点的储层类型及厚度值；各类型储层分类结果见表 6-26、表 6-27。

表 6-26　JL2 井区佳木河组火山岩储层分类统计结果

井号	油层厚度（m）			井号	油层厚度（m）		
	一类	二类	三类		一类	二类	三类
K301	0	11.77	5.31	J207	0	12.73	10.58
J214	0	17.02	0	J217	0	20.34	12.73
J215	6.48	8.73	1.98	J219	5.03	0	0
J218	0	12.17	38.10	JL2008	11.47	15.00	22.00
JL2010	8.07	4.60	0	J209	0	14.81	9.79
K102	7.61	24.10	21.20	J212	9.59	0	1.66
J208	3.70	18.90	6.10	J201	16.04	14.72	1.24
J216	0	0	0	J213	14.33	7.85	1.14
JL2001	9.59	12.60	19.70	J220	0	13.39	0
JL2002	0	20.50	3.31	JL2011	11.11	14.00	0
JL2004	0	2.31	21.66	J203	0	10.42	2.48
J202	0	13.72	11.80	J204	11.77	28.20	13.9

表 6-27 JL2 井区上乌尔禾组砂砾岩储层分类统计结果

井号	P_3w_1 油层厚度（m）				P_3w_2 油层厚度（m）			
	Ⅰ类	Ⅱ类	Ⅲ类	Ⅳ类	Ⅰ类	Ⅱ类	Ⅲ类	Ⅳ类
K301	0	31.97	21.03	0				
J214	5.80	26.74	0	0				
J215	0	0	50.70	4.25				
J218	0	38.90	0	1.55				
JL2010	18.70	15.55	0	1.90	26.88	0	0	6.07
J208	35.10	3.65	0	0	26.52	0	0	2.18
J216	0	0	26.35	20.28	0	0	26.56	3.95
JL2001	0	34.90	0	0	27.00	0	0	8.58
JL2002	16.06	19.33	7.50	2.75	10.30	14.58	0	8.10
J202	16.30	19.80	7.20	0	0	25.60	0	9.60
J207	38.87	0	0	0	0	26.38	0	0
J217	0	20.20	30.30	0	0	25.17	0	24.45
J219	0	32.15	12.20	0	0	25.81	0	6.63
JL2008	0	21.55	0	0	0	0	22.85	9.20
J209	0	0	0	0	21.16	0	0	10.88
J212	32.77	0	0	0	19.95	0	0	16.05
K102					28.20	0	0	0
JL2				0	11.50	10.60	0	0

（3）依据全区各井点不同类型储层的厚度值，插值确定全区内各类储层厚度分布图。图 6-17 至图 6-19 为各类储层厚度分布等值线图。

（4）不同井点的不同储层类型的厚度值不同，因此拟合得到不同类型储层厚度值与累计产量计算公式的系数之间的关系式如下式所示：

佳木河组：$a=2.455h_{\mathrm{I}}+0.359h_{\mathrm{II}}+0.044h_{\mathrm{III}}$

$b=0.056h_{\mathrm{I}}+0.036h_{\mathrm{II}}+0.002h_{\mathrm{III}}$

乌尔禾组：$a=1.254h_{\mathrm{I}}+1.173h_{\mathrm{II}}+0.382h_{\mathrm{III}}$

$b=0.029h_{\mathrm{I}}+0.024h_{\mathrm{II}}+0.040h_{\mathrm{III}}$

其中乌尔禾组Ⅳ类油层无产量数据，因此仅考虑前三类油层厚度，进而得到单井累计产量与不同类型储层厚度、时间的关系式。

（5）结合累计产量拟合公式，进一步计算得到全区产量预测分布图，因而确定火山岩开发优势区。

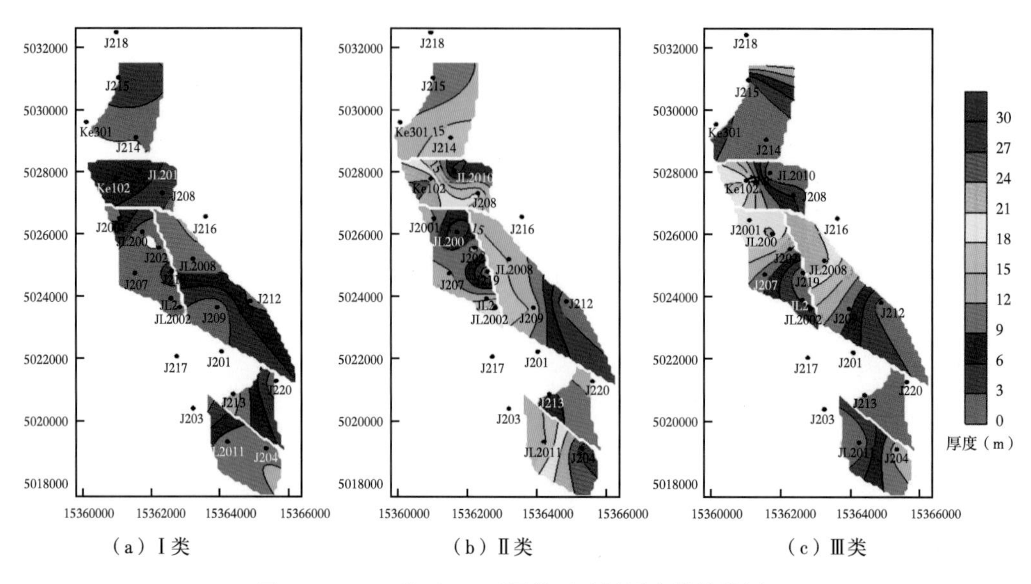

（a）Ⅰ类　（b）Ⅱ类　（c）Ⅲ类

图 6-17　JL2 井区 P_1j 不同类型油层厚度等值线图

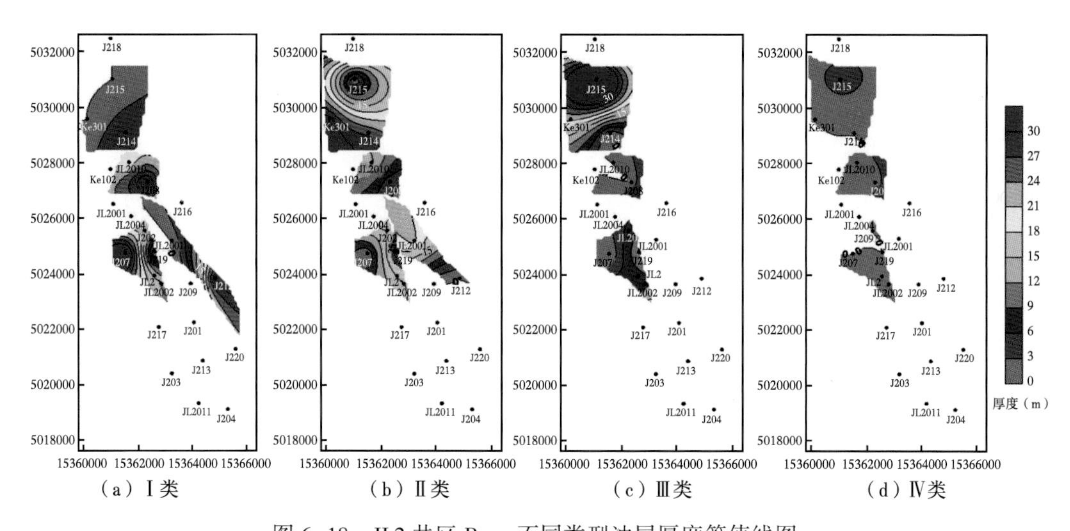

（a）Ⅰ类　（b）Ⅱ类　（c）Ⅲ类　（d）Ⅳ类

图 6-18　JL2 井区 P_3w_1 不同类型油层厚度等值线图

从图 6-20 预测结果看，金 214 断块中，佳木河组、上乌尔禾组产量较低，现阶段不适宜动用；金 208 断块在佳木河组、上乌尔禾组产量预测结果均较好，因此认为可以考虑分层系开发，为获得较好的开发效益，建议佳木河组采用水平井开发，提高单井控制储量和产量，上乌尔禾组采用一套井网，先动用上乌尔禾组一段，采用注水开发的方式，适时上返到上乌尔禾组二段接替开发，从而获得较高的单井累计产量；金 202 断块佳木河组预测效果较差，上乌尔禾组存在一定的有利区，可以考虑水驱开发、接替上返的方式；金 212 断块佳木河组预测结果好，但上乌尔禾组预测结果普遍较差，综合考虑储层构造特征等因素，建议采用直井开发的方式，先衰竭开发佳木河组，适时上返到上乌尔禾组一段水驱开发，再适时上返到上乌尔禾组二段接替开发；金 201 断块缺失严重，不利于目前开发；金 204 断块佳木河组具有一定的开发潜力，但考虑到金 204 断块井控程度较低，建议

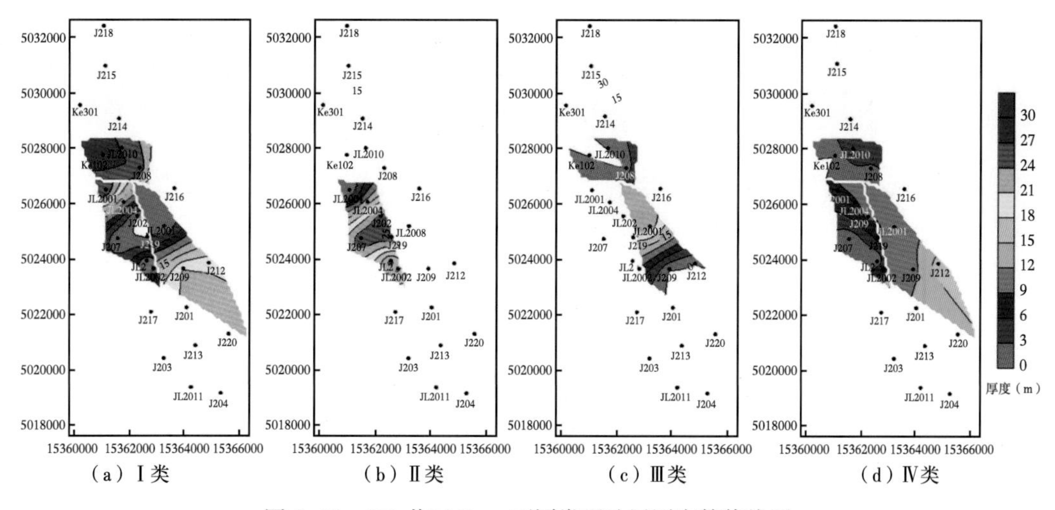

图 6-19　JL2 井区 P_3w_2 不同类型油层厚度等值线图

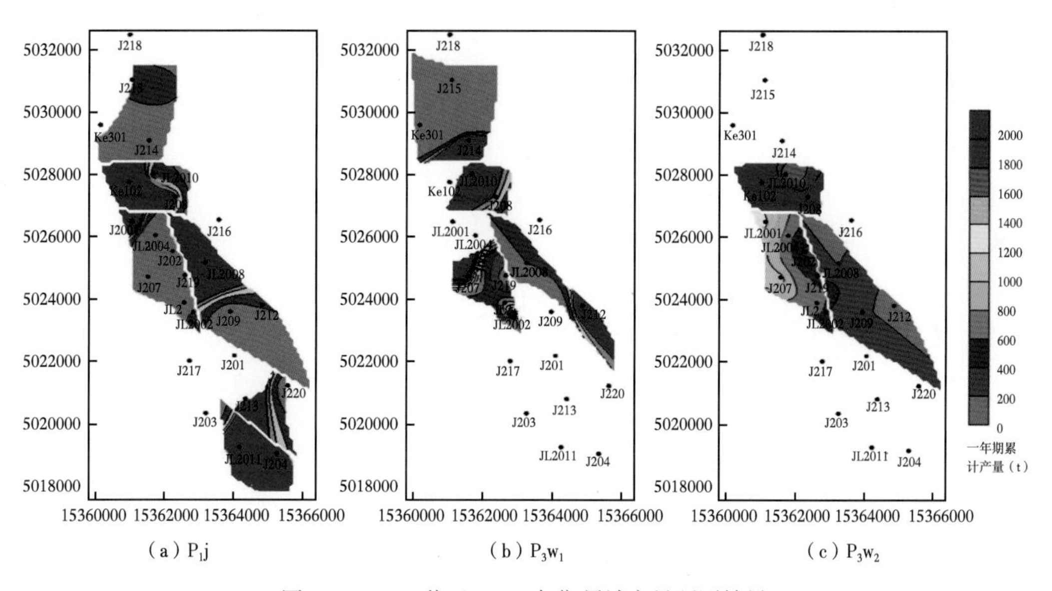

图 6-20　JL2 井区 P_1j 一年期累计产量预测结果

作为下一阶段动用的潜力区。因此，综合分析认为，金 208 断块、金 212 断块可以考虑优先开发动用。

金 208 井断块目前完钻 4 口井，P_1j 、P_3w_1、P_3w_2 顶面构造均为向东倾的单斜，地层倾角 4°~7°，构造落实（图 6-21 至图 6-23）。

P_1j 油层底界以金 208 井试油证实底界-3950m 确定，落实程度可靠，油藏高度 277m，油层厚度 31.0~44.8m，平均值为 32.3m，在 JL2010 井厚度最大（>40m），油层跨度平均 68.3m（图 6-24 至图 6-26），孔隙度平均值为 11.2%，原始含油饱和度平均值为 55.2%，含油面积内 3 口井试油日产油量均大于 10t，且不含水（图 6-27）。

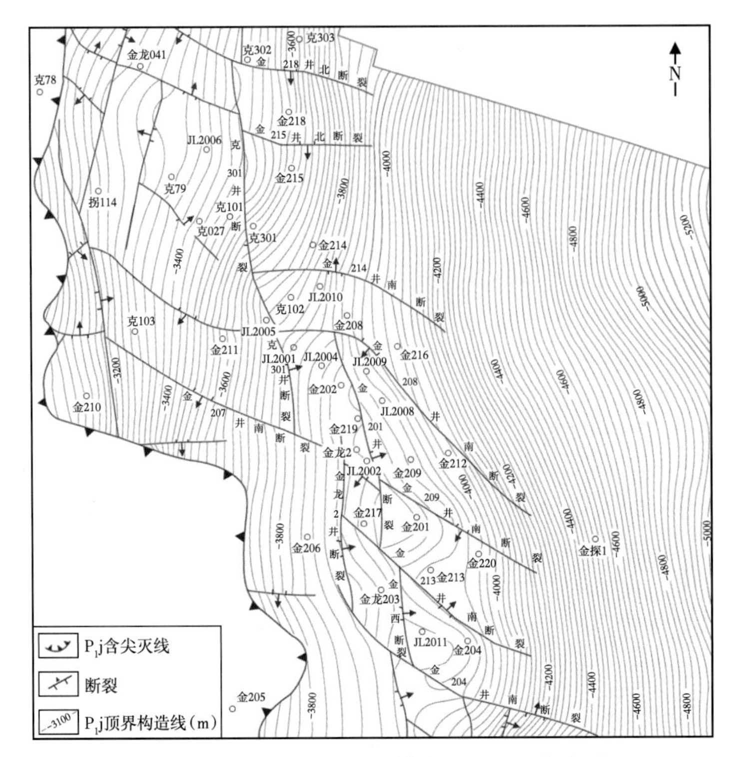

图 6-21 JL2 井区二叠系佳木河组顶面构造图

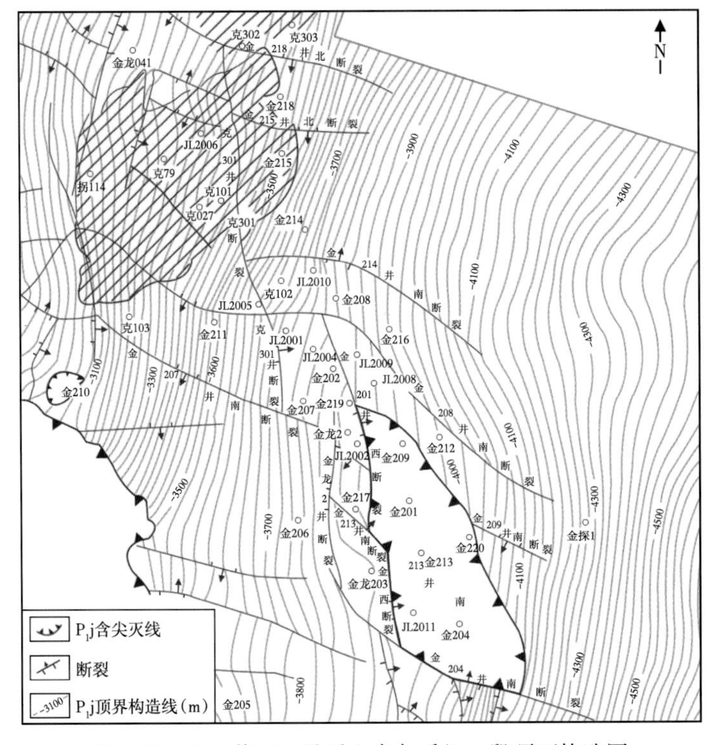

图 6-22 JL2 井区二叠系上乌尔禾组一段顶面构造图

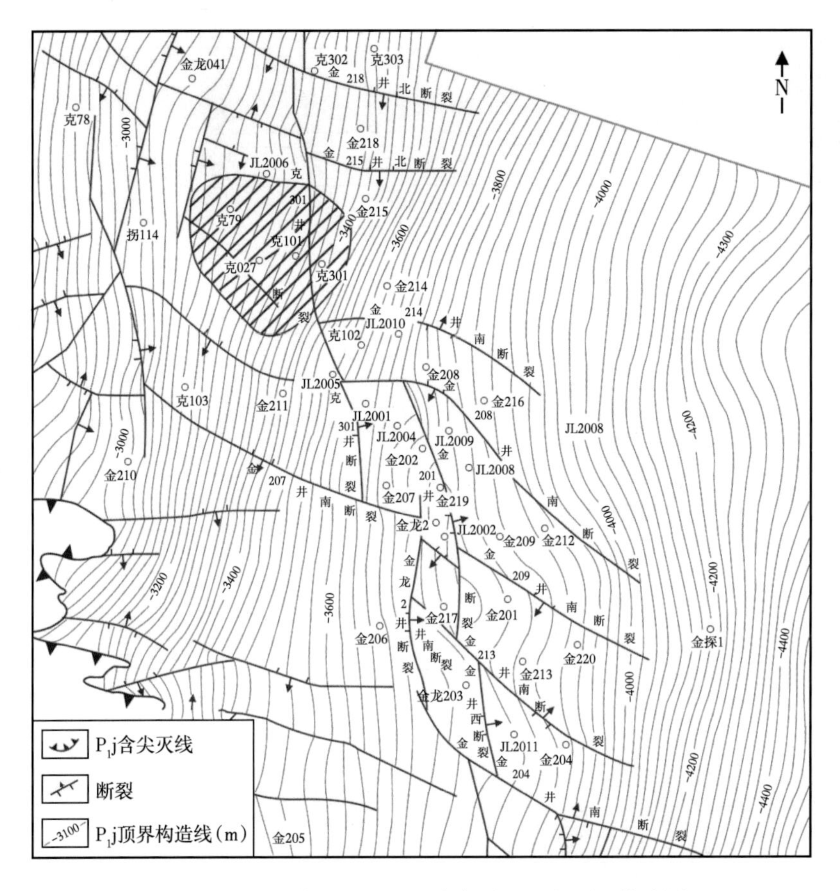

图 6-23 JL2 井区二叠系上乌尔禾组二段顶面构造图

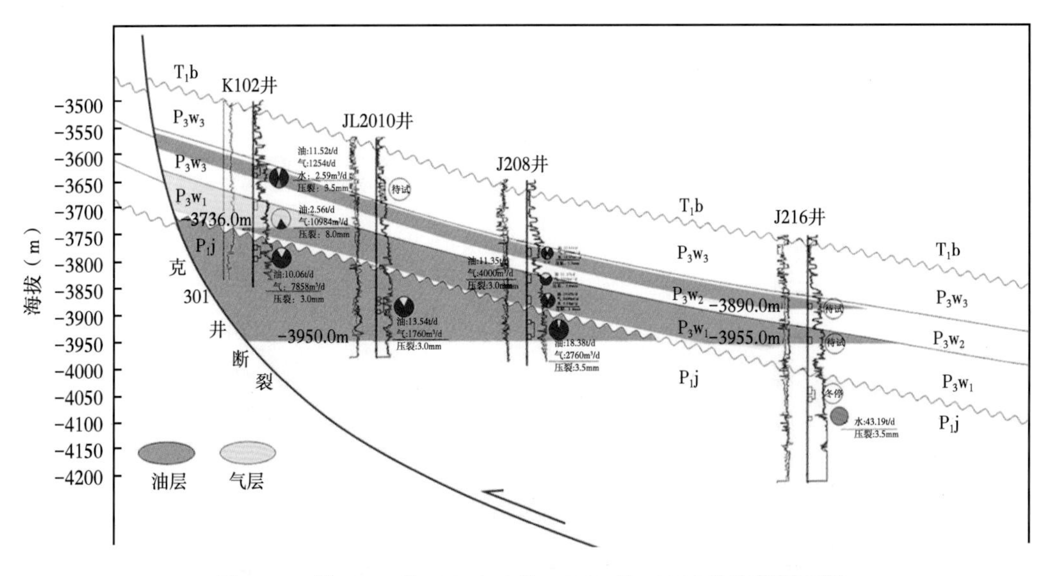

图 6-24 过 K102 井—JL2010 井—J208 井—J216 井油藏剖面图

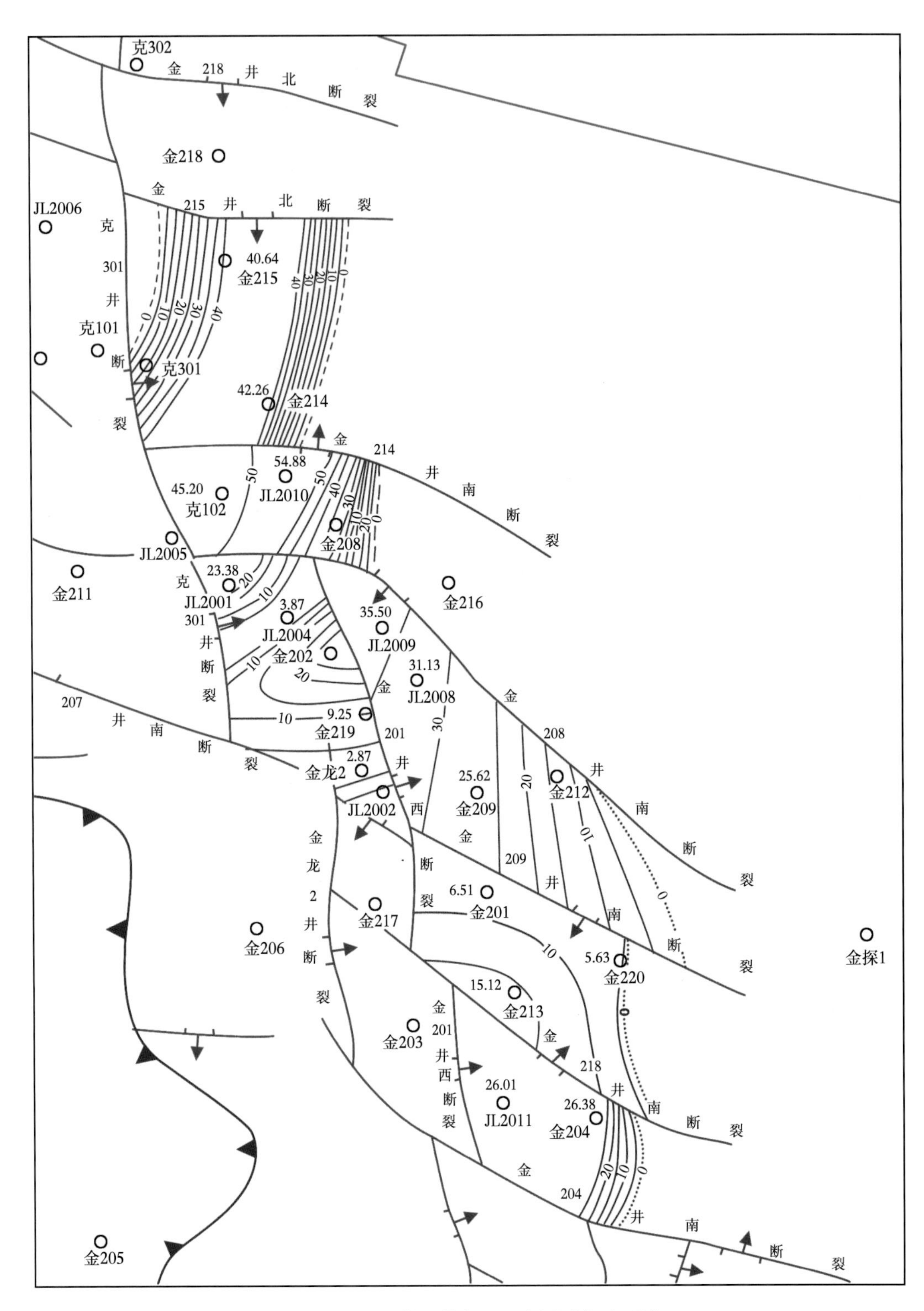

图 6-25 JL2 井区佳木河组油层厚度平面图

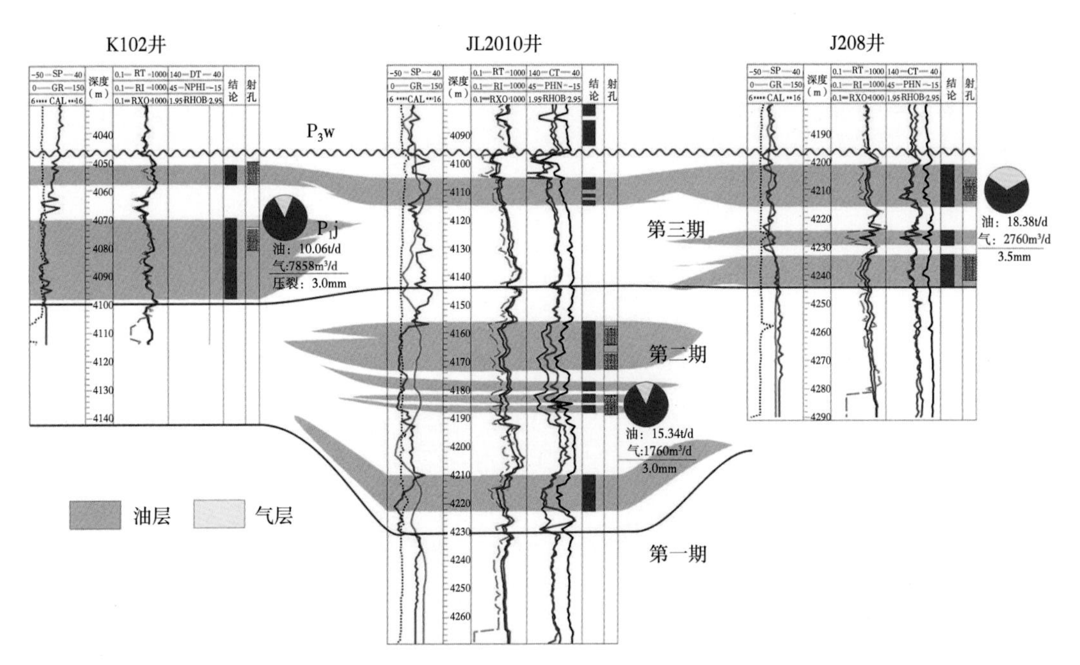

图 6-26　JL2 井区 J208 井断块过 K102 井—J208 井 P_1j 油层连通图

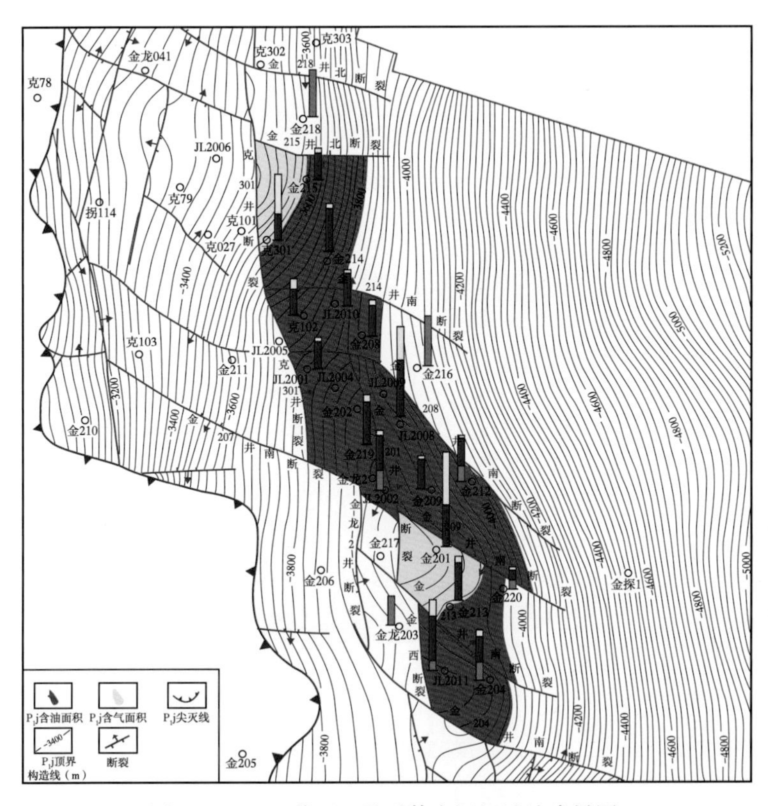

图 6-27　JL2 井区二叠系佳木河组试油成果图

三、上返时机

选取 JL2 井区 208 井断块筛选区为例（图 6-28），通过油藏数值模拟方法分析全区的生产上返时机。

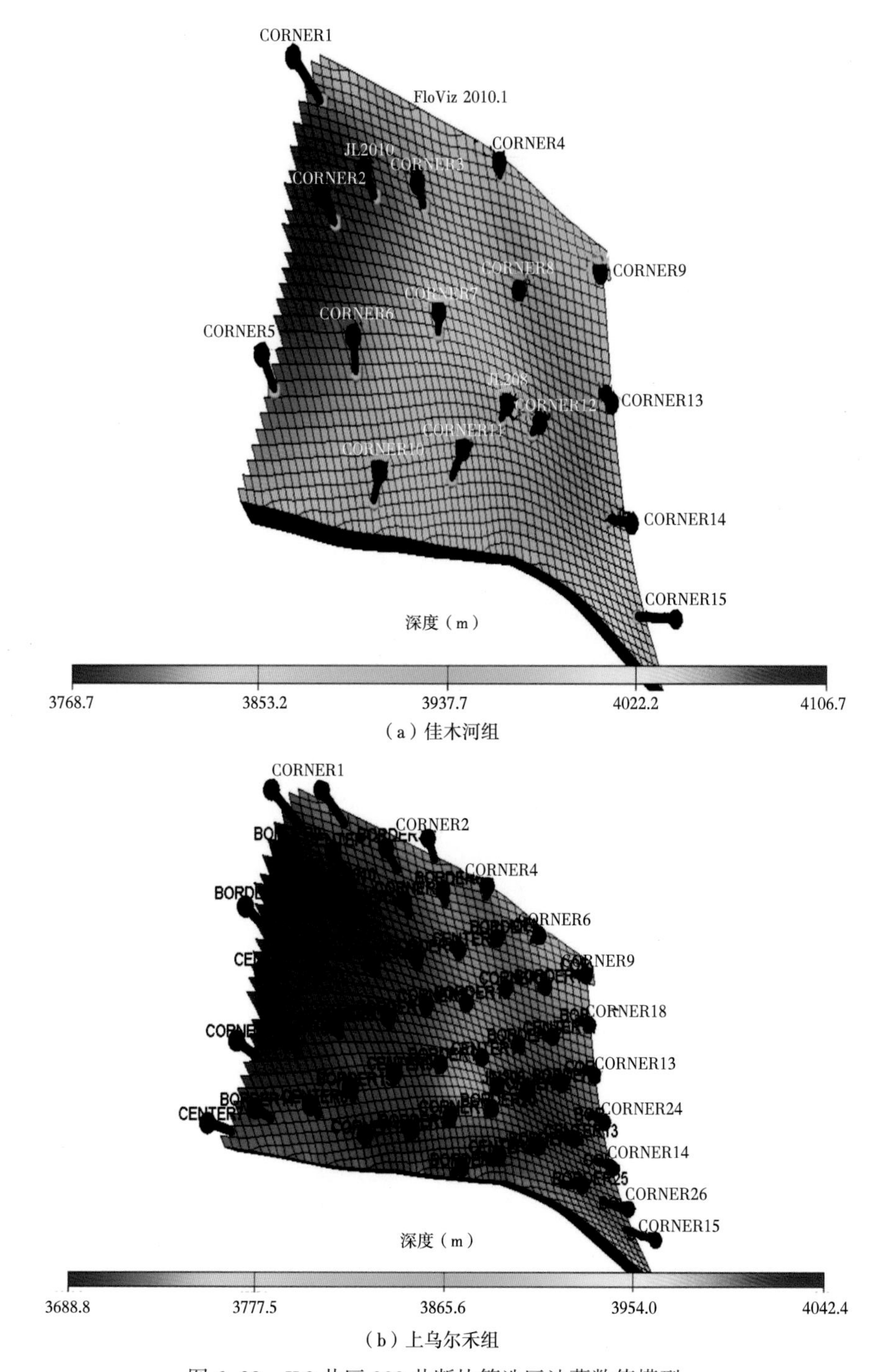

（a）佳木河组

（b）上乌尔禾组

图 6-28　JL2 井区 208 井断块筛选区油藏数值模型

模型筛选区含油面积为 $2km^2$，由下至上分别是佳木河组、上乌尔禾组一段和上乌尔禾组二段。油藏地质参数取实际参数：佳木河组、上乌尔禾组一段和上乌尔禾组二段储量分别为 392×10^4t、142×10^4t 和 139×10^4t，平均厚度分别为 44m、28m 和 18m，平均孔隙度分别为 0.118、0.094 和 0.122，平均含油饱和度为 0.569、0.541 和 0.508。流体数据参考油田 PVT 及相渗测试数据。

生产过程控制如下：先由佳木河组进行生产，布 400m×400m 直井井网，生产方式为定油量，控制单井产能为 12t/d。佳木河组生产至一定年限后上返至上乌尔禾组一段进行生产，以佳木河组井网为角井，布 200m×200m 反九点直井井网，生产方式为定油量，控制单井产能为 8t/d，控制注采比为 1∶1。上乌尔禾组一段生产至一定年限后上返至上乌尔禾组二段进行生产，井网、生产方式、生产速度和注采比等参数与上乌尔禾组一段相同（表 6-28）。

表 6-28　JL2 井区 208 井断块筛选区开发方案设计表

层组	开发方式	井网井型	井距（m）	单井产能（t/d）	设计注采比	生产时间
P_1j	衰竭	直井	400	12		25 年
P_3w_1	注水	反九点直井井网	200	8	1∶1	
P_3w_2	注水	反九点直井井网	200	8	1∶1	

关于佳木河组、上乌尔禾组一段和上乌尔禾组二段的不同上返时间分别设计了 9 个方案，其中佳木河组上返时间分别为 5~13 年，通过衰竭压力来限制；上乌尔禾组一段上返时间为 7~11 年，由含水率限制，当含水率达到 98%则上返，由含水率图（图 6-29）可知，上返时间不超过 12 年；上乌尔禾组二段生产时间为 5~9 年，由含水率限制，当含水率达到 98%停止生产，由含水率图可知，生产时间不超过 9 年（图 6-29）。

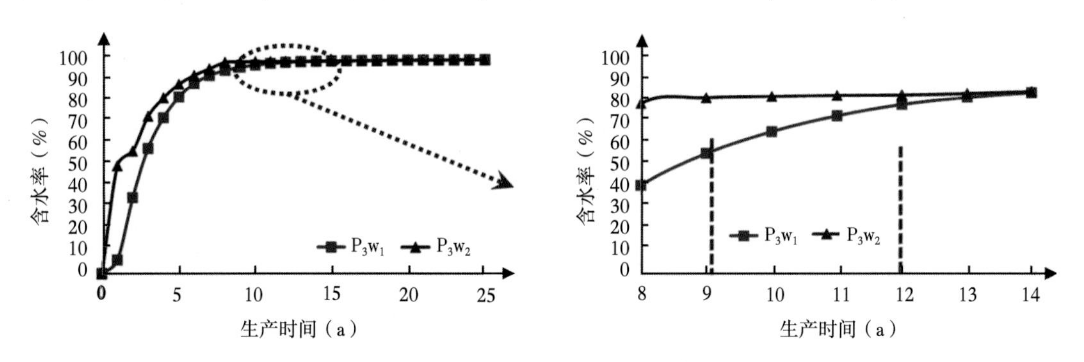

图 6-29　JL2 井区 208 井断块筛选区含水率随时间变化图

由累计产油量与生产关系图以及方案结果列表中可知，9 个方案中，方案 4 的总产量和总采出程度要明显优于其他方案，因此，选定方案 4 作为推荐上返时间方案，上返时间分别为：佳木河组生产 8 年上返至上乌尔禾组一段，上乌尔禾组一段生产 10 年上返至上乌尔禾组二段，上乌尔禾组二段生产 7 年（图 6-30、表 6-29、表 6-30）。

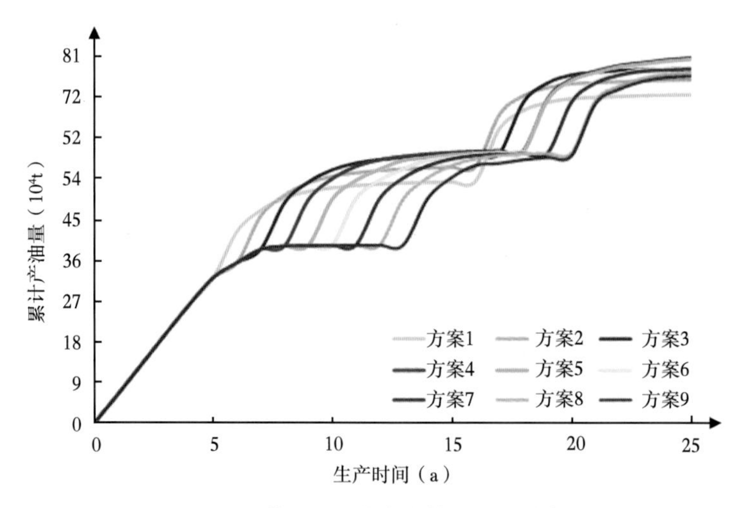

图 6-30　JL2 井区 208 井断块筛选区累计产油量

表 6-29　JL2 井区 208 井断块筛选区不同上返时机方案表

方案编号	生产时间（a）			开发周期（a）
	P_1j	P_3w_1	P_3w_2	
方案 1	5	11	9	25
方案 2	6	10	9	25
方案 3	7	10	8	25
方案 4	8	10	7	25
方案 5	9	9	7	25
方案 6	10	9	6	25
方案 7	11	8	6	25
方案 8	12	8	5	25
方案 9	13	7	5	25

表 6-30　JL2 井区 208 井断块筛选区个方案产量和采出程度对比

方案	P_1j		P_3w_1		P_3w_2		全区	
	累计产量（10^4t）	采出程度（%）	累计产量（10^4t）	采出程度（%）	累计产量（10^4t）	采出程度（%）	累计产量（10^4t）	采出程度（%）
方案 1	30. 61	7. 80	21. 25	14. 95	20. 76	13. 88	72. 62	10. 80
方案 2	34. 05	8. 68	21. 17	14. 90	20. 76	13. 88	75. 99	11. 30
方案 3	37. 87	9. 65	21. 17	14. 90	20. 70	13. 84	79. 74	11. 86
方案 4	39. 12	9. 97	21. 17	14. 90	20. 48	14. 76	80. 77	12. 01
方案 5	39. 18	9. 99	21. 08	14. 83	20. 48	14. 76	80. 75	12. 00
方案 6	39. 24	10. 00	21. 08	14. 83	18. 87	13. 60	79. 19	11. 77
方案 7	39. 30	10. 02	20. 91	14. 71	18. 87	13. 60	79. 08	11. 76
方案 8	39. 34	10. 03	20. 91	14. 71	17. 65	12. 72	77. 89	11. 58
方案 9	39. 38	10. 04	19. 69	13. 85	17. 65	12. 72	76. 71	11. 40

四、方案设计与部署

1. 设计思路

在 P_1j、P_3w_1、P_3w_2 油层均发育的区域，P_1j 部署水平井开发，P_3w 油藏采用直井注水开发；在 P_1j 油层发育、P_3w_1 或 P_3w_2 试采效果差区域，直井开发 P_1j，P_3w 接替衰竭式开发；在仅发育 P_1j 油层或受地面水域限制区水平井开发；P_3w_1、P_3w_2 油层均发育，P_3w 油藏采用直井注水开发（表 6-31）。

表 6-31 JL2 井区分区部署设计思路

类型	层位	油层发育情况	试油产量（t/d）	预部署区域	部署设计
Ⅰ类	P_1j	>30m	10.0~18.4（14.6）	金 208 井断块	二套井网：P_1j 油藏水平井部署 P_3w 油藏采用直井注水开发（P_3w_1 开发、P_3w_2 接替）
	P_3w_1	>20m	11.4~19.1（15.2）		
	P_3w_2	>10m	11.52~23.61（17.6）		
Ⅱ类	P_1j	>10m	10.5~55.5（26.8）	金 209 井断块	P_1j 先直井开发，P_3w 接替衰竭开发
	P_3w_1	>10m	10.1		
	P_3w_2	>10m	2.77~13.01（8.7）		
Ⅲ类	P_1j	>15m	10.6~33.9（19.7）	金 204 井断块（仅发育 P_1j）金 214 井断块	P_1j 油藏水平井部署 P_3w_1 油藏水平井部署
	P_3w_1	>10m	20.52		
Ⅳ类	P_3w1	>30m	1.57~ 27.61（13.5）	金 202 井断块	P_3w 油藏采用直井注水开发（P_3w_1 开发、P_3w_2 接替）
	P_3w_2	>20m	3.17~19.19（11.6）		

注：括号内为试油产量平均值。

2. 方案设计与部署

整体设计部署两套方案：

1）方案 1

采用水平井和直井组合：佳木河组衰竭式开发+上乌尔禾组注水开发。

金 208 井断块佳木河组油藏采用 400m 井距进行水平井和直井联合部署，高部位 P_3w_1 气顶区域进行直井部署（先开发 P_1j，P_3w_2 上返接替），其余区域采用水平井部署，共部署直井 7 口，水平井 3 口（可替换直井），建产能 6×10^4t。上乌尔禾组油藏采用 140m 井距进行部署，开展注水开发，共部署注水井 14 口、采油井 21 口，建产能 12.72×10^4t（图 6-31、表 6-32）。

金 212 井断块佳木河组油藏采用 400m 井距进行直井部署（先开发 P_1j，P_3w_1、P_3w_2 上返接替），共部署开发井 35 口，建产能 10.50×10^4t。上乌尔禾组油藏（P_3w_1、P_3w_2）接替衰竭式开发，建产能 9.90×10^4t（图 6-31、表 6-32）。

金 204 井断块佳木河组油藏采用 400m 井距进行水平井部署，共部署开发井 7 口，建产能 6.60×10^4t（图 6-31、表 6-32）。

金 214 井断块佳木河组油藏采用 400m 井距进行水平井部署，共部署开发井 6 口，建产能 5.70×10^4t。上乌尔禾组油藏（P_3w_1）采用 400m 井距进行水平井部署，共部署开发

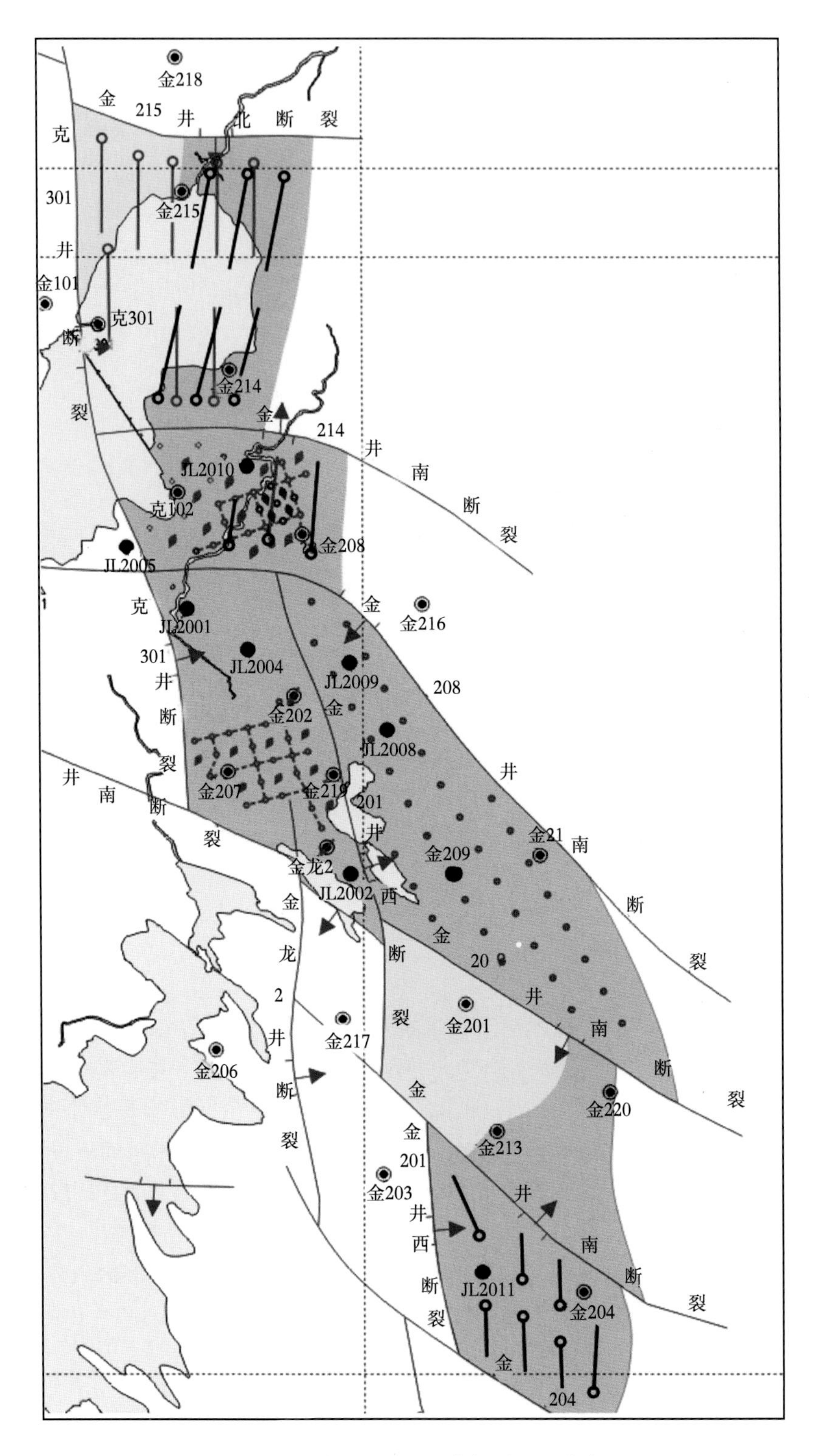

图 6-31　JL2 井区二叠系油藏部署图（方案 1）

井 8 口，建产能 5. 00×10^4t/a（图 6-31、表 6-32）。

考虑到相似区块八区 530 下乌尔禾组油藏采用 195m 井距注水开发见效时间长（平均时间 23 个月），为评价 JL2 井区上乌尔禾组油藏注水开发可行性，尽快见到注水开发的试验结果，为后期整体开发合理开发方式确定提供依据，金 202 井断块上乌尔禾组油藏采用 200m 井距直井部署，开展注水开发，共部署注水井 8 口、采油井 25 口，建产能 15. 27×10^4t/a（图 6-31、表 6-32）。

根据油层发育情况，试油效果分析及井控落实程度，预计部署产能 28. 80×10^4t（较落实），待落实产能 42. 89×10^4t，合计新建产能 71. 69×10^4t。

2）方案 2

水平井和直井组合：佳木河组衰竭式开发+上乌尔禾组衰竭式开发。

金 208 井断块佳木河组油藏采用 400m 井距进行水平井和直井联合部署，高部位 P_3w_1 气顶区域进行直井部署（先开发 P_1j，P_3w_2 上返接替），其余区域采用水平井部署，共部署直井 7 口、水平井 3 口（可替换直井），建产能 6×10^4t。上乌尔禾组油藏采用 400m 井距进行部署，先衰竭式开采 P_3w_1，P_3w_2 上返接替，共部署采油井 14 口，建产能 9. 36×10^4t/a，（图 6-32、表 6-33）。

金 212 井断块佳木河组油藏采用 400m 井距进行直井部署（先开发 P_1j，P_3w_1、P_3w_2 上返接替），共部署开发井 35 口，建产能 10. 50×10^4t。上乌尔禾组油藏（P_3w_1、P_3w_2）接替衰竭式开发，建产能 9. 90×10^4t/a（图 6-32、表 6-33）。

金 204 井断块佳木河组油藏采用 400m 井距进行水平井部署，共部署开发井 7 口，建产能 6. 60×10^4t/a（图 6-32、表 6-33）。

金 214 井断块佳木河组油藏采用 400m 井距进行水平井部署，共部署开发井 6 口，建产能 5. 70×10^4t。上乌尔禾组油藏（P_3w_1）采用 400m 井距进行水平井部署，共部署开发井 8 口，建产能 5. 00×10^4t/a（图 6-32、表 6-33）。

金 202 井断块上乌尔禾组油藏采用 400m 井距直井部署，衰竭式开发，共部署采油井 10 口，建产能 7. 17×10^4t/a（图 6-32、表 6-33）。

根据油层发育情况，试油效果分析及井控落实程度，预计部署产能 28. 80×10^4t（较落实），待落实产能 31. 43×10^4t，合计新建产能 60. 23×10^4t。

3. 指标预测与方案推选

对比方案 1 与方案 2，方案 1 采用水平井和直井组合：佳木河组衰竭式开发+上乌尔禾组注水开发，金 208 井断块、金 212 井断块及金 214 井断块都采用相同开发方式，先从佳木河组油藏衰竭开发再上返上乌尔禾组油藏注水开发。以金 208 井断块为例，佳木禾组生产 8 年后上返上乌尔禾组，上乌尔禾组油藏注水开发 P_3w_1 油藏生产 10 年后上返 P_3w_2 油藏生产。方案 1 最终累计产油 280. 21×10^4t。方案 2 采用水平和直井组合：佳木河组衰竭式开发+上乌尔禾组衰竭式开发，采用衰竭式开发接替上返，最终累计产油 197. 88×10^4t。

对比方案 1 与方案 2，方案 1 的最终累计产油量及累计油气当量较高，销售收入与净利润也较方案 2 高，因此推选方案 1。

4. 实施原则

（1）分批实施，控制井、试验井先行；优先实施开发控制井；控制程度高，开发风险小的金 208 井断块水平井试验井优先实施。

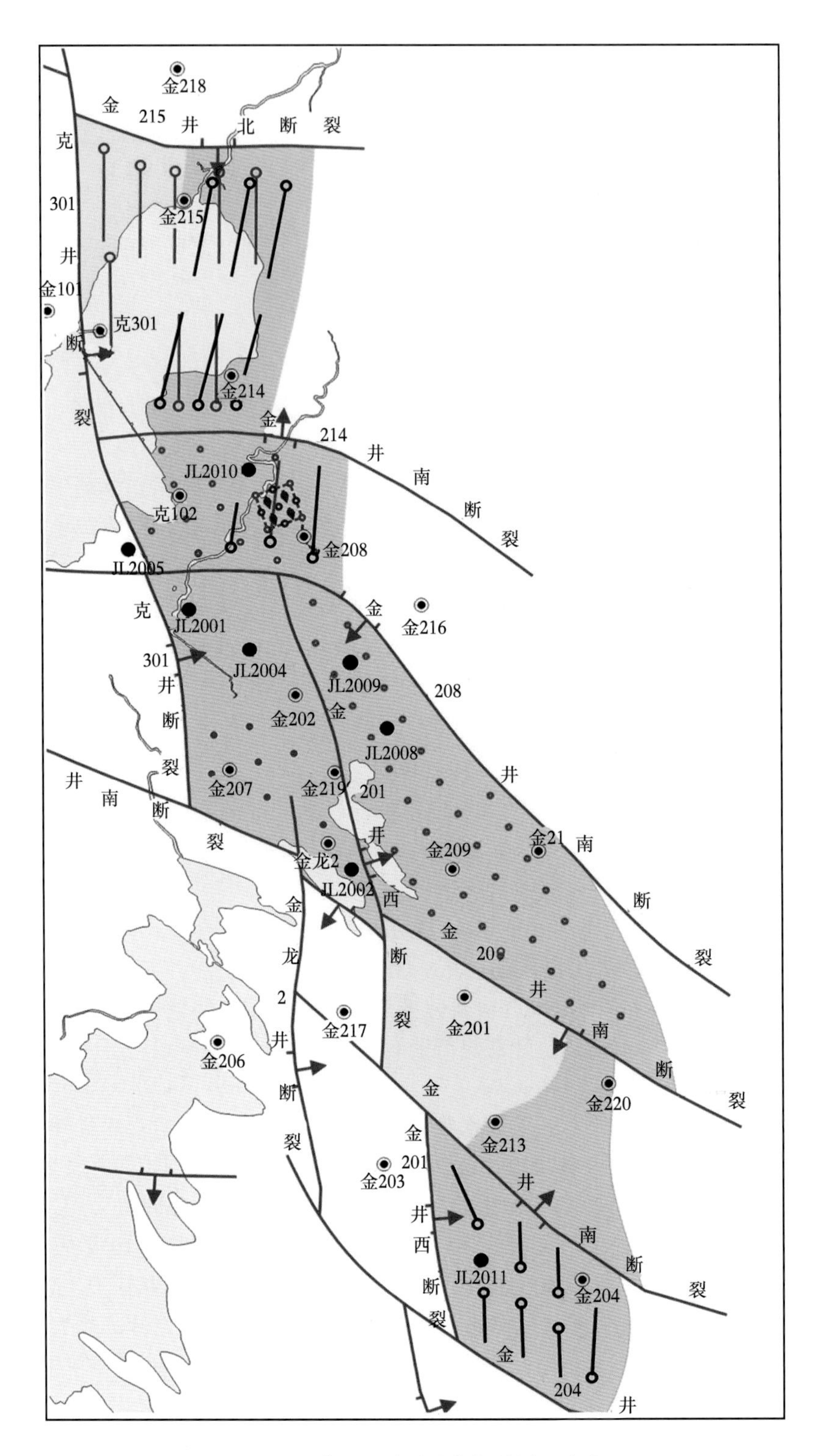

图 6-32　JL2 井区二叠系油藏部署图（方案 2）

（2）优先实施落实储量区 P_1j 直井，由构造高部位向构造低部位滚动实施，后实施水平井。全水平井部署断块优先实施导眼井。

（3）上乌尔禾组注水开发区的实施视注水试验效果而定。

第六节 火山岩油藏开发及效果

北三台油田 XQ103 井区行政隶属于新疆维吾尔自治区阜康市，距阜康市滋泥泉子镇东北约 8km，距北三台油田北 16 井区约 15km，大地构造上属于准噶尔盆地，石炭系为一套火山岩储层。

一、油藏地质

XQ103 井区石炭系基底为一个近南北走向的古隆起，其中西翼部分被剥蚀，东翼地层东倾，具层状特征，与上覆二叠系梧桐沟组成不整合接触，形成 XQ3 井断层—地层圈闭（A 岩体）、XQ103 井断层—地层圈闭（B 岩体）、XQ106 井断层—地层圈闭（C 岩体）、

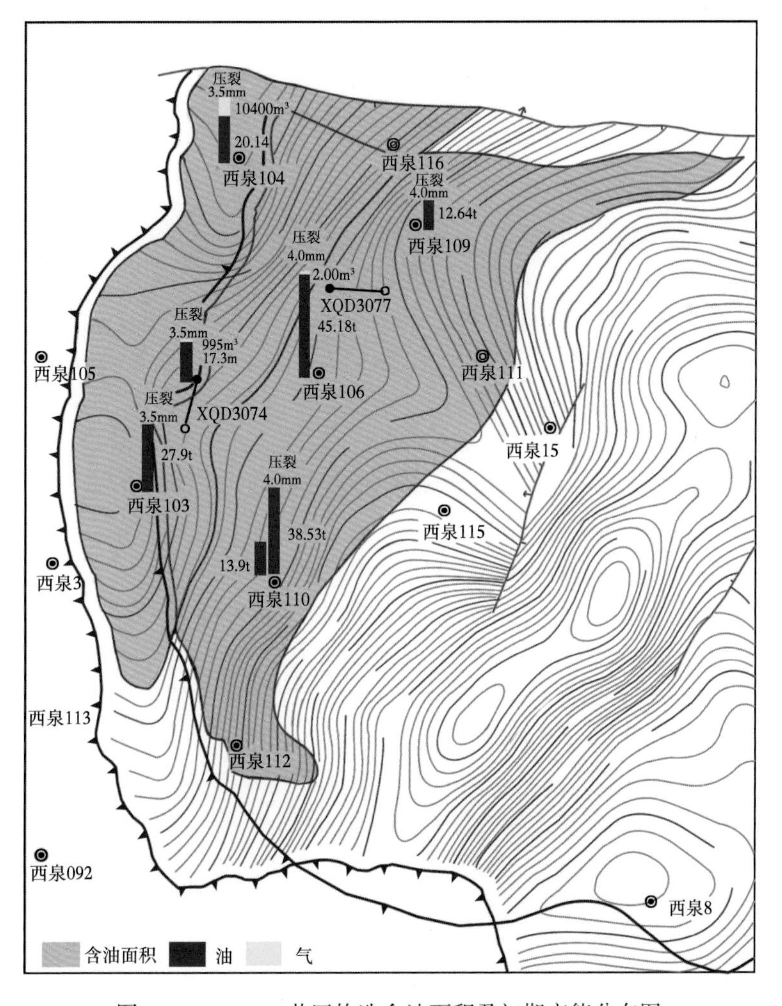

图 6-33 XQ103 井区构造含油面积及初期产能分布图

XQ106 井 2 号断层—地层圈闭（D 岩体）和 XQ109 井断层—地层圈闭（E 岩体）5 个相互叠置的地层圈闭。

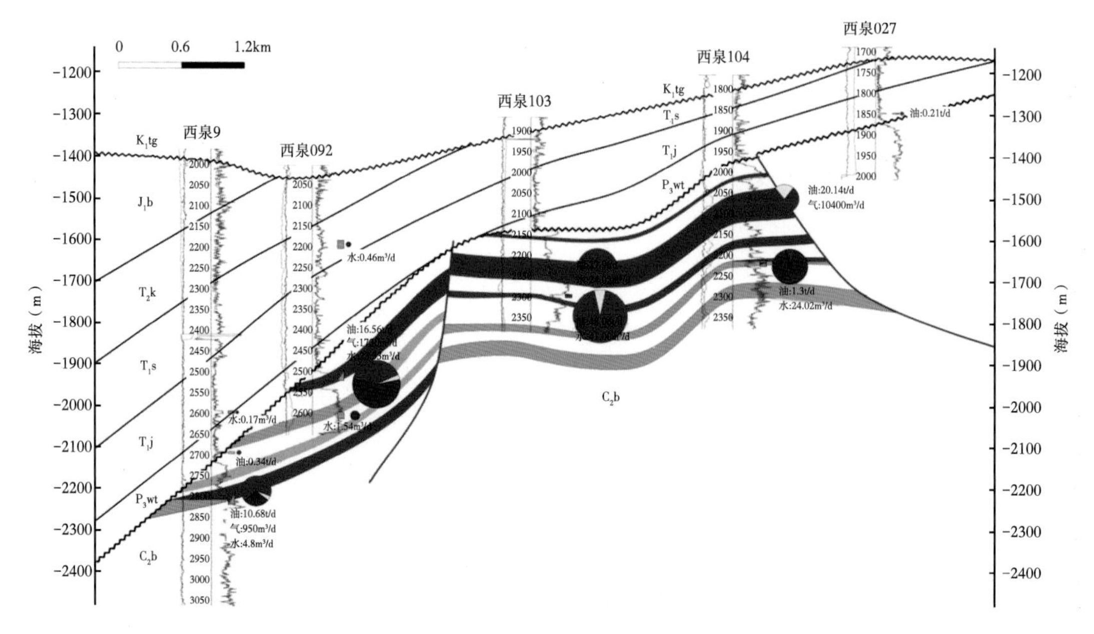

图 6-34　XQ103 井区油藏剖面图

XQ103 井区石炭系储层岩性主要为安山岩、火山角砾岩、凝灰岩三类，油层主要发育在火山角砾岩中。XQ103 井区石炭系储层裂缝从成因分为构造缝、溶蚀缝和冷凝收缩缝，其中以构造缝为主。从产状分为水平缝、低角度缝、高角度缝和垂直缝，以低角度缝为主，其中，裂缝倾角小于 45°的占总裂缝条数的 70.3%，有效缝中倾角小于 45°的占总裂缝条数的 69.4%

XQ103 井区石炭系储层孔隙类型以溶孔为主，其次为气孔，裂缝发育较少，分别占总孔隙体积含量的 70.9%、23.1%、6.0%。岩性统计表明，火山角砾岩溶孔最发育，其次为安山岩，分别占总孔隙体积含量的 90.4%、77.5%。

根据岩心物性化验分析资料统计，XQ103 井石炭系火山岩储层孔隙度 4.3%~36.3%，平均值为 21.7%，渗透率 0.12~7.96mD，平均值为 0.28mD；油层孔隙度 15.2%~36.3%，平均值为 23.7%，渗透率 0.15~7.96mD，平均值为 0.29mD。

XQ103 岩体有 3 井 22 个原油分析样品，地面原油密度平均值为 0.851g/cm³，50℃下黏度 12mPa·s，凝固点 13℃，含蜡量 4.7%；XQ106 井火山岩体石炭系油藏有 3 井 17 个原油分析样品，地面原油密度为 0.868g/cm³，50℃下黏度 20.3mPa·s，凝固点 13℃，含蜡量 3.8%。饱和压力下，地层油密度为 0.740g/cm³，溶解气油比 109.6m³/m³，体积系数为 1.282，原油压缩系数 11.83×10^{-4}/MPa；地层压力下，地层油密度为 0.747/cm³，溶解气油比 99.9m³/m³，体积系数为 1.248。

二、开采情况

XQ103 井区位于准噶尔盆地东部北三台凸起西南斜坡。北三台凸起油气勘探始于 20

世纪50年代，完成了1:200000重磁力普查，于20世纪80年代开始大规模勘探，完成了二维地震勘探详查工作，20世纪90年代开始陆续实施三维地震勘探。20世纪80年代至90年代，相继上钻预探井及评价井数十口，发现了北三台油田及数个不同层系的油藏。20世纪90年代末至2004年在油田评价和开发过程中又陆续发现和探明北90井区等数个不同层系的小型油藏。在此期间，虽然针对三叠系、二叠系梧桐沟组和石炭系钻探了北89井等数口探井及评价井，但钻探效果不理想。

为了进一步扩大北三台凸起石炭系勘探成果，2009年3月在XQ2井东4号断层地层圈闭内，上钻了一口以石炭系为主要目的层的预探井XQ3井，该井于5月12日开钻，6月12日完钻，在2253.93~2256.98m、2380.22~2383.42m井段取心6.25m，全为含油岩心。同年7月在石炭系2249.0~2310.0m井段试油，压裂后抽汲+自喷，日产油7.61t，产油天数18.7天，累计产油123.39t，从而发现了XQ3井区石炭系油藏。2009年10月，申报石炭系油藏含油面积7.2km^2，控制石油地质储量1279×10^{4}t。

XQ103井区石炭系基底为一个近南北走向的古隆起，其中西翼顶部石炭系地层被剥蚀，东翼地层东倾，依次叠置形成XQ3井、XQ103井、XQ106井、XQ109井等多个岩体。为了评价各岩体含油气性，2010—2016年先后实施了共14口评价井（XQ091井、XQ092井、XQ103井、XQ104井、XQ105井、XQ106井、XQ108井、XQ109井、XQ110井、XQ111井、XQ112井、XQ113井、XQ114井、XQ115井），除XQ091井（套管变形未试油）、XQ108井、XQ113井、XQ115井外，均在石炭系获得工业油气流，推动了石炭系油气勘探评价进程。

2015年，为落实XQ103井火山岩岩体和XQ106井火山岩岩体的油层展布规律和产能，部署实施了开发控制井XQD3074井和XQD3077井。

2016年4月，完成了XQ103井区石炭系油藏开发框架部署及开发试验方案。2016年12月，编制了XQ103井区石炭系油藏开发方案，方案采用井距260~280m直井+定向井部署，接替上返形式开发，地面实施依托现有钻井井场，采用丛式井组合平台、衰竭式开发。全区整体部署59口井（直井48口、老井利用7口、水平井4口），共新建产能32.52×10^{4}t，其中一次建产19.23×10^{4}t，上返建产13.29×10^{4}t。

截至2017年10月，XQ103井区石炭系油藏新增探明原油地质储量2010.15×10^{4}t，叠合含油面积6.02km^2，其中XQ103井岩体地质储量857.42×10^{4}t，含油面积3.94km^2。

三、油藏开采特征及效果评价

通过分析对比油藏特征及其生产动态，XQ103井区火山岩油藏总体表现出以下开发特征。

1. 产量递减率逐年增大

从图6-35的XQ103井区井平均日产液变化图可看出，井平均产液量呈现逐年下降的趋势，综合递减率在2018年有加大趋势。

2. 不同岩体、不同区域地层压力下降速度不同

图6-36和6-37分别为XQ103岩体和XQ106岩体地层压力分布图，图6-38为两个井区的地层压力变化图，对比可知地层压力Ⅰ区下降最快，Ⅱ区相对较慢。XQ103岩体南部地层压力年下降速度为0.24MPa/a，XQ103岩体北部地层压力年下降速度为0.54MPa/a，XQ106岩体南部地层压力年下降速度为0.45MPa/a。

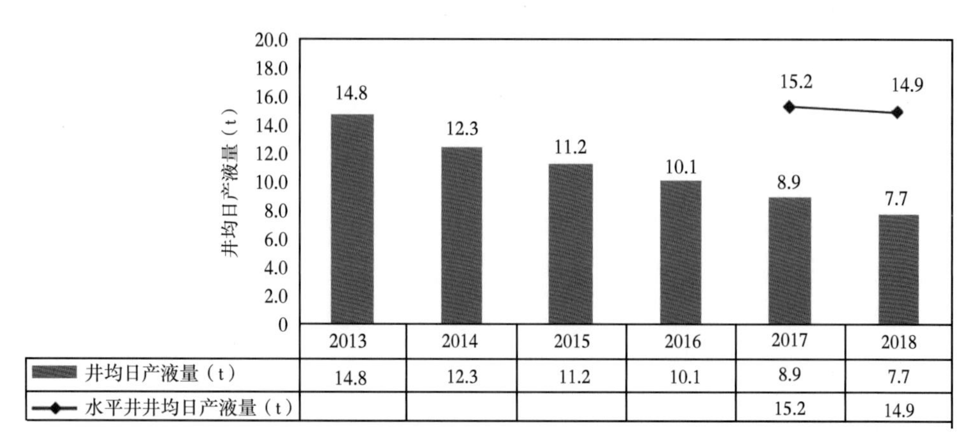

	2013	2014	2015	2016	2017	2018
井均日产液量（t）	14.8	12.3	11.2	10.1	8.9	7.7
水平井井均日产液量（t）					15.2	14.9

图 6-35　XQ103 井区井均日产液量变化图

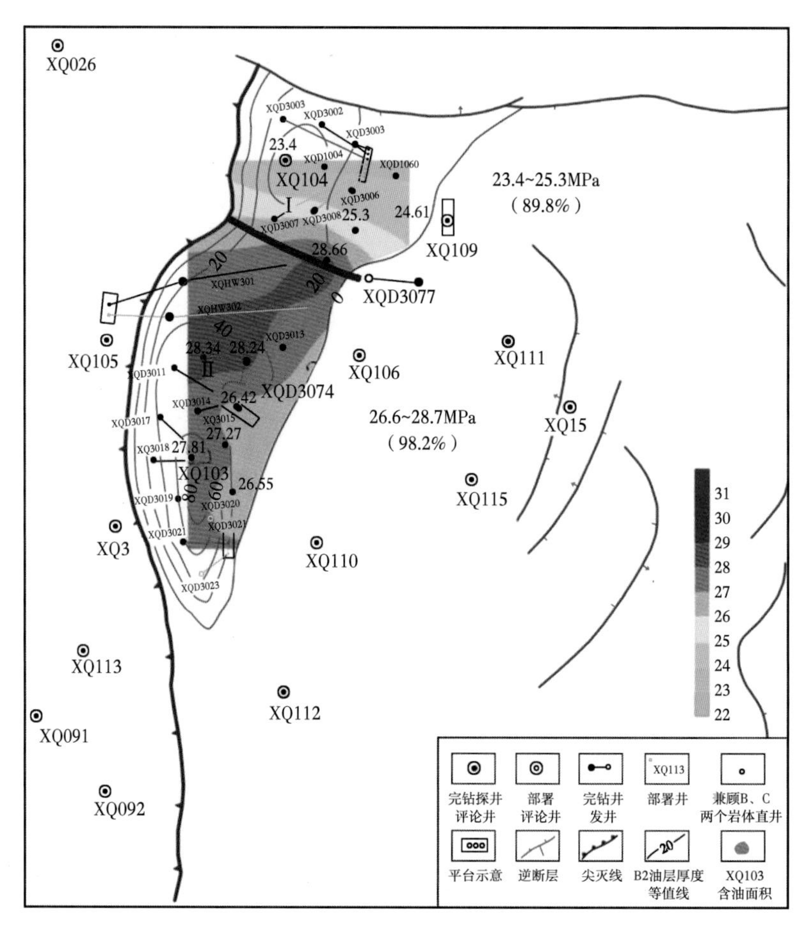

图 6-36　XQ103 岩体地层压力等值线图

3. 初期产量区域有差异，但产量均快速递减

图 6-39、图 6-40 为 XQ103 井区的开采现状、产量变化及含水率情况，对 XQ103 岩体，油藏北部、南部物性差，渗流能力弱，单井产量低，递减快；油藏中部渗流能力强，初期产量较高，但后期含水上升较快，导致产量快速递减。

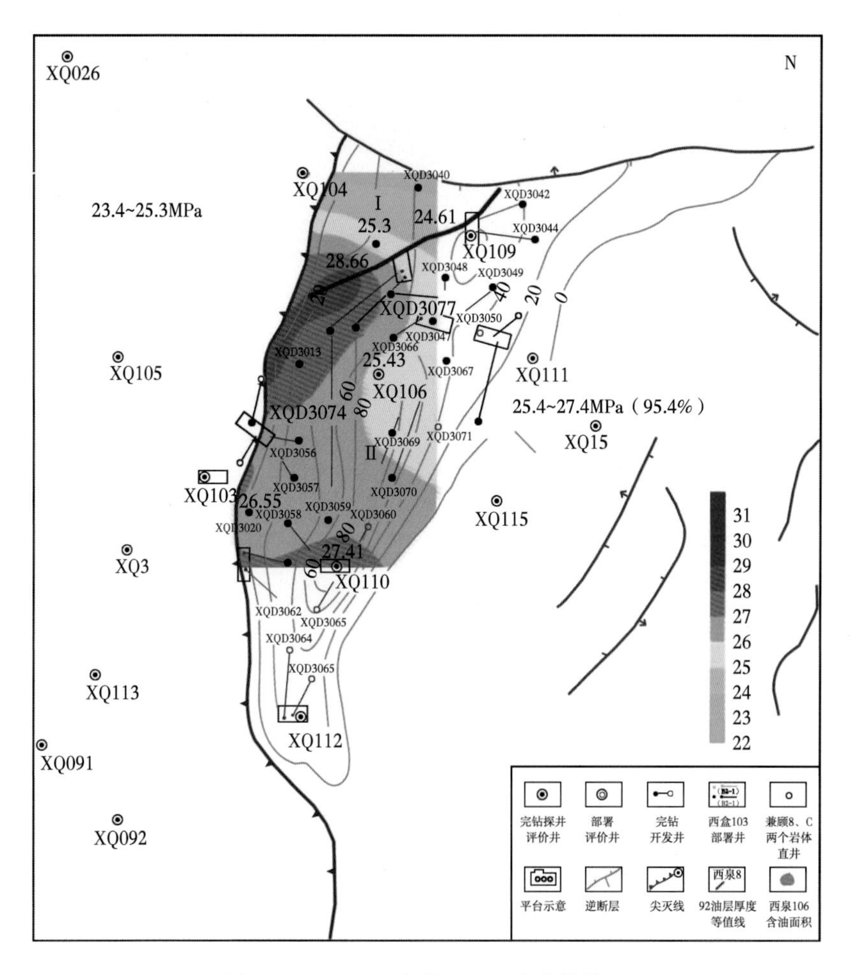

图 6-37 XQ106 岩体地层压力等值线图

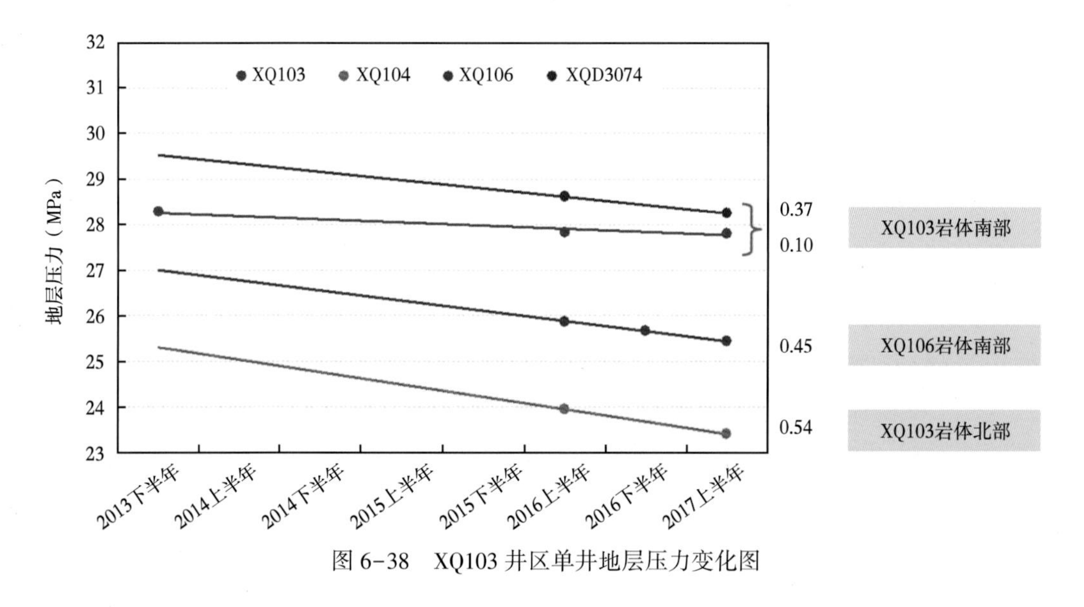

图 6-38 XQ103 井区单井地层压力变化图

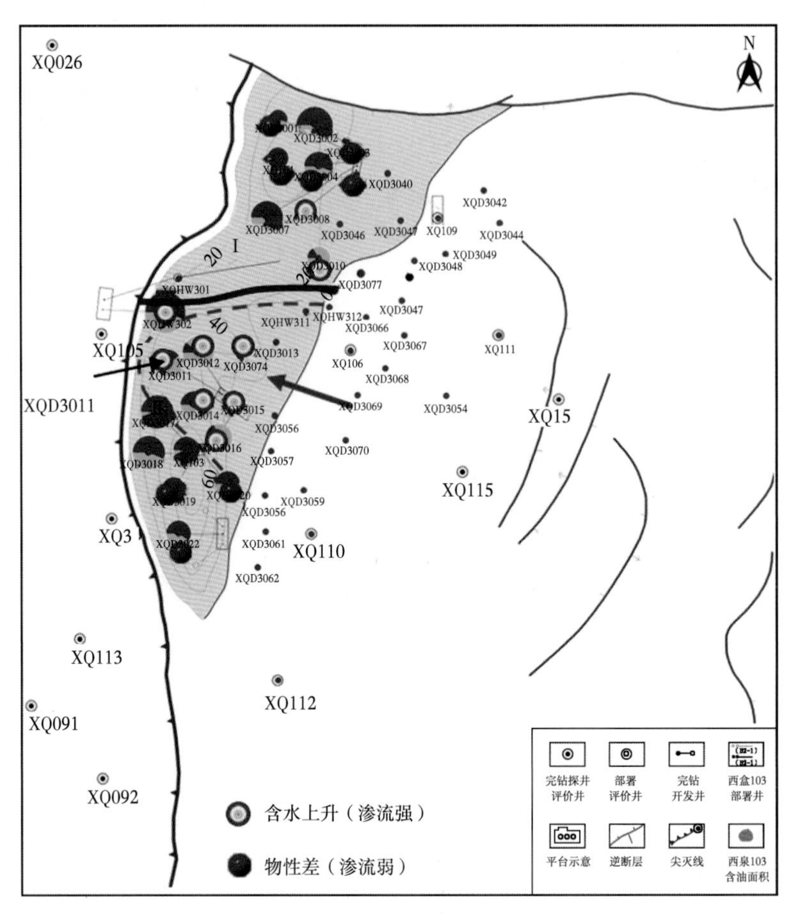

图 6-39　XQ103 岩体开采现状图

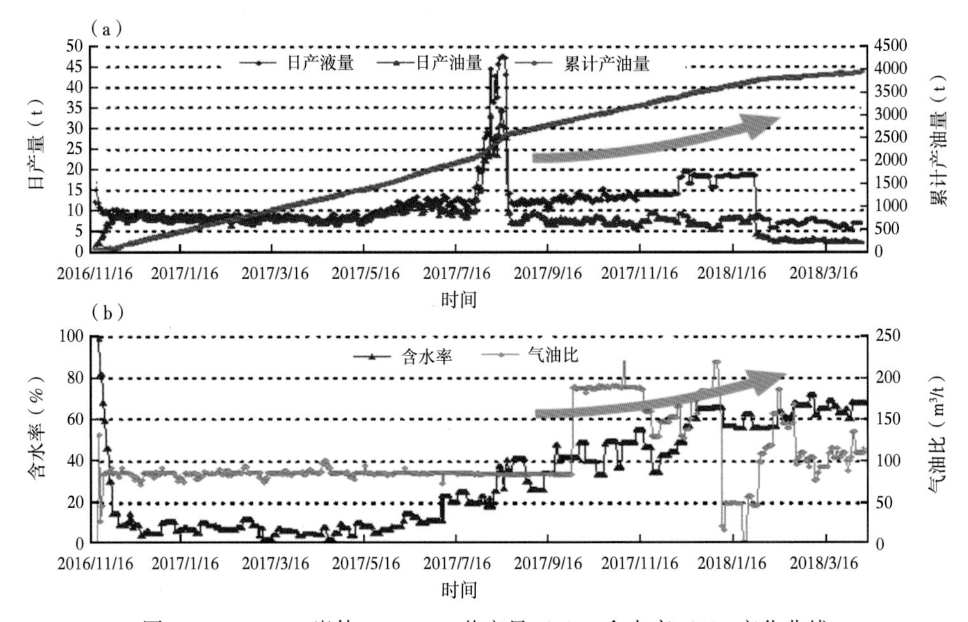

图 6-40　XQ103 岩体 XQD3011 井产量（a）、含水率（b）变化曲线

图 6-41 和图 6-42 是 XQ106 井的开采现状、产量变化及油压情况，XQ106 岩体、油藏北部及靠近尖灭线附近渗流能力弱，单井产量低，递减快；油藏中部、构造低部位渗流能力强，压裂沟通底水。

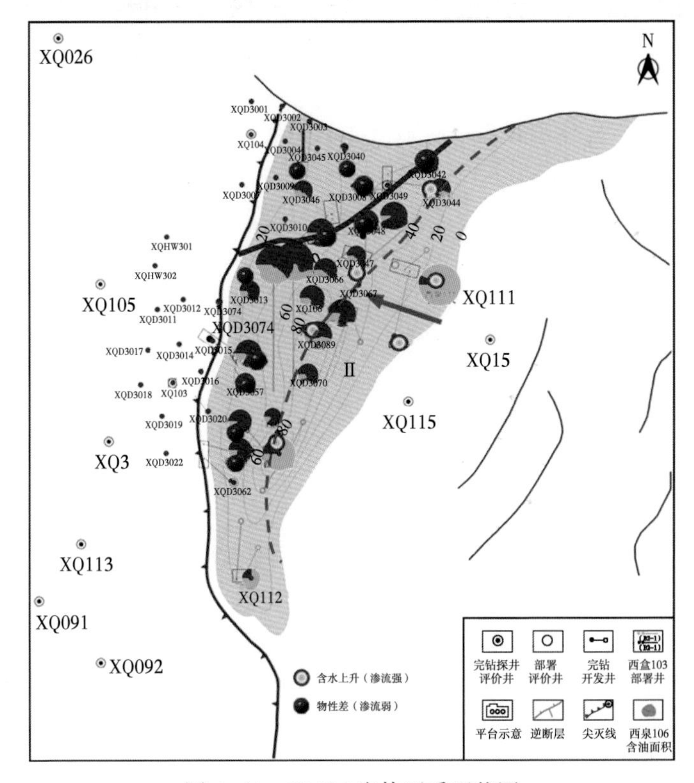

图 6-41　XQ106 岩体开采现状图

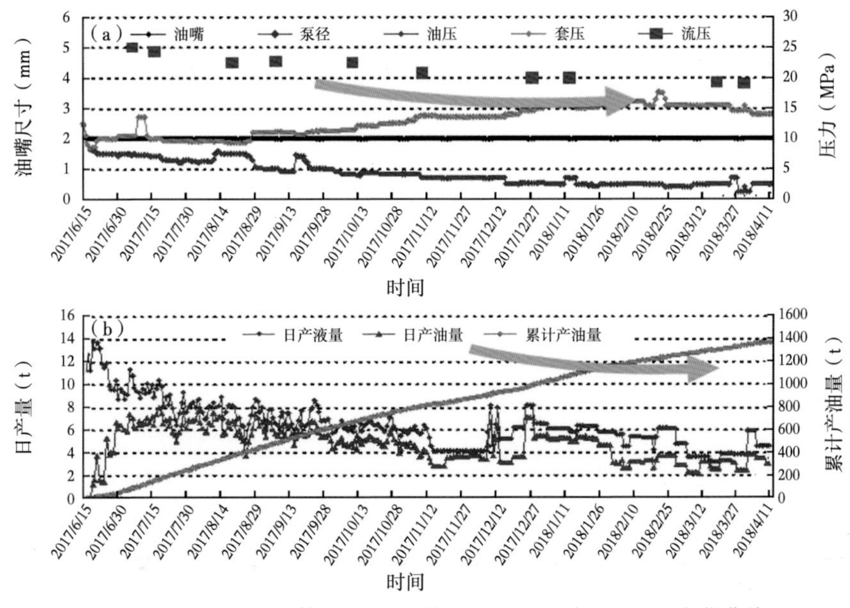

图 6-42　XQ106 岩体 XQD3057 井油压（a）、产量（b）变化曲线

第七章　火山岩油藏开发技术展望

火山岩油气藏开发取得了显著的技术进展和应用效果，但其具有复杂的裂缝、孔隙双重介质特征，如何有效地表征裂缝分布、实现裂缝定量预测，仍是目前火山岩油气藏开发中的关键技术难题之一。同时，火山岩油气藏有效储层的分类评价已向定量描述阶段发展，但多种定量评价方法仍有待进一步研究，提高火山岩有效储层定量识别与评价，可为火山岩油气藏的有效开发提供指导。此外，裂缝建模技术是近十年油藏开发地质研究人员攻关的一项关键建模技术，针对裂缝型火山岩油气藏，如何建立精度更高的裂缝网络模型，是火山岩油气藏有效开发的关键技术之一。火山岩油气藏勘探开发是一个持续发展和完善的过程，只有通过配套技术的不断提升与完善，才可以将火山岩油气藏的研究推向更高的水平。

第一节　火山岩储层高精度地震预测技术

储层预测是以地震信息为主要依据，综合利用地质、测井等资料作为约束条件，对油气储层的特征参数进行预测的一门专项技术，其主要内容大体分为四个方面：一是岩相预测，即控制储层发育的相带；二是岩性预测，包括储层的岩性、厚度和顶面构造形态；三是物性预测，如孔隙度等；四是含油气性综合分析，即研究储层内所含流体性质及其分布和含油（气）饱和度等。

地震储层预测是20世纪70年代初兴起、20世纪90年代迅速发展普及的一项技术，已在国内外各大油田及各种类型油田得到广泛应用，效果显著，成为提高钻井成功率、提升勘探开发效益的重要技术手段。

地震储层预测经历了四个阶段：第一个阶段是20世纪70年代以前，主要利用地震波旅行时信息进行构造和断层识别，确定潜在的油气圈闭；第二个阶段是20世纪70年代，主要利用的信息从旅行时发展到地震振幅，出现了“亮点”技术、以地震剖面彩色显示和地震道分析为核心的地震属性分析技术、以递推反演为代表的波阻抗反演技术及以地震相分析为核心的地震地层学分析技术等；第三个阶段是20世纪80年代初至20世纪末，主要进展包括两个方面，一是利用的信息从叠后振幅发展到叠前振幅，如20世纪80年代初期出现的AVO分析技术，1991年出现的EI反演技术，使地震属性分析和反演技术从叠后向叠前发展；二是随着20世纪90年代初期三维地震勘探技术的普及，出现了大量新的地震属性（如倾角、方位角、相干体、方差体、纹理和频谱分解属性等）。地震属性分类与聚类技术、模式识别技术和基于神经网络的属性分析技术及各种叠后地震反演技术的快速发展和广泛应用，解决了大量岩性地层油气藏的勘探开发问题，充分显示了地震储层预测技术的重要作用；第四个阶段即21世纪以来，随着储层预测技术日趋成熟，以及“两宽一高”地震技术的推广应用，地震储层预测利用的信息也从叠前振幅逐步向宽/全方位叠前振幅发展，先后出现了地震岩石物理分析与叠前反演相结合的定量地震解释技术、方位各向异性属性分析和反演技术、曲率属性、多属性分析技术及基于频散和衰减属性的地震储层预测技术等。

通过已有研究可知，火山岩储通常具有地震波速高、密度大、磁化率高、电阻率大和地震波吸收能量大的特征，为综合应用各种地球物理勘探方法提供了物理依据。比如通过地震岩性地层模拟、地震相解释、合成记录反射特征、瞬时信息特征、储层反演、三维可视化、属性聚类分析中的层位综合标定、协调振幅等地震技术来识别“高波阻抗”的火山岩。所以，高精度地震预测技术在火山岩储层的研究中起着重要的作用，火山岩储层地震解释与反演技术也有待继续发展和优化。

一、地震反演技术

地球物理探测的本质是反演问题，即根据地表、井下等观测得到的地球物理数据反演地下介质的物理性质，并进一步推测相对应的地质构造、岩石性质、流体类型等。近年来，地震反演技术在火山岩储层预测中发挥着重要的作用。

1. 叠前反演技术

叠前反演技术是目前相对成熟的地震反演技术，火山岩叠前反演能有效利用叠前地震资料，以应用于弹性波反演或者波阻抗反演的常规约束稀疏脉冲反演技术为基础，以地质资料和测井资料为约束，通过多个部分炮检距叠加数据体同时反演纵波、横波阻抗及纵横波速度比等。叠前反演可以得到更多储层信息，且精度高，有利于火山岩油气藏的勘探与开发。

目前实际应用最成熟的地震反演技术是测井约束地震反演技术，即在初始地质模型的基础上，对偏移叠加后的地震数据进行反演。尽管这种储层预测技术已广泛用于生产，但它仍存在着较大缺陷。

在火山岩储层预测中，叠前 AVO 反演是最具代表性的一种技术，基于全叠加地震资料的一些处理技术（如相干分析、波形聚类等）取得了良好的应用效果，如前所述，这种技术缺乏了与流体相关的特征信息。

叠前反演具有叠后反演所不具有的优势，如更高的分辨率及更丰富的地震数据，可以直观地对比出不同地层界面在同一角度范围内的振幅变化，并且横波信息没有损失，有利于克服由波阻抗反演无法识别有效含气储层的难题（唐晓花等，2009）。所以叠前反演已成为反演储层预测技术进一步发展的方向。

2. 综合地球物理资料反演技术

地球物理技术包括地震、测井、重力、电磁等技术方法。不同的地球物理数据可反映不同精度的地质特征，如地震数据主要反映地层的弹性特征，电磁数据主要反映地层的电磁特征；测井数据是在井筒中观测得到的地层特征，该数据精度高但空间分布窄。因此，将通过不同方式观测的、具有不同宏观尺度与精度的数据综合处理、分析，是提高油气藏认识精度、减小储层预测和流体识别不确定性的有效途径（如井地电位成像、井地电磁反演对地下流体的识别，特别是剩余油分布的预测）。

火山岩储层的井震联合反演技术就是将钻井资料与地震资料结合，以提高储层预测的精度。比如在钻井资料较少的地区，利用层序场控制波阻抗反演。该反演是基于模拟退火的反演方法，在模拟退火的算法上将已知的条件转为具体约束条件，以实现对反演过程的控制，合理利用约束条件提高反演的精度和收敛速度。这种约束条件主要包括对反演过程中参数取值范围的确定及利用测井和地震解释资料形成合理的初始地质模型。该反演方法采用建立倾角体和层序场解决低频模型中井间内插时产状问题，并且应用沉积信息和地震信息估算倾角信息，降低了反演对解释层位的依赖和误差，保证反演结果横向分辨率的可信度，确保火山岩原有的反射结构。

在未来一段时间内，综合地球物理反演将是地球物理反演理论与技术发展所追求的目标。当然，这里的“综合”不是简单地将各种资料堆积在一起，而是指不同观测方式、不同属性、不同尺度数据的“融合”。

二、地震正演模拟技术

地震正演模拟就是在假定地下介质结构模型和相应物理参数已知的情况下，模拟地震波的传播规律，并研究地震波的传播特性与介质参数的关系，最终实现对实际观测地震数据的最优逼近。地震正演模拟方法主要有几何射线追踪法和波动方程法两大类。

1. 几何射线追踪法

该方法属于几何地震学的范畴，是建立在射线理论基础上的波动方程高频近似，其主要目标是记录地震波传播路径、反射点位置、波场分布特征等运动学特性，通过求解程函方程和输运方程分别得到地震波的旅行时间和振幅信息，主要包括基于平面波理论的射线追踪方法和基于球面波理论的反射率法。射线法相对简单、直观，其计算速度快，所得地震波传播时间比较精确，但在复杂构造地区会出现盲区。

2. 波动方程法

该方法以波动理论为基础，其主要目标是获取地震波在地层中传播的频率、振幅和相位的变化及地震波的其他动力学特征。随着地震勘探技术的发展，对勘探精度的要求随之增高，通过求解波动方程的方法发展极快，主要有有限差分法、有限元法、积分法和 f—k 域法等。

其中，有限差分法是正演模拟最常用的方法，其精度也越来越高。在火山岩中应用正演模拟方法建立的正演模型简化了火山岩与围岩的接触关系，只探讨不同纵波速度与密度的火山岩体与不同性质的围岩组合时，反射波地震响应特征的变化情况，来指导实际地震资料解释中对火山岩储层的预测（李素华等，2008）。还有一种是高阶差分方法和一阶弹性波交错网格方法的结合，形成了一阶交错网格高阶有限差分方法，与常规有限差分法相比，该方法较好地克服了数值频散问题的影响，因而在弹性介质、黏弹性介质、非均匀介质、各向异性介质、孔隙介质、裂缝—孔隙介质的正演模拟中取得了相对成功的应用效果，但该方法在处理非均匀性较强的介质时需要对物性参数进行平均或插值，且对自由界面也需要进行单独处理。旋转交错网格技术的提出和不断改进，有效改善了常规交错网格方法的不足，未来将在非均质储层的地震正演数值模拟中发挥更大的作用。

因此，综合对比波动方程法和几何射线追踪法两类数值模拟方法各有其特点，同时又有着千丝万缕的联系。几何射线追踪法将地震波波动理论简化为射线理论，主要考虑的是地震波传播的运动学特征，缺少地震波的动力学信息，因此计算速度快；波动方程法能够得到地震波场所有信息，但其计算速度比几何射线追踪法要慢。火山岩储层作为一种强非均质性储层，在地震正演模拟过程中应尽可能得到地震波场的所有动力学信息，所在在以后的研究中可将两类数值模拟结合起来，以更好地应用于火山岩储层预测。

三、地震属性分析技术

地震属性是指由地震数据经过数学变换而导出的有关地震波的几何形态、运动学特征、动力学特征和统计学特征的特殊测量值，可以分为沿层属性、剖面属性和体属性。它们是地下岩性、物性和含油气性及相关物理性质的表征。地震属性分析就是以地震属性为载体从地震资料中提取隐藏的信息，并把这些信息转换成与岩性、物性或油藏参数相关的，可以为地质解释或油藏工程直接服务的信息；包括三个步骤，即属性提取、优化和预测。

目前利用地震属性定性预测储层特征在实际应用中取得了良好的效果，越来越多的研究者探索利用地震属性定量预测储层的发育特征。随着其他地震勘探技术的发展，地震属性分析技术也进入三维地震属性分析阶段，与三维可视化技术及虚拟现实技术的结合使得分析结果更加直观、清晰，更能反映火山岩储层内部的地质意义。

在地震属性分析研究中淡化了属性的具体类别，更加注重围绕地质解释目标的有机结合，赋予这些属性体更多的地质意义，而三维可视化技术与虚拟技术的应用使得这些地质意义更加凸显。所以，未来地震属性的发展可能会更加地质化而不是地球物理化（王永刚等，2007）。

四、井控地震资料处理技术

地震储层预测对地震资料的要求日益苛刻，主要体现在三个方面：一是资料必须满足储层预测技术的前提假设，地震资料包括振幅保真、频率保真等；二是要保证井震一致性，即合成记录与实际资料必须吻合；三是满足各向异性分析需求的宽方位地震资料处理，这点需求是适应各向异性分析和“两宽一高”地震资料采集的发展趋势。因此，井控、保幅、宽频/宽方位地震资料处理是地震储层预测对资料处理的总体要求。

20世纪末，西方公司提出井控地震资料处理理念，在火山岩储层预测中，井控地震储层反演是基于模型道的地震波阻抗（或其他测井曲线）的反演，反演研究区火山岩波阻抗、密度、自然伽马等参数的横向变化，推测火山岩储层发育区。它以测井资料丰富的高频信息和完整的低频成分弥补地震有限带宽的不足，获得高分辨率的地层波阻抗资料，为火山岩油气藏精细描述创造了有利条件。

五、三维可视化技术

一般传统的三维地震解释是以层面为对象，用二维的解释手段来认识三维空间，难以从整体上把握构造特点和岩性特征，而且资料的利用率很低，数据中有很多信息都未被充分利用。随着计算机技术的发展，全三维可视化技术应用而生，该技术是在三维可视化环境下对三维数据体进行构造、沉积的立体解释，为深层隐蔽油气藏的勘探研究提供了技术手段。

三维可视化技术是指以三维可视化立体显示为基础，以地质研究对象为目标，从点、线、面、体等多渠道，以及数据体的多侧面、全方位解剖三维地震数据体，最终获得三维可视化地震模型，如在火山岩储层预测中利用三维可视化预测火山机构。三维可视化技术是三维地震资料从二维解释到三维解释的一个转变，是在三维空间对地震反射界面、断层面及特殊地质体的观察、分析、解释。通过利用不同的雕刻方法，以地质目标的属性特征为依据，从原始数据体中将地质体分离出来，还可以通过透视数据体，将具有某种相同特性的地质异常体凸显出来，可提高解释速度与精度。

综上所述，火山岩储层高精度预测技术还在摸索中，高可信度的地震资料是决定预测结果准确与否的重要前提条件。另外火山岩的地震属性与火山岩没有一对一的关系，所以为了加强火山岩储层识别与预测的准确度需要将钻井、地震、测井等方法结合起来，互相验证，从而准确地识别与预测火山岩储层。

第二节　裂缝孔隙型火山岩储层建模

一、地质统计学建模

地质统计学在20世纪60年代初提出，早期主要应用于采矿行业。自挪威的Haldorsen于20世纪80年代发表第一篇油气储层随机建模方面的论文以来，地质统计学在石油工业中的应用得到了迅速的发展。已有的各种方法在储层建模的过程中发挥了重要的作用，但仍然存在一些亟须改进的问题。

1. 基于多点地质统计学的建模

多点地质统计学较以变差函数为核心的两点地质统计学而言，易于表征复杂的空间结构、再现复杂目标的几何形态（吴胜和，2010）。多点地质统计学包括迭代的和非迭代的两大类方法。迭代方法有基于模拟退火的方法、基于吉布斯取样的后处理迭代方法等，但这类方法普遍存在迭代收敛问题（吴胜和，2010）。文献中提及的多点地质统计学方法多指非迭代的方法，该类方法最早由Guardiano等（1993）提出，其通过训练图像扫描获取待估点的概率分布，进而模拟沉积相，但在扫描图像时运算量及内存消耗都较大。不同学者尝试对其进行改进，目前常用的改进算法有SNESIM（Single Normal Equation Simulation）算法（Strebelle，2002；张文彪等，2017）、SIMPAT算法（Arpat，2005，2007；Yanshu，2013）、FILTERSIM算法（Zhang，2006）、DisPAT算法（Honarkhah，2010）等。SNESIM使用一个平衡方程进行概率估计，一次性将训练图像的条件概率存储于“搜索树”中，极大地减少了机时。SIMPAT算法利用训练图像获取地下结构的模式，采用相似性方法对地下储层进行图像恢复和再现。FILTERSIM算法为基于模式滤波的多点地质统计模拟方法。DisPAT算法构建数据样式的距离矩阵，应用多维尺度分析进行降维，再用K-means聚类建立样式聚类，后续模拟与SIMPAT算法相同（喻思羽等，2016）。这些方法从不同角度对原始方法改进，以提高效率和拓展应用范围。

在传统的两点法或基于变差函数的模拟中，空间变量假定服从多重高斯分布，这样每个象元中条件分布的平均值和方差的确定相当于解决了一组克里金方程组，然而不同与此的是，在多点统计模拟中，局部的条件分布建立在直接扫描训练图像的基础上。假设储层被大小为$N=N_x \times N_y$个象元的网格所离散化，且储层属性表示成一个随机函数。控制着储层Z属性分布的空间低点被一个N变量的联合分布来完全确定：

$$P(Z_1 \leqslant z_1,\ Z_2 \leqslant z_2,\ \cdots,\ Z_N \leqslant z_N) \tag{7-1}$$

使用序贯条件分解法，把该 N 维的联合分布分解为一组局部条件分布概率：

$$P(Z_1 \leqslant z_1,\ Z_2 \leqslant z_2,\ \cdots,\ Z_N \leqslant z_N) = P(Z_1 \leqslant z_1) \times P(Z_2 \leqslant z_2) | Z_1 \leqslant z_1) \times \cdots \times P(Z_N \leqslant z_N | Z_1 \leqslant z_1,\ Z_2 \leqslant z_2,\ \cdots,\ Z_{N-1} \leqslant z_{N-1}) \tag{7-2}$$

上述分解算法也适用于比如相标志等离散变量。序贯模拟算法的流程如下：

（1）定义一个能访问所有 N 个节点的随机路径；

（2）对每一个节点 $i=1,\ 2,\ \cdots,\ N$，执行：

①在已知所有 $i-1$ 个值的基础上模拟 Z_i 的条件分布：

$$P(Z_i \leqslant z_i | Z_1 \leqslant z_1,\ Z_2 \leqslant z_2,\ \cdots,\ Z_{i-1} \leqslant z_{i-1}) \tag{7-3}$$

②从上面的条件模型中提取一个模拟值。

该过程直到所有节点都被访问过并生成一个实现后才结束。如果通过另一条随机路径访问 N 个节点，可以得到一个新的实现。为了提高计算效率，在模拟条件分布时只有那些在指定邻域范围内的已知值是可用的。

图 7-1 展示了序贯多点模拟的图解并解释了如何通过扫描训练图像计算局部条件分布。在模拟之前，首先指定一个被称为搜索模板的邻域样板去扫描训练图像，搜索模板的大小（在软件中所包含的网格数）可以人为设定，设定好的值就是固定的。搜索模板中包含一个数据事件，值得注意的是，不同位置处的所包含的数据事件是不同的，在图中示例所显示的是五点数据事件，假设模拟网格的 u 点处是目前需要模拟的象元。在搜索模板的中央 u 点（红色）周围有四个已知数据点：两处是砂岩相（黑色），两处是泥岩相（白色），所有这五个数据点及它们之间的位置关系（向量关系）一起构成了数据事件或模式，之后用该模式在河流相训练图像中扫描能够符合外围四个已知点相互位置关系和值的数据事件出现的次数，来推断 u 点处的砂岩相概率。图中假设训练图像里出现四处该数据事件的重复，其中三个在 u 点观测到砂岩相，一个是泥岩相。因此，u 点处是砂岩相的概率为 $3/4=0.75$，之后用蒙特卡罗随机抽样的思想提取出一个概率值给 u 点，在 u 点处既可能是砂岩相又可能是泥岩相，不过砂岩相出现的概率比泥岩相要高。一旦该点处岩相设定好，就可以作为已知点加入到条件数据集中来约束其余象元的模拟。之后，模拟顺序会随机地跳到下一个象元位置处，以该处数据模板中包含的新数据事件以同样的步骤进行模拟，直到网格中所有的象元均被模拟到，得到一个河道相的多点地质统计学模拟结果。

1）搜索模板

为了更好地理解 SNESIM 算法，就必须对搜索树结构有一定认识，知道它是如何通过使用一个预设搜索模板在训练图像中扫描而生成的。搜索模板是一组象元的集合，以待求点为中心象元，周围有一系列相邻象元。理论上，它可以是任何形状，但实际应用中常见的两种形状是椭圆体或立方体，由指定的沿 X、Y、Z 三个方向的搜索半径所定义。图 7-1 的（a）至（d）给出了半径为一个象元的最简二维、三维搜索模板。球形搜索模板中邻域象元个数在二维空间和三维空间中分别为 4 个和 6 个，立方体形搜索模板中对应的分别是 8 个和 26 个。创建好搜索模板之后，会对所有的邻域象元按照其与中心点之间的距离进行排列编号［图 7-2（a）、（c）］。搜索模板的中心会对训练图像全方位扫描，出现在

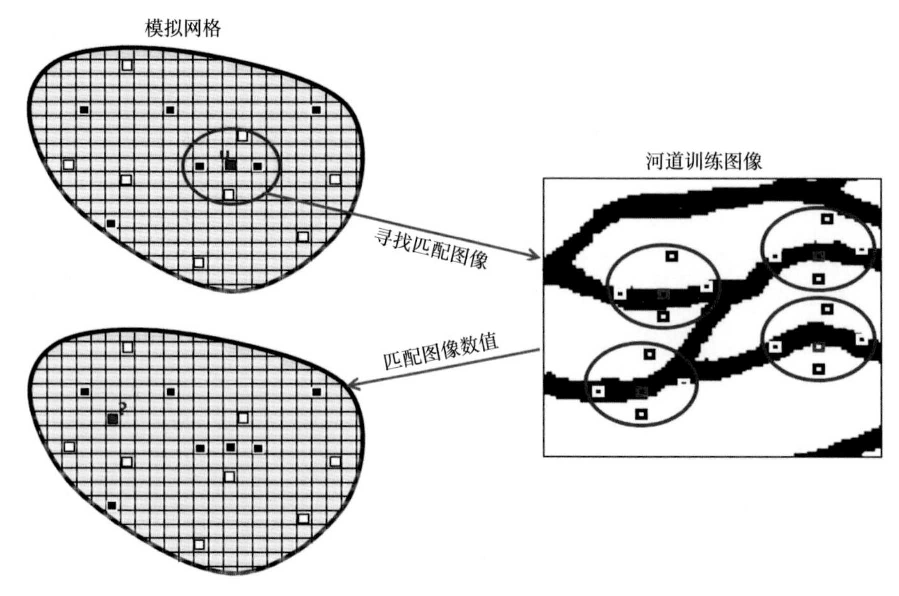

图 7-1　序贯多点模拟的实现

搜索模板中的所有组合形态都会记录到搜索树结构中。下面，使用一个简化的包含有两类变量（0 和 1）的 5×5 象元训练图像及图 7-2（a）中给出的搜索模板来阐述搜索树的概念。该训练图像可看作是砂泥岩相分布的代表。

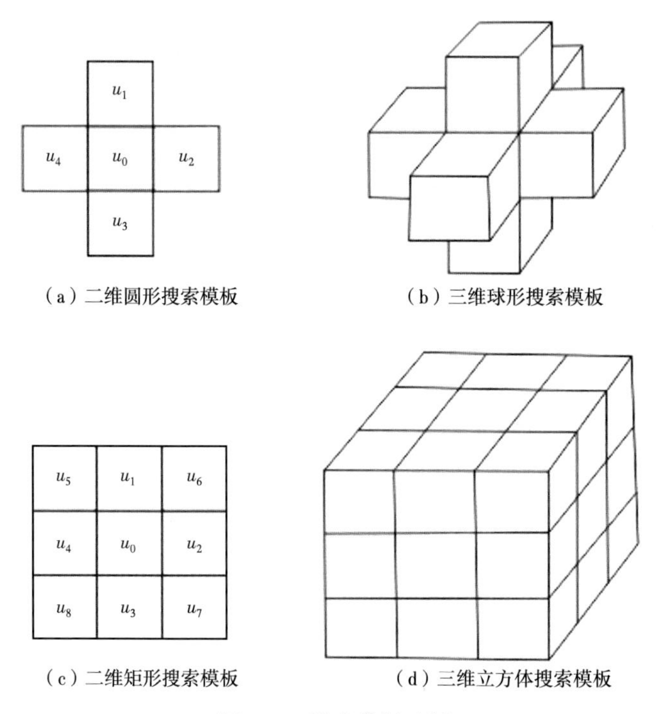

（a）二维圆形搜索模板　（b）三维球形搜索模板

（c）二维矩形搜索模板　（d）三维立方体搜索模板

图 7-2　搜索模板示例

2）搜索树

搜索模板的中心点概率是通过在训练图像中扫描给定的数据事件出现次数来确定的，以前为得到一次模拟结果要重复扫描训练图像，既费时，又对电脑的运行速度有极高要求，而搜索树概念的提出很好地解决了这一问题。

搜索树存储了搜索模板中离散变量不同取值组合出现的概率事件集合，这是通过在训练图像中扫描一次得到的。“树”的含义是该结构以递归的方式表示这些概率事件。图7-3给出的搜索树结构反映了一个针对图7-2中二维训练图像进行扫描的搜索模板的概率储存结果。训练图像包括两种离散值，0和1（可理解为泥岩相和砂岩相）。搜索模板中不同向量组合的观测顺序在搜索树中以不同的分支来表示，按顺序地从 u_1 到 u_4 不断扩大。搜索树的每个节点代表了一个数据组合模式，可以看到该搜索树包括了22种数据组合模式。层数表示参与到计算 u_0 点概率的已知象元个数及编号，比如，搜索树第3层对应了以 u_1、u_2、u_3 为已知条件下 u_0 点处离散值出现的次数，设搜索模板中邻域象元个数为 N（本例中 $N=4$），则搜索树的层数为 $N+1$，起始层为第0层。用 x_i 表示各邻域象元处包含的离散值，i 的取值范围从1到 N，注意区分 x_i 与 u_i 的差别，u_i 代表的是象元的位置。举例来说，[$x_0=?\ |x_1=1，x_2=?，x_3=?，x_4=?$] 表示在已知 u_1 处值为1而其余邻域象元处未知时，求取 u_0 处离散值的情况。每一层节点内的值表示该条件下搜索模板中心点 u_0 处离散值0和1出现的次数（左值对应观测到0的次数，右值对应观测到1的次数）。

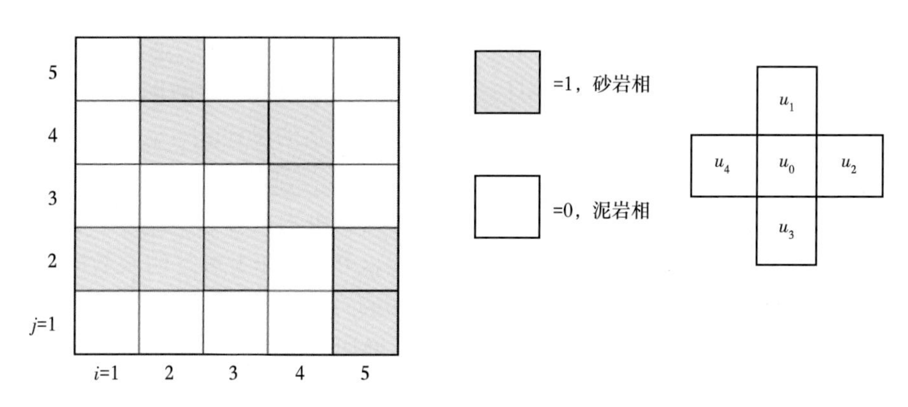

图7-3　大小为5×5的二元训练图像及搜索模板

创建搜索树的目的在于能够容易地提取条件概率值 $P(A|B)$，其中 A 是事件 $\{x_0=0$ 或 $1\}$，$B=\{x_1=?，x_2=?，x_3=?，x_4=?\}$ 代表了条件模式。一个模式 $P(A|B)$ 是向量的集合，既包括数据值，又包括数据位置关系。第0层或根节点包含的是模式 [$x_0\ |\ x_1=?，x_2=?，x_3=?，x_4=?$] 的数量，即邻域象元均未知时，$u_0$ 处 $x_0=0$ 或 $x_0=1$ 分别出现的次数（本例中分别为14和11），通过在训练图像中扫描该单一点结构（u_0）来计算 $x_0=0$ 或 $x_0=1$ 重复的次数即可得到该结果。搜索树每一层的层号代表了参与扫描的模式中所包含的设定为已知象元的个数及编号，举例来说，第一层表示以 u_0、u_1 为结构，且 u_1 是已知的条件下，对训练图像进行扫描后得到的结果；第二层表示以 u_0、u_1、u_2 为结构，且 u_1、u_2 是已知的条件下，对训练图像进行扫描后得到的结果。每个节点下的两个分支分别表示下一层条件象元处所赋的值，左分支对应0，右分支对应1。第一层的节点2包括的

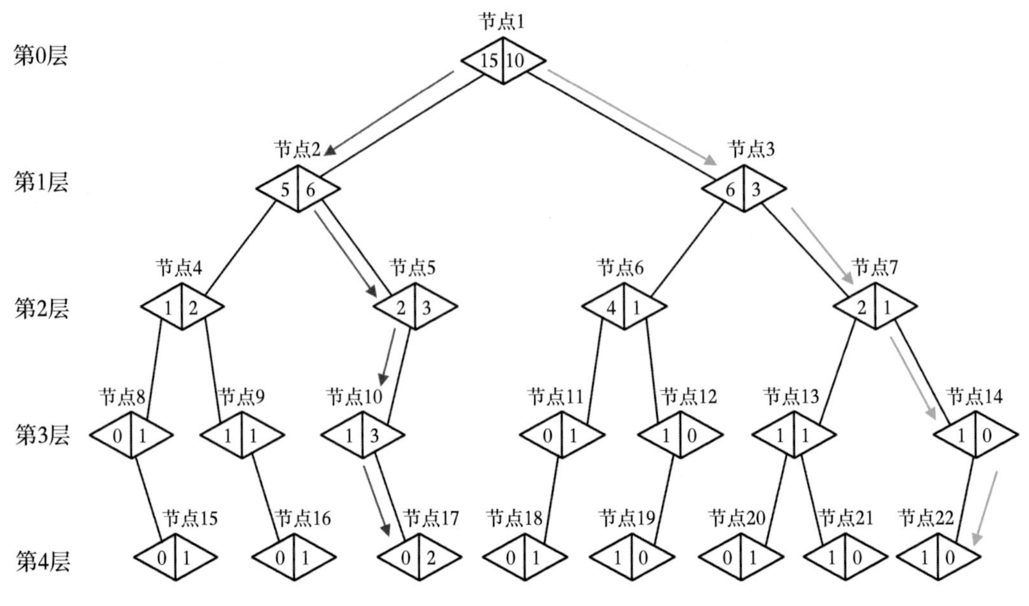

图 7-4 搜索树结构图

是模式［$x_0|x_1=0$，$x_2=?$，$x_3=?$，$x_4=?$］的数量，即 u_1 处离散值已知为 $x_1=0$ 时，扫描训练图像得到 u_0 处取 0 或 1 的次数，分别是 5（左值）和 6（右值），通过一个 2 象元结构（u_0 和 u_1）的搜索模板扫描训练图像并计算 $x_0=0$ 或 $x_0=1$ 重复的次数即可得到该结果，其中 u_1 处离散值 $x_1=0$ 是固定已知的。第二层的节点 6 包括的是模式［$x_0|x_1=1$，$x_2=0$，$x_3=?$，$x_4=?$］的数量，即 u_1 处离散值已知为 $x_1=1$，u_2 处离散值已知为 $x_2=0$ 时，扫描训练图像得到 u_0 处取 0 或 1 的次数，分别是 4（左值）和 1（右值），通过一个 3 象元结构（u_0，和 u_1，u_2）的搜索模板扫描训练图像并计算 $x_0=0$ 或 $x_0=1$ 重复的次数即可得到该结果，其中 u_1，u_2 处离散值 $x_1=1$，$x_2=0$ 是固定已知的。

随着搜索模板中作为已知条件的邻域象元不断增加，搜索树的层级结构不断向下发展直到底层（本例为第 4 层），这样就得到了搜索模板的一个完整的概率分布模式。比如，对于图 7-3 中红色箭头标识的模式［x_0 | 0，1，0，1］（节点 17），u_0 处离散值 $x_0=1$ 出现的次数有两次，$x_0=0$ 不存在。类似的，绿色箭头标识的是模式［$x_0|1,1$，1，0］，对应于节点 22，$x_0=0$ 出现的次数只有一次，$x_1=0$ 不存在。而且，可能出现并非所有的分支结构都能延伸到最低端的情况。

3）决定搜索树大小的控制因素

SNESIM 算法通过占用存储空间来补偿计算机性能的不足，因此，搜索模板的大小与所占存储空间的大小成正比。一般来说，搜索树的尺寸主要由以下因素控制：

（1）搜索模板的尺寸。

多点地质统计学方法中搜索模板的尺寸与两点地质统计学中的变差函数的变程对应，可以确定 MPS 模式的影响范围。搜索模板的尺寸大小充分决定了搜索树的延展范围。搜索模板越大，搜索树的尺寸越大。

（2）训练图像中包含的相种类的数量。

所包含的相种类的数量决定了各个节点所接的分支数量的大小，原则上来说，所得的搜索树的尺寸与训练图像中相种类的数量关系呈指数增长。

（3）训练图像的复杂性。

一个更复杂的训练图像会通过创造更多的节点使搜索树更丰富，从而得到更大尺寸的搜索树。

（4）训练图像的尺寸。

该因素也对丰富搜索树做出贡献，因为较大的训练图像所包含的组合模式也较多，从而能在搜索树中生成更多的节点。

多点地质统计学早期主要用于沉积相模拟，近年来正逐渐被应用于裂缝建模，对于裂缝建模，野外露头剖面、地震解释的断层等都可以作为裂缝几何形态的先验认识，即训练图像，同时测井解释或岩心观察的裂缝可以为硬数据。Dowd 等（2007）尝试使用 SNESIM 算法对尤卡山二维裂缝剖面进行模拟，并与其他方法进行对比，认为多点地质统计学模拟可以体现裂缝的空间相关性，并且能模拟复杂的裂缝网络。谢青（2014）尝试使用多线程并行运算提高 SNESIM 算法效率，并对页岩储层天然裂缝进行了三维空间建模。Mohammadmoradi 等（2013）、张烈辉等（2017）、Jia 等（2017）针对 FILERSIM 算法在裂缝建模中的问题分别进行了改进，并进行了二维裂缝建模。Liu 等（2009）使用 SIMPAT 算法对二维裂缝剖面进行建模并数模，结果表明所建立模型可以较好地描述裂缝系统。利用多点地质统计学进行裂缝建模，普遍存在稳态的问题，针对这一问题，Chugunova 等（2008）提出一种非稳态多点地质统计学的模拟方法，该方法除了使用裂缝图像作为训练图像外，还加入了裂缝密度图作为辅训练图像进行裂缝建模。随后，Chugunova 等（2017）利用多点地质统计学建立裂缝网络模型，并结合动态数值模拟对模型进行了验证。

尽管多点地质统计学在再现储层构型方面及条件化数据方面相比于传统的随机建模方法有较大提高，但是许多方面仍然可以改建。在裂缝火山岩储层建模中也可尝试使用该方法进行研究。

2. 基于变差函数的建模方法

基于变差函数的建模方法相对比较成熟，如序贯指示模拟、序贯高斯模拟等，这些方法已经得到了广泛的应用，目前主流的地质建模软件也都使用了这些方法。由于变差函数是基于两点法进行统计的，因而难以表征复杂对象的几何形态，但是并不能够因此就给基于变差函数的建模方法“画上句号”。由于该方法有着严谨的数学理论作基础，具有输入参数相对简单、运算速度快的特点，目前已经积累了丰富的应用经验，在未来一段时间内还应给予相当的重视。

基于变差函数的建模方法仍在不断地发展完善，除了利用各种地质规律（趋势）约束建模外，最主要的发展应该是与位置相关变差函数概念的提出与应用。传统的基于变差函数的建模方法在模拟计算过程中仅采用一个全局变差函数，因而难以刻画曲线的变化特征，也无法解决多物源条件下的建模等问题。利用与位置相关的局部变差函数，可以更好地描述不同位置地质体局部的变化特征。目前存在的主要困难在于如何获取可靠的局部变差函数，因为把研究区划分为很多区块后，每个区块内可能没有足够的样品数据可获取合理的局部变差函数。这有待于对建模算法的攻关研究。

3. 基于目标体结果的建模方法

对于强调目标体结果的方法（如示性点过程模拟），其最大的优点是根据先验地质知识、点过程理论及优化方法（如模拟退火）表征目标地质体的空间分布，因此可以较好地再现目标体几何形态。

但也有以下的不足：首先，每类具有不同几何形状的目标均需要有特定的一套参数（如长度、宽度、厚度等），而对于复杂几何形态，参数化较为困难；其次，由于该方法属于迭代算法，因此当单一目标体内井数据较多时，井数据的条件化较为困难，而且要求大量机时。

对于基于目标的方法，今后算法的改进主要在于以下方面：（1）火山岩作为一种复杂地质体，如何更有效地进行裂缝网络的建模；（2）解决单一目标体内井数据条件化问题；（3）更有效地整合先验地质知识。

4. 基于面的建模方法

基于面的建模方法首先模拟地层界面或是重要的沉积界面，然后在这些界面的约束下模拟相及其物性的分布。该算法源于地层是通过一系列的沉积和剥蚀作用形成的，地层之间接触关系复杂，地层内部沉积相和物性分布通常具有一定规律性，因此首先把控制油藏宏观非均质性的地层的边界（曲面）合理表征出来，这对于后续沉积相和物性的表征有着非常重要的意义。

基于曲面的建模方法首先由 Deutsch 于 2002 年提出，主要应用于浊流沉积系统。其基本思想是用一个随机定义的有边界的曲面来代表一次随机流动事件所形成的沉积体。这个沉积体具有一定的几何形态，并且可以用一些参数对其进行描述，这些参数可以由研究区的资料或经验数据进行定义。沉积体的产生主要考虑物源位置、地形、流动路径、初始几何形态。在表征沉积体的曲面生成后，需要考虑一定的随机波动以满足井点数据。目前，该方法可以通过控制后续曲面产生的位置进而模拟地层不同的叠加样式，如加积、进积和退积。该方法具有可较好地再现地层的几何形态、地层叠加样式、不同叠加样式下岩相和物性的变化趋势等优点，不过在井数据条件化、地层倾角变化等方面存在一定的困难。

5. 基于分形几何学的建模方法

分形随机域最引人注目的特征是其自相似性，这也是它最大的优点。在确定随机变量符合分形特征后，便可根据自相似性原理应用少量数据预测整个目标区的变量分布。

然而，在分形模拟的研究中，尚需解决以下问题：（1）进一步优化和创新建模算法，包括分形几何的裂缝建模方法；（2）进一步研究不同类型变量的分形特征，由于地质情况的复杂性，不同规模的地质特征受控于不同的地质控制因素，因此不一定都符合分形特征；（3）研究合适的计算间断指数（赫斯特指数）的方法，用于求取间断指数的方法很多，如 R/S 分析、谱分析、变差函数、盒子计数法等，其中一些方法在样品数量减少时变得不稳定，因此，应根据实际地质情况及变量类型选择或创新一种最稳定的、能提供最可靠间断指数的方法；（4）进一步研究分形特征在垂向与平面上的差异性，在很多分形模拟的应用中，由于横向数据点比较稀少，很难求取平面上的分形维数（实际上，在最小井距之内，变差函数以数据点对存在，类似于纯块金效应），因此往往“借用”垂向分形维数代替平面分形维数。但是，这种“借用”存在较大的问题。

二、多学科综合建模

1. 地质约束建模

现有的建模算法都是在数学意义上表达部分地质规律与地质思维。在应用各种数学算法进行储层预测与建模时，由于算法的局限性，得到的建模结果可能不尽如人意。

为了建立尽量符合地质实际的储层模型，在建模过程中应尽量进行地质约束，地质约束建模主要有等时控制建模、成因控制建模及相控建模等。等时建模是在建模过程中将地质体划分成若干不同储层分布模式的等时层，分层建模，然后组合成统一的地质模型，也称为时控建模。成因控制建模则是指在建模过程中充分考虑相的成因，应用相成因关系约束建模，也叫成控建模。相控建模即在相模型的基础上，根据不同的相的储层参数定量分布规律，分相进行储层参数的插值或模拟，建模储层参数模型，相控建模在火山岩储层建模中的应用相对较多。

目前，地质约束的算法还很不成熟，需进一步加强储层地质学与地质统计学的结合。

2. 地球物理信息的整合

在三维储层地质建模中，应更充分地发挥地球物理信息的作用，特别是测井、地震等。

1）多属性协同建模

在目前的整合地震信息建模的算法中，大部分只考虑基于一种属性建模，也就是单一属性建模，如速度或波阻抗。通常来讲地震资料具有多解性，在今后的建模应用中，应加强多属性协同建模，如地震振幅、频率和相位等多种地震属性信息的融合，克服地震储层预测的多解性，以能更好地为地质综合研究服务。

2）地质统计学地震反演

地震反演通常被认为是一种确定的过程，而实际上地震数据包含噪声，反演具有不确定性。为了合理描述这些不确定性，地质统计学反演方法越来越受重视。有学者提出了一种基于直接序贯模拟和协同模拟的迭代反演方法。由于迭代过程是基于全局的，因此不会出现局部人为的过好拟合，而这在传统的逐道模拟方法中常常出现。

基于多点地质统计学的地震反演方法则不仅使模拟结果（如相模拟）在概率上符合原始的地震波属性数据，而且在物理学意义上也能够一致。其主要思想是：先是只利用井数据和训练图像建立 N 个相模型；根据岩石的波阻抗特征，把每个相模型转换成合成地震波阻抗；计算合成波阻抗与真实波阻抗之间的差别；进行迭代，通过改变相属性使这种差别达到给定的目标值。

然而，在火山岩中运用地质统计学地震反演技术的完善还有待于地质统计学和地震反演技术本身的完善。

3. 生产数据的整合

试井数据和传统的测井数据从不同的尺度对储层渗透率进行了描述。试井渗透率一般认为是渗透率的空间加权平均值。在地质统计建模中，试井渗透率与测井或岩心得到的渗透率都要满足，那么在解克里金方程的时候，不仅要计算单个像元之间的协方差，还要计算可能包含大量像元的区域之间的协方差。在真实模型中网格数量通常很大，因此如何提高计算效率显得十分重要。

生产数据参与对储层建模的约束，可以促进地质与油藏工程的紧密结合。由于许多不同的模型具有非常相似的先验累积概率和后验累积概率，会导致不同的油藏预测结果，相关的研究方法有两种，一种是逐步变形法和概率扰动法等参数优化方法，另一种是直接对连续参数进行控制的方法，如整体卡尔曼滤波。

总之，裂缝性火山岩储层建模研究虽然取得了一定的进展，但尚有很多问题需要研究与改善。

第三节　储层裂缝与基质耦合数值模拟

对于裂缝—孔隙型油藏，在开采过程中，随着地层压力下降，裂缝系统和基质岩块系统所承受的有效压力增加，使裂缝和基质岩块均发生不同程度的弹性、塑性形变，裂缝闭合、基质孔隙体积缩小，裂缝与基质岩块渗透率变小，从而导致产能降低、开发效果变差。因此，裂缝—孔隙型火山岩油藏的裂缝和基质变形的流固耦合数值模拟研究对于该类油藏开发具有重要的指导意义。

20 世纪 70 年代以来，石油开发领域相继提出了一系列流固耦合问题，如储层井眼稳定及产层出砂、套管损坏、油气层开发导致的上覆岩层变形、压实和沉降等。几乎从钻井到开发各领域涉及的具体问题都与流固耦合渗流有关，这也使得流固耦合研究在石油钻井及开发领域显得越来越重要，并受到高度重视。

油藏流固耦合理论在油气田开发中的应用研究开展得较晚，但近年来已日益受到重视，并得到了较快的发展和成功应用。其特点是：由单相孔隙介质模型向双相（孔隙—裂缝）连续介质及拟连续或非连续裂隙网络介质模型发展；岩石变形本构模型由线性弹性向非线性有限变形（黏弹性、弹塑性、蠕变等）发展，同时新的数学理论方法进一步改善了对理论模型的评定和求解能力。由于裂缝性油藏流固耦合问题的复杂性，该方面的理论方法和技术有待进一步发展完善；同时还向临着更为复杂的油藏多场耦合问题。

一、跨尺度耦合问题

采用宏观、微观相结合的方法，从不同的尺度进行研究，是流固耦合研究发展的趋势。因而，在油藏流固耦合研究中，只进行宏观研究是不够的，应从多尺度的角度，对裂缝、孔隙等多重介质中渗流、变形等动态变化之间的关系进行研究。需要进一步发展中微观实验理论和技术，以便加强储/盖层及裂缝—基质系统中观、微观的研究，为多场耦合问题实现宏观、中观和微观的结合提供基础。建立突破传统观念的新的耦合理论和新的数学模型，建立考虑多重介质参数随机性、模糊性和渗流混沌性的多场模型，以便更好地解释和解决相关的实际问题。

二、大规模流固耦合计算软件的开发及应用

由于油藏裂缝、基质变形和多相流体渗流的复杂性，决定了流固耦合油藏数值模拟在裂缝性油藏开发中占有极其重要的地位。流固耦合油藏数值模拟模型由应力—渗流模型，逐步发展到应力—溶流—温度耦合模型；由单一孔隙介质变形—渗流模型发展到裂缝—基质双重介质变形—渗流模型；数值方法由有限差分逐步发展到有限元法；求解方法由显式

求解过程逐步发展到全隐式求解。

流固耦合油藏数值模拟模型还需要不断改进完善，研制能包含不同初始和边界条件，并能模拟工艺过程（钻井、压裂、射孔）的大型计算机模拟软件系统，以更好地适应大型复杂裂缝—孔隙型油藏数值模拟研究的须要；同时加强应用方法研究，特别是复杂裂缝及多场耦合参数的准备，以便更准确地模拟开发过程，指导实际应用。

第四节 火山岩油藏高效开发技术

一、合理注采井网井距及其与裂缝方位的优化配置

图7-5是中国主要火山岩、变质岩油藏开发井距图，从图中可以看到，国内火山岩油藏开发的井距以300~350m最多，井距的确定与开发方式的选择密不可分。依靠原始能量开发的油藏应该选择较小（200~300m）的井距，而注水开发选择较大井距（如400m）。采用原始能量开发，小井距可在有限时间内提高采油速度，但后期压力下降问题凸显且可能存在干扰问题；采用注水开发选择较大井距的原因一是预防水窜，二是为中期井网的调整做准备。此外，火山岩油藏裂缝非常发育，如果可以确定裂缝走向及其发育强度，可以根据裂缝发育特征优化部署井位。这需要从地质角度尽可能提高裂缝预测精度，并开展火山岩有效储层分类评价研究，从而确定较为合理的开发井距、井网及开发方式。

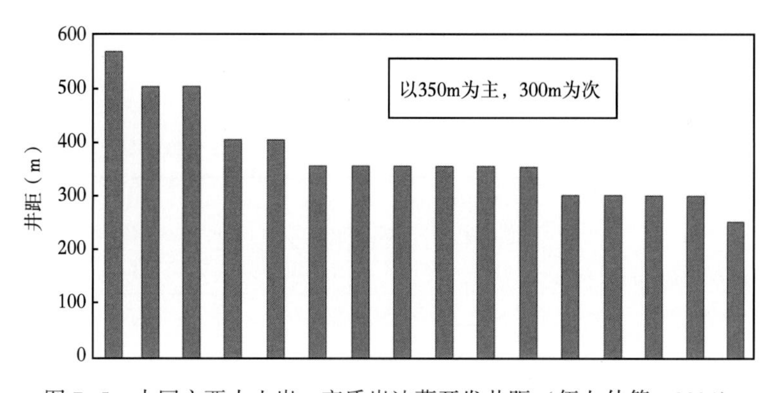

图7-5 中国主要火山岩、变质岩油藏开发井距（伍友佳等，2004）

二、水平井等复杂结构井开采技术

近20年来，随着钻井工艺和技术发展，水平井技术已逐渐成为开发裂缝型火山岩油藏的一项新技术。中国应用水平井技术开发火山岩油藏，主要集中在新疆克拉玛依石西油（东区石炭系和七区佳木河火山岩油藏）、ND火山岩油藏、大港油田枣35区块裂缝型火山岩油藏以及辽河盆地黄沙坨火山岩油藏等，均取得了显著的开发效果。由于油藏适应性、采油工艺配套等方面存在的问题，水平井在火山岩油藏开发中如何应用，还需要进一步研究。对于特低渗透火山岩油藏，水平井的使用可以大幅提高单井产能；对厚度较薄的油层，水平井可以钻遇更多的油层从而增加单井控制储量和提高单井产能。水平井下一步的主要攻关方向包括复杂结构井中管流与井周裂缝型油藏渗流耦合模式及物理模拟/数值模

拟研究；裂缝型油藏利用水平井开发或水平井—直井组合开发适应性及高效布井方式研究；复杂结构井参数优化、与裂缝的优化配置及最佳产能设计研究；复杂结构井钻采工艺配套技术研究等。

三、注气（水）吞吐开发方式的转变

裂缝—孔隙型火山岩油藏具有很强的非均质性，开采过程中很容易发生水侵、水窜，造成其开发难度加大。国内外大多数火山岩油气藏都使用注水或衰竭式开发，这两种开发方式均有不足之处，转变开发方式的研究是非常必要的。目前，氮气驱在双重介质的碳酸盐岩油藏中已成功应用，但在火山岩油藏开发中却很少。

1. 黄沙坨火山岩油藏氮气驱

黄沙坨油藏是裂缝—孔隙型双重介质火山岩油藏，在初期注水开发，其产量递减大，采油速度低，因此，尝试转变开发方式，拓展氮气驱应用，并取得了良好的效果。

氮气因与油水间存在密度差异而产生重力分异作用，气体沿垂向裂缝或高渗透率孔道上浮至油层顶部，并占据顶部空间，形成次生气顶，将注水难以波及的顶部裂缝、微孔隙中的油气置换出来，并在重力作用下运移至油井采出。

在温度119℃及压力30MPa条件下，氮气与油的界面张力为8.9mN/m，远低于水和油的界面张力（30.5mN/m）及氮气与水的界面张力（49.4mN/m）。由于水可以进入的最小缝宽是氮气的14倍，氮气比水更易进入窄裂缝、微孔隙中，置换出更多的油气。此外，氮气还具有降低原油黏度、补充地层能量、封堵水窜通道的作用。

小12-13井的储层参数满足氮气驱油藏推荐标准，选取作为试验井组（乞迎安等，2015）。

表7-1　小12-13井组地质条件气驱可行性评价（据乞迎安等，2015）

油藏条件	原油相对密度（g/cm^3）	原油黏度（mPa·s）	含油饱和度（%）	储层类型	有效厚度（m）	平均渗透率（mD）	油藏埋深（m）	注气压力（MPa）
氮气驱推荐条件	<0.875	<10.0	>47	砂岩或碳酸盐岩	>5.5	>0.5	>2130	<35
小12-13井组	0.834	0.5	56	裂缝性粗面岩	39.0	11.0	2990	18~23（估算）

开展发泡体积、半衰期等性能进行评价实验，优选了SDS作为发泡剂；通过长岩心模型驱替实验，确定了泡沫的最佳气液比为2∶1；利用数值模拟的方法，研究不同注采部位对驱替效果影响，最终确定了“低注高采”的气驱方式。

现场开展了1个井组的先导试验，生产井开井12口，其中有10口井见到明显增油效果，与气驱前对比，井组平均日增油8.2t，含水率降低4.3%，累计增油3517t，阶段投入产出比为1∶2.1。

2. SX火山岩油藏氮气吞吐

SX石炭系火山岩经过多年天然能量开采，已经出现严重的水侵现象，根据氮气吞吐的原理，选出具有氮气吞吐潜力的井并开展数值模拟研究。通过剩余油分布、定容体位置、底水能量及单井潜力分析，选择出具有氮气吞吐潜力的20口井，并在选出的20口井中选择一口典型井进行数值模拟验证，该井投产以来，初始月产油量1000t左右，在经过

10 年开采之后，由于水侵现象严重，作业区进行了 2 次酸化处理，酸化效果较差未能起到较大的作用，该井月酸化后产油量为 15t 左右，含水率 94%。

通过模拟研究，拟合结果符合历史生产规律，根据研究设定注入参数：注入方式为伴水注气，注气量 $50\times10^4m^3$，注入周期 20 天，注气速度 $2.5\times10^4m^3/d$，焖井时间 10 天。根据设定参数经过数模预测（图 7-6），SH1109 井预测周期增油 1100t，氮气吞吐初期日产油 20t，有效期约 70 天。数值模拟预测典型井周期增油效果明显（熊平等，2018）。

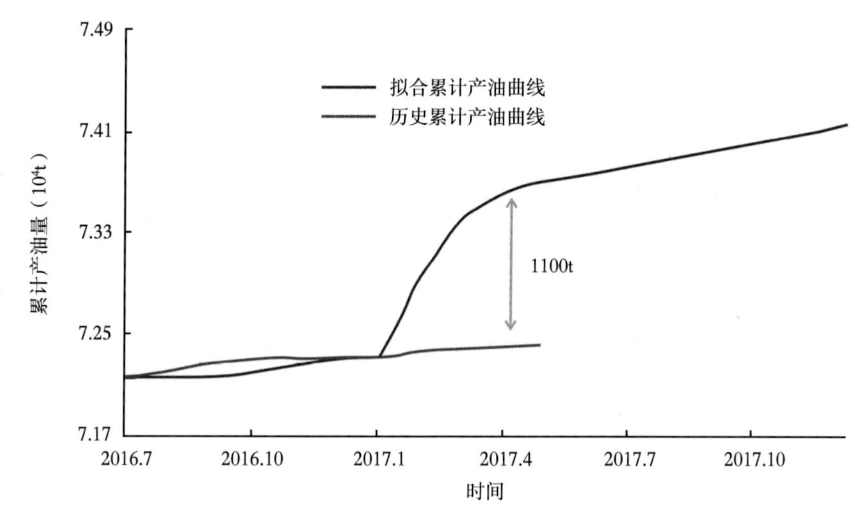

图 7-6　SX 火山岩油藏模拟井的 CMG 预测结果（据熊平等，2018）

参考文献

安卫平，苏宗正. 2008. 山西大同火山地貌［J］. 山西地震，1：1-5.

蔡冬梅，叶涛，鲁凤婷，等. 2018. 渤海海域中生界火山岩岩相特征及其识别方法［J］. 岩性油气藏，（1）：112-120.

曹海丽. 2003. 黄沙坨油田火山岩油藏特征综合研究［J］. 特种油气藏，10（1）：65-68+118.

曹毅民，章成广，杨维英，等. 2006. 裂缝性储层电成像测井孔隙度定量评价方法研究［J］. 测井技术，30（3）：237-239.

操应长，姜在兴，邱隆伟，等. 2002. 渤海湾盆地第三系火成岩油气藏成藏条件探讨［J］. 中国石油大学学报（自然科学版），26（2）：6-10.

常荣华. 2007. 辽河盆地火山岩油藏工程综合研究及应用［D］. 东营：中国石油大学（华东）.

车卓吾. 1995. 测井资料分析手册［M］. 北京：石油工业出版社，315-319.

陈钢花，吴文圣，毛克文. 2001. 利用地层微电阻率扫描图像识别岩性［J］. 石油勘探与开发，28（2）：53-55.

陈如鹤，黄庆民，胡新平，等. 2001. 裂缝性火山岩油藏注水开发特征——以克拉玛依油田一区石炭系油藏为例［J］. 新疆石油天然气，13（4）：23-26.

陈建文，魏斌，李长山，等. 2000. 火山岩岩性的测井识别［J］. 地学前缘，7（4）：458.

陈业全. 2004. 塔中地区火山岩预测的综合地球物理方法［M］. 东营：中国石油大学出版社.

陈忠，张吉昌，罗玉庆，等. 2001. 有限元数值模拟在构造裂缝定量预测中的应用［J］. 特种油气藏，8（1）：64-67.

程华国，袁祖贵. 2005. 用地层元素测井（ECS）资料评价复杂地层岩性变化［J］. 核电子学与探测技术，25（3）：233-238.

戴诗华，罗兴平，王军，等. 1998. 火山岩储集层测井响应与解释方法［J］. 新疆石油地质，19（6）：465-469.

邓攀，陈孟晋，高哲荣. 2002. 火山岩储层构造裂缝的测井识别及解释［J］. 石油学报，23（6）：32-36.

邓攀，等. 2002. 火山岩储层构造裂缝的测井识别及解释［J］. 石油学报，23（6）：32-36.

邓西里，李佳鸿，刘丽，等. 2015. 裂缝性储集层表征及建模方法研究进展［J］. 高校地质学报，21（2）：306-319.

丁秀春. 2003. 测井响应在火成岩储层研究中的应用［J］. 特种油气藏，10（1）：69-72.

丁中一，钱祥麟，霍红. 1998. 构造裂缝定量预测的一种新方法——二元法［J］. 石油与天然气地质，19（1）：1-7.

董有浦，燕永锋，肖安成，等. 2013. 岩层厚度对砂岩斜交构造裂缝发育的影响［J］. 大地构造与成矿学，37（3）：384-392.

杜金虎. 2010. 松辽盆地中生界火山岩天然气勘探［M］. 北京：石油工业出版社.

范存辉，梁则亮，秦启荣，等. 2012 基于测井参数的遗传 BP 神经网络识别火山岩岩性——以准噶尔盆地西北缘中拐凸起石炭系火山岩为例［J］. 石油天然气学报，34（1）：68-71.

范宜仁，黄隆基，代诗华. 1999. 交会图技术在火山岩岩性与裂缝识别中的应用［J］. 测井技术，23（1）：53-56.

樊政军，柳建华，张卫峰. 2008. 塔河油田奥陶系碳酸盐岩储层测井识别与评价［J］. 石油与天然气地质，（1）：61-65.

方少仙，侯方浩. 1998. 石油天然气储层地质学［M］. 东营：中国石油大学出版社.

付广，石巍. 2006. 徐家围子地区深层天然气成藏机制及有利勘探区预测［J］. 大庆石油地质与开发，25（3）：23-26.

高秋涛，黄思赵，时新芹. 1998. 用 FMI 测井研究砾岩、火山岩储层［J］. 测井技术，22（S1）：56–59.

高兴军，闫林辉，田昌炳，等. 2014. 长岭气田营城组火山岩储层特征及分类评价［J］. 天然气地球科学，25（12）：1951–1961.

郭建春，唐海，李海涛. 2013. 油气藏开发与开采技术［M］. 北京：石油工业出版社.

郭淑文，王振升，牟智全，等. 2017. 模式识别技术预测火山岩相［J］. 石油地球物理勘探，（S1）：60–65.

韩甲胜，韩甲胜，向小玲，等. 2015. 火山岩油藏衰竭式开发特征及产能受控因素研究——以克拉玛依油田九区古 16 井区石炭系火山岩油藏开发特征及产能受控因素研究为例［J］. 新疆石油天然气，11（2）：70–76.

郝涛. 2006. 欧利坨子—黄沙坨地区沙三段火山岩录井、测井岩性鉴别方法［J］. 录井工程，（4）：34–38.

何辉，李顺明，孔垂显，等. 2016. 准噶尔盆地西北缘二叠系佳木河组火山岩有效储层特征与定量评价［J］. 中国石油大学学报（自然科学版），40（2）：1–12.

侯贵廷. 1994. 裂缝的分形分析方法［J］. 应用基础与工程科学学报，（4）：299–305.

胡望水，张宇焜，牛世忠，等. 2010. 相控储层地质建模研究［J］. 特种油气藏，17（5）：37–39.

胡向阳，熊琦华，吴胜和. 2001. 储层建模方法研究进展［J］. 中国石油大学学报（自然科学版），25（1）：107–112.

黄布宙，潘保芝. 2001. 松辽盆地北部深层火成岩测井响应特征及岩性划分［J］. 石油地质，40（3）：42–47.

黄隆基，范宜仁. 1997. 火山岩测井评价的地质和地球物理基础［J］. 测井技术，21（5）：341–344.

黄玉龙. 2007. 松辽盆地改造残留的古火山机构与现代火山机构的类比分析［J］. 吉林大学学报（地球科学版），37（1）：65–72.

黄玉龙. 2010. 松辽盆地白垩系营城组火山岩有效储层研究［D］. 长春：吉林大学.

贾爱林. 2010. 精细油藏描述与地质建模技术［M］. 北京：石油工业出版社.

贾春明，支东明，邢成智，等. 2009. 准噶尔盆地车排子凸起火山岩储集层特征及控制因素［J］. 四川地质学报，29（1）：33–36.

金伯禄，张希友. 1994. 长白山火山地质研究［M］. 延吉：东北朝鲜民族教育出版社.

康冶. 2002. 升平气田营城组火山岩储层分布预测［J］. 大庆石油地质与开发，21（3）：22–23.

兰朝利，王金秀，杨明慧，等. 2008. 低渗透火山岩气藏储层评价指标刍议［J］. 油气地质与采收率，15（6）：32–34.

李长山，陈建文，游俊，等. 2000. 火山岩储层建模初探［J］. 地学前缘，7（4）：381–389.

李霓，龚丽文，赵勇伟，等. 2017. 内蒙古达里诺尔火山群火山地貌特征及火山岩岩石学特点［J］. 岩石学报，（1）：137–147.

李宁，陶宏根，等. 2009. 酸性火山岩测井解释理论，方法与应用［M］. 北京：石油工业出版社.

李勤，张利锋，孙丽. 2005. 遗传模拟退火算法在储层属性建模中的应用［J］. 大庆石油地质与开发，24（2）：31–32.

李瑞磊，冯晓辉，李增玉，等. 2012. 松辽盆地南部营城组火山岩裂缝的叠前地震识别［J］. 成都理工大学学报（自然科学版），39（6）：611–616.

李善军，肖承文，汪涵明，等. 1996. 裂缝的双侧向测井响应的数学模型及裂缝孔隙度的定量解释［J］. 地球物理学报，39（6）：845–852.

李石，王彤. 火山岩 . 1981. ［M］. 北京：地质出版社.

李素华，王云专，卢齐军，等. 2008. 火山岩波动方程正演模拟研究［J］. 石油物探，47（4）：361–366.

李伟. 2012. 徐深气田火山岩气藏水平井优化设计［J］. 石油天然气学报，34（11）：104–108.

李晓红，孔国霞. 2011. 边底水火山岩油藏开发特点与对策［J］. 内江科技，32（4）：144.

梁月霞，宋世骏，黄德顺. 2017. 测井技术识别火山岩储层岩性特征综述［J］. 国外测井技术，（4）：20-23.

林潼. 2007. 松辽盆地升平气田白垩系营城组火山岩岩相、“岩—电”关系以及储层特征研究［D］. 西安：西北大学.

刘呈冰，史占国，李俊国. 1999. 全面评价低孔裂缝—孔洞型碳酸盐岩及火成岩储层［J］. 测井技术，23（6）：457-465.

刘吉余，彭志春，郭晓博. 2005. 灰色关联分析法在储层评价中的应用——以大庆萨尔图油田北二区为例［J］. 油气地质与采收率，12（2）：13-15.

刘瑞兰，王泽华，孙友国，等. 2008. 准噶尔盆地车排子油田火成岩双重介质储集层地质建模［J］. 新疆石油地质，29（4）：482-484.

刘诗文. 2001. 辽河断陷盆地火山岩油气藏特征及有利成藏条件分析［J］. 特种油气藏，8（3）：6-9.

刘文灿，孙善平，李家振. 1997. 大别山北麓晚侏罗世金刚台组火山岩地质及岩相构造特征［J］. 现代地质，（2）：237-243.

刘为付，孙立新，刘双龙. 2002. 模糊数学识别火山岩岩性［J］. 特种油气藏，9（1）：14-17.

刘祥，向天元. 1997. 中国东北地区新生代火山和火山碎屑堆积物资源与灾害［M］. 长春：吉林大学出版社.

陆宝立，任玉洪，刘行扶，等. 2009. 松辽盆地南部哈尔金地区火山岩储层综合预测［J］. 石油地球物理勘探，44（4）：466-471.

罗静兰，曲志浩，孙卫，等. 1996. 风化店火山岩岩相、储集性与油气的关系［J］. 石油学报，17（1）：32-39.

马强，于海波，，黄荣昌，等. 2011. 应用录井资料鉴别辽河坳陷火山岩岩性［J］. 吐哈油气，（3）：233-236.

马永乾，唐波，张晓明，等. 2016. 基于横波速度差异的裂缝分布识别方法——以准噶尔盆地火山岩地层为应用实例［J］. 天然气工业，36（6）：36-39.

孟庆峰，侯贵廷，潘文庆，等. 2011. 岩层厚度对碳酸盐岩构造裂缝面密度和分形分布的影响［J］. 高校地质学报，（3）：462-468.

苗春欣，傅爱兵，关丽，等. 2015. 车排子地区火山岩储集空间发育特征及有利区带预测［J］. 油气地质与采收率，22（6）：27-31.

穆桂春，刘淑珍，戴鹤之，等. 1982. 腾冲火山地貌［J］. 西南师范学院学报（自然科学版），（4）：11.

牛宝荣，潘红芳. 2008. 火山岩油藏储层特征及开发对策［J］. 吐哈油气，（3）：278-292.

潘保芝，闫桂京，吴海波. 2003. 对应分析确定松辽盆地北部深层火成岩岩性［J］. 大庆石油地质与开发，22（1）：7-9.

潘雪峰，刘媛萍，徐星安，等. 2014. 马朗凹陷牛东地区卡拉岗组火山岩储层建模研究［J］. 物探化探计算技术，（3）：308-312.

潘有军，徐赢，李道阳，等. 2016. ND火山岩油藏水平井开发调整技术［J］. 海洋石油，（04）：69-74.

彭湘萍，白云山. 1999. 新疆哈密双井子地区空心山火山机构特征及成因机制［J］. 地质论评，45（7）：1105-1110.

綦敦科，吴海波，陈立英. 2002. 徐家围子火山岩气藏储层测井响应特征［J］. 测井技术，26（1）：52-54.

乞迎安，汪小平，杨开，等. 2015. 非常规岩性油藏氮气驱技术研究与试验［J］. 特种油气藏，22（1）：134-136.

邱家骧，陶奎元，赵俊磊，等. 1996. 火山岩［M］. 北京：地质出版社.

仇鹏，李道清，李一峰. 2013. 滴西17井区火山岩气藏火山机构解剖及识别技术［J］. 天然气勘探与开发，36（3）：13-16.
仇鹏，孔丽娜，李道清，等. 2017. 基于体控建模的内幕型火山岩气藏有效储层预测——以准噶尔盆地五彩湾凹陷火山岩气藏为例［J］. 天然气工业，37（3）：48-55.
冉启全，王拥军，孙圆辉，等. 2011. 火山岩气藏储层表征技术［M］. 北京：科学出版社，24-42.
任康绪. 2014. 碱度对火成岩储层的控制及应用研究——以准噶尔盆地石炭系为例［R］. 中国石油勘探开发研究院.
阮宝涛，张菊红，王志文，等. 2011. 影响火山岩裂缝发育因素分析［J］. 天然气地球科学，22（2）：287-292.
邵锐. 2011. 徐深气田火山岩气藏开发方案评价与优选［D］. 大庆：东北石油大学.
邵维志，梁巧峰，李俊国，等. 2006. 黄骅凹陷火成岩储层测井响应特征研究［J］. 测井技术，30（2）：149-153.
石新朴，胡清雄，解志薇，等. 2016. 火山岩岩性、岩相识别方法——以准噶尔盆地滴南凸起火山岩为例［J］. 天然气地球科学，27（10）：1808-1816.
时应敏. 2012. 松辽盆地长岭断陷火山机构及天然气成藏特征研究［D］. 北京：中国地质大学（北京）.
宋海渤，黄旭日. 2008. 油气储层建模方法综述［J］. 天然气勘探与开发，31（3）：53-57.
宋新民，冉启全，孙圆辉，等. 2010. 火山岩气藏精细描述及地质建模［J］. 石油勘探与开发，37（4）：458-465.
宋宗平. 2008. 火山岩储层地震预测技术研究［D］. 成都：成都理工大学.
孙粉锦，罗霞，齐景顺，等. 2010. 火山岩体对火山岩气藏的控制作用——以松辽盆地深层徐家围子断陷兴城和升平火山岩气藏为例［J］. 石油与天然气地质，31（2）：180-186.
孙红军，陈振岩，蔡国钢. 2003. 辽河断陷盆地火成岩油气藏勘探现状与展望［J］. 特种油气藏，10（1）：1-6.
孙建平，冉启全，史焕巅. 2005. 大港油田枣 35 区块裂缝性火山岩稠油油藏注水开发特征及效果评价［J］. 油气地质与采收率，12（1）：59-62.
孙晓岗，王彬，杨作明. 2010. 克拉美丽气田火山岩气藏开发主体技术［J］. 天然气工业，30（2）：11-15.
孙炜. 2010. 火山岩储层裂缝预测方法研究［D］. 北京：中国地质大学（北京）.
孙欣华. 2011. ND 油田火山岩油藏开发技术研究与应用［J］. 石油天然气学报，33（5）：201-205.
谭开俊，卫平生，潘建国，等. 2010. 火山岩地震储层学［J］. 岩性油气藏，22（4）：8-13.
唐华风，王璞珺，姜传金，等. 2007. 波形分类方法在松辽盆地火山岩相识别中的应用［J］. 石油地球物理勘探，42（4）：440-444.
唐华风，孙海波，高有峰，等. 2013. 火山地层界面的类型、特征和储层意义［J］. 吉林大学学报（地球科学版），43（5）：1320-1329.
唐华风，张元高，刘仲兰，等. 2015. 松辽盆地庆深气田营城组火山地层格架特征及储层地质意义［J］. 石油地球物理勘探，50（4）：730-741.
唐俊，王琪，马晓峰，等. 2012. Q 型聚类分析和判别分析法在储层评价中的应用——以鄂尔多斯盆地姬塬地区长 81 储层为例［J］. 特种油气藏，19（6）：28-31.
唐晓花，成德安. 2009. 叠前同步反演在徐家围子断陷火山岩气藏预测中的应用［J］. 石油物探，48（3）：285-289.
汤军，2006. 对储层建模的研究［J］. 石油天然气学报，28（3）：50-52.
陶奎元. 1994. 火山岩相构造学［M］. 江苏：江苏科技出版社.
王薇，李红娟，杨学峰. 2006. 徐深气田火山岩储层岩性与流体性质测井识别研究［J］. 国外测井，21（1）：6-9.

王伟，曹刚，杜玉山. 2018. 排66块火成岩油藏储层预测研究［J］. 地球物理学进展，33（2）：748-753.

王飞，鲁明文，常银辉. 2008. 利用地球化学测井资料识别火山岩岩性［J］. 大庆石油地质与开发，27（5）：142-145.

王玲，杨辉，张研. 2010. 重磁资料在火山岩岩性识别中的应用［C］. 中国地球物理学会年会、中国地震学会学术大会.

王洛，李江海，师永民，等. 2015. 全球火山岩油气藏研究的历程与展望［J］. 中国地质，42（5）：1610-1620.

王璞珺，庞颜明，唐华风，等. 2007. 松辽盆地白垩系营城组古火山机构特征［J］. 吉林大学学报（地球科学版），37（6）：1064-1073.

王璞珺，冯志强. 2008. 盆地火山岩：岩性·岩相·储层·气藏·勘探［M］. 北京：科学出版社.

王璞珺，张功成，蒙启安，等. 2011. 地震火山地层学及其在我国火山岩盆地中的应用［J］. 地球物理学报，54（2）：597-610.

王璞珺，衣健，陈崇阳，等. 2013. 火山地层学与火山架构：以长白山火山为例［J］. 吉林大学学报（地球科学版），43（2）：319-338.

汪勇，向奎，马立群，等. 2018. 车排子凸起石炭系火山岩储层测井综合评价［J］. 特种油气藏，25（2）：7-12.

汪勇，陈学国，王月蕾，等. 2014. 叠后多属性分析在哈山西石炭系火山岩裂缝预测中的应用研究［J］. 地球物理学进展，（4）：1772-1779.

王全柱. 2004. 火成岩储层研究［J］. 西安石油大学学报（自然科学版），19（2）：13-16.

王建国，何顺利，刘红岐，等. 2008. 火山岩储层裂缝的测井识别方法研究［J］. 西南石油大学学报（自然科学版），30（6）：27-30.

王亚楠，李占东. 2017. Y断陷营城组火山机构特征及演化［J］. 地球物理学进展，32（04）：257-262.

王毅忠，袁士义，宋新民，等. 2004. 大港油田枣35块火成岩裂缝性稠油油藏采油机理数值模拟研究［J］. 石油勘探与开发，31（4）：105-107.

王拥军，冉启全，童敏，等. 2006. ECS测井在火山岩岩性识别中的应用［J］. 国外测井技术，21（1）：13-16.

王拥军. 2006. 深层火山岩气藏储层表征技术研究［D］. 北京：中国地质大学（北京）.

王万银，邱之云，杨永，等. 2010. 位场边缘识别方法研究进展［J］. 地球物理学进展，25（1）：196-210.

王永刚，乐友喜，张军华. 2007. 地震属性分析技术［M］. 东营：中国石油大学出版社.

卫平生，潘建国，张虎权，等. 2010. 地震储层学的概念、研究方法和关键技术［J］. 岩性油气藏，22（2）：1-6.

卫平生. 2015. 世界典型火成岩油气藏储层［M］. 北京：石油工业出版社.

魏斌，陈文建，李长山，等. 2003. 徐家围子断陷火山岩岩性的测井识别技术［J］. 特种油气藏，10（1）：73-75.

魏嘉，等. 1998. 利用地震资料进行储层参数横向预测［J］. 石油物探，19（37）：82-91

吴胜和，张一伟，李恕军，等. 2001. 提高储层随机建模精度的地质约束原则［J］. 中国石油大学学报：自然科学版，25（1）：1-5.

吴满，杨风丽，陆建林. 2010. 松辽盆地东部地区火山岩储层裂缝预测研究［J］. 特种油气藏，17（5）：60-62.

吴胜和. 2010. 储层表征与建模［M］. 北京：石油工业出版社.

吴艳辉，王璞珺，吴颜雄，等. 2011. 火山岩储层流动单元识别与刻画——以松辽盆地营城组为例［J］.

地球物理学进展，26（6）：2132-2142.
伍友佳. 2001. 火山岩油藏注采动态特征研究［J］. 西南石油大学学报（自然科学版），23（2）：14-18.
伍友佳，刘达林. 2004. 中国变质岩火山岩油气藏类型及特征［J］. 西南石油大学学报（自然科学版），26（4）：1-4.
席道瑛，张涛. 1994. 神经网络模型在测井岩性识别中的应用［J］. 煤田地质与勘探，22（6）：56-61.
夏宏泉，刘红岐. 1996. BP 神经网络在测井资料标准化中的应用［J］. 测井技术，20（3）：201-206.
肖敦清，王桂芝，韦阿娟，等. 2003. 黄骅坳陷火成岩成藏特征研究［J］. 特种油气藏，10（1）：59-61.
肖尚斌. 1999. 渤海湾盆地火成岩及其相关油气藏的分类［J］. 特种油气藏，6（4）：6-10.
熊平，胡望水，卫小龙，等. 2018. SX 火山岩油藏氮气吞吐选井方法［J］. 大庆石油地质与开发，37（3）120-124.
谢家莹，蓝善先. 2000. 运用火山地质学理论研究竹田头火山机构［J］. 华东地质，21（2）：87-95.
谢家莹. 1996. 试论陆相火山岩区火山地层单位与划分——关于火山岩区填图单元划分的讨论［J］. 火山地质与矿产，17（3-4）：85-93.
谢青. 2014. 基于 GPU 的页岩储层裂缝建模及压力模拟［D］. 合肥：中国科学技术大学.
徐丽丽. 2010. 地震属性在准噶尔车排子 C3 井区火山岩识别中的应用［D］. 北京：中国地质大学（北京）.
徐岩，杨双玲. 2009. 昌德气田营城组火山岩储层建模技术［J］. 天然气工业，29（8）：19-21.
徐正顺，王渝明，庞彦明，等. 2008. 大庆徐深气田火山岩气藏的开发［J］. 天然气工业，28（12）：74-77.
阎新民. 1994. 应用计算机进行准噶尔盆地火山岩裂缝识别［J］. 石油地球物理勘探，29（S2）：139-143.
杨申谷，吴红珍. 2003. 大洼油田中、新生界火山岩的测井识别方法［J］. 江汉石油学院学报，25（2）：58-59.
杨通佑，范尚炯，陈元千，等. 1990. 石油及天然气储量计算方法［M］. 北京：石油工业出版社.
杨渔，彭永灿，夏兰，等. 2001. 水平井在火山岩底水油藏开发中的应用［J］. 新疆石油地质，22（5）：436-438.
姚锋盛，蒋佩，何平，等. 2013. 火山岩储层增产改造技术研究与应用［J］. 重庆科技学院学报（自然科学版），15（1）：55-59.
衣健. 2010. 松南气田火山机构精细解剖及火山机构对储层的控制作用［D］. 长春：吉林大学.
衣健，王璞珺，李瑞磊，等. 2014. 松辽盆地断陷层系地震火山地层学研究：典型火山岩地震相与地质解释模式［J］. 吉林大学学报（地球科学版），44（3）：715-729.
衣健，唐华风，王璞珺，等. 2016. 基性熔岩火山地层单元类型、特征及其储层意义［J］. 中南大学学报（自然科学版），47（1）：149-158.
尹艳树，吴胜和. 2006. 储层随机建模研究进展［J］. 天然气地球科学，17（2）：210-216.
喻思羽，李少华，何幼斌，等. 2016. 基于样式降维聚类的多点地质统计建模算法［J］. 石油学报，37（11）：1403-1409.
袁士义，宋新民，冉启全. 2004. 裂缝性油藏开发技术［M］. 北京：石油工业出版社.
曾巍. 2015. 某盆地北部火山岩岩相测井识别技术研究［J］. 长江大学学报（自科科学版），12（17）：42-45.
翟姣. 2011. 山西大同火山喷发年龄的阶段性分布研究［D］. 上海：上海师范大学.
张朝军，石昕，吴晓智，等. 2005. 准噶尔盆地石炭系油气富集条件及有利勘探领域预测［J］. 中国石油勘探，10（1）：11-15.
张春，蒋裕强，郭红光，等. 2010. 有效储层基质物性下限确定方法［J］. 油气地球物理，8（2）：11-16.
张洪，邹乐君，沈晓华. 2002. BP 神经网络在测井岩性识别中的应用［J］. 地质与勘探，38（6）：63-65.

张慧涛. 2011. 松南气田火山岩储层三维地质建模 [D]. 成都：成都理工大学.

张剑，谁晓容，曹云安，等. 2006. 火山岩储集层岩性识别的研究及应用 [J]. 中外能源，11 (4)：46-50.

张烈辉，贾鸣，张芮菡，等. 2017. 裂缝性油藏离散裂缝网络模型与数值模拟 [J]. 西南石油大学学报（自然科学版），39 (3)：121-127.

张明学，张鹏，胡玉双. 2017. 莺山地区营城组火山岩储层的裂缝预测 [J]. 黑龙江科技大学学报，27 (5)：493-498.

张平，潘保芝，张莹，等. 2009. 自组织神经网络在火成岩岩性识别中的应用 [J]. 石油物探，48 (1)：53-56.

张世晖，刘天佑，顾汉明. 2003 用人工神经网络识别火成岩 [J]. 石油地球物理勘探，38 (S1)：84-87.

张威. 2006. 火山岩气藏井网部署方法研究 [D]. 成都：西南石油大学.

张文彪，段太忠，刘彦锋，等. 2017. 综合沉积正演与多点地质统计模拟碳酸盐岩台地——以巴西 Jupiter 油田为例 [J]. 石油学报，38 (08)：75-84.

张新国. 2003. 克拉玛依九区石炭系裂缝性稠油油藏蒸汽吞吐开发试验方案研究 [D]. 成都：西南石油大学.

张莹，潘保芝，印长海，等. 2007. 成像测井图像在火山岩岩性识别中的应用 [J]. 石油物探，46 (3)：288-293.

张莹. 2010. 火山岩岩性识别和储层评价的理论与技术研究 [D]. 长春：吉林大学.

张永忠，何顺利，周晓峰，等. 2008. 星城南部深层气田火山机构地震反射特征识别 [J]. 地球学报，29 (5)：578.

张占文，陈振岩，蔡国刚，等. 2005. 辽河坳陷火成岩油气藏勘探 [J]. 中国石油勘探，10 (4)：16-22.

赵建，高福红. 2003. 测井资料交会图法在火山岩岩性识别中的应用 [J]. 世界地质，22 (2)：136-140.

赵一农，薛良玉. 2010. 火山岩油气藏开发特征 [J]. 内蒙古石油化工，36 (16)：139-141.

赵玉琛. 1990. 宁芜地区中生代火山岩地层划分及其特征 [J]. 地质科学，25 (3)：243-258.

赵政璋，赵贤正，李景明，等. 2005. 国外海洋深水油气勘探发展趋势及启示 [J]. 中国石油勘探，10 (6)：71-76.

郑建东. 2007. 徐深气田兴城地区火山岩储层测井分类标准研究 [J]. 测井技术，31 (6)：546-549.

中国石油勘探与生产分公司. 2009. 火山岩油气藏测井评价技术及应用 [M]. 北京：石油工业出版社.

周耀明，朱文斌，陈正乐，等. 2017. 准噶尔盆地莫索湾—陆西地区基于重磁资料的石炭系火山岩识别 [J]. 高校地质学报，23 (4)：677-687.

周文华，郑丽萍，郭旭东，等. 2008. 火山岩储层的综合预测研究 [J]. 内蒙古石油化工，19：82-84.

朱超，宫清顺，黄革萍，等. 2013. 火山岩储层地震预测 [J]. 西南石油大学学报（自然科学版），35 (5)：73-80.

邹才能，赵文智，贾承造，等. 2008. 中国沉积盆地火山岩油气藏形成与分布 [J]. 石油勘探与开发，35 (3)：257-271.

邹长春，严成信，李学文. 1997. 神经网络在枣北地区火成岩储层测井解释中的应用 [J]. 石油地球物理勘探，32 (S2)：27-33.

邹才能. 2012. 火山岩油气地质 [M]. 北京：地质出版社.

朱爱丽，吴伯福，武江. 1997. 火成岩的测井评价——大港油田枣北地区应用实例 [J]. 测井技术，21 (5)：345-350.

（日）久野久；刘德权，常子文译. 1978. 火山及火山岩 [M]. 北京：地质出版社.

Acuna J A, Yortsos Y C. 1991. Numerical construction and flow simulation in networks of fractures using fractal geometry [C]. SPE Annual Technical Conference and Exhibition. Society of Petroleum Engineers, 1-7.

Acuna J A , Yortsos Y C . 1995. Application of Fractal Geometry to the Study of Networks of Fractures and Their Pressure Transient [J]. Water Resources Research, 31 (3): 527-540.

Arpat G B. 2005. Sequential simulation with patterns [M]. Stanford University.

Arpat G B,, Caers J. 2007. Conditional simulation with patterns [J]. Mathematical Geology, 39 (2): 177-203.

Bai T, Maerten L, Gross M R, et al. 2002. Orthogonal cross joints: do they imply a regional stress rotation? [J]. Journal of Structural Geology, 24 (1): 77-88.

Benoit W R, Sethi D K , Fertl W H. 1980. Geotherm al well log analysis at Desert Peak, Neaada [R]. Lafayette, Indiana: SPWLA 20th Annual Logging Symposium.

Cas R A F, Wright J V. 1987. Volcanic sussessions : ancient and modern [M]. London: Allen and Unwin.

Chayes F. 1981. Distribution of basalt, basanite, andesite and dacite in a normative equivaoent of the QAPF double triangle [J]. Chemical Geology, 33 (1-2): 127-140.

Chugunova T L, Hu L Y. 2008. Multiple-point simulations constrained by continuous auxiliary data [J]. Mathematical geosciences, 40 (2): 133-146.

Chugunova T, Corpel V, Gomez J P. 2017. Explicit fracture network modelling: from multiple point statistics to dynamic simulation [J]. Mathematical Geosciences, 49 (4): 541-553.

Deutsch C V, Journel A G . 1992. GSLIB: Geostatistical Software Library and User´s Guide [M]. Hauptbd. Oxford university press.

Dowd P A, Xu C, Mardia K V, et al. 2007. A comparison of methods for the stochastic simulation of rock fractures [J]. Mathematical Geology, 39 (7): 697-714.

Fan D, Ettehadtavakkol A. 2017. Semi-analytical modeling of shale gas flow through fractal induced fracture networks with microseismic data [J]. Fuel, 193: 444-459.

Fisher R V, Schmincke H U. 1984. Pyroclastic rocks [M]. Berlin Heidelberg New York: Springer.

Georgia Pe-Piper, Hatzipanagoton . The Pliocene volcanic rocks of Crommyonia, western Creece and their implications for the early evolution of the South Aegeanarc [J]. 1997, Geological. Mag. 134 (1): 55-56.

Guardiano F B, Srivastava R M. 1993. Multivariate geostatistics: beyond bivariate moments [M] Geostatistics Troia' 92. Springer, Dordrecht, 133-144.

Honarkhah M, Caers J. 2010. Stochastic simulation of patterns using distance-based pattern modeling [J]. Mathematical Geosciences, 42 (5): 487-517.

Huafeng T, Phiri C, Youfeng G, et al. 2015. Types and Characteristics of Volcanostratigraphic Boundaries and Their Oil-Gas Reservoir Significance [J]. Acta Geologica Sinica - English Edition, 89 (1): 163-174.

Jia M, Zhang L, Guo J. 2017. Combining a connected-component labeling algorithm with FILTERSIM to simulate continuous discrete fracture networks [J]. Environmental Earth Sciences, 76 (8): 327.

Jianyong Q . 2005. Julia sets and complex singularities in diamond-like hierarchical Potts models [J]. Science China Mathematics, 48 (3): 388-412.

Jianyong Q . 2014. Julia sets and complex singularities of free energies [J]. Memoirs of the American Mathematical Society, 234 (1102): 1.

Koike K, Kubo T, Liu C, et al. 3D geostatistical modeling of fracture system in a granitic massif to characterize hydraulic properties and fracture distribution [J]. Tectonophysics, 2015, 660: 1-16.

Karlsruhe M. E. 2002. Lexikonder geowissenschaften [M]. Heidelberg: Spektrum Akademischer Verlag GmbH Press, 17932-17933.

KASAMA T, YOSHIDA H. 1976. Volcanostratigraphy of the late Mesozoic acid pyroclastic rocks of the Arima Group, Southwest Japan [J]. Geosciences, 20 (12): 19-42.

Khatchikian A. 1982. Log evaluation of oil-bearing igneous rocks [R]. Corpus Christ, Texas: SPWLA 23th Annual Logging Symposium.

Koshlyak V A, T. L. Dong. 2000. Characteristics of fractured reservoirsin magmatic rocks and their reservoir properties [C]. Asia Pacific oil and gas conference and exhibition, Brisbane, Australia, 16-18 October 2000, SPE-64464: 1-11

Lajoie J. 1979. Facies models 15: Volcaniclastic rocks [J]. Geoscience Canada, 6 (3): 129-139.

Liu X, Zhang C, Liu Q, et al. 2009. Multiple-point statistical prediction on fracture networks at Yucca Mountain [J]. Environmental geology, 57 (6): 1361-1370.

Mohammadmoradi P. 2013. Facies and Fracture Network Modeling by a Novel Image Processing Based Method [J]. Geomaterials, 3 (04): 156.

Nault J. 2001. Volcanoes : Power and magic [M] . H agen : Kŏnemann Press , 155.

Planke S, Symonds P A, Alvestad E, et al. 2000. Seismic volcanostratigraphy of large-volume basaltic extrusive complexes on rifted margins [J]. Journal of Geophysical Research Atmospheres, 105 (B8): 19335-19352.

Richard T, Single Dougal , A. Jerram . 2004. The 3D facies architecture of flood basalt provinces and their internal heterogeneity: examples from the Palaeogene Skye Lava Field [J]. Journal of the Geological Society , 161 (6): 911-926.

Rigby F A. 1980. Fracture identification in an igneous geothermal reservoir [R]. Lafayette, Indiana: SPWLA 21th Annual Logging Symposium.

Rittmann A. 1962. Volcanoes and their activity [M]. Interscience Publishers.

Robinson N I, Sharp Jr J M, Kreisel I. 1998. Contaminant transport in sets of parallel finite fractures with fracture skins [J]. Journal of contaminant hydrology, 31 (1-2): 83-109.

Sanyal S K, Juprasert S, Jusbasche M . 1979. An evaluation of rhyolite-basalt-volcanic ash sequence from well logs [R]. Tu1sa, Oklahoma: SPWLA 20th Annual Logging Symposium.

Strebelle S. 2002. Conditional simulation of complex geological structures using multiple-point statistics [J]. Mathematical geology, 34 (1): 1-21.

Thordarson T, Larsen G. 2007. Volcanism in Iceland in historical time: Volcano types, eruption styles and eruptive history [J]. Journal of Geodynamics, 43 (1): 118-152.

Winchester J A, Floyd P A. 1977. Geochemical discrimination of different magma series and their differentiation products using immobile elements [J]. Chemical Geology, 20 (4): 325-343.

Xu C , Dowd P A , Mardia K V , et al. 2006. A flexible true plurigaussian code for spatial facies simulations [J]. Computers & Geosciences, 32 (10): 1629-1645.

Koike K, Kubo T, Liu C , et al. 2015. 3D geostatistical modeling of fracture system in a granitic massif to characterize hydraulic properties and fracture distribution [J]. Tectonophysics, 660: 1-16.

Koike K, Liu C, Sang T. 2012. Incorporation of fracture directions into 3D geostatistical menthods for rock fracture system. Envorimental Earth Sciences, 66 (5): 1403-1414.

Yanshu Y . 2013. Simulation of Reservoir Geometry Using Simpat Method [J]. Acta Geologica Sinica, 87 (z1): 607-609.

Zhang T, Switzer P, Journel A . 2006. Filter-Based Classification of Training Image Patterns for Spatial Simulation [J]. Mathematical Geology, 38 (1): 63-80.

Zhou Z, Su Y, Wang W, et al. 2016. Integration of microseismic and well production data for fracture network calibration with an L-system and rate transient analysis [J]. Journal of Unconventional Oil and Gas Resources, 15: 113-121.

Zhou Z, Su Y, Wang W, et al. 2017. Application of the fractal geometry theory on fracture network simulation [J]. Journal of Petroleum Exploration and Production Technology, 7 (2): 487-496.